MONOGRAPHIEN AUS DEM GESAMTGEBIET DER PHYSIOLOGIE DER PFLANZEN UND DER TIERE

HERAUSGEGEBEN VON

M. GILDEMEISTER-LEIPZIG · R. GOLDSCHMIDT-BERLIN
C. NEUBERG-BERLIN · J. PARNAS-LEMBERG · W. RUHLAND-LEIPZIG

FÜNFUNDZWANZIGSTER BAND

DIE MITOGENETISCHE STRAHLUNG

VON

ALEXANDER GURWITSCH

Springer-Verlag Berlin Heidelberg GmbH
1932

DIE MITOGENETISCHE STRAHLUNG

ZUGLEICH ZWEITER BAND DER

„PROBLEME DER ZELLTEILUNG"

VON

PROFESSOR DR. ALEXANDER GURWITSCH
INSTITUT FÜR EXPERIMENTELLE MEDIZIN IN LENINGRAD

UNTER MITWIRKUNG VON
LYDIA GURWITSCH

MIT 70 ABBILDUNGEN

Springer-Verlag Berlin Heidelberg GmbH
1932

ISBN 978-3-662-24034-2 ISBN 978-3-662-26146-0 (eBook)
DOI 10.1007/978-3-662-26146-0

Softcover reprint of the hardcover 1st edition 1932

Vorwort.

Das vorliegende Buch ist als Fortsetzung der „Probleme der Zellteilung“ gedacht, deren Inhalt daher als bekannt vorausgesetzt wird. Ich habe jede Wiederholung des im ersten Bande Enthaltenen vermieden und führe den Leser sofort in medias res ein.

Es wird sicher auffallen, dass im Gegensatz zum ersten Bande das Problem der Zellteilung als solches ganz in den Hintergrund tritt und gar nicht diskutiert wird. Es zeigte sich nämlich in den letzten Jahren immer mehr, daß hier ein weiteres Vordringen auf dem von uns eingeschlagenen Wege eine gewaltige Vorarbeit auf anderen Gebieten der mitogenetischen Strahlungsforschung voraussetzte, die uns in den verflossenen Jahren vollständig in Anspruch nahm, aber jetzt zu einem gewissen, partiellen Abschlusse gelangte, da die wesentlichen Vorbedingungen des Zustandekommens des mitogenetischen Effektes gegenwärtig als einigermaßen geklärt gelten dürften.

Das Buch ist im übrigen in viel geringerem Maße eine Zusammenfassung des bisher Veröffentlichten, als eine abgerundete Darstellung und theoretische Verwertung einer sehr großen Anzahl neuerer Ergebnisse, sowohl aus unserem Laboratorium, wie auch von fremden Forschern, die mir ihre Ergebnisse in freundlicher Weise zur Verfügung stellten. Die ganze Lehre von der mitogenetischen Strahlung erhält nunmehr ein in manchen Zügen völlig neues Gewand, welches hoffentlich zur Klärung der noch bestehenden Mißverständnisse führen wird. Denn anders als mit diesem Namen kann ich die vereinzelten skeptischen Äußerungen der allerletzten Zeit nicht bezeichnen.

Da die Polemik nur selten zum Zwecke führt, habe ich sie in diesem Buche auf das allernotwendigste beschränkt. Die unsere Angaben zurückweisenden Arbeiten, die von mir schon bei anderer Gelegenheit kritisch besprochen wurden (Protoplasma, 6, 1029), werden jetzt nicht weiter berücksichtigt. Die negativen Äußerungen allerletzten Datums können indessen nicht vollständig mit Stillschweigen übergangen werden und kommen in Form kurzer Anmerkungen zur Sprache.

Ich zweifle keinen Augenblick daran, daß der Skeptizismus früher oder später verstummen wird, sah mich aber veranlaßt, dieser Stimmung dadurch Rechnung zu tragen, daß ich meine Darstellung so ausführlich und breitspurig als irgendwie denkbar machte, durch Anführung eines großen Zahlenmaterials beschwerte, Wiederholungen nicht scheute, aber dadurch die Lektüre zu einem, wie ich fürchte, sehr langweiligen Geschäft machte.

Leningrad, Ende September 1931.

Inhaltsverzeichnis.

Erster Teil.

Physik und Chemie der mitogenetischen Strahlung.

Zweiter Teil.

Das Auftreten mitogenetischer Strahlung im Haushalte der Organismen.

Dritter Teil.

Der mitogenetische Effekt.

Erster Teil.

Physik und Chemie der mitogenetischen Strahlung.

Einleitung.

Die mitogenetische Strahlung soll in diesem Buche ohne Rücksicht auf die allmähliche chronologische Entwicklung des Gedanken- und Forschungsganges, also rein synthetisch behandelt werden.

Der beschränkte Gesichtspunkt und das einseitige Interesse an der Äthiologie der Mitose, denen der Nachweis des Phänomens überhaupt zu verdanken ist, mußte allmählich einer breiteren, umfassenderen Behandlung und Auffassung des Problems weichen, da die „mitogenetische", d. h. „teilungsfördernde" Strahlung nunmehr nicht nur von der durch das Wort selbst bezeichneten Seite, sondern als ein vielseitiger biologischer Faktor behandelt werden muß.

Im Vordergrunde des Interesses steht gegenwärtig folgender Tatsachenkomplex: 1. die merkwürdige und bis vor kurzem ungeahnte Tatsache, daß zahlreiche und verschiedenartige chemische Umsätze (sowohl in lebenden Systemen, als auch an Modellen) unter Emission kurzwelliger ultravioletter Strahlen einhergehen, und 2. die Erfahrung, daß die Körperelemente auf minimale Intensitäten dieser Strahlengattung reagieren oder daß m. a. W. eine ganz bestimmte, relativ eng umgrenzte Strahlengattung sich als mächtiger spezifischer biologischer Faktor entpuppt.

Es flechten sich in diese Ermittelungen zahllose Probleme von weittragender Bedeutung ein, deren rationelle Behandlung in die verschiedensten Wissensgebiete fällt. Es versteht sich von selbst, daß hier nur diejenigen zur Sprache kommen werden, die in das Arbeitsgebiet und Kompetenz des Biologen gehören.

Es soll auch keinen Augenblick verkannt werden, daß es sich im großen und ganzen um einen provisorischen Rohbau handelt — ist ja das ganze „mitogenetische" Gebiet erst etwa 9 Jahre alt. Es haben sich indessen schon in der kurzen Zeitspanne so unendlich zahlreiche Ermittelungen, zuweilen zusammenhangloser Art, gewinnen lassen, es sind so zahlreiche zum Teil auch wenig durchdachte kritische Äußerungen und Deutungen geäußert worden, es eröffnen sich auch so zahlreiche Ausblicke, daß eine kritische Sichtung von einem allgemeinen Standpunkte aus dringend erwünscht erscheint.

Neben der Berücksichtigung der allgemeinen Probleme muß aber auch einer genügenden, ja streng genommen erschöpfenden Darstellung des in zahlreichen Einzelabhandlungen zerstreuten Tatsachenmaterials Rechnung getragen werden, da die mitogenetischen Probleme bisher noch nicht durch das Fegefeuer der Lehr- und Handbücher gingen und nicht zur elementaren Ausbildung des Biologen gehören.

Die konkreten Fragestellungen sind im wesentlichen von zweierlei Art. Es werden einerseits neue Strahlungsquellen gesucht und erforscht, andererseits aber die biologische Wirkung der Bestrahlung zum Gegenstand der Prüfung gemacht.

Der Aufbau unserer Darstellung gliedert sich naturgemäß nach diesen beiden Grundproblemen.

Unsere Einstellung im ersten Teile soll daher wesentlich physikalisch-chemischer Art, diejenige des zweiten eine solche rein biologischer Art sein. Es gilt dort in erster Linie den strikten Beweis zu erbringen, daß der wirksame Faktor eine Strahlengattung darstellt, oder, in anderer Fassung, daß von verschiedenen lebenden Geweben tatsächlich unsichtbare Strahlen emittiert werden und daß sie dem kurzwelligen ultravioletten Bereiche angehören.

Es müssen dann die energetischen Quellen, d. h. die chemischen Umsätze, die die Strahlung erzeugen, geklärt werden.

Dieses physikalisch-chemische Problem setzt jedoch vor allem den sicheren Nachweis der Strahlung voraus, und hier erleben wir die merkwürdige Sachlage, daß für den rein physikalischen Faktor ein sicherer physikalischer Nachweis nur sehr schwer zugänglich ist und praktisch wenigstens in den meisten Fällen vorläufig versagt. Denn es muß schon jetzt vorweggenommen werden, daß, obwohl der physikalische Nachweis der aus biologischen Quellen stammenden Strahlung gelungen ist, er vorderhand an der Grenze der Leistungsfähigkeit physikalischer Methoden steht und für den Gebrauch bei den laufenden Untersuchungen wohl noch für lange Zeit hinaus versagen wird.

Wir sind daher für rein physikalische und chemische Fragestellungen vorläufig auf biologische Arbeitsmittel angewiesen. Die von den biologischen Strahlungsquellen emittierte Strahlung kann in eingehender Weise nur mittels biologischer Detektoren studiert werden: der Nachweis gelingt im wesentlichen nur dadurch, daß die Strahlung an bestimmten biologischen Objekten, die wir als *Detektoren* bezeichnen, einen rein biologischen Effekt, eben den *mitogenetischen Effekt* erzeugt.

Soweit und solange wir nur das physikalisch-chemische Problem zu erledigen haben, müssen wir uns dem mitogenetischen Effekt gegenüber ganz reserviert verhalten. Er hat für uns die Bedeutung eines Signals, daß von dem geprüften Objekte tatsächlich die gesuchte Strahlung ausgeht. In den inneren Sinn, Mechanismus und Zustandekommen des Signals brauchen wir uns aber zunächst gar nicht zu vertiefen. Von diesem rein praktischen und formellen Standpukte werden wir zunächst die bisher im Gebrauche stehenden Detektoren sichten und die Methodik ihrer Anwendung studieren. Die Veränderungen, die der Detektor in der Nähe des strahlenden Körpers erfährt und die wir als ein Signal auffassen, werden als „mitogenetische Induktion“ bezeichnet.

Wir wollen mithin in unserer Darstellung von einer allgemeinen Übersicht der Methodik des Nachweises der mitogenetischen Induktion ausgehen.

I. Prinzipielles über die Methodik des Nachweises des Induktionseffektes.

Wir verfügen zur Zeit über eine größere Anzahl geeigneter pflanzlicher und tierischer Detektoren. Die Mehrzahl derselben können als „Existentialdetektoren“ einer geringen Minderzahl entgegengesetzt werden, die man als „Arbeitsdetektoren“ bezeichnen kann. Es gelingt an ersteren den einen oder anderen mitogenetischen Effekt zu erzeugen und dadurch eine breitere und für den Standpunkt der meisten Forscher zuverlässigere Grundlage für die ganze Lehre zu gewinnen. Sie bleiben aber rein technisch als „Arbeitsdetektoren“ absolut ungeeignet. Als solche möchte ich Objekte bezeichnen, die nicht nur stets verfügbar, sondern vor allem schnell und einfach zu handhaben sind und sich für alle denkbaren Versuchskombinationen eignen. Wir werden uns noch im folgenden vielfach zu überzeugen haben, daß gerade diejenigen Versuchsanordnungen, die uns eine Vertiefung in die biologischen Abläufe gestatten, spezielle technische Anforderungen an die Detektoren stellen, denen die meisten bisher geschilderten absolut nicht gewachsen sind.

Es kann uns daher kein Vorwurf aus dem Umstande erwachsen, daß die bei weitem überwiegende Mehrzahl der in der Literatur vorliegenden Ermittelungen, die nicht bloß solche existentialer Art sind, sondern eine vertieftere Analyse des Tatbestandes anstreben, im wesentlichen mit Hilfe zweier Detektoren gewonnen wurden. Es wird uns daher an dieser Stelle nur diese letzte Gruppe interessieren. Es handelt sich um Zwiebelwurzeln und Hefezellen. Erstere sind insofern von besonderem Interesse, als sie historisch der erste Detektor (und auch Strahlungsquelle) waren und eine Anzahl Ermittelungen von grundlegender Bedeutung gestatteten. Als technisch brauchbarer Detektor mußten sie indessen schon längst in den Hintergrund treten und zwar hauptsächlich, weil sie schwer zu handhaben sind und ein Massenexperimentieren mit ihnen zu zeitraubend und mühsam ist. Daß sie aber trotzdem absolut zuverlässige und für manche spezielle Zwecke wohl am besten geeignete Detektoren sind und bleiben, möge trotz der in der Literatur vorliegenden abweichenden Anschauungen betont werden.

Seit der im ersten Bande gegebenen Zusammenfassung unserer Ergebnisse an Zwiebelwurzeln als Detektoren haben sich mehrere Autoren mit diesem Problem befaßt und zwar mit auffallend verschiedenem Erfolg. Mit einer scharfen Ablehnung unserer Resultate schließt die Untersuchung von Rossmann (unter Guttenberg) ab, einen skeptischen Standpunkt (allerdings auf Grund eines relativ spärlichen Materials, welches vom Verfasser selbst als vorläufige Mitteilung, der aber keine weitere nachfolgte, bezeichnet wurde) nimmt Schwarz ein. Auch Moiseewa glaubt einen methodischen Fehler bei Anstellung der Versuche entdeckt zu haben, der die Realexistenz des Effektes in Frage stellen soll. Die Ergebnisse, die Wagner veröffentlichte und in einem durchaus günstigen Sinne deutete, müssen mit berechtigter Skepsis aufgenommen werden.

Von einer Reihe von Autoren stammen dagegen entschiedene Bestätigungen unserer Erfahrungen: J. und M. Magrou waren die ersten, die Induktionsversuche mit Bac. Tumefaciens als Quelle und Zwiebelwurzel als Detektor anstellten und in neun Versuchen durchaus eindeutig günstige Resultate erhielten. Es folgten die Mitteilungen von Reiter und Gabor, von Borodin und von Loos.

Es mögen hier nur diejenigen negativen und positiven Nachprüfungen kurz besprochen werden, die neueren Datums sind, da die Arbeiten von Rossmann, Wagner, Schwarz und Magrou schon eine ausführliche Würdigung in einem kritischen Sammelberichte (Protoplasma 6, H. 3 [1929]) erfahren hatten. Moiseewa kommt zu einem im wesentlichen ablehnenden Standpunkt auf Grund ihrer Erfahrungen, daß „die Symmetrie von einer ungleichmäßigen Reibung, vom Drücken und Streifen während der Veranstaltungen zum Versuch gestört wird, da auf der vom Druck betroffenen oder geriebenen Stelle nach 1,5—2,5 Stunden eine Steigerung der Mitosenzahl im Vergleich zu der entgegengesetzten Seite stattfindet. In den Wurzeln, die sich nicht weniger als 3 Stunden vor Beginn der Induktion im Apparat befanden. . . wurde eine Steigerung der Mitosenzahl nicht beobachtet". Es soll durchaus nicht geleugnet werden, daß eine einseitige Reibung des Meristems zur Steigerung der Mitosenzahl unter Umständen führen könnte. Es wäre indessen verfehlt, die zahlreichen vorliegenden Versuchsergebnisse aus diesem Grunde oder von diesem Standpunkte aus skeptisch zu beurteilen. Denn abgesehen davon, daß die von der Verfasserin mit Absicht geübten mechanischen Eingriffe wohl bedeutend das Maß des unbemerkt und ungewollt bei den Versuchen der anderen Autoren in diesem Sinne Geschehenen übertreffen dürften, wäre es absolut unerklärlich, warum in den in der Literatur geschilderten über 200 positiven Versuchen (Zusammenstellung von Loos) die unbewußte Reibung gerade am Induktionsort geschah und in den etwa 130 Versuchen mit Nulleffekt die Symmetrie bewahrt blieb und folglich jede mechanische Beeinflussung fehlte.

Aber auch die negativen Ergebnisse von Moiseewa sind wegen ihrer geringen Anzahl (im ganzen 8 Versuche, darunter 3 mit positivem Effekt) wenig überzeugend, zumal Loos unter Einhaltung der von Moiseewa angegebenen Vorschrift — die Wurzel etwa 3 Stunden *vor* Beginn der Induktion in die Röhren einzuführen — zu positiven Resultaten kam.

Es wurden auch dementsprechend von letzterem Autor die Schlußfolgerungen von Moiseewa entschieden abgelehnt.

Zu sehr günstigen Ergebnissen mit der Zwiebelwurzel als Detektor[1] gelangt neuerdings auch Borodin, der in einer größeren Versuchsserie mit Wurzeln als Sender und Detektor unsere Ergebnisse im vollen Maße bestätigte.

Zu einer ganz eigenartigen Auffassung des mitogenetischen Effektes an der Zwiebelwurzel und folglich auch zu einer eigenen Methodik des Nachweises gelangten Reiter und Gabor. Wir werden aus Zweckmäßigkeitsgründen auf deren Angaben erst in der weiteren Darstellung eingehen.

Der zur Zeit einzig technisch brauchbare und praktische Detektor sind Hefekulturen. Für die meisten Ermittelungen sowohl aus unserem wie auch aus mehreren fremden Laboratorien kommen sie einzig und allein in Betracht.

Da die an Hefekulturen gewonnenen Versuchsergebnisse und deren Protokolle die eigentliche Grundlage der weiteren Ausführungen bilden, muß die Zuverlässigkeit der Methodik in genauester und skrupulösester Weise geprüft werden.

Die Hefemethodik wurde in unserem Laboratorium durch M. Baron eingeführt und, abgesehen von unseren Mitarbeitern, mit Erfolg von L. Blacher in Moskau, W. Siebert in Berlin, Protti in Venedig, Borodin in New York, Karpass in Simferopol und Kurajeff in Dnepropetrowsk angewendet. Wir können im Ganzen etwa 30 beteiligte Personen anführen, die nach gehöriger Einübung zur sicheren „Blindzählung" mit gesetzmäßig positiven Resultaten kamen. Begründete Einwände gegen dieselbe wurden bisher nicht laut[2].

---

[1] Näheres über Zwiebelwurzeln als Detektoren vergleiche Bd. I.

[2] *Anmerkung bei der Korrektur.* In einer soeben erschienenen Arbeit von Nakaidzumi u. Schreiber wird an unsrer Hefemethodik eine vernichtende Kritik geübt. „Die übliche Sprossenzählung erwies sich ... als vollkommen unzulänglich. Ihre mögliche Fehlerbreite ... wurde bisher

Da sie jedoch auch von gewissen subjektiven Momenten nicht völlig frei ist, möge sie hier in genauester Weise analysiert werden.

Das ursprüngliche Verfahren beruht auf Abzählung von Sprossen *bestimmter* Größe innerhalb eines Ausstrichpräparates einer Hefekultur auf festem (Bierwürze-Agar) oder in flüssigem (Bierwürze) Substrate. In neuester Zeit wurden in unserem Laboratorium auch weitere Methoden mit flüssigen Kulturen ausgebildet, bei denen es sich um Abzählung oder Abschätzung der *Individuenzahl* in der induzierten und Kontrollkultur handelt.

Wir wollen von einer Schilderung der ersten Methode ausgehen.

Nimmt man Kulturen auf festem Substrat, so dienen von zwei benachbarten Bezirken einer solchen der eine als Kontrolle, der andere als Detektor, indem er der Exposition (Induktion) seitens einer präsumierten Quelle ausgesetzt wird. Von einer flüssigen Kultur wird ein Tropfen als Detektor, ein zweiter als Kontrolle benutzt.

In den Anstrichpräparaten wird aus dem überreichen Zellmaterial natürlich nur eine beschränkte Anzahl von Zellen (1000—1200) abgezählt, die man nach Möglichkeit verschiedenen voneinander entlegenen Bezirken des Präparates entnimmt. Die Sprossen werden bis auf eine bestimmte, willkürlich festgesetzte Größe als solche, über diese Größe hinaus als selbständige Zellen gezählt, wobei es sich als *praktisch* erwies, den Begriff des Sprosses ziemlich eng zu umgrenzen und als solche nur ganz kleine, noch runde Knospen, die nicht größer als ein Drittel der Mutterzelle sind, zu bezeichnen.

Der mitogenetische Effekt äußert sich dabei durch merkliche Zahlenzunahme derartiger kleiner Sprossen im Vergleich zur Kontrolle, falls man das Anstrichpräparat etwa 1—2 Stunden nach vollendeter Exposition macht. Es erhellt schon aus dem Vorangehenden, wie zahlreich und schwerwiegend die Ungenauigkeiten und Fehler des ganzen Verfahrens sein können und wie berechtigt die Skepsis sein dürfte, die man a priori der ganzen Methodik entgegenbringen möchte. Sie hat sich aber trotzdem bewährt und durchaus zuverlässige Resultate geliefert, wovon man sich in mannigfacher Weise vergewissern kann.

Es müssen zwei Grundfragen, die hier auftreten, jede einzeln für sich behandelt werden. Erstens die objektive (d. h. von den subjektiven Momenten der Abzählung unabhängige) ausreichende statistische Homogeneität der gebrauchten Kulturen. Sofern es sich um flüssige Sub-

---

nicht berücksichtigt." Die Zählungsergebnisse der drei an der Zählung beteiligten Autoren ergeben in der Tat eine ganz hoffnungslose Diskrepanz, die eine Verwertung der Zahlen zum Nachweise eines „Induktionseffektes" freilich undenkbar machen. Wir wollen daher auch nicht auf die Versuchsanordnungen eingehen, die zum Teil wenigstens jede Aussicht auf Erfolg nach unseren Erfahrungen vereiteln mußten.

Aus der Darstellung der Autoren ist der Grund ihres in der Tat verblüffenden Mißerfolges nicht einzusehen. Ihre Bedenken der Nichtberücksichtigung der Fehlerbreite werden durch unseren weiteren Text wohl vollständig entkräftet.

strate handelt, dürfte eine solche auf Grund allgemeiner Erwägungen und wohl auch anderweitiger Erfahrungen als hochgradig plausibel erscheinen. Anders dagegen in Kulturen auf festen Nährböden, die bisher von den meisten Forschern allein im Gebrauche sind. Daß eine ausreichende Homogeneität derselben nur durch eine bestimmte technische Vollkommenheit *erreicht* werden kann aber nicht unter allen Umständen gewährleistet ist, kann wohl kaum bezweifelt werden. Es muß daher ohne jede Voreingenommenheit geprüft werden, ob das von uns und unseren Nachfolgern geübte Verfahren die nötige Garantie tatsächlich gewährt.

Bierwürzeagarkulturen in kleineren (oder in der letzten Zeit in mittelgroßen Koch-Schalen) werden durch eine möglichst feine Suspension der Hefe in Bierwürze und zwar im Überschuß beschickt, die Flüssigkeit durch vorsichtiges Schwenken möglichst gleichmäßig über die Agarfläche ausgebreitet und der Überschuß mittels Pipette sofort sehr vorsichtig abgesogen. Nach etwa 5—6 Stunden ist die beschickte Kultur mit einem feinen, wie angehauchten Rasen der Hefe bedeckt und gebrauchsfähig, und zwar etwa bis zur 12. Stunde. Darüber hinaus werden die Kulturen als Detektoren bereits unbrauchbar, worüber weiter unten ausführlich.

Daß unter diesen Umständen, wenn nicht die ganze Kultur, so doch wenigstens beschränkte benachbarte Bezirke von etwa 1 qcm Fläche von ausreichender Homogeneität im Sinne ihrer Sproßungsintensität sind, kann nur auf Grund einer langen Erfahrung, d. h. eines großen statistischen Materials erhärtet bzw. absolut sichergestellt werden, wobei wir allerdings auf die Schwierigkeit stoßen, daß wir uns von der Sprossungsintensität nur vermöge eines Abzählverfahrens überzeugen können, das ja an sich auf seine Zuverlässigkeit geprüft werden muß, da ihm gewisse subjektive Momente anhaften.

Um hier zu wirklich eindeutigen Resultaten zu gelangen, müssen mehrere Momente berücksichtigt werden.

Wenn man zwei oder mehrere Anstrichpräparate von verschiedenen Bezirken einer Kultur zählt, so können hier je nach Umständen verschiedene psychologische Momente mitspielen. Wenn man von den Fällen absieht, wo die Abzählung eigens auf die Prüfung der Homogeneität abzielt, so liegen faktisch folgende drei Fälle vor: 1. Es werden an den einen oder anderen Ausgang des Experimentes (Übereinstimmung mit Kontrolle oder Überwiegen des induzierten Bezirkes) überhaupt keine bestimmten Voraussetzungen geknüpft. 2. Man kommt an das Experiment mit bestimmten Erwartungen heran, die man dann durch Auszählung bestätigt findet, und 3. man wird in seinen Erwartungen durch den tatsächlichen Ausgang des Experimentes getäuscht.

Sofern man sich selbst oder andere in Verdacht setzt, durch das subjektive Moment die Ergebnisse der Auszählungen im gewünschten Sinne „verbessert“, d. h. in Wirklichkeit gefälscht zu haben, sind natürlich nur die Fälle der ersten und dritten Kategorie als zuverlässig zu betrachten. Bei dem reichlichen, aus mannigfachen Versuchsanordnungen stammenden statistischen Material, das uns zur Verfügung steht (über 6000 Versuche), findet sich in der Tat eine nicht geringe Menge von Fällen der beiden eben erwähnten Kategorien vor, von denen wir wiederum diejenigen herausschälen müssen, die aus dem einen oder anderen Grunde keinen „mitogenetischen Effekt“ ergaben. Diese Fälle sind es vor allem, die auf den Grad der Übereinstimmung der Sprossenzahlen der beiden Bezirke geprüft werden können und an einem größeren Material von uns geprüft wurden. Es zeigte sich, daß eine Differenz von 2% in solchen Fällen bereits zur Seltenheit gehört und sich innerhalb der bei weitem überwiegenden Mehrzahl der Fälle innerhalb 1% hält. Wir können daher Versuchsergebnisse, die eine Differenz zwischen dem induzierten Bezirk und Kontrolle von mehr als 2% ergeben, schon mit einem bestimmten Wahrscheinlichkeitsgrad als Folgen einer Beeinflussung von außen betrachten.

Tabelle 1. **Zusammenstellung einer Anzahl Ergebnisse von Versuchen mit Nulleffekten bzw. mit Überwiegen der Sprossenzahlen in der Kontrolle.**

Grenzen der Differenzen zwischen Induktion und Kontrolle %			Anzahl der Fälle innerhalb der betreffenden Grenze
Innerhalb	+0,1	−0,1	37
„	+0,3	−0,3	88
„	+0,5	−0,5	124
„	+0,7	−0,7	157
„	+1,0	−1,0	183
„	+1,5	−1,5	202
„	+2,0	−2,0	213
		−2,3	2
		−2,8	1
		−4,0	1
			Total 217

Einen guten Einblick in die konkreten Verhältnisse gewähren Serienversuche in der Art der Spektralaufnahmen, wo aus einem großen Agarblock 6—8 benachbarte Bezirke zur Induktion und ebensoviele zur Kontrolle genommen werden. Aus einer größeren Koch-Schale wird ein tadellos gleichmäßig aussehender Bezirk von etwa $3 \times 1{,}5$ cm Fläche herausgeschnitten und der Länge nach in zwei ungleiche Hälften geteilt. Jeder Streifen wird dann mittels Deckglassplitter oder feiner Zelluloidplättchen in 6—8 Querstreifen unterteilt, von denen die Reihe der größeren zur Induktion mit den zu prüfenden Streifen des mitogenetischen Spektrums, die zugehörigen kleineren Bezirke als respektive Kontrollen benutzt werden.

Von jedem Bezirk wird ein Anstrichpräparat angefertigt und die 12—16 Präparate fortlaufend numeriert und „blind“ abgezählt.

Es seien jetzt die Zählungsergebnisse einer größeren Reihe derartiger Versuche als Belege der Güte und auch der Fehlergrenzen des Hefeagarmaterials angeführt.

Tabelle 2. Spektrum des Kaninchenauges.

Versuch 1. Sprossungszahlen in %.

	I	II	III	IV	V	VI	VII	VIII	IX	X	XI
Induktion	10,2	12	7,5	7,3	11,7	7,9	7,3	9,6	8	8,8	8
Kontrolle	7,6	7	8	7,6	8	7	7,4	8,7	7,7	8	8
Differenz (Induktionseffekt)	34%	71%	-6%	-4%	46%	13%	-1%	10%	4%	10%	0%

Versuch 2. (Desgleichen.)

	I	II	III	IV	V	VI
Induktion	11,3	11,8	7,5	7,5	10,8	7
Kontrolle	7	8,6	7,8	7,4	7,2	7
Induktionseffekt	61%	37%	-3%	1,3%	50%	0%

Versuch 3. (Desgleichen.)

	I	II	III	IV	V	VI	VII
Induktion	10,2	10	7,8	7,7	11	8	8
Kontrolle	8,2	7	8,5	7,3	8	8	7,8
Induktionseffekt	25%	43%	-8%	5,5%	37%	0%	2,5%

Wenn wir die Gesamtheit der Einzelwerte der Kontrollen mit den 3 bzw. Mittelwerten 7,7, 7,5 und 7,6 zusammenstellen, so verteilen sich die Abweichungen derselben folgendermaßen: 15 Fälle < als 0,5, 7 Fälle < als 1 und = 1, 1 Fall = 1,1%.

Die Differenzen zwischen Induktionen und Kontrollen sind in allen drei Versuchen in übereinstimmender Weise verteilt. In den Bezirken I (1900—1940 Å.), II (1940—2000 Å.) und V (2120—2180 Å.) gehen die Differenzen weit über das Variationsmaß der einzelnen Bezirke der Kontrolle hinaus (Minimum 25%, Maximum 71%), in allen übrigen Bezirken des Spektrums halten sie sich ebenso eindeutig innerhalb der Variationsbreite der Kontrollen. Man findet demnach bei Betrachtung aller Zahlenpaare (Kontrolle und Induktion) überhaupt keine Veranlassung zum Zweifel über den jeweiligen Ausgang. Die Streifen I, II und V geben einen deutlichen Induktionseffekt, die übrigen Streifen ebenso übereinstimmend einen Nulleffekt. Nicht immer dürften indessen die Verhältnisse so offensichtlich eindeutig sein. Es mögen auch zwei Versuche besprochen werden, bei denen das vorherige Variationsmaß vereinzelt überschritten wird.

Tabelle 3. Proteolytisches Spektrum.

	%	%	%	%	%	%	%	%
Induktion	9,7	9,3	9,7	11,3	11	8,2	7,5	9,5
Kontrolle	9,3	7,8	6,8	7,2	7,1	7,2	7	7
Induktionseffekt	4,3	21	42	57	54	14	7	36

Wir sehen hier von den acht Einzelwerten der Kontrollen alle bis auf den ersten in guter Übereinstimmung, diesen aber die übrigen ganz bedeutend übertreffen (9,3% bei 7,35 Mittelwert). Es könnte daher sehr wohl möglich sein, daß der tatsächlich bestehende Induktionseffekt hier maskiert wäre. Ein derartiger Fall wird selbstverständlich mehrmals überprüft werden müssen. Es hat sich indessen bei wiederholter Nachuntersuchung des proteolytischen Spektrums das Fehlen der Induktion im betreffenden Bezirk (1900—1960) als ganz konstantes Vorkommnis erwiesen. Auch die Bezirke II (21%) und VI (14%) erscheinen hier zweifelhaft; der erste zu schwach als echte Induktion, der letztere zu bedeutend für einen Nulleffekt. Wiederholte Nachprüfungen haben indessen konstante Pluseffekte für den Bezirk II und kaum nachweisbare Pluswerte für VI ergeben.

Es möge schließlich noch ein Fall besprochen werden, der sich wieder auf das Spektrum des Kaninchenauges bezieht.

Tabelle 4.

	I	II	III	IV	V	VI
	%	%	%	%	%	%
Induktion	7	8,7	7,7	7,4	10	7,7
Kontrolle	5,7	5,5	7,7	7,6	7,5	7,7
Induktionseffekt	23	58	0	−2,6	33	0

Wir sehen hier wiederum die typischen Pluseffekte in den Bezirken I, II und V, wie in den vorangehenden Versuchen, und ausgezeichnete Nulleffekte in den übrigen Bezirken. Die Übereinstimmung der fünf letzten Kontrollwerte ist eine ganz ausgezeichnete. Sie sticht jedoch von den unter sich wieder übereinstimmenden Werten der zwei ersten Bezirke scharf ab. Man wäre daher geneigt den positiven Induktionseffekt in I und II auf Rechnung der zufällig niedrigen Werte der beiden Kontrollen zu setzen. Es ist aber wiederum sehr auffallend, daß beide benachbarte Werte untereinander gut übereinstimmen und daß der Induktionseffekt gerade da zu finden ist, wo er auf Grund aller übereinstimmenden Versuche zu erwarten war. Es muß daher gefolgert werden, daß man in diesem Falle beim Herausschneiden des Hefeagarblocks auf einen nicht homogenen Bezirk mit lokal differenten Arealen stieß, was selbstverständlich zur Vorsicht mahnt.

Es versteht sich von selbst, daß in der ausgedehnten statistischen Praxis auch noch schlimmere Fälle unterlaufen und zuweilen ganz unbegreifliche Fälle von Minuseffekten auftreten, die gar keiner „mitogenetischen" Interpretation fähig sind und deutlich auf die Unvollkommenheit der gebrauchten Kultur hinweisen. Je sorgfältiger und geschickter die Kultur angesetzt wird und je vorsichtiger man im Herausschneiden der Versuchsblöcke ist, um so seltener sind natürlich derartige Fälle, die das Gesamtbild nie trüben können, falls man sich streng an das Prinzip hält, nur *sicher in beliebiger Zahl reproduzierbare Ergebnisse zu verwerten.*

Wir haben aber jetzt dasselbe Problem auch von einer anderen Seite, derjenigen der Zuverlässigkeit der Zählungen einerseits und des Präzisionsmaßes der ermittelten mittleren Zahlen andererseits, zu betrachten. Das sich am meisten empfehlende Verfahren, die Zählung vollständig objektiv zu gestalten, ist das „Blindzählen“ der Präparate. Man läßt sich durch einen anderen die Präparate numerieren und tritt dann an die Zählung ohne daß man weiß, ob man es mit dem induzierten Bezirk oder mit der Kontrolle zu tun hat. Eine vollständige Gewähr der Objektivität ist aber auch in diesen Fällen nicht ohne weiteres gegeben. Innerhalb einer bestimmten Heferasse und bei konstanter Behandlungsweise pflegen die ermittelten Zahlen monatelang auffallend konstant zu sein. So hielten sich bei unseren Zählkriterien die Kontrollen in den Wintermonaten 1928—29 auffallend konstant in der Nähe von 11%. Hat man demnach das erste Präparat abgezählt und eine von dieser Mittelzahl abweichende gefunden, so tritt man an das zweite Präparat mit einer bestimmten Voreingenommenheit heran. Man kann sich allerdings dadurch helfen, daß man mehrere, aus verschiedenen Versuchen stammende Präparate gleichzeitig numerieren läßt und in Zählung nimmt. Unter diesen Umständen läßt sich natürlich der zu erwartende Ausgang nicht voraussehen, und die Zählung erlangt dabei in der Tat den Charakter einer vollkommenen Objektivität.

Seit etwa zwei Jahren wird in unserem Laboratorium tatsächlich nur „Blindzählung“ geübt. Da aber zahlreiche vorangehende Arbeiten ohne Numerierung der Präparate durchgeführt wurden, mußten wir auch deren statistische Grundlagen einer kritischen Prüfung unterwerfen.

Man kann sich indessen durch passende statistische Bearbeitung eines größeren Versuchsmaterials, wie es uns vorliegt, auch hier davon überzeugen, daß die Abzählungen durch psychische Momente nur schwach oder gar nicht beeinflußt werden und daß die aus etwa 1200 Zellen gewonnenen Mittelwerte statistisch bereits zuverlässig sind.

Es wurde für diese Zwecke ein möglichst gleichartiges, von *einem* Zähler stammendes Versuchsmaterial verwertet und 70 Versuche herausgesucht, bei denen die Mittelwerte um 15% schwankten. Es handelt sich ausschließlich um Präparate, wo eine Induktion erwartet wurde und auch tatsächlich eintraf, wobei, was speziell hervorgehoben werden muß, der Zähler stets die zugehörige Kontrolle *vor* dem Präparat mit Induktion zählte. Da die Kontrollen dieser Serie um den Mittelwert 11,5% lagen, war für den Induktionseffekt der Wert 15—15,5% der zu erwartende. Die Zählung wird so ausgeführt, daß das Präparat mittels Kreuztisches durchmustert und die fortlaufende Zählung der Hefezellen bzw. deren Sprossen bei je 100 Zellen abgebrochen und das Verhältnis der Sprossen zu den Zellen jeweils markiert wird: also z. B. 13 Sprossen auf 100 usw.

Das psychische Moment, welches die Zählung beeinflussen könnte, ließe sich etwa folgendermaßen denken. Eine zu niedrige Sprossenzahl (z. B. 11—12) ist „unerwünscht“ und könnte vom Zähler mittels eines Paktes mit seinem Gewissen auf etwa 13—14 erhöht werden. Bei ganz niedrigen Zahlen (z. B. 7—8) könnte man sich sogar damit vertrösten, daß das Präparat an dieser Stelle „ungeeignet zum Zählen“ ist und daher die betreffenden Zahlen vollständig fallen lassen. Die Werte um 15 herum dürften mit Befriedigung begrüßt werden, noch mehr aber etwas größere, etwa bis zu 17—18. Sehr große Werte müßten als Abnormitäten wiederum unangenehm auffallen, da es ja am meisten auf eine strenge Gesetzmäßigkeit und Gleichförmigkeit der Ergebnisse und nicht auf einen extravaganten großen Einzelfall ankommt.

Die psychische Beeinflussung der Abzählung könnte demnach nur die beiden äußersten Flügel der Verteilungskurve und zwar im Sinne einer Herabsetzung derer Zahlen beeinflussen. Da man aber von einer streng objektiven Abzählung (unter Voraussetzung einer statistischen Homogeneität des Substrates) einen engen Anschluß des Gesamtergebnisses an die Gaussssche Normalkurve zu erwarten hätte, folgt daraus, daß die

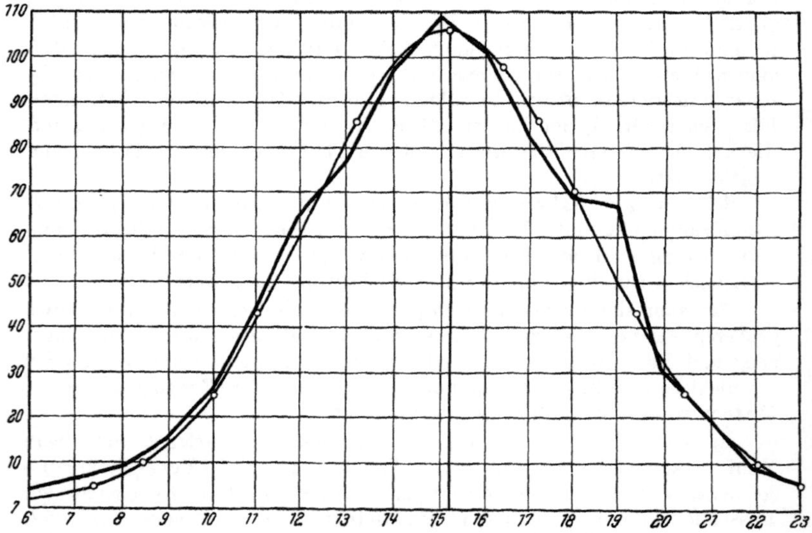

Abb. 1. Graphische Darstellung und Anschluß an die Gaussssche Normalkurve des Materials von 70 Versuchen mit positivem Induktionseffekte. Es wurden die von einem Zähler stammenden Versuche gewählt, deren Mittelwerte (aus je 12 Gruppen von 100 Zellen) zwischen 15—15,5 % schwankten. Jede 100-Gruppe ist demnach als Einheit angeführt (im Ganzen deren 840). Die Abszissenzahlen bedeuten die Prozentverhältnisse der einzelnen Gruppen, die Ordinatenzahlen die Anzahl der betreffenden Gruppen.

psychische Beeinflussung auf eine Verkümmerung der beiden Seitenflügel hinauskommen müßte, d. h. einer Verzerrung der Normalkurve gleichkäme, die von Lexis als Anzeichen der sogenannten „unternormalen Dispersion" bezeichnet wurde.

Unser Material ergibt indessen auch nicht die Spur einer derartigen Verzerrung. Der Anschluß an die Gaussssche Normalkurve kann wohl nicht schöner gedacht werden als er tatsächlich ist.

Diese und mannigfache andere statistische Prüfungen des Zählmaterials ergaben demnach übereinstimmend, daß eine merkbare psychische Beeinflussung der Zählkriterien leicht vermieden werden kann und die Resultate keinesfalls trübt.

Mit diesen Prämissen ausgerüstet kann man daher allgemeine und zuverlässige Kriterien zur Bewertung der Versuchsergebnisse einführen.

Die Schlußfolgerungen, die von uns in der weiteren Darstellung vertreten werden, beruhen dementsprechend stets auf folgenden Grundsätzen:

1. Jeder Einzelversuch gewinnt eine Überzeugungskraft nur soweit er ein Glied aus einer größeren Serie gleichartiger Versuche ist. Die Versuche müssen mit anderen Worten *zuverlässig reproduzierbar* sein.

2. Je geringer der Induktionseffekt einer gegebenen Versuchsserie, desto größer muß das statistische Material sein.

3. Ergibt eine Versuchsserie neben Erfolgen nennenswerte Fehlschläge, so wird das Gesamtergebnis (vorausgesetzt, daß es sich um eine genügende Anzahl von Einzelversuchen handelt), als ein unsicheres bezeichnet, wobei man aber im allgemeinen berechtigt ist von einer mangelhaften Konstanz der betreffenden Strahlungsquelle und nicht etwa von einer Launenhaftigkeit des Detektors zu sprechen.

Überblicken wir unter diesen Gesichtspunkten die Gesamtheit unserer Versuchsergebnisse, so erhalten wir folgendes Bild.

1. Die erdrückende Mehrzahl unserer Versuchsserien ergibt vollständig eintönige Resultate, ohne Fehlschläge (d. h. entweder lauter Pluseffekte oder ausschließlich Nulleffekte).

2. Es wurden nur einige Strahlungsquellen nachgewiesen, die trotz endlos wiederholter Versuche ein schwankendes Gesamtbild ergeben, und die offenbar in ihrem Strahlungsverhalten tatsächlich schwanken.

3. Es lassen sich durch Zusammenstellung verschiedener Versuchsserien typische Unterschiede zwischen schwachen Induktionseffekten (mit etwa 20—25% des Induktionseffektes) und starken Effekten (von durchschnittlich 50%) unterscheiden. Die Hefekulturen sind demnach als Detektoren nicht reine „Alles oder Nichts-Systeme". Es wäre indessen unstatthaft den jeweiligen Induktionseffekt ohne weiteres in qualitativem Sinne als Maßstab der Strahlungsintensität der Quelle zu verwerten, und zwar vor allem, weil, wie sich noch aus dem Nachfolgenden ergeben wird, die Rezeptivität der Hefe unter bestimmten Verhältnissen (z. B. Bestrahlung durch sichtbares Licht, Potozky) variieren kann.

Es entgehen übrigens sehr schwache Induktionsgrade unserer Beurteilung, weil Differenzen zwischen dem induzierten Bezirke und Kontrolle, die sich etwa innerhalb 20% halten, schon in das Gebiet der normalen Schwankungen innerhalb einer unbeeinflußten Kultur fallen, die ebensowohl der nicht vollkommenen Homogeneität der Kultur selbst, als der Ungenauigkeit der Zählungen zur Last fallen können.

Eine *quantitative Messung* der mitogenetischen Strahlen ist demnach vermittelst der biologischen Detektoren bisher nicht gelungen. Es lassen sich allerdings annähernde Vorstellungen über die Intensität einer gegebenen Quelle auf Umwegen gewinnen, indem man die zeitlichen Schwellenwerte, die noch gerade eine sichere Induktion ergeben, bestimmt und miteinander zusammenstellt. Die Differenzen zwischen verschiedenen biologischen Quellen erweisen sich dabei ziemlich beträchtlich, da die bisher ermittelten Schwellenwerte unter sonst gleichen Versuchsbedingungen etwa zwischen 10 Sekunden und 6—8 Minuten schwanken.

Auf diese Verhältnisse kann aber erst im weiteren eingegangen werden.

Die zweite Hefemethodik, die auf Abzählung der absoluten Individuenzahl innerhalb der Induktions- und der Kontrollkultur beruht, ist ganz rezenten Datums, hat sich aber sofort in mehreren Laboratorien eingebürgert. Sie wurde von Potozky und Salkind ausgearbeitet. Ihr Vorzug besteht, neben ihrer Einfachheit und Sicherheit der Handhabung, auch in der größeren Eindeutigkeit ihrer Ergebnisse. Denn es ist ja leicht einzusehen, daß die Abzählung der Sprossen bestimmter Größen, die unter den nötigen Kautelen zum ganz sicheren Nachweis des Induktionseffektes führt, nichtsdestoweniger in der *Deutung* seiner biologischen Bedeutung des Effekts oft im Stiche lassen kann. Die prozentuale Zunahme der Sprossenzahl einer bestimmten Größe kann ja auf verschiedene Momente zurückgeführt werden: es kann sich sowohl um Anregung einer Anzahl von Zellen zu übermäßiger oder vorzeitiger Teilung, als auch um Hemmung des Sprossungsrhythmus auf frühen Stadien handeln. Ebenso mehrdeutig ist auch der als „Depression“ oder „Defizit“ bezeichnete mitogenetische Effekt, der sich in der Abnahme der Anzahl der kleinen Sprossen zu erkennen gibt. Es läßt sich hier sowohl an echte Hemmung der Sprossung, als auch an eine Beschleunigung des Ablaufes der Frühstadien denken.

Die Abzählung der Individuenzahl läßt natürlich für diese Eventualitäten keinen Spielraum und ist darin jedenfalls allen anderen Methoden weit überlegen. Sie kann natürlich technisch in verschiedenster Weise ausgeführt werden. Man wird stets zwei Tropfen der gleichen Hefesuspension nehmen, den einen zur Induktion, den zweiten als Kontrolle benutzen, und sie nach Ablauf der Induktion in abgemessenen kleinen Mengen des flüssigen Nährsubstrates eine Zeitlang der Weiterentwicklung überlassen. Der Induktionseffekt ist schon nach 1—1,5 Stunden deutlich nachweisbar, da er bei Abzählung (in der Thoma-Zeissschen Blutzählkammer) ein Übergewicht von 30—50% der Individuenzahl des induzierten Tropfens im Vergleich zur Kontrolle ergibt. Daß bei dieser altbewährten und eingebürgerten Zählmethode das subjektive Moment und sonstige Täuschungen nicht vorkommen dürfen, liegt auf der Hand.

Es seien hier noch einige rein technische Angaben über die Handhabung der Hefemethodik eingeflochten, die bei der Nachprüfung Zeit sparen und vor Mißgriffen schützen dürften.

Wird mit thermophilen Arten gearbeitet, so hat es sich gezeigt, daß die ursprünglichen Bedenken gegen das Experimentieren bei Zimmertemperatur unbegründet sind. Sowohl als Detektoren, als auch als Strahlungsquellen bewähren sie sich sehr gut bei etwa 12° Zimmertemperatur. Zum Nachweis des Induktionseffektes müssen sie indessen *nach* der Induktion, für die Inkubationsdauer der Reaktion (etwa 1 Stunde) in optimale Bedingungen, d. h. in den Thermostat kommen.

Zur Aufnahme der flüssigen Kulturen eignen sich am besten die bereits vielfach geschilderten, aber neuerdings bedeutend vereinfachten Kapillarkammern, die wir jetzt aus zwei schmalen Zelluloidstreifen mit etwa 2 bis 3 mm Abstand verfertigen. Sie werden an einen Glasstab und an ihren freien Enden gekittet und halten durch Kapillarität sehr gut einen großen Tropfen der Hefesuspension. Für länger dauernde Versuche werden solche Kapillarkammern zweckmäßigerweise an eine langsam rotierende horizontale Achse angebracht.

Wo nicht spezielle Aufgaben in Betracht kommen, wird die Bestrahlung von uns gegenwärtig stets in fraktionierter Form dargereicht, was in jeder Hinsicht ganz enorme Vorzüge bietet und für manche Ver-

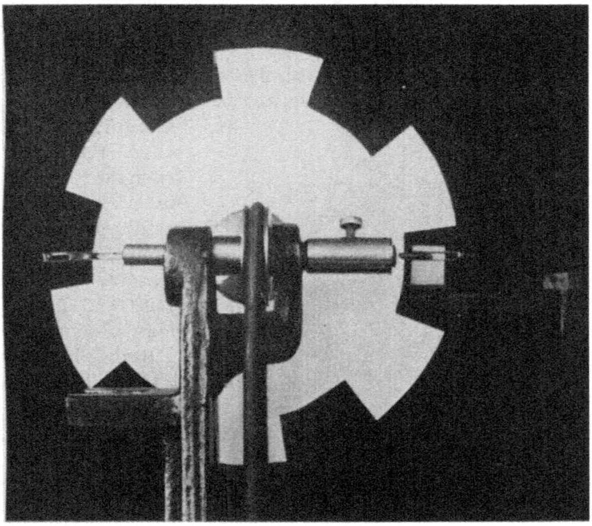

Abb. 2. Versuchsanordnung mit flüssigen Detektorkulturen, unter Anwendung des Fraktionierungverfahrens. Die beiden Kapillarkammern (für Induktions- und Kontrollkultur) sind an eine gemeinsame drehbare Achse angebracht. Sie sind aus zwei Zelluloidlamellen zusammengekittet und fassen etwa 0,5 cm³. Als Strahlungsquelle ist rechts hinter der Drehscheibe ein Hefeagarblock aufgestellt (in etwas falscher Stellung, sollte mehr nach außen kommen).

suche für den Erfolg sogar entscheidend ist. Drehscheiben mit Sektorialausschnitten (aus steifem Papier oder aus Zelluloid) werden an kleinen Elektromotoren angebracht. Der Abstand zwischen Strahler und Detektor kann dabei ohne jeden Nachteil auf 5 cm und darüber gebracht werden. Man wird natürlich dafür Sorge tragen, daß auch die Kontrollkultur (Agarblock oder Hefesuspension) der Einwirkung des durch die Drehung gesetzten Luftstroms (Abkühlung) in gleicher Weise ausgesetzt wird.

Wird der Induktionseffekt durch Abzählung der Individuen (Vermehrungseffekt) geprüft, so müssen natürlich aus den beiden Kapillarkammern genau abgemessene Mengen der Hefesuspension entnommen und in frisches Nährsubstrat gebracht werden. Die Erfahrung hat gezeigt, daß bei gehöriger Einübung die Fehlergrenzen der Methodik sich etwa innerhalb 6% bewegen, der durchschnittliche Induktionseffekt dagegen meist über 30% und mehr beträgt.

Einen völligen Umschwung der mitogenetischen Methodik bringen zwei bisher noch nicht veröffentlichte, aber an ausgedehnten Versuchsserien auf ihre große Genauigkeit und Zuverlässigkeit erprobte Verfahren, die wir hier nur in allgemeinsten Zügen schildern können.

Beide sind nur für flüssige Kulturen geeignet, wobei an der im vorangehenden geschilderten Versuchsanordnung an sich nichts geändert zu werden braucht. Die Abzählung der Individuenzahl in der induzierten und Kontrollkultur wird aber in beiden Methoden durch ein rein objektives Verfahren ersetzt.

Die *nephelometrische Methode* von Frank eignet sich im gleichen Maße für Bakterien- und für Hefekulturen und beruht auf der Verknüpfung des bekannten nephelometrischen Prinzips mit der sogenannten Photozelle, wobei ein Kompensationsverfahren zur Anwendung kommt, bei dem das Elektrometer als ein sogenanntes Nullinstrument gebraucht wird. Die Versuchsanordnung ergibt sich aus Abb. 3. Die Induktions- und Kontrollkulturen kommen in die beiden Glaskammern *A* und *B*. Das von einer starken Lichtquelle kommende Licht (*L*), welches durch die suspendierten Zellen gestreut wird, gelangt in die Dunkelkammern (D_1 und D_2) und wird von den eingebauten Photozellen (*Ph*) aufgefangen. Die Kompensationsschaltung der beiden Photozellen bringt es mit sich, daß bei gleicher Lichtintensität hier und dort die von beiden Zellen kommenden Ströme sich gegenseitig aufheben und das Elektrometer (*El*) in Ruhestellung verharrt. Ist aber die Streuung der beiden Kulturen verschieden (bei positivem Induktionseffekt an der induzierten Kultur überwiegend), so wird das Elektrometer entsprechend ausschlagen. Zur quantitativen Messung des Effektes wird nun der Ausschlag wieder auf Null gebracht, indem die Zutrittsöffnungen zu den Dunkelkammern durch verschiebbare Schirme (*Sch*) reguliert werden.

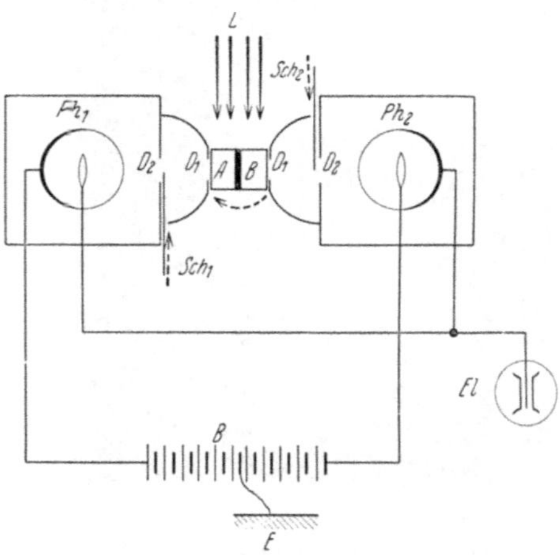

Abb. 3. Nephelometer nach Frank (vgl. Text).

Die Empfindlichkeit und Zuverlässigkeit der Methode ist außerordentlich hoch, die Handhabung relativ einfach.

Das zweite Verfahren, welches von Braineß ausgearbeitet wurde, kann, da es nur für Hefe Anwendung findet, als die *My etokritmethode* bezeichnet werden und hat den großen Vorzug der Einfachheit und der un-

Abb. 4. Nephelometer nach FRANK (vgl. Text).

mittelbaren Anschaulichkeit. Nach etwa 4stündiger Inkubationszeit werden die Induktions- und die Kontrollkulturen in zwei „Blutmischer", wie

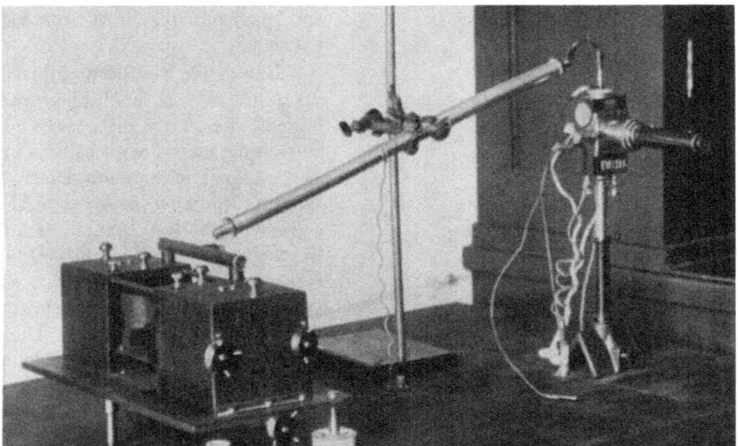

Abb. 5. Nephelometer nach FRANK (vgl. Text).

sie bei Blutkörperzählungen gebraucht werden (jedoch natürlich ohne Glasperlen) aufgenommen, die Kapillarmündungen zugekittet und die beiden Röhren etwa 5 Minuten scharf zentrifugiert. Abb. 6 stellt das typische Ergebnis eines positiven Induktionsergebnisses dar. Der Induktionseffekt beträgt etwa 70%. Die Fehlergrenze ist sehr gering (zwei Portionen der gleichen, unbeeinflußten Kultur geben eine Höhendifferenz von 1—2 mm der Hefesäulen).

Abb. 6. Myzetokrit (nach BRAINESS). Säulen der Hefezellen bei ausfallendem Lichte schwarz. Links Induktion. Rechts Kontrolle.

Es wurde bereits eingangs betont, daß Hefekulturen für unser Laboratorium und für viele, von uns unabhängig arbeitende Forscher den einzigen, bisher unübertroffenen „Arbeitsdetektor" liefern.

Die grundlegenden Ermittelungen, die an Zwiebelwurzeln als Detektoren gewonnen wurden, fanden bereits in unserer Monographie: „Das Problem der Zellteilung usw." eine ausführliche Schilderung. Es möge noch erwähnt werden, daß die meisten auf diesem Wege gewonnenen Tatsachen mit Hefe als Detektor nachgeprüft und bestätigt wurden.

Eine große Bedeutung dürften wohl mit der Zeit Bakterien erlangen, die in die mitogenetische Forschung zuerst von L. SEWERTZOWA eingeführt wurden. Bouillonkulturen von schwimmenden, nicht sedimentierenden Arten werden in kleinen Gefäßen mit Quarzfenstern der Anstrahlung ausgesetzt, und nach einer gehörigen Inkubationszeit auf ihre Dichte (Individuenzahl pro Volumeinheit) geprüft.

Von SEWERTZOWA wurden die Zählmethoden von BREED und KOROLEFF in Anwendung gebracht, von ACS neuerdings die übliche Methode mit Kolonienaussaat und Abzählung.

Neben den aufgezählten pflanzlichen Detektoren wurden auch einige tierische geschildert. In erster Linie kommen hier Seeigeleier (MAGROU, MAXIA, ZIRPOLO), Eier gewisser Archianneliden (*Protodrilus, Saccocyrrus*)

(POTOZKY, SALKIND, ZOGLINA) in Betracht. Beschleunigung der Furchung und auch aberrante Entwicklung sind hier Folgen der mitogenetischen Induktion.

Von tierischen Geweben erwies sich das Cornealepithel als Detektor sehr geeignet (ANIKIN und L. GURWITSCH, bestätigt von NAVILLE). Das eine Auge dient hier als Kontrolle, an dem induzierten Auge wird eine zuweilen enorme Steigerung der Mitosenzahl nachgewiesen.

Alle diese Objekte werden in ausführlicher Weise erst am zugehörigen Orte besprochen.

Die Begründung des mitogenetischen Effektes als feststehender Tatsache ist durch all diese mannigfaltigen Befunde definitiv gesichert.

Eine Sonderstellung als Detektor mitogenetischer Strahlung nimmt das sogenannte *Stempell*-Phänomen ein, welches zum ersten Male im Jahre 1929 geschildert wurde und in lebhafter und meist abfälliger Weise diskutiert wird.

Es handelt sich um Störung der Ausbildung der sogenannten LIESEGANGschen Ringe bei Diffusion von Silbernitrat in Chromgelatine unter dem Einfluß verschiedener Stoffe, die als mitogenetische Strahler bekannt waren, vor allem von Zwiebelsohlenbrei.

Die ursprüngliche Versuchsanordnung von STEMPELL, die auch die Grundlage zu den meisten Nachprüfungen lieferte, war leider nicht völlig einwandfrei, indem sie den Zutritt flüchtiger Stoffe aus dem fast ausschließlich gebrauchten Zwiebelsohlenbrei zum Detektor gewährte. Es konnte aber von SIEBERT, TOKIN, CZAJA und MAXIA gezeigt werden, daß schon Spuren der im Zwiebelsohlenbrei enthaltenen Stoffe der Allylgruppe die von STEMPELL geschilderte Störung der Ringbildung bewirkten, was auch in späteren Nachprüfungen von letzterem Verfasser bestätigt und zugegeben wurde.

In einer neuen, umfangreichen, gemeinsam mit v. ROMBERG durchgeführten Untersuchung wird nun von STEMPELL der Beweis versucht, daß jedenfalls *neben* der Gaswirkung auch ein strahlendes Prinzip für die Beeinflussung der Ringbildung (die sowohl als Hemmung, wie als Förderung auftritt) in Betracht kommt. In einigen Versuchen wurde der Detektor (Chromgelatine) „gasdicht" von dem Induktor abgeschlossen, der durch einen Schlitz mit darauf gekitteter Bergkristall- bzw. Uviolglasplatte einwirken kann. Als Induktoren wurden dabei neben Zwiebelbreien auch andere tierische und pflanzliche Objekte benutzt. Eindeutig positive Resultate wurden unter diesen Bedingungen allerdings, wie Verf. selbst hervorhebt, nur in einigen wenigen Fällen erzielt. Der einzige wirklich überzeugende Fall ist in Abb. 7 und 7a wiedergegeben. Es wurde von den Verfassern allerdings der Beweis nicht erbracht, daß die hier verwendeten Daphnien auch mitogenetische Strahler sind, was jedoch in unserem Laboratorium durch SALKIND nachgeholt wurde.

Es möge noch hervorgehoben werden, daß die mächtige Wirkung des Ultraviolett auf die Ringbildung in einwandfreier Weise sowohl von STEMPELL, als auch von anderen Autoren nachgewiesen werden konnte, obwohl die Versuche leider nicht mit spektral zerlegtem Lichte durchgeführt wurden und daher die Wirksamkeit speziell des kurzwelligen mitogenetischen Gebietes noch eines direkten Nachweises bedarf.

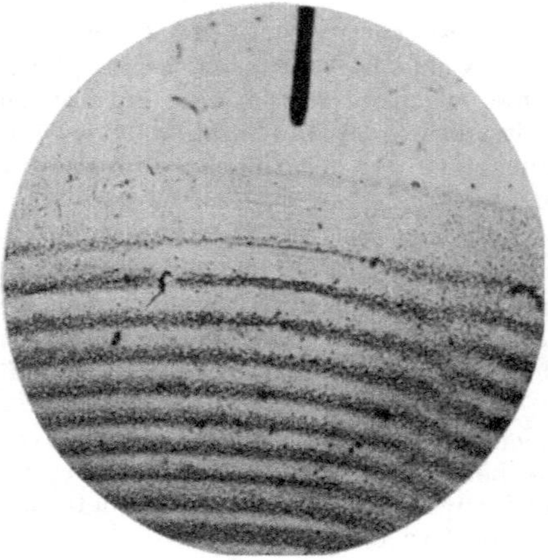

Abb. 7.

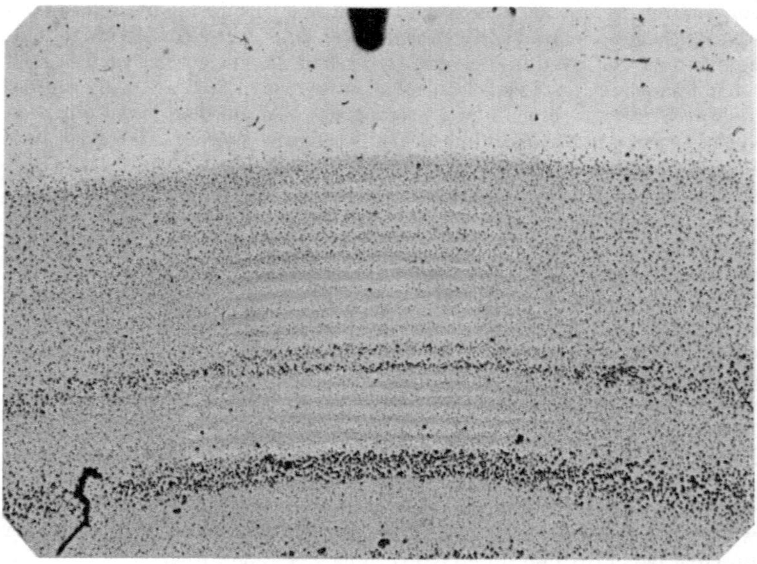

Abb. 7a.

Abb. 7 u. 7a. Beeinflussung der LIESEGANGschen Ringbildung durch mitogenetische Strahlung (nach STEMPELL). Induktionquelle-Daphnien, durch Quarzplatte „gasdicht" abgeschlossen. 7 schwache, 7a stärkere Vergrößerung. Schwarzer Stab — Hinweisstrich der Schlitzorientierung.

II. Physikalisches über mitogenetische Strahlen.

Die Überzeugung, daß der mitogenetische Effekt, sc. Induktion, einer Strahlung zu verdanken sei, wurde bereits in unseren ersten Untersuchungen ausgesprochen und durch Beweise erhärtet, die mir als abschließend erschienen. Eine ausführliche Schilderung des hierzugehörigen Tatbestandes wurde in der Monographie „Problem der Zellteilung usw." gegeben. Ich hatte aber offenbar deren Überzeugungskraft überschätzt, da noch gegenwärtig eine gewisse Skepsis in dieser Frage nicht verstummte und manche Forscher, die die Tatsache der „Wirkung auf Entfernung" sogar durch eigene Erfahrung bestätigen konnten, nichtsdestoweniger über die Natur des zu Grunde liegenden Faktors im Zweifel bleiben oder vielmehr im Banne der vorwiegend chemisch orientierten Denkweise der modernen Biologie befangen, an eine Ausscheidung flüchtiger Stoffe aus den induzierenden Körpern denken, die den mitogenetischen Effekt in den Detektoren erzeugen. Wie weit man in solchen Annahmen geht, beweisen u. a. die Angaben eines Physikers, Mlle. CHOUCROUN[1].

---

[1] Nachdem sie die vorangehenden Erfahrungen von J. und M. MAGROU an Seeigeleiern wiederholte und in Übereinstimmung mit denselben abnorme Larven erhielt, suchte sie durch hermetischen Abschluß der Zuchtschalen aus Quarz (die von unten induziert und in den vorangehenden Experimenten mit einer gewöhnlichen Glaslamelle geschlossen wurden), jede Möglichkeit des Eindringens flüchtiger Stoffe in die Kulturschalen auszuschließen und dadurch zu wirklich eindeutigen einwandfreien Resultaten zu gelangen. Jeder Induktionseffekt blieb in ihren Versuchen unter diesen Umständen in der Tat aus, woraus sie zu einer eigenartigen Deutung der vorangehenden Versuchsergebnisse (mit einfachem Abschluß der Schalen durch Glasplatten und Vaseline) kommt. Sie vermutet nämlich, daß „quelque chose de materiel, emané de la culture, arrive tout de même, probablement en suivant la paroi du recipient et en s'insinuant au travers des joints de paraffine, dans le milieu, où se développent les oeufs". Diese an sich so unwahrscheinliche Annahme wurde von J. und M. MAGRON widerlegt. Sie wiederholten CHOUCROUNS Versuche mit ihrer Apparatur und unter peinlicher Einhaltung ihrer Versuchsanordnung, wandten auch andere hermetische Verschlußmethoden (Verkittung mit Picein) an und kamen wiederum zu eindeutig positiven Resultaten. CHOUCROUN hält aber auch weiter an ihrer Ansicht fest, indem sie neue Versuche mit Bakterien als Detektoren anführt. Wird der Quarzboden des Versuchsgefäßes mit Staniol von außen beklebt, so bleibt (in Übereinstimmung mit SEWERTZOWA) jeder Induktionseffekt aus. Wird aber das Staniol von außen noch mit einer Quarzplatte bedeckt, so tritt nach CHOUCROUN der Effekt wieder

Wir müssen angesichts derartiger, leider nicht einzig dastehender Äußerungen mit dem Gesamtrüstzeug unserer Beweisführung, daß es sich tatsächlich um Strahlen handelt, nochmals hervortreten.

Sie zerfällt in mehrere Einzelbeweise.

Abgesehen von unseren schon mehrfach mitgeteilten älteren Befunden an Zwiebelwurzeln als Detektoren, auf die wir hier nicht eingehen wollen, seien folgende angeführt.

1. Jede unserer Strahlungsquellen wurde in ihrer Wirkungsweise auf den Detektor auch unter Zwischenschaltung einer Lamelle (sei es eines passenden Gewebes oder aus Quarz) geprüft. Es seien hier die älteren Versuche von N. Gurwitsch mit Zwiebelhäutchen in Erinnerung zurückgerufen, die in ihrer ganzen Anordnungsweise jeden Gedanken an eine Ausscheidung flüchtiger Stoffe aus der Wurzelspitze ausschließen und gleichzeitig eine deutliche Streuung des Strahlenbündels durch das vorgesetzte Häutchen ergeben. Die Anordnung mit Einschalten von Quarzlamellen war in unseren Versuchen sehr mannigfaltiger Art. Neben einfacher Ekranierung durch relativ große Quarzlamellen, die schon an sich ein „Umfließen" etwaiger flüchtiger Stoffe um die Ecke herum höchst unwahrscheinlich machen, können wir aus einer Reihe unserer Untersuchungen verschiedene Anordnungen mit praktisch vollständigem Abschluß des Senders anführen. Es sei die von Baron und Sussmanowitsch gebrauchte und abgebildete heizbare Kammer für Hefe- und Bakterienkulturen (Abb. 8A), die kleine Kammer mit Quarzfenster bei unseren Versuchen mit überlebendem Cancergewebe (B), die von Frank gebrauchte, allseits abgeschlossene Kammer für den tetanisierten Muskel angeführt, die Anordnung von Blacher (C), schließlich die Anordnungsweise von J. und M. Magrou in ihren Versuchen mit Seeigeleiern, wo die Dichtigkeit des Abschlusses des Behälters von der Strahlungsquelle speziell mittels Farblösungen geprüft wurde. Es ist daher sehr zu bedauern, daß all diese Beweise von manchen Autoren

---

auf, was darauf zurückgeführt wird, daß die von ihr angenommene „Emanation" in einem monomolekulären Film zwar auf der Quarzoberfläche, nicht aber auf Staniol sich auszubreiten vermag. Diese Angaben bedürfen natürlich einer Nachprüfung, sind auch an sich durchaus nicht eindeutig.

einfach übersehen werden und noch immer Verlangen nach strengem Abschluß von Sender und Detektor laut werden[1].

2. Das Arbeiten mit schnell (etwa 3000 Umdrehungen pro Minute) rotierenden großen Drehscheiben, die den Abstand zwischen Quelle und Detektor auf 15 cm (und darüber) bringen lassen und natürlich die stärksten Wirbelbewegungen der Luft erzeugen, ist schon an sich mit einigermaßen gerichteter „Emanation", die dicht neben dem Detektor stehenden Kontrollblock verschonen soll, absolut unverträglich.

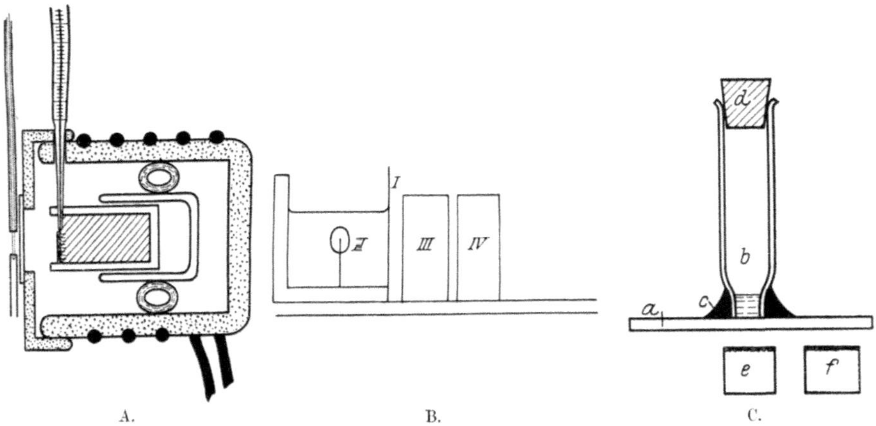

Abb. 8. Verschiedene Anordnungen des „gasdichten" Abschlusses der Induktionsquellen. A. Heizbare Kammer mit Quarzfenster (nach BARON). B. Kammer mit Quarzfenster, *I* Quarzlamelle, *II* Tumor in der Kammer in Flüssigkeit, *III* Detektor, *IV* Kontrolle. *C.* Kammer nach BLACHER, *a* Quarzlamelle, *b* strahlende Substanz, *c* Kitt, *d* Pfropf.

3. Gewissermaßen zum Überfluß seien noch schließlich die Ergebnisse der Versuche von FRANK angeführt, die allerdings zu anderen Zwecken angestellt wurden und uns noch an anderer Stelle beschäftigen werden. FRANK suchte ein biologisches Spektrum der mitogenetischen Strahlung zu gewinnen, indem er als Strahlungsquelle einen tetanisierten Froschmuskel (Sartorius) nahm und denselben vor den Kollimatorspalt eines lichtstarken Quarzspektrographen aufstellte. An Stelle der photographischen Platte, die die Aufnahme eines ultravioletten Spektrums enthielt, wurden an den

[1] Was sonderbarerweise auch von MAGROU selbst geschieht, der in einer ausführlichen Diskussion der Frage sich nur auf eine Untersuchung NAVILLES bezieht.

vorher genau vermerkten Orten der einzelnen Spektralstreifen eine Anzahl von Detektoren — Hefeagarblöcken — aufgestellt, die die eventuellen Bestandteile des durch den Muskel emittierten Spektrums auffangen sollten.

Diese Voraussetzungen fanden eine glänzende Bestätigung. Eine Anzahl Agarblöcke wurde in der Tat mitogenetisch beeinflußt, die übrigen dagegen nicht. Daß durch diese Versuche auch die Frage über Wellenlänge der mitogenetischen Strahlen entschieden wurde, kommt für uns erst im weiteren in Frage. Es erscheint aber m. E. ganz unverantwortlich, sich der Beweiskraft dieser Versuche

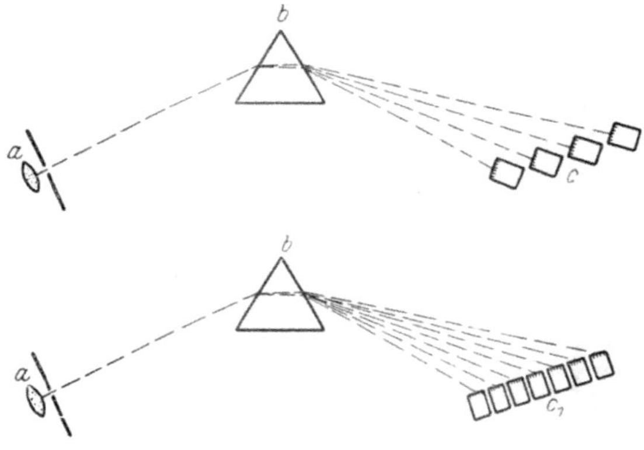

Abb. 9. Schema der Spektralversuche von FRANK. *a* Muskel vor dem Kollimatorspalt, *b* Quarzprisma. *c* Hefeagarblöcke in verschiedener Anordnung.

in der Streitfrage über die Strahlennatur des mitogenetischen Faktors entziehen zu wollen. Man wird ja natürlich nicht ernstlich daran denken können, daß „etwas Materielles", d. h. flüchtige Stoffe, die von einem tetanisierten Froschmuskel ausgehen sollten, den etwa 80 cm betragenden Luftweg um den Spektographen herum zurücklegen könnten, um zu den aufgestellten Hefeblöcken zu gelangen und stets nur eine Anzahl derselben (und zwar *nicht* einmal die am Rande stehenden) zu beeinflussen!

4. Im Vergleich zu diesen Beweisen treten andere hierzu gehörige Ermittelungen gewissermaßen in den Hintergrund, so vor allem Spiegelungsversuche des mitogenetischen Effektes, die zuerst von uns, dann von SIEBERT und REITER und GABOR ausgeführt wurden.

Das von einer Wurzelspitze ausgehende Strahlenbündel wurde in unseren Versuchen von einer ebenen Glasplatte (planer Mikroskopspiegel) reflektiert. Mittels des Horizontalmikroskops wurde das Bild der Wurzelspitze (Neigungswinkel etwa 45°) auf der *Vorderfläche* des Spiegels eingestellt[1] und dann mit einer mittels Zahntrieb heruntergelassenen Zwiebelwurzel (Detektor) zur Deckung gebracht. Es wurden nur drei derartige Versuche angestellt, die alle erfolgreich waren. Die Induktionsresiduen auf der Detektorwurzel waren breiter als bei den üblichen Versuchen mit Wurzelspitze als Sender, woraus gefolgert wurde, daß es sich um eine unregelmäßige diffuse Spiegelung handelt und daß die Glasoberfläche für die in Frage kommende Strahlengattung rauh sei. Ich möchte diese Deutung nicht mehr aufrecht erhalten, da sie natürlich nicht zwingender Art ist und außerdem physikalisch im Widerspruch zu den späteren Bestimmungen der Wellenlängen der mitogenetischen Strahlen steht. Das betreffende ultraviolette Gebiet wird nämlich durch Glas regelmäßig gespiegelt. Unsere ursprüngliche Deutung ging von der Voraussetzung aus, daß das ausgestrahlte Strahlenbündel streng parallel ist, die wohl auch nur sehr annähernd gelten kann und möglicherweise etwas voreilig aus einigen Versuchen von Rawin auf relativ große Entfernungen gezogen wurde.

Siebert berichtet über seine Spiegelungsversuche in nur vorläufiger Weise (die versprochene ausführliche Mitteilung bleibt noch aus).

Eine mit Muskelbrei gefüllte Glasröhre traf mit ihrer Achsenfortsetzung einen davorgestellten kleinen Spiegel unter einem Winkel von 45°. Die angenommenen Strahlen mußten nach Abweichung von ihrem bisherigen Gange um 90° eine dicht am Spiegel befindliche Hefekultur treffen. Verfasser erhielt in der Tat an genau im voraus berechneten Stellen der Kultur Vermehrungen um 25 bis 37% gegenüber nicht bestrahlten Kontrollpartien. Die angenommenen Strahlungen hatten dabei eine Entfernung von etwa 10 mm durch die Luft durchmessen. Abseits von diesen stehen die Spiegelungsversuche von Reiter und Gabor (3 Versuche). Ihre Beurteilung setzt eine Auseinandersetzung voraus, die uns auch im weiteren Verlaufe unserer Darlegung beschäftigen wird.

[1] Die Konturen der die horizontale Wurzelspitze eng umfassenden Röhre lassen sich deutlich *neben* dem von der hinteren Silberfläche gespiegelten Bilde erkennen.

Der mitogenetische Effekt der beiden Autoren ist mit demjenigen von uns und auch von SIEBERT nachgewiesenen durchaus nicht identisch. Es werden nämlich an Querschnitten durch Zwiebelwurzeln nicht allein Mitosen, sondern auch die von Verfassern als „reife" bezeichnete Kerne („große runde Kerne, die frei innerhalb der Zelle liegen") abgezählt. Die Berechtigung und Haltbarkeit dieses Kriteriums wird von uns erst im weiteren diskutiert. Es möge nur betont werden, daß die auf Grund derselben gewonnenen Ergebnisse natürlich nicht so ohne weiteres mit unseren bzw. SIEBERTs Angaben in unmittelbare Parallele gesetzt werden dürfen. Unter diesem Vorbehalt müssen wir auch die Ergebnisse von zwei Versuchen mit reiner Spiegelung der vom Zwiebelsohlenbrei ausgehenden Strahlung an Glas und Quecksilber und eines mit Brechung durch eine Wasserschicht kombinierten Versuches bewerten.

Die Zahlenausschläge sind absolut genommen nicht bedeutend, prozentual genommen aber sehr ausgesprochen.

Diese Versuche werden noch im weiteren Zusammenhange ausführlicher besprochen.

Wenn wir das Vorangehende überblicken, so ist wahrlich nicht einzusehen, welche weitere und zwar strengere Beweise des Fundamentalsatzes, daß es sich um Strahlen und nicht etwa um gasförmige Emanationen handelt, verlangt werden könnten und möglich wären. Es wäre etwa nur noch an rein physikalische Methoden des Nachweises der Strahlung zu denken. In einem derartigen Nachweise wird vielfach eine grundsätzliche Wendung der ganzen Sachlage erblickt, indem man einen solchen gewissermaßen als Postulat hinstellt, dessen Nichterfüllung (oder Nichterfüllbarkeit) der definitiven und rückhaltlosen Anerkennung der Existenz der mitogenetischen Strahlung im Wege stehen soll. Eine derartige Auffassung der Sachlage verlangt naturgemäß eine prinzipielle Stellungnahme des Biologen. Da es sich jedenfalls um minimale Intensitäten der Strahlung handeln dürfte, kommen praktisch zwei physikalische Methoden des Nachweises in Betracht — die Wirkung auf die photographische Platte und der photoelektrische Effekt in der einen oder anderen Modifikation.

Daß es sich sowohl hier wie dort günstigenfalls um relativ nur sehr schwache Effekte handeln könnte, dürfte wohl von keiner Seite geleugnet werden. Es steht nun zu prüfen, wie weit bei positivem Ausfall von derartigen Nachweisen die Existenzfrage der mitogenetischen Strahlung für den Skeptiker auf wirklich festen Boden gelangt.

Es sei z. B. der Nachweis gelungen, daß eine gasdicht abgeschlossene biologische Strahlungsquelle durch ein Quarzfenster die photographische Platte beeinflußt. Die Emanation unsichtbarer strahlender Energie wäre damit nach unseren Begriffen einwandfrei erwiesen. Woher kann jedoch die Sicherheit stammen, daß diese Strahlen „mitogenetische" sind? Eine Identifizierung wäre praktisch unmöglich und dadurch auch das Interesse an dem Nachweis bedeutend herabgesetzt. Sofern es demnach auf den Zusammenhang ankommt, daß durch bestimmte, vom Organismus selbst produzierte Strahlen Mitosen angeregt werden, ist der photographische (oder ein anderer analoger physikalischer) Nachweis seiner logischen Struktur nach gewiß nicht der beste und richtige Weg und kann daher eine nur subsidiäre Bedeutung beanspruchen.

Aber auch den Vorzug der *Sicherheit* der physikalischen Methoden im Vergleich zu biologischen Nachweismethoden dem Biologen entgegenzuhalten, hieße dessen Langmut oder Bescheidenheit auf eine harte Probe zu stellen. Denn die Sicherheit einer experimentellen Methode, gleichwohl ob sie „physikalisch" oder „biologisch" ist, beruht in letzter Linie auf zwei Prämissen: der sicheren Reproduzierbarkeit des betreffenden Effektes und der Kenntnis der Fehlerquellen und Fehlergrenzen.

Weder in ersterer noch in letzterer Hinsicht ist jedoch die hier einzig in Betracht kommende physikalische Methode (photoelektrischer Effekt) der biologischen voraus. Auch den Nachteil des rein statistischen Charakters der Ergebnisse haben beide Methoden gemein. Es ist demnach schlechterdings nicht einzusehen, wodurch in prinzipieller Hinsicht das Ablesen der Ausschläge des Elektrometerfadens dem Abzählen der Sprossen in den Präparaten überlegen sein sollte, zumal es sich sowohl hier als da nur um Gradesunterschied im Vergleich zum Nullzustande handelt, da auch bei der ideellsten Isolation des Elektrometerfadens „spontane" Ausschläge nie ausbleiben und nur deren Anzahl beim „positiven" photoelektrischen Effekt ansteigt, genau so, wie ein Induktionseffekt nur an Kulturen erreichbar ist, die auch ohne dies bereits sprossen.

Die große Bedeutung des physikalischen Nachweises der mitogenetischen Strahlung ist demnach nicht in einem neuen Prinzip, sondern in dem Umstande zu erblicken, daß nur auf diesem Wege ein Einblick in die Intensitätsverhältnisse, d. h. die quantitative Erforschung des Phänomens erreicht werden kann. Der enorme Wert einer derartigen Erkenntnis braucht wohl kaum speziell betont zu werden.

Über beide erwähnten physikalischen Methoden liegen z. Z. positive Angaben vor, die jedoch zum Teil von einer gewissen Skepsis nicht verschont werden dürften, was speziell für die photographischen Nachweise gilt.

Der ersten Angabe über eine gelungene Beeinflussung der Platte durch Zwiebelsohlenbrei wird von den Autoren selbst (REITER und GABOR) nur die Bedeutung eines Orientierungsversuches beigemessen, dem keine weiteren nachfolgten. Viel kategorischer scheinen die Angaben einiger italienischer Autoren zu sein. Es scheint, daß GOLA im Jahre 1928 zu positiven Resultaten kam, die unveröffentlicht blieben (zitiert nach PROTTI und MAXIA). PROTTI erhielt positive Resultate (die er auch bildlich reproduziert) unter ganz speziellen Versuchsbedingungen, die nicht frei von allerlei Bedenken sind. Er gebrauchte als Strahlungsquelle hämolysiertes Blut, welches er während der Exposition (72 Stunden) einem Sauerstoffstrom aussetzte. Abgesehen von der Bedenklichkeit, die photographische Platte einem langen Aufenthalt in O-Atmosphäre auszusetzen, entsteht die für uns besonders interessante Frage, ob ein an sich auch völlig einwandfreies Ergebnis dieser Art ein tieferes Interesse für unser Problem haben könnte. Die strahlungsliefernden Umsätze bei der angewandten Behandlung dürften wohl wenig Gemeinsames mit den Abläufen im frischen Blute zu tun haben, die für uns maßgebend sind. Hier dürften die Zweifel an der „mitogenetischen“ Natur des die Platte beeinflussenden Faktors wirklich am Platze sein.

Ebenso bedenklich erscheint auch das Verfahren von MAXIA und BRUNETTI. Ein in einem Quarzbehälter befindlicher Brei aus Zwiebelwurzeln wurde mit einer Quarzlampe angestrahlt und kam sofort darauf in die Dunkelkammer mit der photographischen Platte. Diese Prozedur wurde mit jedesmal frischem Breimaterial bis auf 30mal hintereinander wiederholt, worauf die Platte mit positivem Resultate entwickelt wurde. Das Verfahren hatte bezweckt, den Wurzelbrei durch vorherige Anstrahlung „anzuregen“.

Aus dem negativen Ausfalle von Kontrollversuchen mit gekochtem oder sehr altem Brei glauben Verfasser folgern zu können, daß „la radiazione registrata della lastra e dovuta alle poltiglia in quanto in essa il fenomeno delle mitosi e più attivo che in condizioni ordinarii“.

Ohne die technische Anordnung des Versuches zu beanstanden, kann man indessen schwerwiegende Bedenken gegen die Deutung der Verfasser nicht unterdrücken. Welche Prozesse in dem Brei durch Ausstrahlung mit der Quarzlampe ausgelöst werden, läßt sich z. Z. nur schwer übersehen. Die Annahme, daß hier, d. h. im Wurzelbrei, Mitosen ablaufen, und namentlich, daß sie durch Ausstrahlung angeregt werden, erscheint indessen weder begründet, noch irgendwie wahrscheinlich. Auch der Ausgangspunkt des Verfassers, daß eine eventuelle Stimulation der Mitosen auch zur Erhöhung der Ausstrahlung aus dem betreffenden Gewebe führen muß, ist an sich anfechtbar. Wir können aber schließlich in den Versuchen MAXIAS, wie in denjenigen PROTTIS einen Beweis, daß es sich um „mitogenetische“ vital präexistierende Strahlen handelt, keinesfalls erblicken.

Ein wirklicher Nachweis mitogenetischer Strahlen auf photographischem Wege wurde demnach u. E. noch nicht erbracht.

Von weit größerer Bedeutung sind die Versuche des Nachweises mitogenetischer Strahlen vermittels des sog. photoelektrischen Effektes.

Der erste Bericht über Erfolge in diesem Sinne stammt von RAJEWSKY. Seine lichtelektrische Anordnung wurde unter Benutzung des von GEIGER und MÜLLER für die Messung kleiner β-, γ- und Röntgenstrahlenintensitäten angegebenen Zählrohrprinzips aufgebaut. Das Zählrohr besteht aus einem Metallrohr, in dem ein Draht axial mit Hilfe zweier Isolationsbüchsen eingespannt ist. Die Oberfläche des Drahtes ist mit einer dünnen halbisolierenden Haut gleichmäßig überzogen. Durch Anlegen einer starken elektrischen Spannung wird im Innern des Rohres ein starkes elektrisches Feld erzeugt, dessen Stärke je nach dem Gasdruck im Innern des Zählrohres variiert wird. Die halbisolierende Haut des Drahtes gestattet die Spannung weit über die Grenze der selbständigen Entladung zu steigern. Tritt aber im Gasraum des Zählrohres unter dem Einfluß z. B. eines β-Strahles eine auch nur sehr schwache Primärionisation auf, so entsteht infolge einsetzender starker Stoßionisation ein Entladungsstrom. Wenn es sich dabei nur um wenige Teilchen oder Quanten handelt, so wird nach dem Beenden der primären Ionisation infolge der isolierenden Wirkung der Drahthaut der Entladungsstrom wieder unterbrochen. Man erhält einzelne Stromstöße, deren Häufigkeit von der Zahl der einwirkenden Teilchen oder Strahlungsquanten abhängt. Diese Stromstöße können leicht mit einem Fadenelektrometer mittlerer Empfindlichkeit nachgewiesen werden. Zu diesem Zwecke wird der innere Draht des Zählrohres über einen hochohmigen Widerstand zur Erde abgeleitet. Die Stromstöße im Zählrohr bewirken dann kurzdauernde Fadensprünge im Elektrometer. Die Anzahl dieser Sprünge in einer bestimmten Zeitspanne ist der Strahlungsintensität proportional. Ein auch unbestrahltes Zählrohr weist „spontane“ Stromstöße auf, die von der radioaktiven Strahlung der Erde und der Atmosphäre sowie von der Höhenstrahlung herrühren.

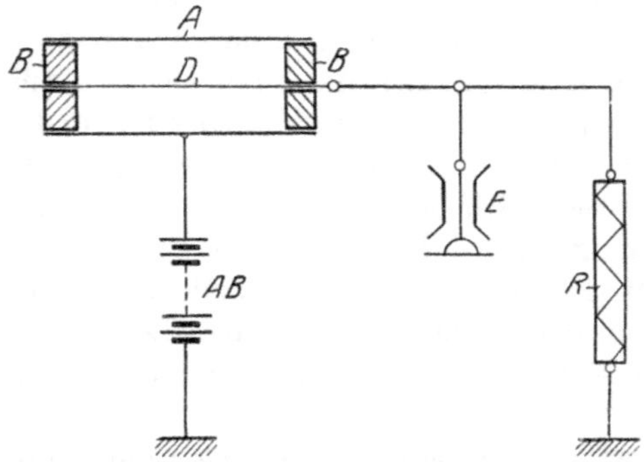

Abb. 10. Schema der Anordnung nach Rajewsky. *A* Zählrohr mit eingebauter lichtempfindlicher Schicht. *B* Isolationsbuchsen. *D* Halbisolierter Draht. *AB* Akkumulatoren. *E* Elektrometer. *R* Widerstand.

Um die Anwendungsmöglichkeit des Zählrohres auch auf das Gebiet des ultravioletten und sichtbaren Lichtes auszudehnen, hat Rajewsky das Zählrohr folgendermaßen verändert: in das Innere des Zählrohres wurden Flächen aus photoelektrisch empfindlichen Substanzen so eingebaut, daß sie von außen durch ein geeignetes Fenster (Quarz) von dem einfallenden Licht getroffen werden und zugleich so, daß die austretenden Elektronen vom Feld des Zählrohres erfaßt werden.

Die subjektive Auszählung der Fadensprünge des Elektrometers kann unter Benutzung eines Röhrenverstärkers und Anschluß an ein Zählwerk durch automatische Registrierung ersetzt werden. Es wurde auch ein gleichzeitiger Anschluß an einen Lautsprecher und an die Morseapparatur besorgt. Die Aichung des Lichtzählers ergab einen sehr hohen Grad von Empfindlichkeit. Eine deutliche Zunahme der Stoßzahl gegenüber der „spontanen" ergab sich noch bei der einfallenden Lichtintensität von $9{,}1 \cdot 10^{-11}$ Erg/cm²sec, was etwa 12 Quanten/cm²sec entspricht.

Die entsprechenden Zählungen werden auf 10—12 Minuten ausgedehnt, was eine Meßgenauigkeit von nicht unter 3—5% ergibt.

Um die Anzahl der Spontanstöße herabzusetzen, wurde der Zähler in einen Eisenpanzer von 15 cm Wandstärke eingeschlossen, wobei die spontanen Stöße auf etwa 20—40 pro Minute heruntergingen.

Mit dieser sehr empfindlichen Anordnung wurden verschiedene mitogenetische Quellen — Zwiebelwurzeln, Zwiebelsohlenbrei, Karzinomgewebe, Muskeln usw. gemessen. Deutliche positive Ergebnisse lieferten bisher die drei ersten Objekte. Die Erhöhung der Stoßzahl ergab dabei meist 15—25%. Nur bei einzelnen Versuchsserien wurden größere Effekte beobachtet.

Tabelle 5 (nach RAJEWSKY).

Zwiebelwurzel. Subjektive Zählung mit dem Elektrometer und Lautsprecher. Zählungsdauer je 5 Minuten.

Stoßzahl pro Minute ohne Wurzel	Stoßzahl pro Minute mit Wurzel	Erhöhung der Stoßzahl
42 ± 1	51 ± 7	21%

Zwiebelsohlenbrei. Automatische Registrierung. Zählungsdauer je 10 Minuten.

Stoßzahl pro Minute ohne Brei	Stoßzahl pro Minute mit Brei	Erhöhung der Stoßzahl
42,2 ∓ 1,2	50 ∓ 1,5	21%
39,8 ∓ 0,3	49,3 ∓ 2,2	24%

Mäusekarzinombrei. Automatische Registrierung. Zählungsdauer je 10 Minuten.

Stoßzahl ohne Karzinom	Stoßzahl mit Karzinom	Erhöhung der Stoßzahl
23,4 ± 0,6	30,3 ± 0,5	29,5%

Zwiebelwurzel, automatische Registrierung. Anordnung wie im Grundversuch von GURWITSCH, Zählungsdauer je 9 Minuten

Stoßzahl pro Minute: ohne Wurzel	mit Zwiebelwurzel und Knolle	mit Zwiebelwurzel durch Glas	mit abgeschnittener Wurzel	Erhöhung der Stoßzahl
33,3 ∓ 1,4	36,7 ± 0,5	30,7 ± 0,1	30,9	17%

Mit einer im wesentlichen übereinstimmenden Versuchsanordnung haben FRANK und RODIONOW noch günstigere Ergebnisse erzielt.

Sie haben einen modifizierten sog. GEIGER-Zähler benutzt, als lichtempfindliche Substanz Aluminium, dessen selektives Maximum bei 2200 Å liegt.

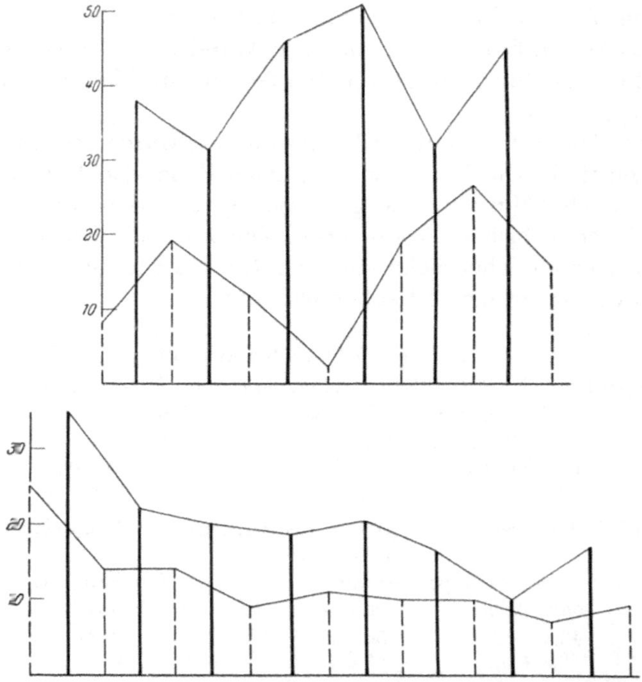

Abb. 11. Kurven von zwei Versuchen der Tabelle 6. Die Strahlungsquelle wird abwechselnd exponiert (schwarze dicke Linien) und abgeschirmt (Strichlinien). Ordinatenanzahl der Ausschläge des Elektrometerfadens (nach FRANK-RODIONOW).

Als Strahlungsquellen wurden bisher geprüft: pulsierendes Froschherz, tetanisierte Froschmuskel, Brei aus gefrorenem und auftauendem Muskel. In der Tabelle 6 ein Auszug aus den Versuchsprotokollen. Abb. 11 veranschaulicht den Verlauf von zwei Versuchen.

Die negativen Ergebnisse von SCHREIBER und FRIEDRICH mit einem etwas abweichenden photoelektrischen Verfahren lassen sich

Tabelle 6. Induktionseffekt mit dem GEIGERschen Zähler gemessen. (Nach FRANK und RODIONOW.) Die Zahlen bedeuten die Anzahl der Ausschläge des Elektrometers pro Minute.

Strahlungsquelle	Expositionsdauer in Minuten	Anzahl der Ausschläge ohne Induktion	Anzahl der Ausschläge bei Induktion	Effekt in %
Froschsartorius	6	12 ± 1,3	40 ± 2,6	231
	8	12 ± 1,3	20 ± 1,7	66
	5	16 ± 2,1	27 ± 2,6	59
	5	16 ± 1,8	27 ± 2,3	69
4 Froschherzen	11	19 ± 1,1	23 ± 1,2	21
	6	35 ± 2,4	42 ± 2,6	23
6 Froschherzen	5	34 ± 2,4	46 ± 2,8	39
Muskelbrei	4	13 ± 1,8	20 ± 2,2	54

auf den Umstand zurückführen, daß sie als Strahlungsquelle Hefeagarkulturen nahmen, ohne Kenntnis der etwas später erschienenen Arbeit von POTOZKY, die den Nachweis erbrachte, daß gerade dieses Objekt bei völligem Lichtabschluß nicht strahlt.

a) Wellenlänge mitogenetischer Strahlen.

Eine Frage von dermaßen kapitaler Bedeutung bedarf selbstverständlich einer besonders sorgfältigen und vielseitigen Prüfung. Wir wollen daher die einzelnen uns zur Verfügung stehenden Ermittelungen derart durchnehmen, als ob jede derselben allein für sich bestünde.

Das biologische Spektrum der Muskelstrahlung, das wir FRANK verdanken, steht hier, wie ich glaube, im Vordergrunde des Interesses. Wenn man die durchaus übereinstimmenden Ergebnisse von 6 Versuchsserien ohne einen einzigen Versager oder Widerspruch betrachtet, so kann man sich wohl kaum der Einsicht verschließen, daß, *falls* überhaupt die Zunahme der Sprossungsintensität des vor dem optischen Spalte des Spektrographen stehenden Hefeagarblocks im Vergleich zu seiner Kontrolle auf eine Wirkung von außen (eine Induktion) hindeutet, der induzierende Faktor unter den gegebenen Umständen nur ein ganz bestimmter Bezirk des ultravioletten Spektrums sein kann. Das Muskelspektrum ist auf das Gebiet zwischen 2000—2400 Å beschränkt, somit relativ eng umgrenzt.

Es wird im nächsten Kapitel gezeigt werden können, daß mehrere mitogenetische Spektren mit voller Deutlichkeit unterschieden werden können und demnach eine mitogenetische Spektralanalyse von weittragender Bedeutung angebahnt werden kann. Sie halten sich alle innerhalb der Grenzen zwischen 1900—2400 Å.

Das von FRANK ermittelte biologische Spektrum der Muskel-

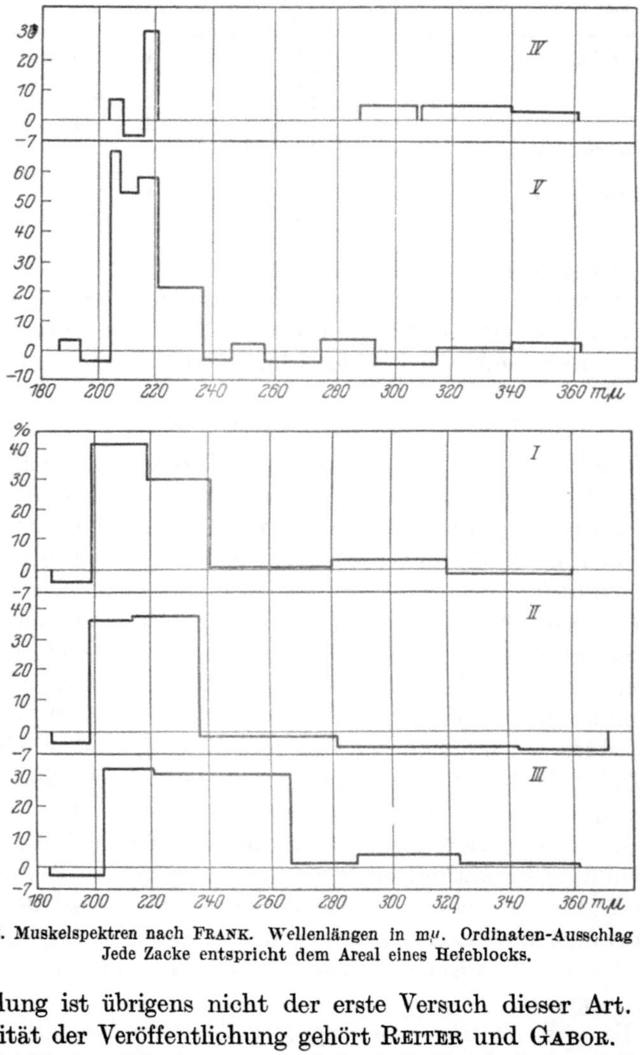

Abb. 12. Muskelspektren nach FRANK. Wellenlängen in mμ. Ordinaten-Ausschlag in %. Jede Zacke entspricht dem Areal eines Hefeblocks.

strahlung ist übrigens nicht der erste Versuch dieser Art. Die Priorität der Veröffentlichung gehört REITER und GABOR.

Die Verfasser benutzten auch hier die Zwiebelwurzel als Indikator (Detektor) und projizierten die einzelnen Spektralstreifen *quer* zur Wurzelachse, an der vorher durch Projektion des sichtbaren Spektrums zwei Tuschemarken in Gelb und Violett aufgetragen, ihre Größen und Abstand mittels Okularmikrometers gemessen und auf Grund derselben die Lagen der ultravioletten Streifen in Querschnitten als Einheiten berechnet wurden. Es wurde daraufhin die Lampe vom Kollimatorspalt entfernt und durch eine biologische Strahlungsquelle (Zwiebelsohlenbrei) ersetzt und die Wurzel nach entsprechender Exposition (45 Minuten) fixiert. Ein einziger in dieser Weise angestellter Versuch, bei dem die Lage der Ausschläge auf Grund vorangehender Berechnung angegeben und mittels der bekannten Dispersionskurve des Quarzes die Wellenlängen dann errechnet werden konnten, ergab (nicht näher angegeben) Ausschläge im Gebiete von etwa 3400—3340 Å.

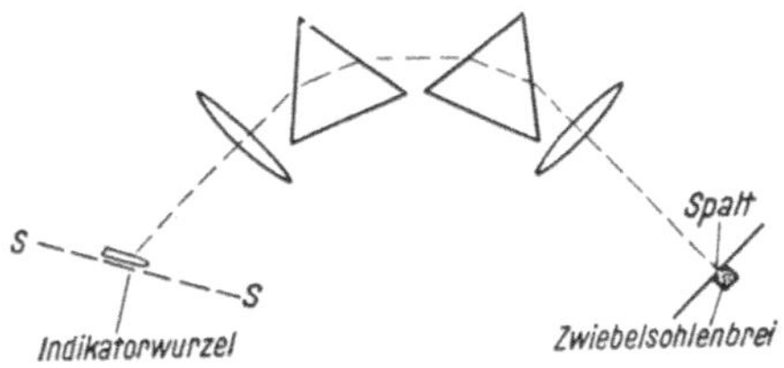

Abb. 13. Die Versuchsanordnung der Spektralaufnahme von REITER und GABOR.

In etwas modifizierter Weise, unter Anwendung eines sehr lichtstarken Spektrographen, wurden dann noch zwei weitere Versuche mit Zwiebelsohlenbrei und Sarkombrei als Strahlungsquellen ausgeführt. Der erste ergab einen schwachen, aber nach der Ansicht der Autoren deutlichen Ausschlag bei etwa 3390 Å, der andere (Sarkomversuch) einen deutlicheren Ausschlag bei etwa 3400 Å. Obwohl die Verfasser die mannigfachen ihrem Verfahren anhaftenden Versuchsfehler einsehen, glauben sie dennoch den Schluß ziehen zu dürfen, daß das Maximum der Wirkung des von Zwiebelsohlenbrei ausgebenden mitogenetischen Strahlung bei 3340—50 Å liegt. Sie geben allerdings gleichzeitig an, daß der spektrometrische Versuch außer „einer eventuellen genaueren Bestimmung der Lage des Maximums keine weiteren Aufschlüsse über das ‚mitogenetische' Spektrum geben kann. Denn . . . die beobachtete Breite des Ausschlages könnte ebensogut eine Folge der Energieverteilung des Spektrums wie die Folge der Wellenlängenabhängigkeit der Beeinflußbarkeit der Zellen sein, von welcher wir aus derartigen Versuchen nichts erfahren konnten".

Auch unter dieser Einschränkung scheinen mir die aus den soeben besprochenen Versuchen von den beiden Autoren gezogenen Schlüsse wenig berechtigt, und zwar aus mehrfachen Gründen.

1. Betrug in beiden maßgebenden Versuchen mit dem großen Quarzspektrographen die von dem Spektralbereich 3330—3420 Å belegte Strecke etwa 1 mm, von der Spitze ab gerechnet. Der kürzere Wellenbereich ging für die Prüfung völlig verloren, hatte mit andern Worten keinen Detektor. Schon dieser Umstand allein genügt, um die eventuelle Geltung der Ergebnisse dahin zu beschränken, daß die von geprüften biologischen Quellen ausgesandte Strahlung *auch* Wellen um 3400 Å herum enthält. Ob auch nicht andere Spektralbereiche, z. B. die von Frank gefundenen ebenfalls ausgesandt werden, wird durch diese Versuchsanordnung gar nicht berührt. Aber auch im beschränkten Sinne bleibt die Schlußfolgerung, wie mir scheint, illusorisch. Denn die einzelnen Bezirke des Wurzelmeristems sind ja einander als Detektoren gar nicht äquivalent. Wenn etwa ein von der Spitze um 300 μ abstehender Querschnitt weniger gut als ein weiter proximalwärts gelegener reagieren sollte, so könnte ja ein Ausschlag gerade im letzteren Bezirke dazu verleiten, den wirksamen Spektralbereich hier zu suchen, was aber gar nicht berechtigt wäre. Es bestehen aber außerdem, wie schon mehrmals von uns ausgeführt wurde und eigentlich schon a priori vorausgesetzt werden muß, intime Wechselwirkungen zwischen den einzelnen Bezirken des Meristems und namentlich Fortleitung der mitogenetischen Erregung, so daß die Benutzung des Wurzelmeristems in dem von den Verfassern angewendeten Modus kaum gerechtfertigt erscheint.

Wir können daher in den wenigen, mit diesen grundlegenden Versuchsfehlern behafteten Versuchen keinesfalls einen triftigen Einwand gegen die von uns auf Umwegen ursprünglich festgestellten und dann von Frank in seinen spektrographischen Versuchen direkt nachgewiesenen und durch unsere neuere große Statistik festgesetzten Grenzen des mitogenetischen Wellenbereiches erblicken.

Es war natürlich sowohl für uns als für Reiter und Gabor naheliegend, die aus der rein biologischen Versuchsanordnung erschlossenen Wellenwerte für die Wellenlängen noch durch direkte Prüfung des mitogenetischen Vermögens der von physikalischer Quelle stammenden Strahlen von bestimmter Wellenlänge zu prüfen.

Auch hier, wo man sich anscheinend auf sicherem Boden bewegt, ergab sich die gleiche Diskrepanz zwischen unseren beiderseitigen Resultaten, ein Umstand, der einen begreiflichen Eindruck auf die übrigen, etwas abseits stehenden Forscher machte und der daher hier in besonders ausführlicher Weise besprochen werden muß.

Durch die Tatsache, daß der mitogenetische Effekt bei Vorschalten feinster Lamellen von Gelatine schwindet, wurden wir zur Vermutung geführt, es dürfte sich um ultraviolette Strahlen von der langwelligen Grenze um 2300 Å herum handeln. Diese Annahme hat eine wesentliche Stütze durch Versuche mit physikalischen Quellen — verschiedenen Streifen des ultravioletten Spektrums — erfahren. Einer speziellen kleineren Versuchsserie mit relativ primitiver Quarzoptik, die aber trotzdem eindeutige Resultate in diesem Sinne ergab, folgte nunmehr ein ununterbrochenes auf Hunderte von Versuchen sich erstreckendes Arbeiten mit dem Streifen 1960—2300 des Aluminiumspektrums, welches nie versagende positive Ergebnisse gab. Es wurde schließlich unter denkbar günstigen Verhältnissen mit einem Quarzdoppelmonochromator von CHARITON, FRANK und KANNEGIESSER in einer großen Versuchsserie das ganze ultraviolette Spektrum durchforscht und die ursprünglichen Angaben wiederum und vollständig bestätigt (vgl. Tabelle 7 und Abb. 14, die sich auf die Prüfung des Spektrums mit Hefe als Detektor bezieht).

Tabelle 7. Induktion mit verschiedenen Streifen des ultravioletten Spektrums. Detektor: Zwiebelwurzel.

A. Quelle: Aluminiumfunkenstrecke eines kleinen Quarzspektrographen.

Wellenlängen in Angström	Mitosenzahlen an der induzierten Seite	Mitosenzahlen an der nicht-induzierten Seite	Effekt in %
2700	468	472	−0,9
2700	791	811	−2,3
2370	454	386	+17,0
2370	746	673	+10,5
2030	673	569	+19,0
2030	683	447	+30,0
2030	1122	968	+16,0
1990	1018	848	+20,0
1930	397	321	+23,0
1930	380	283	+34,0
1860	476	465	2,0
1860	206	206	0

B. Quelle: Funkenstrecke (Aluminium, Zink, Kadmium). Großer Doppelmonochromator. Ergebnis aus je 10 Medianschnitten. Detektor: Zwiebelwurzel. (Nach CHARITON, FRANK und KANNEGIESSER.)

Wellenlängen in Angström	Intensität in konventionellen Einheiten	Effekt in %
2350	1	+25
2350	$2 \cdot 10^{-2}$	+20
2350	$1 \cdot 10^{-1}$	+30
2190	$2 \cdot 10^{-2}$	+24
3340	2	−2
3340	$2 \cdot 10^{-1}$	−1
3380	4	8
3340	80	0
3340	800	−1
3340	$4 \cdot 10^{-1}$	5
3380	$3 \cdot 10^{-2}$	−7
3380	60	−2

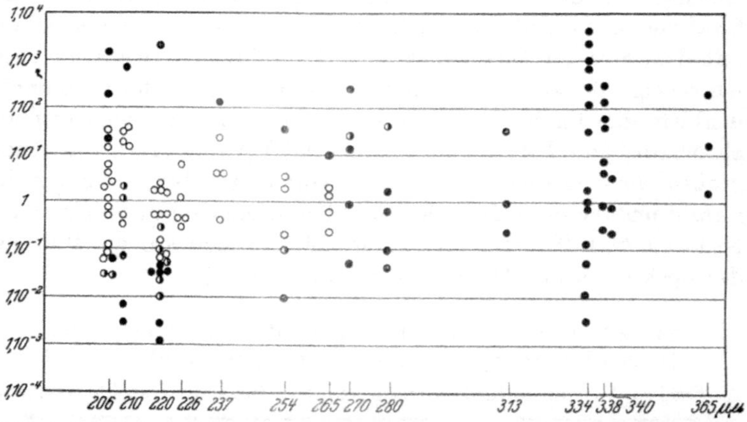

Abb. 14 Graphische Darstellung der Ergebnisse mit Hefe als Detektor. ○ Positive Effekte. ● Nulleffekte. ◑ Zweifelhafte Fälle. Die Ordinatenzahlen drücken die Intensitäten in konventionellen Einheiten aus. Abszissenzahlen — Wellenlängen in mμ. (Nach CHARITON, FRANK und KANNEGIESSER.)

In voller Übereinstimmung mit dem vom Muskel gewonnenen biologischen Spektrum erweist sich demnach auch das der physikalischen Quelle entnommene Spektrum nur aus dem Bereiche zwischen 1900—2650 Å mitogenetisch wirksam. Da inzwischen gegenteilige Angaben von REITER und GABOR veröffentlicht wurden, die für das mitogenetische Gebiet den langwelligen Bereich von 3340 Å in Beschlag nahmen, wurde speziell dieser Streifen in allen erreichbaren Intensitätslagen und zwar mit konstantem glatt negativem Ergebnis geprüft. Abb. 14.

Soweit sind demnach die auf verschienenen Wegen gewonnenen Ergebnisse völlig eindeutig und sichergestellt. Umsomehr muß der Gegensatz zwischen ihnen und denjenigen der beiden eben genannten Autoren geklärt werden. REITER und GABOR haben ebenfalls die verschiedensten Bezirke des Ultraviolett mit einem sehr mächtigen und lichtstarken Doppelmonochromator geprüft.

Ihre Ergebnisse seien hier in extenso in tabellarischer Form zusammengestellt.

Tabelle 8.

Wellenlänge in Angström	Belichtungsdauer in Minuten	Induktionseffekt (positiv oder negativ)
3650	5	negativ
3650	15	„
3650	30	*positiv* (*nur* Mitosen gezählt)
3650	60	„
3460	5	„
3460	60	„
3404	10	„
3340	5	„
3340	15	*stark positiv*
3340	60	Nekrosen
3240	10	negativ
3240	60	*positiv*
3130	5	negativ
3130	30	„
3130	60	„
3020 und 2970	5	„
3020 „ 2970	15	„
3020 „ 2970	60	zweifelhaft
2800	5	negativ
2800	15	*schwach positiv*
2800	60	„ „
2650	30	negativ
2650	60	„
2540	5	„
2540	15	„
2540	60	„
2480	5	„
2480	15	„
2480	60	„
Gesamtlicht einer Quarzlampe		
	30	negativ
	15	„
Gesamtlicht einer Uviollampe		*positiv* (nur Mitosen gezählt!)
2200—2250	15	negativ
2200—2250	60	„

Ein Blick auf diese Protokolle lehrt, daß hier der wirksamste Bereich um 3400 Å. herum liegt und daß noch ein zweites, wenn auch schwaches Maximum im Bereiche von 2800 auftritt.

Zur richtigen Bewertung dieser Ergebnisse muß einiges vorausgeschickt werden, was ausführlicher noch an anderer Stelle besprochen werden muß. Abgesehen von nur einem Versuch mit dem Streifen 3650 und einem anderen mit dem Gesamtlicht einer Quarzlampe, werden von den Autoren nicht nur Mitosen, wie wir es tun, sondern auch sogenannte „reife", nämlich runde, stark färbbare in der Zellmitte gelegene Kerne mitgezählt. Es wurde von uns schon mehrmals darauf hingewiesen, daß infolge dieser weitgehenden Verschiedenheit der Zählkriterien unsere beiderseitigen Ergebnisse nicht so ohne weiteres zusammengestellt, geschweige denn gegeneinander ausgespielt werden dürfen. Auch Loos findet die Begriffsumgrenzung der „reifen Kerne" so mangelhaft, daß sie nicht ohne weiteres eine Beziehung zur üblichen Bezeichnungsweise und damit zu anderen Zählmethoden herstellen läßt. Hat man aber einmal eine genügende Erfahrung mit Abzählung der „reifen" Kerne erlangt (was ja für Reiter und Gabor zweifelsohne zutrifft), so können die Ergebnisse mit den verschiedenen Wellenlängen selbstverständlich ihre Geltung und somit auch ein Interesse beanspruchen. Es wird dabei allerdings bis auf weiteres fraglich bleiben, ob der von den Verfassern beobachtete Effekt tatsächlich ein „mitogenetischer", d. h. „teilungsfördernder" ist. Wollen wir nun bis auf weiteres annehmen, daß dem so ist, so müssen wir mit den Verfassern annehmen, daß *auch* das langwellige Gebiet um 3400 herum einen mitogenetischen Effekt erzeugt. *Nicht aber*, daß der in ihren Versuchen als unwirksam gefundene Bereich von 2200 Å es *nicht* ist. Wir dürfen uns hier die Behauptung gestatten, daß in diesen Experimenten den Verfassern ein schwerer methodologischer Mißgriff unterlief. Sie dachten „unter günstiger scheinenden Bedingungen" (als Frank und Gurwitsch) zu arbeiten, indem sie zu Intensitäten und Reizmengen griffen, die nachweisbar stark deprimierend wirken und schätzungsweise um mehrtausendfache die physiologischen Bedingungen übersteigen.

„Als Lichtquelle diente den Verfassern sowohl der Eisenbogen wie auch die Aluminiumfunkenstrecke. Ihr Licht wurde in dem ... außerordentlich lichtstarken großen Quarzspektrographen zerlegt, wobei in dem in Frage kommenden Gebiet noch ansehnliche Intensitäten vorhanden waren. Die Zeiten variierten zwischen 5 Minuten und 1 Stunde ohne irgendwelchen Effekt" (S. 33). Es sei schon hier nebenbei bemerkt, daß bei unserer außerordentlich lichtschwachen spektrographischen Anordnung ein paar Sekunden zum sicheren positiven mitogenetischen Ergebnis führen, 5 Minuten dagegen schon versagen, respektiv die später noch ausführlich zu schildernden Depressionszustände erzeugen. Wir können demnach die negativen Ergebnisse der Verfasser mit den Wellenlängen um 2000 Å herum in zweifacher Weise erklären. Der Effekt blieb aus 1. weil eine mit der unsrigen nicht ohne weiteres vergleichbare Nachweismethodik, 2. weil übermäßige Reizmengen (und eventuell auch Intensitäten) zur Anwendung kamen. Wir müssen aber noch einen Schritt weiter gehen, indem wir aus den Ergebnissen der beiden Autoren (vorausgesetzt, daß es sich tatsächlich um den echten mitogenetischen Effekt handelt), den Schluß ziehen, daß der von ihnen gefundene *langwellige mitogenetische Bereich jedenfalls außerordentlich schwach im Vergleich zu dem von uns geschilderten kurzwelligen ist*, da dort Reizmengen und Intensitäten zum positiven Erfolg gehören, die im kurzwelligen Bereich schon längst deprimierend wirken.

Wir müssen aber anderseits zugeben, daß ebensowenig wie die negativen Befunde der beiden Autoren in dem von uns beanspruchten kurzwelligen Gebiete beweisend sind, auch das Ausbleiben des mitogenetischen Effektes im Bereiche von 3400 mμ in den Versuchen von CHARITON, FRANK und KANNEGIESSER die Möglichkeit eines mitogenetischen Effektes definitiv ausschließt, da auch die größten von den Verfassern gebrauchten Reizintensitäten und Mengen sicherlich nicht denjenigen von REITER und GABOR angewendeten gleich kommen.

Die weitgehenden Differenzen zwischen den beiderseitigen Wellenlängenbestimmungen beschränken sich indessen nicht nur auf die bereits besprochenen Befunde. Eine vollständige Diskrepanz besteht auch in der Prüfung der Durchlässigkeit verschiedener Medien für mitogenetische Strahlen.

Es wurde schon in den ersten Arbeiten aus unserem Laboratorium festgestellt, daß „Deckgläser scheinen einen bedeutenden Teil der Strahlungsenergie zu absorbieren ...", aber dünne Glaslamellen für die aus der wachsenden Wurzel heraustretende mitotische Energie durchlässig sind (RAWIN).

Tabelle 9. **Induktionsversuche** (Mutoinduktion) **durch Glaslamellen verschiedener Dicke** (nach Frl. W. DOKUTSCHAEWA).

Ohne Glas	Glaslamelle von 25 μ	Glaslamelle von 35 μ	Glaslamelle von 45 μ
45 %	31 %	—	—
69 „	—	—	24 %
54 „	—	—	0,4 „
45 „	—	—	0,5 „
92 „	33 „	—	—
45 „	—	—	0,4 „
56 „	—	10,1 %	—
72 „	40 „	—	0,2 „
56 „	18,2 „	—	0,8 „

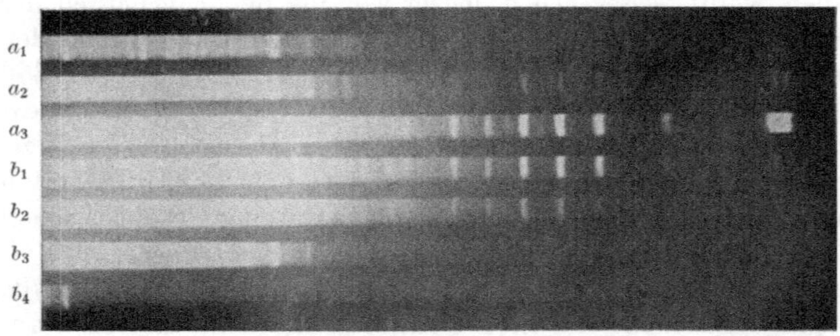

Abb. 15. Spektren der Aluminium-Zinkfunkenstrecke. Die mit a bezeichneten durch Luft, mit b durch Glasplatten. a_1 Exposition 3″ · a_2—15″, a_3—10 min. Sämtliche Aufnahmen durch Glasplatten — 15 Minuten.

b_1 Dicke der Glasplatte 20 μ. Das ganze Spektrum bis auf 1860 Å.
b_2 „ „ „ 40 μ. „ „ „ 1990 Å.
„ „ „ 90 μ. „ „ „ 2300 Å.
b_3 „ „ „ 90 μ. „ „ „ 2300 Å.
b_4 „ „ „ 170 μ. „ „ „ 2820 Å.

Die äußerste Linie nach rechts (Dublett) 1860 Å (in a_2, a_3 und b_1 sichtbar). (Nach FRANK.)

Durch weitere Versuche (Frl. DOKUTSCHAEWA, nicht veröffentlicht) wurde diese Tatsache auch für Hefe als Sender und Detektor bestätigt. Wir wollen auch einen neueren diesbezüglichen Versuch von BARON mitteilen.

Mutoinduktion zweier Bezirke der gleichen Kultur

a) durch Luft = 86,4%,

b) durch eine Glaslamelle von 30 μ. Induktionsdeffekt = 42%.

Dicke Deckgläser, und um so mehr Objektträger, vereiteln dagegen den mitogenetischen Effekt, der sogar von unserer stärksten Quelle — dem tetanisierten Muskel — kommt, vollständig (FRANK).

Diese positiven und negativen Befunde stehen in vollständiger Übereinstimmung mit entsprechenden spktrographischen Absorptionsmessungen, die von FRANK durchgeführt wurden und zu dem Satze berechtigen, daß „die mitogenetische Induktion durch eine Glaslamelle gleichzeitig mit der Durchlässigkeit der Lamelle für das kurzwellige Gebiet bis etwa 2370 Å hinauf erlischt".

Die Prüfung der Absorption durch dünne Gelatineschichten wurde von uns bisher in unzureichendem Maße vorgenommen. Unsere Ergebnisse sind indessen in eindeutiger Weise glatt negativ. Es sei als Beispiel ein Versuchsprotokoll von BARON angeführt.

Mutoinduktion je zweier Bezirke der gleichen Hefekultur.

a) Durch Luft. Induktionseffekt = 72,5%;

b) durch Gelatine (dünner, auf eine vorgeprüfte Quarzlamelle aufgetragener Film) = 6,8%.

Soweit unsere Ergebnisse, die auch hier im schroffen Gegensatze zu den Angaben von REITER und GABOR stehen.

Die beiden Autoren wollen in ihren Versuchen den Beweis erbracht haben, daß Glas und Gelatine für die mitogenetischen Strahlen in einem Maße durchlässig sind, der nur für den langwelligen Anteil des ultravioletten Spektrums zutrifft.

Wir können in ihren sehr spärlichen und durchaus nicht eindeutigen Versuchsprotokollen einen derartigen Beweis durchaus nicht erblicken.

Es werden im ganzen folgende Protokolle angeführt:

Ein *Reflexionsversuch* von einer ebenen, 3 mm dicken Glasplatte, der zwei Ausschlagszonen von etwa 1,2 mm an der Detektorwurzel ergab, woraus gefolgert wurde, daß Reflexion auch von der hinteren Glasfläche stattfand und folglich eine dicke Glaslamelle für die Strahlen durchlässig ist.

Da dieser Versuch eine wie mir scheint unverdiente Beachtung in der Literatur fand (WASSERMANN), möge er des genaueren analysiert werden, obwohl ich mich prinzipiell dagegen wenden möchte, daß man einem *vereinzelten, nicht reproduzierten* Versuchsergebnisse mehr als einen Indizienwert beimißt.

Im Versuchsprotokoll ist eine größere Reihe von Zahlen durch fetten Druck als Ausdruck eines Ausschlages hervorgehoben. Wenn man nicht nur das prozentuale Verhältnis sondern auch die absoluten Differenzen berücksichtigt, so sieht man folgendes: 1., daß das an den größeren „Ausschlagbezirk“ angrenzende Gebiet auch noch einen beachtenswerten Ausschlag zeigt, 2. auch der Ausschlag keine einheitliche Höhe hat, sondern nur in vereinzelten Schnitten beachtenswert ist und 3., daß der 2. Ausschlagsbezirk, der angeblich von der Rückfläche der Glasplatte kommen soll, ganz problematisch ist, da er nur minimal von den von uns eingeklammerten, von Reiter und Gabor *nicht* zur Induktion hinzugerechneten Ausschlägen absticht.

Tabelle 10. Differenzen zugunsten der belichteten Seite.

10, 9, 11, 7, 9, 13, 19, 11, 6, 3, 4, 6, 7, 16, 15 (3, 6, 7, 11, 6, 3, 6)
dann folgen 98 Schnitte ohne Ausschlag (nur einige angeführt), worauf der zweite „Ausschlag“
7, 5, 2, 13, 8, 3, 5, 3, 6, — — 9, 9.

Wenn man die Ergebnisse ohne Voreingenommenheit prüft, so wird man wohl zugeben müssen, daß sie doch sehr wenig beweisend sind und die von den Autoren gezogenen Schlüsse wenig begründet erscheinen.

Auch die zur Feststellung der Durchlässigkeit von Glas angestellten Versuche sind von geringer Überzeugungskraft. Es handelt sich im ganzen um nur drei Versuche, von denen die Protokolle von einem solchen mit einer Glaslamelle von 20 μ und von einem anderen mit 2 Platten von je 2,5 mm angeführt werden. Daß ersterer positiv ausfiel, steht in bestem Einklang mit unseren Befunden und ist, wie wir sahen, mit der Kurzwelligkeit der mitogenetischen Strahlung sehr gut verträglich. Daß der Effekt mit der 5 mm-Schicht ein „sehr schwacher, unregelmäßiger, an der Grenze der Wahrnehmbarkeit“ ist, wird auch von den Verfassern verzeichnet, wodurch er aber natürlich, da er *nur einmal* angestellt wurde, ganz wertlos wird.

Die Durchlässigkeit von Glas, die unseren Angaben widersprechen soll, ist demnach durch Versuche von Reiter und Gabor nicht nachgewiesen.

Was nun ihre Ergebnisse mit Gelatine anlangt, so sind sie wiederum außerordentlich dürftig. Es liegt ein Versuch mit 2 Gelatinehäutchen von 0,1 mm Dicke vor, der als schwache, aber deutlich wahrnehmbare Wirkung gedeutet wird. Das Protokoll berechtigt meines Erachtens wohl kaum zu dieser Behauptung (vgl. Abb. 16 A).

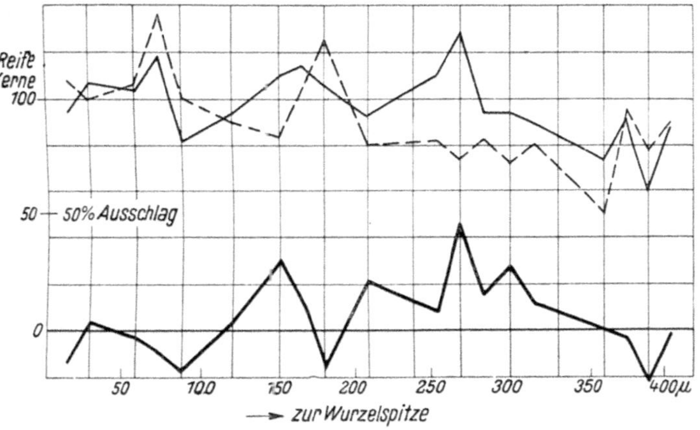

A

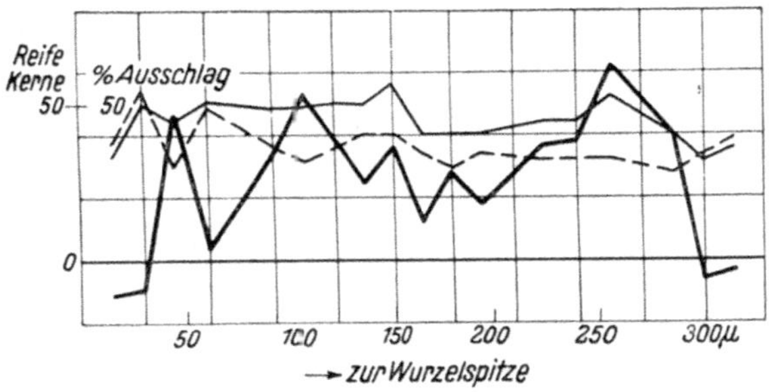

B

Abb. 16 A u. B. Vgl. Text.

Tabelle 11. Induktion mit Zwiebelsohlenbrei mit Einschaltung von Uviolglas, p-Nitrosodimethylanilin und Fuchsin in Gelatine (Dicke der Häutchen 0,1 mm).

Mitosenzahlen (Querschnitte).

Zugewendete Seite	48,	49,	—,	50,	56,	39,	40,	40,	—,	45,	44,	52,	—, 39.
Abgewendete „	36,	32,	—,	40,	41,	35,	31,	34,	—,	33,	32,	32,	—, 28.

Etwas günstiger fiel ein zweiter Versuch aus, wo ein Uviolglas von 1 mm Dicke plus p-Nitrosodimethylanilin und Fuchsin in Gelatine eingeschaltet wurde (Abb. 16 B). Die Ausschläge sind aber hier zu gering, um zum Schluß auf eine Durchlässigkeit der Gelatine zu berechtigen.

In voller Übereinstimmung mit unseren Angaben über Wellenlängen mitogenetischer Strahlung stehen auch die Befunde von RAJEWSKY: das Einschließen der Präparate in ein Quarzreagenzglas verändert den Effekt nicht, dagegen ging die Stoßzahl auf die normale zurück, wenn dazu ein gewöhnliches Reagenzglas benutzt wurde (Glasstärke etwa 0,6 mm). Da die Kontrollversuche ergaben, daß das langwellige Ultraviolett (etwa 3340 Å) für den Lichtzählereffekt erst bei Glasschichten von etwa 5 mm merklich abgeschwächt wird, wird von RAJEWSKY in Übereinstimmung mit unseren Angaben gefolgert, daß die mitogenetische Strahlung in das kurzwellige Ultraviolett einzuordnen ist.

Wenn wir nun zu definitiven und übersichtlichen Ergebnissen gelangen wollen, so dürften wir gegen die Objektivität nicht verstoßen, wenn wir das Fazit etwa in folgenden Sätzen zusammenfassen.

Einwandfreie Bestimmungen der Wellenlängen der *biologischen* Strahlungsquellen liegen nur in den spektralanalytischen Ermittelungen FRANKS und den später zu besprechenden KANNEGIESSERS vor und ergeben Werte um 2000 Å herum. Eine ausgedehnte Nachprüfung des gesamten ultravioletten Spektrums auf sein mitogenetisches Vermögen führte zu völlig harmonierenden Resultaten. Es wurde außerdem von REITER und GABOR der Nachweis erbracht, daß ein langwelliger Wellenbereich (um 3400 Å) bei Anwendung relativ enormer Intensität und Reizmenge die Zwiebelwurzel in einer Weise beeinflußt, die nicht ohne weiteres als eine mitogenetische bezeichnet werden kann, wenngleich sie auch möglicherweise einem derartigen Effekt nahekommt.

b) Die Intensität mitogenetischer Strahlung.

Unsere Kenntnisse dieser wichtigen Frage liegen noch sehr im argen. CHARITON, FRANK und KANNEGIESSER suchten die Schwellenwerte für nichtbiologische (spektrale) Strahlungsquellen zu bestimmen. Für nicht monochromatisches Spektrallicht aus dem Bereiche von 2100 Å kamen sie in roher Schätzung zu Werten von $4 \cdot 10^8$/qcm Quant, die in 10 Minuten verabreicht wurden. Die Intensität betrug demnach $6{,}6 \cdot 10^5$/qcm/sec. Quant. — eine Größe, die sich relativ leicht physikalisch messen läßt. Die biologischen

Strahlungsquellen, die sämtlich bei diesen Meßbedingungen versagen, müssen demnach an Intensität diesen Werten noch bedeutend nachstehen.

Über die Gründe der Verschiedenheit der Schwellenwerte künstlicher und natürlicher Strahlungsquellen oder, was das gleiche ist, der schwächeren Wirksamkeit der ersteren, wird einiges in einem späteren Kapitel mitgeteilt. Direkte Bestimmungen der Intensitäten biologischer Quellen können natürlich nur auf physikalischem Wege gewonnen werden. Aus den bisherigen Messungen RAJEWSKYs ergeben sich für die drei geprüften Objekte die außerordentlich tiefen Werte von 10^{-10} bis 10^{-9} Erg/qcm/sec., was etwa (bei der Wellenlänge 2300) Werten zwischen 10—100 Quant/qcm/sec. gleichkäme. Die Bestimmungen von FRANK und RODIONOW führen zu etwas höheren Werten von 100—1000 Quanten/qcm/sec.

Wir haben es jedenfalls mit Intensitäten zu tun, die für jede theoretische Auswertung der verschiedenen mitogenetischen Phänomene von maßgebender Bedeutung sind, sofern sie die Berücksichtigung der Quantennatur der Strahlung erheischen, bzw. den Begriff der mitogenetischen Strahlung als eines stetigen Reizes (der etwa dem konstanten Strom bei Nervenreizung analog behandelt werden könnte) illusorisch machen.

III. Die Energetik der mitogenetischen Strahlung.

Man wird sich auf Grund allgemeiner energetischer Erwägungen wohl ohne weiteres auf den Standpunkt stellen müssen, daß die mitogenetische Strahlung in den biologischen Quellen ihre Entstehung chemischen energieliefernden Umsätzen, im wesentlichen Spaltungsprozessen verdankt und demnach als *Chemolumineszenz* angesprochen werden muß. Andere Entstehungsweisen von Strahlungen[1] innerhalb lebender Systeme kommen wohl nicht in Betracht. Sind wir aber einmal daran, uns nach chemischen Umsätzen umzusehen, so ist es naheliegend, seinen Ausgangspunkt von dem klassischen Fall der Chemolumineszenz — derjenigen der leuchtenden Organismen — zu nehmen.

Die neueren Untersuchungen NEWTON HARVEYs haben in vollem Maße die klassischen Befunde DUBOIS' über die beiden verursachenden Komponenten des Leuchtens — die Luziferase und das Lu-

[1] Abgesehen von Radioaktivität.

ziferin — bestätigt, und außerdem noch den Beweis erbracht, daß die Luziferase eine Oxydase, bzw. die energieliefernde Reaktion die reversible Umwandlung des Luziferins in Oxyluziferin ist.

Wir ließen uns in unseren Untersuchungen über Entstehung der mitogenetischen Strahlung von vornherein durch diese Analogie leiten, die uns auch auf den richtigen Weg und zur Klärung der Entstehung der Strahlung in der Zwiebelsohle führte, über die schon in ausführlicher Weise im 1. Bande berichtet wurde. Daß die Mitotase ebenfalls eine Oxydase ist, ließ sich neuerdings auf dem Wege der Spektralanalyse sehr wahrscheinlich machen. Die weiteren Untersuchungen, über die hier ausführlich berichtet werden soll, lassen in überzeugender Weise darauf schließen, daß der mitogenetischen Chemolumineszenz ganz allgemein fermentative Prozesse verschiedener Art zugrunde liegen, die sich sogar in übersichtlicher, wenn auch möglicherweise provisorischer Art, klassifizieren lassen.

Das Problem der ultravioletten Chemolumineszenz hat indessen noch eine Eigenart, auf die hier nur hingewiesen werden kann, da dessen Diskussion die Kompetenz eines Biologen überschreiten dürfte und soweit aus den in der physikalischen Literatur vorliegenden Äußerungen geschlossen werden darf, die Sachlage noch durchaus nicht spruchreif ist.

Legt man der Berechnung der Energie eines Lichtquantums des mitogenetischen, nämlich kurzwelligen Gebietes den Satz $E = h\nu$ zugrunde, so ist von der in Betracht kommenden energieliefernden Reaktion jedenfalls eine Wärmetönung zu erwarten, die unvergleichlich größer als diejenige der fermentativen Oxydationen bzw. Spaltungen ist. Die auf biologischem Wege ermittelte Tatsache, daß eine kurzwellige ultraviolette Chemolumineszenz organischen Ursprunges überhaupt existiert, ist demnach vom modernen physikalischen Standpunkte einigermaßen überraschend und wenig geklärt.

Die Wege, die uns das Studium des Chemismus der mitogenetischen Strahlung vermitteln, sind verschiedener Art: erstens die Herstellung von Modellen, die naturgemäß nur als solche, d. h. als Analogien gelten können. Zweitens die Herausschälung von relativ leicht übersehbaren chemischen Umsätzen, die auch in normalen Abläufen in den Organismen vorkommen *können*. Drittens die Analyse und experimentelle Beeinflussung der tatsächlich ablaufenden Umsätze in den Geweben und Säften des Körpers. Vor allem leistet aber hier die mitogenetische Spektralanalyse hervorragende Dienste.

Die von KANNEGIESSER ausgearbeitete Methodik der Spektralanalyse weicht nur ganz unwesentlich von der von FRANK angegebenen ab.

Auf die Aufstellung einzelner Blöcke in „Staffelstellung", d. h. senkrecht zum Strahlengang, konnte verzichtet werden. Es wird ein großer Hefeagarblock vom Umfang von etwa 500 Å genommen und durch dünne Glas-Glimmer- oder Zelluloidlamellen in eine Anzahl paralleler vertikaler Streifen unterteilt, deren Breitenbereich im kurzwelligen Gebiet etwa 40—50 Å im langwelligen

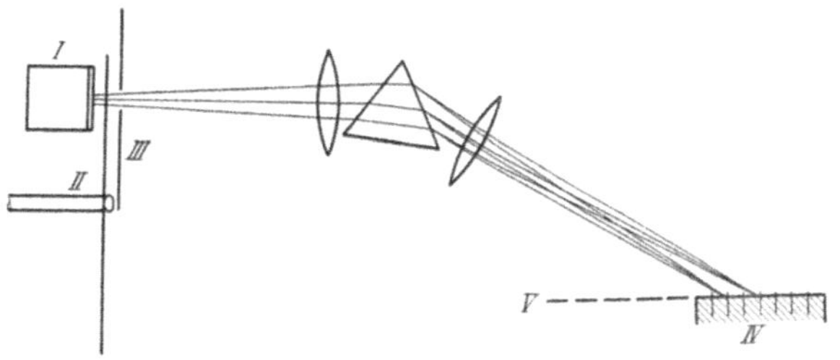

Abb. 17. Anordnung der Spektralaufnahmen (nach KANNEGIESSER). *I* Induktionsquelle (z. B. Cuvette). *II* Rotierende Scheibe mit Sektorialausschnitten. *III* Kollimator. *IV* Hefeagarblock in einzelne Streifen zu etwa 50 μ mittels Zelluloidplättchen unterteilt. *V* Hefebelag.

Gebiete etwa 100 Å beträgt. Vorangehende Versuche ergaben, daß auch bei sehr zirkumskripter Belichtung des Agarblockes der Induktionseffekt sich etwa über 8—10 mm weit über den unmittelbar belichteten Bezirk hinaus erstreckt (Kap. XI.) Die Angabe, etwa daß ein Streifen = 1960—2000 Å einen Induktionseffekt ergibt, besagt daher, daß ein Spektralstreifen in diesen Bereich fällt, sagt jedoch nichts über dessen Breite aus.

Neben diesem summarischen Verfahren der Spektralanalyse läßt sich übrigens auch eine verfeinerte Methode anwenden, die einen mäßigen Grad von Monochromasie beanspruchen darf. Bei sehr engem Kollimatorspalt wird in der Austrittsebene des Spektrums ein beliebig regulierbarer optischer Spalt angebracht, der die Aussonderung von schmalen Bereichen von 10 Å (und darunter) gestattet. Von den optischen Eigenschaften des Spektrographen (seiner Dispersion usw.) hängt es natürlich ab, wieweit dem Spalt von 10 Å eine wirkliche spektrale Reinheit des gewonnenen Spektralstreifens entspricht.

Die Erfahrung hat ergeben, daß das summarische (oder besser Simultan-)Verfahren (da das ganze Spektrum simultan und nicht nacheinander, wie bei monochromatischem Spalt gewonnen wird) für die Diagnose und Identifizierung der bisher bekannt gewordenen mitogenetischen Spektren vollständig genügt. Das Studium der Feinstrukturen mitogenetischer Spektren, von denen ein paar Beispiele später angeführt werden, ist demnach ein Gebiet für sich.

Ein allgemeiner Einblick in den Chemismus verschiedener mitogenetischer Strahlungsquellen wurde schon vor längerer Zeit, noch bevor die Möglichkeit der Spektralanalyse vorlag, gewonnen. Es konnte daher mit Hilfe der letzteren daran gegangen werden, an der Hand einfacher Modelle die Spektren der zum Teil bloß vermuteten chemischen Reaktionen dieser Quellen zu gewinnen und dadurch ein sicheres Mittel zur Diagnose der betreffenden chemischen Umsätze zu erlangen. Die Gesamtheit derartiger Modellversuche und deren Spektralanalyse zerfällt in drei Gruppen: der Oxydationen, der Glykolyse und der Proteolyse (bzw. peptischer Verdauung). Am ausgiebigsten sind verschiedene Oxydationsmodelle.

a) Oxydationsmodelle und deren Spektren.

Als erster hat SIEBERT reine Oxydationsmodelle auf ihr mitogenetisches Vermögen geprüft. Seine Ergebnisse waren durchaus positiv.

Es kamen folgende Reaktionen zur Anwendung:

Tabelle 12 (nach SIEBERT).

Reaktion	Induktionseffekt in % (Mittelwert aus je 10 Versuchen). Detektor: Hefe
1. Kohle + Oxalsäure im Sauerstoffstrom	45
2. Lävulose in Phosphatpuffer p_H 8 im Sauerstoffstrom	46
3. Pyrogallol + Meerrettichsaft + H_2O_2	28

Modell 1 mit und ohne Cyanzusatz

Sprossenzahlen		
Kontrolle	Modell ohne KCN	Modell mit KCN
23,9 %	33,2 %	24,9 %

(Mittelwerte aus je 10 Versuchen)

Auch J. und M. MAGROU erzielten ausgesprochene Induktionseffekte mit verschiedenen Oxydationsmodellen, vor allem mit Glykose + Permanganat. Als Detektoren wurden dabei Seeigeleier benutzt, die stark aberrante Formen ergaben, deren Besprechung erst in ein späteres Kapitel fällt.

Eine große Reihe verschiedener Oxydationsmodelle wurde schließlich von BRAUNSTEIN und POTOZKY geprüft, wobei als Detektoren Hefekulturen in verschiedener Anwendungsweise kamen.

Ausgezeichnete Resultate ergaben folgende Modelle:

Tabelle 13. (Nach BRAUNSTEIN u. POTOZKY.)

Sprossungseffekt		Zunahme der Individuenzahl	
Expositionsdauer	%	Expositionsdauer	%
1. *Platinmoor* + H_2O_2			
3 Sek.	23	3 Sek.	23
10—15 Min.	25	10 Sek.	40
20—30 Sek.	4	40 Sek.	31
(Mittelwerte aus mehreren Versuchen)		1 Min.	45
		5 Min.	31,8
2. $2KMnO_4 + 5H_2C_2O_4 + 3H_2SO_4 = K_2SO_4 + 2MnSO_4 + 10CO_2 + 8H_2O$			
15—30 Sek.	12		
1— 3 Min.	37	1 Min.	42
5—10 Min.	24	3 Min.	40,9
15 Min.	—7,6	10 Min.	25
(Mittelwerte)		10 Min.	52
3. $2KMnSO_4 + 5H_2O_2 + 4H_2SO_4 = 2KHSO_4 + 2MnSO_4 + 8H_2O$			
15 Sek.	54	1 Min.	35—120
30 Sek.	35	5 Min.	72—130
1 Min.	9		
4. $SnCl_2 + 2FeCl_3 = SnCl_4 + 2FeCl_2$			
30 Sek.	23	30 Sek.	12
1 bis 3 Min.	4	5 Min.	36
		15 Min.	50
5. $Ka_2Cr_2O_7 + 6FeSO_4 + 3H_2SO_4 = 2KaHSO_4 + Cr_2(SO_4)_3 + 3Fe_2(SO_4)_3 + 7H_2O$			
		5 Sek.	20,1
		10 Sek.	52
		30 Sek.	21,6
		1 Min.	-32

Als Modell kann bis zu einem gewissen Grade auch eine Reaktion behandelt werden, deren Vorkommen im Organismus (im Blute) zwar sehr wahrscheinlich, aber doch nicht absolut sicher ist — es ist dieses die Oxydation verschiedener Eiweißabbauprodukte (Polypeptide, resp. Aminosäuren) im Serum bei Zusatz von H_2O_2.

Die ersten Versuche dieser Art wurden von SORIN ausgeführt, der als Sauerstoffüberträger eine Lösung von kristallisiertem Pferdehämoglobin benutzte.

Es wurde zunächst gezeigt, daß die Verwandlung des Hämoglobins in Oxyhämoglobin an sich keine mitogenetische Strahlung erzeugt.

Eine reine Hämoglobinlösung (reduziertes Hämoglobin) wurde durch längere Aufbewahrung einer Oxyhämoglobinlösung im verschlossenen Kolben mit fein gepulvertem Ferrum hydrogenio reduktum gewonnen. Der Stopfen des Kolbens wurde dann mit zwei Röhren versehen, von denen die eine zum langsamen Abfluß der Lösung diente, während an die andere ein Glastrichter angebracht wurde, durch den Paraffinöl in den Kolben zufloß und die Hämoglobinlösung langsam verdrängte. Die Hämoglobinlösung wurde während ihres Strömens durch die mit einem Hahn versehene Röhre spektroskopisch geprüft, um die Abwesenheit des Oxyhämoglobinstreifens zu konstatieren. Die Verwandlung des Hämoglobins in Oxyhämoglobin geschah mithin nur in der Kapillarkammer, während der Exposition einer Zwiebelwurzel. Die Ergebnisse der Induktion fielen negativ aus.

Tabelle 14. Induktion mit Oxyhämoglobinlösung (nach SORIN).

Mitosenzahl an der induzierten Seite	Mitosenzahl an der abgewendeten Seite	Differenz in %
Detektor: Zwiebelwurzel.		
528	534	−1,0
512	507	1,1
1599	1587	0,75
369	367	0,5

Wurde nun dem Froschserum oder Froschlymphe Oxyhämoglobinlösung zugesetzt, so waren die Ergebnisse folgende:

Tabelle 15. Induktion mit Serum bzw. Lymphe ohne Hämoglobinzusatz.

Mitosenzahl an der induzierten Seite	Mitosenzahl an der abgewendeten Seite	Differenz in %
Detektor: Zwiebelwurzel.		
599	596	0,5% Serum
600	607	–1,1 „ „
472	476	–0,8 „ „
612	625	–2,1 „ Lymphe
278	286	–2,8 „ „
Induktion unter Zusatz von Oxyhämoglobin.		
331	236	40,2% Serum
399	306	30,3 „ „
330	221	49,3 „ „
350	256	36,7 „ Lymphe
386	288	34 „ „

So überzeugend die Ergebnisse dieser Versuchsserie auch sind, so bleiben sie nichtsdestoweniger bloße Modelle, da das Stattfinden von entsprechenden Oxydationsvorgängen im strömenden Blute auf diesem Wege natürlich unerwiesen bleibt.

In noch höherem Maße gilt das Gesagte naturgemäß für die weiteren Versuche am Blutserum von POTOZKY und ZOGLINA, die aber einen großen Schritt vorwärts bedeuten. da sie uns einen gewissen Einblick in den Chemismus dieser Oxydationsvorgänge gewähren.

Nachdem schon durch ANIKIN gezeigt wurde, daß das Oxyhämoglobin durch H_2O_2 ersetzt werden kann und dieser Befund durch die Verfasserinnen bestätigt wurde, gingen sie daran, den oder die oxydablen Körper im Serum nach Möglichkeit zu isolieren bzw. die betreffenden Fraktionen herauszuschälen.

Es lag natürlich am nächsten, die oxydablen Stoffe in den Eiweißen bzw. deren Abbauprodukten zu vermuten. Elektrolyte bzw. Blutzucker kamen kaum in Betracht.

Um einer Entscheidung, ob es genuine Eiweißstoffe oder deren Abbauprodukte sind, etwas näher zu treten, wurde Serum normal gefütterter Hunde gegen Ringer während etwa 6 Stunden dialysiert, in einigen Fällen auch durch Ultrafiltration fraktioniert. Die Dialyse wurde in einem Kollodiumsäckchen ausgeführt, als Ultrafilter dienten kleine Zylinder aus porösem Ton mit Kollodium getränkt.

Die Residuen der Dialyse bzw. Ultrafiltration versagen mitogenetisch unter Zusatz von H_2O_2, das farblose flüssige Ultrafiltrat gibt dagegen mit Spuren von H_2O_2 einen schönen und konstanten mitogenetischen Effekt. Die Biuretprobe mit dem Ultrafiltrat gibt ein schwach positives Resultat. Wenn man auf Grund der im weiteren noch mitzuteilenden Versuche, den Blutzucker als einen in Betracht kommenden oxydablen Körper ausschließt, so erscheint demnach der Schluß unabweisbar, daß die oxydierbaren mitogenen Stoffe des Serums Polypeptide (eventuell auch Aminosäuren) sind.

Tabelle 16. Versuche mit Dialyse des Serums normaler Tiere (Taube) (nach POTOZKY und ZOGLINA).

	Induktion
1. Kontrolle, Induktion mit nichtdialysiertem Serum + H_2O_2	35 %
a) Residuum der Dialyse des gleichen Serums mit H_2O_2	0,01 „
a') Desgleichen	−0,02 „
2. Kontrolle (wie in 1)	31 „
b) wie in a)	−0,02 „
b') Desgleichen	0,1 „

Tabelle 17. Versuche mit Ultrafiltration.

Serum mit H_2O_2	Ultrafiltrat mit H_2O_2	Filtrationsresiduum mit H_2O_2
31 %	20 %	1,8 %
29 „	30 „	—5 „
—	30 „	0 „
		(das gleiche Filtrationsresiduum unter Zusatz von Polypeptiden) 30 %

Die *Oxydationsspektren* wurden von KANNEGIESSER an drei Modellen geprüft; die Ergebnisse sind in der Tabelle 18 zusammengestellt.

Tabelle 18. Oxydationsspektren (nach KANNEGIESSER). Effekte in %.

Spektralbereich	Serum + H_2O_2					Glykose + $KaMnO_4$			Pyrogallol in alkalischer Lösung	
1900—1950	−8	−5	−7	7	3	5	4	−2	3	−3
1950—2000	−4	−3	4	−5	−4	2	6	3	6	4
2000—2050	−2	−7	−2	2	8	−4	−6	6	−4	6
2050—2100	−6	−7	7	−8	−3	−5	−7	−2	3	0
2100—2160	2	4	3	3	2	−3	−6	−8	3	8
2160—2220	4	−2	−2	6	5	5	−6	−5	−4	−9
2220—2280	26	24	28	24	22	23	31	29	27	26
2280—2340	22	30	30	28	30	26	30	24	22	25

Zu ganz analogen, wenn auch nicht bis in alle Einzelheiten übereinstimmenden Spektren gelangte auch POTOZKY mit verschiedenen, im Vorangehenden angeführten Modellen.

Die oxydative mitogenetische Strahlung beschränkt sich in allen drei Fällen auf ein relativ schmales Gebiet zwischen 2220 bis 2340 Angström. Für Pyrogallol wurden durch das monochromatische Verfahren auch einige Elemente der Feinstruktur des Spektrums dargestellt. Wieweit dieselbe in allen geprüften Reaktionen übereinstimmt, bleibt dahingestellt. Auch die viel wich-

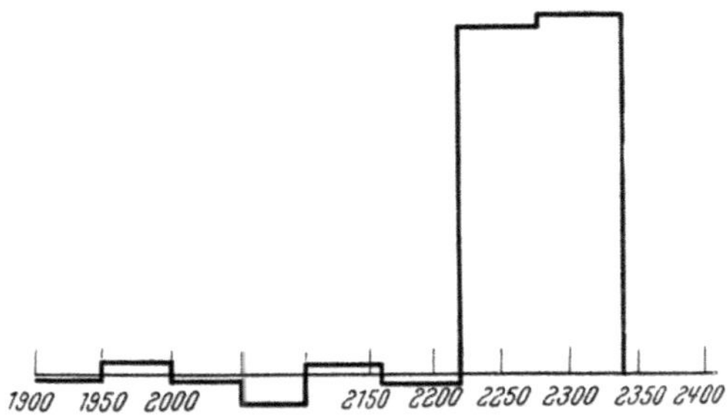

Abb. 18. Graphische Darstellung der Mittelwerte aus den 10 Versuchen mit Oxydationsmodellen (nach KANNEGIESSER).

tigere Frage, ob alle Oxydationen spektral übereinstimmen, konnte bisher noch nicht geprüft werden.

Die Beschaffenheit des Oxydationsspektrums ist durch zwei Eigentümlichkeiten besonders markiert: die extreme Langwelligkeit und die Beschränkung auf ein relativ eng umgrenztes Gebiet, ohne weit abstehende Maxima. Wir werden uns im weiteren überzeugen können, daß die Differentialdiagnose gegen andere in Betracht kommende Spektren bei der Prüfung verschiedener biologischer Quellen dadurch genügend gesichert ist.

b) Proteolytische Modelle und Spektren.

Von noch größerem klärenden Werte als die Oxydationsmodelle sind für uns solche, die uns Strahlungen auf *proteolytischer* (bzw. *autolytischer*) Grundlage vorführen. Der Übergang von solchen zu tatsächlich in den Organismen stattfindenden Abläufen ist ein ganz stetiger.

In erster Linie kommen für uns Versuche in vitro mit peptischer und tryptischer Verdauung von genuinen Eiweißstoffen in Betracht, die von KARPASS ausgeführt wurden.

Für Verdauungsversuche in vitro wurden der weiße Dotter und das Eigelb des Hühnereies sowie Fibrin benutzt. Die peptische Verdauung geschah zum Teil durch käufliches Pepsin + HCl oder im natürlichen Magensaft (Hund), die tryptische Verdauung mit aktiviertem Pankreassaft.

Die Verdauungsversuche fanden in einer kurzen Glasröhre statt, die in eine etwas weitere, an ihrem Hinterende zugeschmolzene Röhre so eingeführt wurde, daß die freien Mündungen beider zusammenfielen. Die weitere Röhre befand sich in einem flachen Glasaquarium, dessen Wasser durch eine einfache Heizvorrichtung auf der ziemlich konstanten Temperatur von 30° gehalten wurde. In das gleiche Aquarium tauchte dicht daneben eine zweite, mit Wasser gefüllte Röhre, vor der der Kontrollblock aufgestellt wurde. In einigen Versuchen wurde eine Quarzlamelle vorgeschaltet. Alle Milieubedingungen des induzierten und des Kontrollblocks waren demnach möglichst genau die gleichen. Als Detektor wurden ausschließlich Hefekulturen benutzt. Wir lassen hier die Versuchsprotokolle im Auszuge folgen.

Tabelle 19. Induktion während der peptischen und tryptischen Verdauung (nach KARPASS).

Induktionsquelle	Effekt in %
Weißer Dotter mit künstlichem Magensaft	43
	20,9
Desgleichen mit Pankreatin	10,7
	25,9
	15,5
Eigelb mit Pankreatin	30,1
	31,4
Dasselbe mit Magensaft	20,6
Fibrin im natürlichen Magensaft.	
Durch Quarzlamelle	37,1
	36,6
	20,4
	–16,5
Ohne Quarz	22,3
	24,9

Einen unmittelbaren Anschluß an tatsächliche Verhältnisse liefern schließlich die Induktionsversuche mit Dünndarmbrei während der Eiweißverdauung (Fütterung mit Sauermilch oder Fleisch, junge Hündchen) (6—12 Stunden nach der Fütterung).

Die Ergebnisse sind hier folgende:

Tabelle 20 (nach KARPASS).

12,3%*	22,2%*	21,1%*	13,5%*	31,8%*	25,1%	19,6%
46,5%	25,5%	37,6%	22,1%	44%	11,9%	36,9%

(mit * Vorschalten einer Quarzlamelle).

Daß hier tatsächlich die Eiweißverdauung maßgebend ist, zeigt eine kleine Versuchsserie mit negativem Resultat mit Dünndarminhalt nach Fütterung mit fetter Sahne.

Induktionseffekte (nach KARPASS).

−14%	0,25%	9,9%	7%

Es wurde bereits erwähnt, daß autolytische Modelle für mitogenetische Strahlungsquellen sich leicht darstellen lassen.

Es wurden für diese Versuche Stückchen der Leber und Niere benutzt. Frisch zu Brei verrieben, versagen diese Organe als Strahler. Der positive Effekt tritt erst nach etwa 8 Stunden Aufbewahrung in steriler Ringerlösung im Thermostat auf. Es versteht sich von selbst, daß auch Glykolyse hier mitspielen dürfte, die Zusammenstellung der Ergebnisse mit Leber und Niere spricht jedoch entschieden dafür, daß Proteolyse dabei ausschlaggebend ist. Der Effekt der Niere prävaliert nämlich stets über denjenigen der Leber, was sehr gut mit den Angaben von WELLS über die eminente Autolyse des Nierengewebes im Vergleich zu anderen parenchymatösen Organen übereinstimmt. Im Mittel aus sechs Versuchen ergaben Leber und Niere folgende Werte:

Tabelle 21. Induktion aus Breien nach steriler Autolyse von 8—48 Stunden.

	Ringer	Ringer mit Glykose
Leber	14%	20%
Niere	26%	33%

Die mikroskopische Analyse bestätigte den hohen Grad der Autolyse der Niere schon nach 8 Stunden, wo das Lebergewebe histologisch noch gut erhalten war.

Zur Spektralanalyse wurde die peptische Verdauung von trockenem Serumalbumin in natürlichem Magensaft des Hundes benutzt. Das Spektrum ist viel reichhaltiger als dasjenige der

Oxydationsmodelle und weist zwei Maxima mit einem ziemlich breiten, völlig versagenden Bezirke auf.

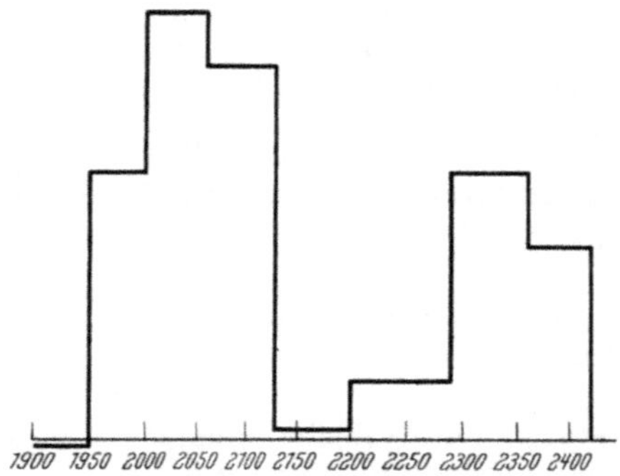

Abb. 19. Kurve des proteolytischen Spektrums. (Mittelwerte aus 3 Versuchen.)

Tabelle 22. Spektrum der mitogenetischen Strahlung der peptischen Verdauung von getrocknetem Serumalbumin.

Spektralbereich in Angström	Induktionseffekt in %
1900—1940	−1,6
1940—2000	50
2000—2060	80
2060—2130	70
2130—2200	1,6
2200—2290	11,6
2290—2350	50
2350—2420	36

c) Glykolytische Strahlung und Spektrum.

Ein einfaches glykolytisches Modell in der Art der vorangehenden läßt sich nicht darstellen. Man kann daher auf reine Glykolyse nur aus der Gesamtheit der Umstände schließen. Die Spektralanalyse der auf Glykolyse verdächtigen mitogenetischen Strahlung ist daher von besonderer Wichtigkeit, da sie im Falle erwiesener Nichtübereinstimmung des gewonnenen Spektrums mit denjenigen der etwa noch in Betracht kommenden Reaktionen die Differentialdiagnose in zuverlässiger Weise begründet.

Zur Darstellung des glykolytischen Spektrums wurde zunächst ein Blutmodell benutzt.

Durch eine Reihe vorangehender Untersuchungen, über die im weiteren berichtet werden soll, durfte die mitogenetische Strahlung des Blutes mit einem sehr hohen Wahrscheinlichkeitsgrad vorwiegend auf Glykolyse bezogen werden. Da aber unter normalen Verhältnissen weder Oxydationen noch etwaige andere Umsätze im Blute ausgeschlossen werden können, wurde von Kannegiesser folgendes, von Karpass angegebenes Blutmodell benutzt. Durch Aderlaß gewonnenes und auf Fließpapier aufgefangenes und getrocknetes Blut wird in destilliertem Wasser bis zur Gewinnung einer rubinroten Flüssigkeit aufgeweicht. Derart gewonnenes lackfarbenes Blut ist, wie schon vorher nachgewiesen wurde, während der ersten 10—15 Minuten eine gute mitogenetische Strahlungsquelle, die aber allmählich versagt und nach etwa 20 Minuten völlig erlischt. Wird nun nach etwa 1—1,5 Stunden dem Blute etwas Glykose zugesetzt, so tritt kräftige Strahlung wieder für kurze Zeit auf, kann jedoch nach Erlöschen durch er-

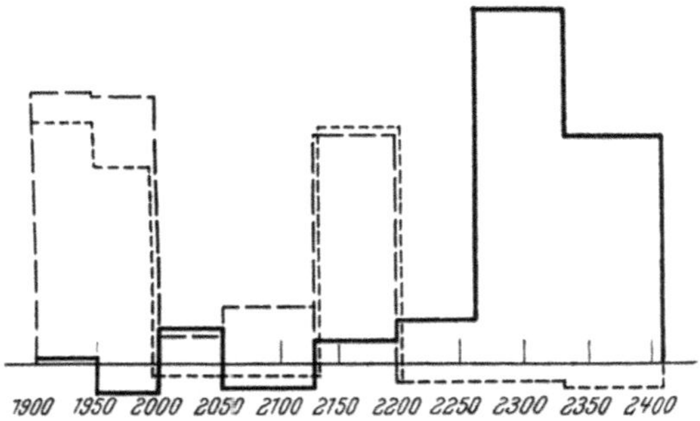

Abb. 20a. Zusammenstellung eines Oxydationsspektrums und zweier glykolytischer Spektren.

neuerten Glykosezusatz wieder erzeugt werden. Daß gleichzeitig auch Glykolyse stattfindet, wurde auf analytischem Wege geprüft. Es dürfte unter diesen Umständen nur schwerlich bezweifelt werden, daß hier als Strahlungsquelle tatsächlich einzig Glykolyse in Betracht kommt. Das gewonnene Spektralbild darf dem-

Tabelle 23. Glykolytisches Spektrum.
Mittelwerte aus 5 Versuchen.

Spektralbereich	Induktionseffekt in %
1900—1950	27
1950—2000	32
2000—2060	5
2060—2140	− 0,25
2140—2220	33
2220—2300	0,25

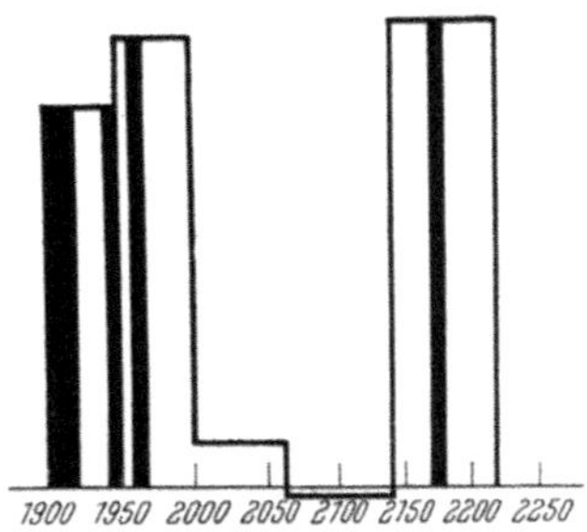

Abb. 20 b. Eintragung des „monochromatischen" glykolytischen Spektrums (à 10 Å.) in das summarische Spektrum. Ersteres durch schwarze Stäbe bezeichnet.

nach mit voller Berechtigung als ein glykolytisches betrachtet werden. Es ist auch hochgradig spezifisch bzw. in schärfster Weise sowohl von dem oxydativen, als von dem proteolytischen Spektrum verschieden.

Mit dem proteolytischen Spektrum hat das glykolytische nur den schmalen Bereich 1960—2020 Å gemein, mit dem Oxydations-

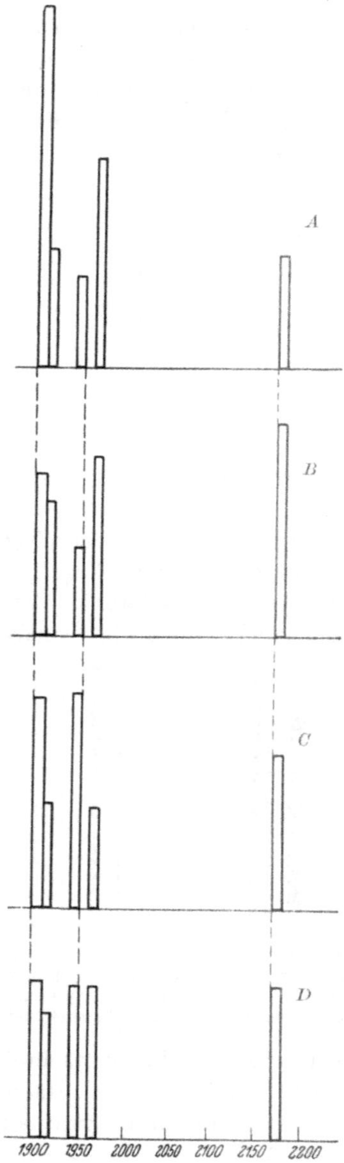

Abb. 20 c. Glykolytische Spektren verschiedener Herkunft: *A* Milchsauere Gärung. *B* Blutglykolyse. *C* Alkoholische Hefegärung. *D* Kornealepithel (nach PONOMAREWA).

spektrum gar keine Übereinstimmung. Im Gegensatz zum letzteren ist das glykolytische Spektrum extrem kurzwellig, da es bereits im Bereiche 1900—1940 kräftig induziert.

Ein detailliertes glykolytisches Spektrum mit der Zergliederung des ganzen spektralen Bereiches in Streifen von je 10 Å wurde in einer umfangreichen Serie von über 100 Versuchen von PONOMAREWA gegeben. Neben dem Blutmodell hat sie vor allem reine Milchsäuregärung (Bac. acid. lact.) benutzt. Innerhalb des kurzwelligen Gebietes von 1900 bis 2000 Å, wie es durch vorangehende summarische Versuche von KANNEGIESSER festgestellt wurde, konnten folgende schmale Streifen herausgeschält werden:

1900—1910, 1910—1920, 1940—1950, 1960—1970,

aus dem langwelligen Gebiete nur ein Streifen 2170—2180.

Mit den angeführten drei Klassen mitogenetischer Strahlungsquellen und Spektren ist die bereits vorliegende Mannigfaltigkeit noch nicht erschöpft. Ein Blick auf das chronologisch erste mitogenetische Spektrum (der Muskelkontraktion nach FRANK) lehrt, daß es in keines derselben paßt und völlig eigenartig ist. Wir werden uns des weiteren noch überzeugen können, daß auch das Spektrum der Flimmerzellen mit dem Muskelspektrum zusammenfällt (Zoglina). Da die chemische Grundlage der Kontraktion gegenwärtig im Mittelpunkte der Kontroverse steht und diejenige der Flimmerbewegung völlig unbekannt ist, kann eine begründete Deutung dieser Spektren natürlich nicht versucht werden. Ob die weitere Forschung noch eine größere Mannigfaltigkeit der strahlungserzeugenden chemischen Umsätze aufdecken wird, bleibt noch abzuwarten.

Wir sehen indessen, daß unsere Liste der Strahlungsquellen gerade die wichtigsten Umsätze im Organismus umfaßt. Man sollte

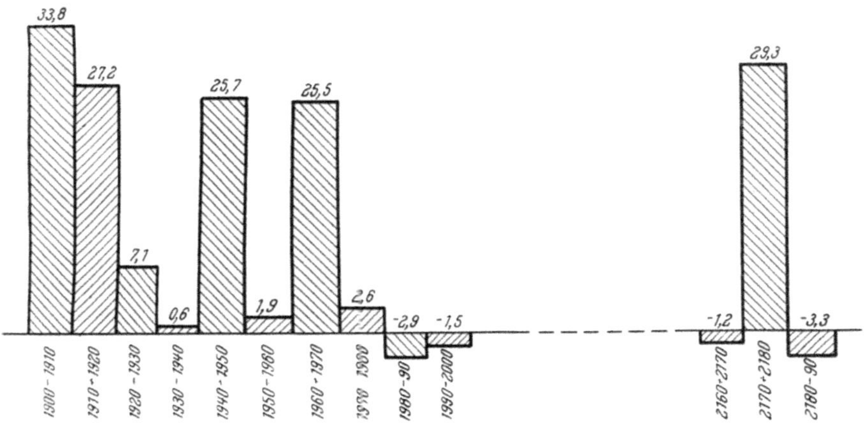

Abb. 20d. Das detaillierte glykolytische Spektrum (Mittelwerte). Cornea des Kaninchenauges (nach Ponomarewa).

daher glauben, daß die mitogenetische Strahlung eine weitverbreitete, ja ganz allgemeine Eigenschaft aller Organe und Gewebe ist, da ja schließlich überall Eiweißverdauung, Glykolyse und Oxydationen stattfinden bzw. vermutet werden dürfen. Und dennoch ist es nicht so. Das mitogenetische Strahlungsvermögen gehört nur der Minderzahl der Gewebe und es lassen sich nur relativ wenige des Wirbeltier- (und auch des Wirbellosen-)Körpers anführen, denen diese Prärogative zufällt. Es sind speziell auch Organe, wie die Leber mit ihrem lebhaften Umsatz, die davon normalerweise ausgeschlossen sind.

Eine Deutung dieses Sachverhaltes ist nicht so leicht zu geben. Sofern es auf oxydative oder proteolytische (autolytische) Strahlungsquellen ankommt, liegen die Bedingungen ihres Nachweises stets sehr günstig, da man durchaus nicht nur auf das lebende und durchblutete Organ angewiesen ist, sondern auch frischbereitete Breie bzw. Emulsionen sich als kräftige Strahler erweisen.

Bei der Glykolyse ist das Verhalten allerdings ein anderes: in manchen Geweben, die glykolytisch strahlen, sistiert der Effekt unmittelbar nach Unterbrechung der normalen Durchblutungsverhältnisse, sogar noch aus dem körperwarmen Organ.

Die Unmöglichkeit des Nachweises der mitogenetischen Strahlung aus den meisten Organen und Geweben muß wohl einen allgemeineren tieferen Grund haben. Die strahlungserzeugenden Reaktionen dürften wohl nur auf einzelne, ganz spezielle Etappen der langen Anlaufsketten, die wir mit dem Sammelnamen Glykolyse, Oxydation, Proteolyse bezeichnen, beschränkt sein, und da in den meisten Fällen die Teilreaktionen sich auf die einzelnen Organe und Gewebe verteilen, wäre ein universelles Vorkommen der Strahlung gar nicht zu erwarten.

Zugunsten dieser Annahme lassen sich einige Beweise anführen. Es läßt sich vor allem die Tatsache, daß die Spektren verschiedener Oxydationen, soweit ersichtlich, zusammenfallen, wohl nur in dem Sinne begreiflich machen, daß nur ein ganz bestimmtes Moment des „Oxydationsprozesses", der ja an sich eine große Mannigfaltigkeit von Prozessen umfaßt, für die Erzeugung der Strahlung maßgebend ist. Dieses Moment (oder Etappe) muß freilich in allen Oxydationen übereinstimmend gedacht werden.

Für die Glykolyse verfügen wir ebenfalls über Indizienbeweise, daß es sich wohl um eine spezielle, scharf umschriebene Etappe der Ablaufskette handelt, die strahlungserzeugend ist. Es handelt sich um Erzeugung sogenannter mitogenetischer Sekundärstrahlung, die in den bisher geprüften Fällen sicherlich auf Zuckerspaltung beruht. Als Ersatz für das glykolytische Ferment tritt hier indessen die Bestrahlung des Substrates mit einer mitogenetischen Strahlungsquelle auf.

Wir haben es hier sicherlich mit einer Tatsache von grundlegender Wichtigkeit zu tun, deren Analyse allerdings noch vorzeitig wäre. Es läßt sich indessen wohl mit großer Wahrscheinlichkeit annehmen, daß durch ultraviolette Bestrahlung nicht eine lange Ablaufskette (die man mit dem Sammelnamen Glykolyse belegt), sondern eine gewissermaßen einmalige Etappe (etwa Aufspaltung des Zuckermoleküls in Triosen) zustande gebracht wird.

Wir wollen uns hier auf ein paar Belege beschränken, da das Problem der Sekundärstrahlung uns noch in einem speziellen Kapitel beschäftigen wird.

Ein durchsichtiger Fall dieser Art ist in den Versuchen von SALKIND mit Leberbreien von Hunger- und Glykogentieren enthalten.

Frisch bereiteter Leberbrei versagt als mitogenetischer Strahler sowohl von einem Glykogen- als von einem Hungertier.

Werden dagegen die betreffenden Breie (mit mitogenetischen Spektrallinien) bestrahlt, so sendet der Glykogenleberbrei, nicht aber ein solcher eines Hungertieres, mitogenetische Strahlung aus.

Tabelle 24. Induktion mit Leberbreien (nach SALKIND).

	Effekt	Detektor
	Glykogenleber	
ohne Bestrahluug	– 6%	Hefe
	– 6%	„
bei *Primärbestrahlung*	45%	„
	110%	„
	118%	„
	19%	Zwiebelwurzel
	22,5%	„
	16,6%	„
	Hungerleberbrei	
bei *Primärbestrahlung*	1,5%	Hefe
	8%	„

Da es sich im frisch bereiteten Glykogenleberbrei im wesentlichen um Aufspaltung des Glykogens zu Glykose handelt und nur unter speziellen, in den Versuchen SALKINDS nicht verwirklichten Umständen auch Milchsäure entsteht, lassen sich die Ergebnisse in der Tat mit großer Wahrscheinlichkeit auf Glykolyse zurückführen.

Möglicherweise noch klarer sind die von ZOGLINA studierten Verhältnisse an zwei Infusorienarten.

Weder Opalina noch Paramäcium erzeugen mitogenetische Effekte unter gewöhnlichen Lebensbedingungen. Es läßt sich jedoch eine deutliche Strahlung von ihnen auf zweifachem Wege erzeugen: entweder indem man dem Substrat etwas Glykose zusetzt oder ohne Glykosezusatz die Infusorien mitogenetisch bestrahlt. Tab. 25, nächste Seite.

Ein direkter Nachweis der glykolytischen Abstammung der Sekundärstrahlung konnte schließlich auf spektralanalytischem

Wege gewonnen werden: Abgeschnittene Zwiebelwurzeln büßen ihr primäres Strahlungsvermögen zwar unmittelbar nach dem Abschneiden ein, behalten indessen eine Zeitlang (etwa 15—20 Minuten) das Vermögen zur Sekundärstrahlung (die ebensogut von den Seitenflächen als von der Spitze der Wurzeln nachgewiesen werden kann). 5—6 cm lange abgeschnittene Wurzeln werden in größerer Anzahl (etwa 4—5) übereinander geschichtet und durch eine beliebige Strahlungsquelle (z. B. Blut) in ihrer Streckungszone bestrahlt, während ein etwa 3 cm davon abstehender Bezirk ihrer Meristemzone vor dem Kollimatorspalt des Spektrographen aufgestellt bleibt. Das erhaltene Spektrum ist rein glykolytisch. Tab. 26.

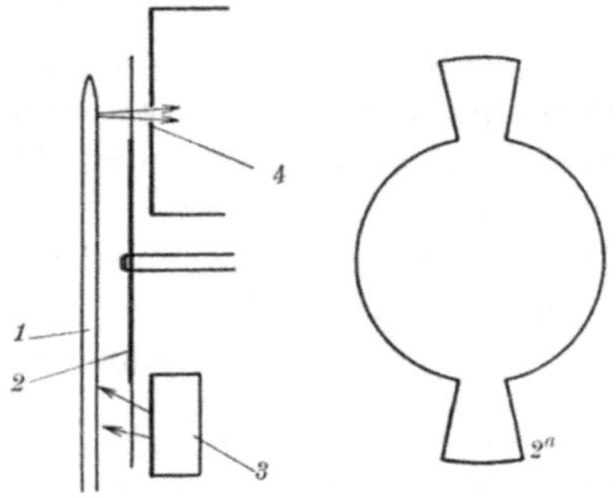

Abb. 21. Versuchsanordnung zur Spektralanalyse der Sekundärstrahlung der abgeschnittenen Zwiebelwurzel. *1* Abgeschnittene Wurzel. *2* u. *2a* Drehscheibe mit 2 Zähnen. *3* Hefeagarblock (Strahlungsquelle). *4* Kollimatorspalt des Quarzspektographen.

Tabelle 25. Mitogenetische Strahlung von Opalina unter verschiedenen Milieubedingungen und bei Anstrahlung (nach ZOGLINA).

In H_2O	Bei Zusatz von etwas Glykose				
	Sofort nach Zusatz in %	nach 10 Minuten in %	nach 15 Minuten in %	nach 20 Minuten in %	nach 45 Minuten in %
0	−2,6	−9,8	40	36	43
4,4	2,5		20	24	—
6,2			—	—	—
12			—	27	—
3,4			0*	15* 5**	28**

(Die Versuche *, bzw. ** stammen aus je einer Kultur.)

Sekundärstrahlung bei Anstrahlung mit		
Spektralstreifen in %	Blut in %	Froschherz in %
15	47	21
19		
38		
50		

Tabelle 25 (Fortsetzung). Strahlung von Paramäcium.

In H_2O		Bei Zusatz von Glykose			Bei Primärbestrahlung in %
		Sofort in %	nach 15 Minuten in %	nach 30 Minuten in %	
2,7	2	−7	11	−3,8	20
−2,8	1	7	12	14	22
−1,0	3	3,7	27		13
−13	−3,3		43		40
−7,5					

Tabelle 26. Spektrum der Sekundärstrahlung aus abgeschnittenen Zwiebelwurzeln.

Wellengebiet	Induktionseffekt	
1900—1960	43%	Mittelwerte von zwei Versuchen
1960—2000	43%	
2000—2060	−4%	
2060—2140	9%	
2140—2220	37%	
2220—2300	−3%	

In allen soeben angeführten Fällen tritt die mitogenetische Strahlung in ganz offensichtiger Weise als Ersatz des glykolytischen Fermentes auf, soweit wir die Sekundärstrahlung gegebenenfalls mit Sicherheit auf Zuckerspaltung zurückführen dürfen. Man kann übrigens diesen Satz auch in anderer Weise beweisen, wie es in den noch nicht veröffentlichten Versuchen von KARPASS geschehen ist.

Frisch einer Vene entnommenes und zur Hälfte mit $MgSO_4$ verdünntes Blut behält noch eine Zeitlang (etwa 10 Minuten) nachweisbares Strahlungsvermögen. Wird es jedoch sofort nach Entnahme in einer sehr dünnen Schicht mitogenetisch bestrahlt, so ist jedes nachweisbare Strahlungsvermögen aus ihm schon nach etwa 2 Minuten geschwunden, kann jedoch durch Zusatz von Glykose wieder erzeugt werden. Eine Aufspaltung des Zuckers durch mitogenetische Strahlen ist hier unverkennbar.

Wir sehen demnach, daß im Sinne der Erzeugung der Strahlung die durch primäre Bestrahlung bewirkte Zuckerspaltung und die durch spezifische glykolytische Fermente bewirkte Glykolyse einander völlig äquivalent sind und auch die Spektren hier (d. h. bei der durch Primärbestrahlung erzeugten Sekundärstrahlung) und bei echter Glykolyse (Blut und besonders auch Strahlung des

Karzinoms bei Glykosezusatz oder in situ) völlig übereinstimmen. Es wäre indessen sehr gewagt, ohne schwerwiegende Gründe die spaltende Strahlenwirkung sich als mehrgliedrig und etwa der von NEUBERG aufgestellten, zur Milchsäurebildung führenden Ablaufskette durch Methylglyoxal usw. analog zu denken. Es erscheint viel plausibler, in diesem Zusammentreffen des Effektes bei so verschiedener Verursachung einen Beweis oder wenigstens ein Anzeichen dafür zu erblicken, daß eine einzelne scharf umschriebene Stufe der Zuckerspaltung strahlungserzeugend ist. Ein nicht minder überzeugender Beweis im gleichen Sinne ist in der Übereinstimmung der Spektren der milchsaueren und der alkoholischen Gärung enthalten (PONOMAREWA). Die Übereinstimmung der chemischen Umsätze reicht ja hier nur bis zur Bildung des Methylglyoxal (NEUBERG). Es sei übrigens hervorgehoben, daß im Spektrum der alkoholischen Gärung *neben* dem glykolytischen Anteil auch die Oxydationsstreifen nachweisbar waren.

Hierin hätten wir wohl die Erklärung des auf den ersten Blick schwer faßbaren Umstandes zu suchen, daß trotz der allgemeinen Verbreitung und Geltung der der Strahlung zugrunde liegenden drei Hauptreaktionen, die mitogenetische Strahlung tatsächlich ein Monopol nur weniger Gewebe bleibt.

Diese Erwägungen können im Verein mit der weiteren Ausbildung der mitogenetischen Spektralanalyse zu einer mächtigen Waffe zum Eindringen in den intimeren Metabolismus der einzelnen Organe und Gewebe werden und unverhoffte Ausblicke auch dort eröffnen, wo die anderen analytischen Methoden versagen.

Ein Beispiel möge zur Rechtfertigung dieser kühnen Hoffnungen beitragen. Es wurde von uns schon vor längerer Zeit nachgewiesen, daß frisches überlebendes Leber- und Nierengewebe, auch zu Brei verrieben, als Strahler versagen, mit Einsetzen der Autolyse dagegen auch mitogenetische Strahlung auftritt, und zwar in intensiverem Maße bei der Niere als der Leber.

Tabelle 27. Induktionseffekte aus Breien aus Leber und Niere (Mittelwerte).

Frisch, bzw. nach 4—8 Stunden steriler Aufbewahrung		Nach 8—48 Stunden steriler Aufbewahrung in Ringer, bzw. Ringer + Glykose			
		Leber		Niere	
Leber	Niere	Ringer	Ringer-Glykose	Ringer	Ringer-Glykose
1%	−1,2%	14%	20%	26%	33%

Diese Fälle von evident autolytischer Strahlung wurden bisher spektral nicht geprüft. Eine derartige Prüfung dürfte auch nichts Neues im Vergleich zur chemischen Analyse bringen.

Ganz eigenartige Verhältnisse konnten dagegen für eine Epithelart — das Epithel der Konjunktiva bulbi des Kaninchenauges — nachgewiesen werden.

Das lebende Auge des Kaninchens erweist sich als mächtiger Strahler[1]. Die Spektralanalyse ergibt ein typisch glykolytisches Spektrum.

Tabelle 28. Spektrum der Strahlung aus dem lebenden Kaninchenauge.

Wellengebiet	Induktionseffekt in %		
1900—1940	34	23	25
1940—2000	71	59	43
2000—2060	−6	0	−8
2060—2120	−4	−2,6	5,5
2120—2180	46	33	37
2180—2260	13	0	0
2260—2440	−1		2,5
2440—2680	10		
2680—3000	4		
3000—3600	10		
3600—4500	8		

Das gleiche Tier wurde einer vollständigen Karenz unterworfen und das Auge mehrmals spektral geprüft. Am 5. Hungertage konnte gar keine mitogenetische Strahlung nachgewiesen werden.

Vom 6. Hungertage (Gewichtsverlust 15%) zeigte das Spektrum einen totalen Umschlag — es wurde von deutlich proteolytischem Typus!

Tabelle 29. Spektrum des Kaninchenauges nach 6tägigem Hunger.

Spektralgebiet	in %	Spektralgebiet	in %
1900—1940	15	2130—2220	41
1940—2000	62	2200—2290	2
2000—2060	39	2290—2320	7
2060—2130	21,5	2320—2400	23,6

[1] Die große theoretische Tragweite dieses Befundes wird uns noch im weiteren befassen. An dieser Stelle ist es für uns von hauptsächlichem Interesse, daß wir vermöge der Spektralanalyse in die intimeren Verhältnisse des Stoffwechsels des Epithels einzudringen vermögen.

Es setzt demnach eine Autolyse der Zellen bei noch sehr erträglichem allgemeinem Ernährungs- und Kräftezustand ein, ein gewiß unerwartetes und sonst wohl kaum nachweisbares Verhältnis.

Es muß indessen hervorgehoben werden, daß es von uns auf Grund vorausgehender Erfahrungen vorausgesehen werden konnte. Die älteren Versuche von L. GURWITSCH und ANIKIN ergaben nämlich die auf den ersten Blick paradoxe Tatsache, daß abgeschabtes Epithel von normal genährten Tieren als Strahler versagte, dagegen bei sehr starker Inanition der Tiere (Ratten, Gewichtsverlust bis 33%) ein deutliches Strahlungsvermögen erlangte.

Auf die damals gegebene etwas gezwungene Deutung der Verhältnisse mußte schon längst verzichtet werden. Es zeigte sich indessen auf Grund der Erfahrungen mit Karzinomstrahlung, daß die Strahlung auf glykolytischer Grundlage nur aus dem lebenden Organ gewonnen werden kann und sofort nach Herausnahme im warmen Ringer bereits erlischt, die proteolytische Strahlung dagegen eine praktisch unbegrenzte Zeit persistiert. Die Vermutung, daß ähnliche Verhältnisse auch in den eigenartigen Befunden am abgeschabten Epithel vorliegen, erfuhr eine weitgehende Stütze durch das glykolytische Spektrum des lebenden normalen Auges.

Es war daher naheliegend, den positiven Erfolg mit dem Epithel der Hungertiere auf eine einsetzende Autolyse zurückzuführen, was auch eine volle Bestätigung durch Spektralanalyse fand.

Daß die hier angeführten Befunde weitgehende Möglichkeiten für das Studium des Metabolismus gesunder und kranker Gewebe und Organe eröffnen, darf wohl ohne übermäßigen Optimismus behauptet werden. Wir stehen hier indessen im allerersten Beginn der Forschung.

Zweiter Teil.

Das Auftreten mitogenetischer Strahlung im Haushalte der Organismen.

Einleitung.

Die Wahl und Erforschung der Strahlungsquellen in pflanzlichen und tierischen Organismen wurde ursprünglich durch das einseitige Interesse an der mitogenetischen Strahlung als einem vermutungsweise maßgebenden Faktor oder richtiger der notwendigen Prämisse jeder Zellteilung geleitet. Dieser Leitgedanke hat sich bisher bewährt, sofern man in der Tat überall, wo man auf Grund dieser Annahme eine Strahlungsquelle erwarten durfte, tatsächlich eine solche vorfand. Es ergab sich indessen immer mehr und mehr, daß dieser Ausgangspunkt der Untersuchung ein beschränkter ist und daß es weit mehr Strahlungsquellen für mitogenetisch wirksame Strahlen im Organismus gibt, als solche mit alleiniger Bezugnahme auf die Zellteilung vermutet werden könnten und in tatsächliche Beziehung zu diesem letzteren Vorgang gebracht werden dürfen. Es wird vielleicht die Zeit einmal kommen, wo die Bezeichnung der Strahlen als „mitogenetisch" sich daher nicht nur aus sprachlichen, sondern auch aus rein sachlichen Gründen als wenig zutreffend erweisen wird. Wir müssen aber schon jetzt, ohne das chronologische Band bei der Schilderung der Strahlungsquellen vollständig zerreißen zu wollen, die ursprüngliche Fragestellung, die in einem Nachweis einer Strahlungsquelle für jeden Fall von Zellteilung gipfelte, nur in beschränktem Umfange anwenden und uns einen allgemeineren Überblick von einem etwas höheren Standpunkte zu verschaffen suchen. Es muß vor allem die sowohl von uns, wie von mehreren unabhängig von uns arbeitenden Autoren öfters hervorgehobene Tatsache, daß nur eine Minderzahl von Geweben und Organen strahlt, ohne jede Voreingenommenheit in ihrer tatsächlichen Bedeutung bewertet werden.

Wie jeder negative Befund, so müssen auch diese Angaben mit größter Reserve behandelt werden.

Bei der Beurteilung der Beweiskraft eines negativen Befundes kommt es vor allem darauf an, ob er von einem lebenden und intakten Organ in situ und unter ganz normalen Verhältnisse erhoben wurde. In dieser Hinsicht wurde sowohl von den übrigen Autoren als auch von uns gesündigt, indem wir aus der Tatsache, daß manche Organe und Gewebe, zu Brei verrieben, kräftige Strahler sind, den an sich unstatthaften Schluß zogen, daß andere Organe, die bei dieser Behandlungsweise versagen, auch unter normalen Verhältnissen keine Strahler sind.

Unsere neueren Erfahrungen an einigen Spezialfällen verlangen hier eine strenge Revision der bisherigen Befunde, die zum Teil auf außerordentliche und möglicherweise gar nicht zu überwindende Schwierigkeiten stoßen wird.

Besonders bezeichnend sind in dieser Hinsicht die Erfahrungen mit der glykolytischen Strahlung: ihr Schwund bei Unterbrechung des normalen Kreislaufes der betreffenden Organe ist fast momentan, was in besonderer Klarheit an Karzinomen und am Kornealepithel zutage tritt. Entblößt man ein subkutan gelegenes Adenokarzinom der Maus und induziert in situ, so erhält man eine kräftige Strahlung. Wird dem Tiere der Kopf abgeschnitten und sofort darauf induziert, so sind die Ergebnisse noch positiv. Wird dagegen der Tumor sofort herauspräpariert und noch lebenswarm in Ringerlösung als Strahlungsquelle geprüft, so versagt er vollständig, obwohl er, wie Transplantationsversuche zeigen, ja noch lebend ist und bei Glykosezusatz sofort wieder zu einem kräftigen Strahler wird. Diese Befunde stehen übrigens im besten Einklange mit den Befunden WARBURGS über den Schwund der Glykolyse des aus dem Körper herausgenommenen Tumors (im zuckerfreien Medium).

Die gleiche Erfahrung wurde in unserem Laboratorium von ANIKIN am Kornealepithel der Taube gemacht, welches schon während der Entblutung des noch lebenswarmen Tieres als Strahler versagte. Da, wo Glykolyse als Strahlungsquelle in Verdacht kommt, sind daher die negativen Befunde mit größter Vorsicht aufzunehmen.

So sind z. B. gerade die interessantesten, weil mitosenreichsten Organe des Wirbeltierkörpers — die Dünndarmschleimhaut, die Samenkanälchen des Hodens, die Keimzentren der Lymphknoten im intakten, physiologischen Zustande der Prüfung ihres Strahlungsvermögens gar nicht zugänglich, daher auch die bis auf heute geltende so unfaßbare Feststellung negativer Art von geringer Überzeugungskraft. Für die meisten, günstiger gelegenen parenchymatösen Organe, wie etwa die Leber, Niere, könnte die bindegewebige Kapsel ein bedeutendes Hindernis für die Ausstrahlung bilden, obwohl man bei kleinen Nagern kaum zu großes Gewicht darauf zu legen hat.

Es zeigte sich in der Tat, wie wir sehen werden, daß die Dünndarmschleimhaut unter geeigneten Versuchsbedingungen kräftig strahlt, die Leber (der Maus) allerdings unter gleichen Bedingungen versagt.

Es ist jedenfalls sehr beachtenswert, daß gerade diejenigen Organe, die, obwohl aus dem Zusammenhange herausgerissen, dennoch in einem funktionell tüchtigen Zustande zur Prüfung ihres mitogenetischen Zustandes vorgenommen werden können, sich in der Regel bisher als Strahler erwiesen — so die Muskeln, Nerven und Flimmerzellen. Es soll damit allerdings durchaus nicht behauptet werden, daß bei allen, oder sogar bei den meisten Geweben, das Vermögen zur mitogenetischen Strahlung vermutet werden muß. Denn wir sahen schon aus den Ausführungen des vorangehenden Kapitels, daß nur ganz spezielle, eng umgrenzte Etappen der fermentativen Spaltungen Strahlenspender sind, die sehr wohl auf vereinzelte Organe beschränkt bleiben dürften.

Mit diesen allgemeinen Erwägungen ausgerüstet, sehen wir sehr wohl ein, daß unsere Gesamtliste der Strahlungsquellen eine rein fragmentarische und nach mehr äußerlichen Umständen zusammengestellte sein kann und muß und daß technische Fortschritte hier eine bedeutende Wandlung möglicherweise schon in der allernächsten Zeit bringen können.

Da die ursprüngliche Fragestellung auf die Zusammenhänge zwischen Strahlung und Zellteilung hinausging, ist es nur folgerichtig, wenn wir unsere Übersicht mit den Embryonalstadien beginnen.

IV. Pflanzen als mitogenetische Quellen.

a) Bakterien und Hefen.

Es war uns von vornherein klar, daß auch die Protisten in den Kreis unserer Betrachtungen mit einbezogen werden müssensofern man in der mitogenetischen Strahlung ein allgemein gelten, des Prinzip erblicken will. Das gleiche gilt natürlich auch für Eier, die sich als unabhängige Systeme entwickeln.

Sollte aber auch hier mitogenetische Strahlung als Prämisse der Zellteilung auftreten, so müßte eine neue Fassung des ganzen Herganges gelten. Eine Gegenüberstellung von Strahlungsquelle und Detektor läßt sich nicht mehr aufrechterhalten, sofern man an eine Teilung eines isolierten Protistenindividuums bzw. eines Eies denkt. An Stelle einer Induktion von außen müßte eine *Autoinduktion* (Selbstinduktion) treten, d. h. der Protist oder das Ei sowohl Strahler als auch Detektor, oder treffender — Rezeptor für seine eigene Strahlung sein.

Sollte dagegen ein wirklich isoliertes Individuum tatsächlich versagen, dagegen ein Aggregat von gleichartigen Individuen ohne Induktion aus Fremdquellen teilungsfähig sein, so müßte an Stelle des Begriffes der Selbstinduktion derjenige der *Mutoinduktion* (der gegenseitigen Bestrahlung) treten. Dies hätte indessen an der Sache wenig geändert, da das prinzipiell Wichtige die Tatsache bleibt, daß eine bestimmte biologische Einheit sowohl Strahler als Rezeptor auf eine offenbar identische Strahlung ist, und das Versagen eines isolierten Individuums auf andere, relativ einfache Momente zurückführbar wäre. Es muß demnach vor allem Klarheit in diesen Verhältnissen geschaffen werden. Es sei daher von der Betrachtung der an Protisten gewonnenenen Ergebnisse ausgegangen, obwohl sie chronologisch jüngeren, zum Teil sogar allerjüngsten Datums sind.

Der erste positive Befund wurde an Bakterien von J. und M. Magrou erhoben und durch bald darauf nachfolgende Untersuchungen von M. Baron erweitert. Da die französischen Autoren von speziellen Voraussetzungen über die Bedeutung des *Bac. tumefaciens* ausgingen, haben sie ausschließlich mit dieser Bakterienart gearbeitet. Als Detektor kamen Zwiebelwurzeln zur Anwendung. Die Bakterien wurden in flüssiger Kultur in ein dünnes Kapillarrohr gebracht und in etwa 5 mm Abstand von der Detektorwurzel aufgestellt. Sämtliche (9) Versuche fielen positiv aus.

Tabelle 47. Induktion von Zwiebelwurzeln mit Kulturen des *Bac. tumefaciens* (nach J. und M. Magrou).

Mitosenzahlen induzierte Hälften der Wurzel	Mitosenzahlen abgewendete Hälften der Wurzel	Differenz in %
292	231	26
551	385	43
770	634	21
464	312	48
2455	2190	12
1497	1231	16
1422	1200	18
934	733	27 Durch Quarzlamelle
476	395	20
	Kontrollen	
1220	1230	– 0,81
692	753	– 8,8

Kontrollen mit wassergefüllten Kapillaren ergaben Nulleffekte.

Baron ging von der Wahrscheinlichkeit einer mitogenetischen Strahlung der Bakterien als eines für eigene Vermehrung unentbehrlichen und daher ganz allgemein vorkommenden Faktors aus und prüfte dementsprechend vier verschiedene Arten. Da es sich um thermophile Arten handelte, mußten die Senderkulturen (auf Fleischpeptonagar) in eine kleine heizbare Kammer kommen (Abb. 8a), die noch den Vorzug hatte, daß Detektor (Zwiebelwurzel) und Sender voneinander durch eine Quarzlamelle getrennt und letzterer hermetisch von der Außenwelt abgeschlossen wurde. Für den Erfolg ist es vor allem maßgebend, daß nur junge Kulturen Induktionseffekte ergeben, und, wie aus Tab. 48 zu ersehen, ein sehr befriedigender Parallelismus zwischen Vermehrungsintensität und Induktionseffekt besteht.

Tabelle 48 (nach BARON).

Alter der Kultur in Stunden	Anzahl der vermehrungsfähigen Bakterien (in Millionen) (nach GOTSCHLICH und WEIGAND)	Induktionseffekt in %		
8	35 000	5,5		
12	481 000	25,7	24	21
16	36 700	24,3	37,6	25,3
20	28 100	17,4		
24	—	8,3	3,0	0
30	—	0	2,4	0,5
44	3 300	—	—	—

Induktionsversuche in der Heizkammer

Bakterienart	Anzahl der Mitosen an d. induziert. Seite	Anzahl der Mitosen an d. abgewend. Seite	Induktionseffekt in %
Bac. anthracoides	360	282	27,6
„ „	324	204	58,8
„ „	767	557	37,6
Sarcina flava	1015	807	25,7
„ „	1426	1147	24,3
Bac. coli comm.	1102	879	25,3

Neben die Bakterien müssen auch *Hefen* als Strahlungsquellen gestellt werden. Ihre Anwendung als Strahlungsquellen war in unserem Laboratorium so ausgiebig und mannigfaltig, daß wir von der Anführung spezieller Protokolle absehen können und uns nur auf einige Beispiele der Mutoinduktion beschränken werden, die in weiteren mitgeteilt werden sollen. Hefen können ebenfalls sowohl auf festem Nährboden (Bierwürzeagar) als im flüssigen Substrat zur Anwendung kommen. Auch hier ist eine rege Vermehrungstätigkeit (junge Kulturen) eine übrigens selbstverständliche Voraussetzung des Erfolges. Ist von der Strahlung eines Protisten die Rede, so bleibt natürlich zunächst ganz unbestimmt, ob dieselbe eine dauernde Lebensäußerung jedes Individuums ist, oder nur zeitweilig, in bestimmten Lebensetappen, eventuell nur als kurzes „Aufleuchten“ auftritt. Wir sind hier in unseren Schlußfolgerungen auf Umwege angewiesen, die uns allerdings bei genauer Erwägung aller Umstände bis zu einem gewissen Grade auf den richtigen Weg bringen können.

Wir sahen bereits aus Barons Versuchen an Bakterien, daß Vermehrungs- und Strahlungsintensität offenbar sehr innig miteinander zusammenhängen und folglich „alternde“ Individuen, die in ihrer Vermehrung zum Stillstande kommen, auch ihre Strahlung einstellen. Es wird aber in einem speziellen Kapitel gezeigt werden können, daß solche Individuen bzw. Zellen, namentlich sofern es auf die Hefe ankommt, noch zur Strahlung, und zwar zur „Sekundärstrahlung“, angeregt werden können, noch lange nachdem sie ihr Teilungsvermögen eingebüßt haben. Es besteht allerdings auch hier eine Grenze, die nicht überschritten werden darf; so versagen z. B. die „Dauerformen“ der Hefe auch als Sekundärstrahler.

Ist der Zusammenhang zwischen Vermehrung und Strahlung der Hefe und Bakterien ohne weiteres plausibel, so bleibt noch die oben aufgeworfene Frage zu erledigen, ob die teilungsfähigen Individuen nur zeitweilig oder mehr weniger ununterbrochen strahlen. Die Frage läßt sich mit großer Wahrscheinlichkeit zu Gunsten der ersten Alternative auf Grund der Zusammenstellung des Phänomens der sogenannten Mutoinduktion und der vorliegenden Angaben über die Intensität der Strahlung einer Hefekultur entscheiden.

Die Notwendigkeit der *Mutoinduktion*, d. h. gegenseitigen Bestrahlung benachbarter Zellen einer Kultur wurde zuerst von Baron eingesehen und experimentell erwiesen. Es konnte nämlich gezeigt werden, daß bei Versetzung alter, zum völligen Stillstand gekommener Hefekulturen in günstige Ernährungsverhältnisse, die Wiederbelebung, d. h. Sprossung derselben viel früher in dichten, als in sehr verdünnten Suspensionen einsetzt, was wohl nur so gedeutet werden kann, daß letzterenfalls jede Zelle gewissermaßen auf sich selbst im Sinne der Bestrahlung angewiesen ist, ersterenfalls dagegen eine gegenseitige Bestrahlung (Mutoinduktion) stimulierend wirkt.

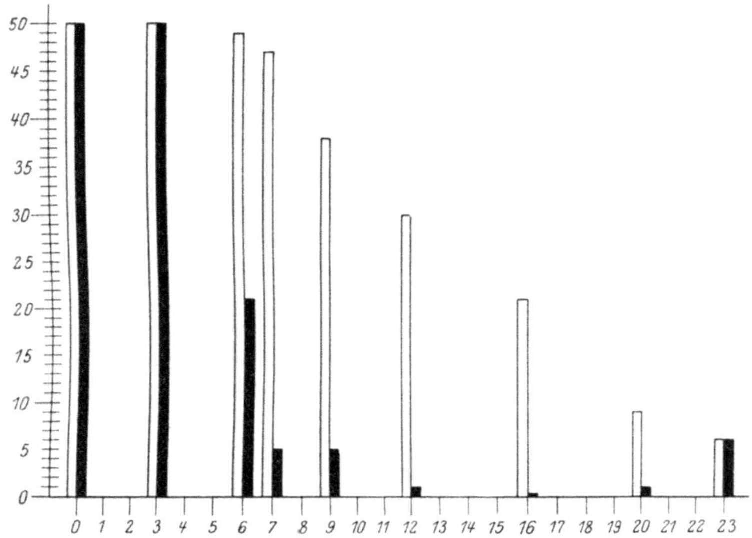

Abb. 22 A.

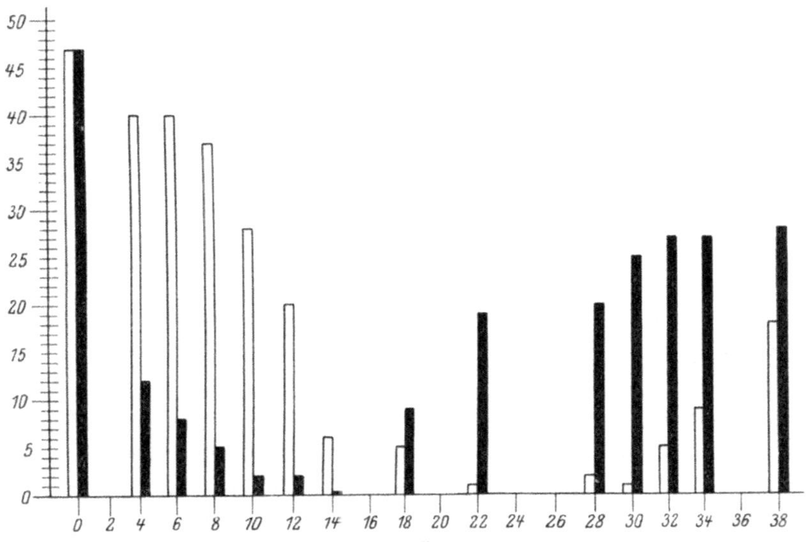

Abb. 22 B.

Abb. 22. Prozentsatz isolierter (nichtsprossender) Zellen in verdünnten Kulturen (*Nadsonia*) (helle Stäbe) und in dichten Kulturen (schwarze Stäbe). Abszissen: Stunden. In B nach der 18. Stunde Umschlag zugunsten der verdünnten Kultur als Folge der Alteration des Substrates in dichten Kulturen (nach Baron).

BARONS grundlegende Versuche, auf die wir noch wiederholt zurückkommen müssen, wurden nach folgendem Prinzip angestellt.

Etwa 1 Monat alte, zum völligen Stillstande gekommene Ellipsoideus-Kulturen sind ausschließlich aus nichtsprossenden isolierten Formen zusammengesetzt.

Werden nun kleine Mengen solcher Zellen in frische Nährmedien (Bierwürze) gebracht, so setzt nach einigen Stunden allmählich Sprossung ein, über deren Intensität man sich am einfachsten durch die Prozentzahl *nicht*sprossender isolierter Formen eine Vorstellung macht.

Es zeigte sich nun ein gewaltiger zeitlicher Unterschied zwischen zwei in einer gemeinsamen feuchten Kammer angebrachten Tropfkulturen derselben Stammkultur, je nachdem ob es sich um verdünnte oder dichtere Emulsion handelt.

Tabelle 49 (nach BARON).

Zeit nach Aussetzen in Stunden	%-Satz isolierter Formen in verdünnter Emulsion	%-Satz isolierter Formen in dichter Emulsion	Differenz in %
	I. Versuch.		
0	100	100	0
3	100	100	0
5	97	84	13
7	86	40	46
	II. Versuch.		
0	100	100	0
3	100	100	0
6	95	51	44
10	83	9	74
12	65	9	56

usw.; im ganzen 11 Versuche ohne Fehlschläge (vgl. auch Abb. 22).

Daß es sich um gegenseitige Anstrahlung der Hefezellen in dichter Suspension und nicht etwa um chemische Beeinflussung handelt, wurde von BARON noch dadurch sehr wahrscheinlich gemacht, daß die gleiche Versuchsanordnung in erstarrter Gelatine jeden Vorsprung der dichten Emulsion verwischt. Es ist aber sowohl von physikalischer Seite bekannt als auch biologisch bestätigt, daß mitogenetische Strahlen durch Gelatine hochgradig absorbiert werden. Die Diffusion etwaiger aus den Zellen heraus diffundierter Stoffe könnte dagegen wohl kaum durch Gelatine dermaßen gehemmt werden.

Tabelle 50. Verhalten verdünnter und dichter Emulsionen innerhalb erstarrter Gelatine.

Zeit nach Aussetzen in Stunden	%-Satz isolierter Formen in verdünnter Emulsion	%-Satz isolierter Formen in dichter Emulsion	Differenz in %
0	100	100	0
4	89	92	− 3
7	63	64	− 1
10	56	55	1
12	40	40	0

Die Mutoinduktion wird natürlich auch direkt auf dem Wege der gegenseitigen Fernwirkung zweier Hefekulturen (auf festem oder flüssigem Nährboden) nachgewiesen. Eine schöne Serie dieser Art sei einer Arbeit von A. POTOZKY entnommen.

Tabelle 51. Mutoinduktion zweier Hefeagarblöcke von etwa 1 qcm Fläche auf etwa 5 mm Entfernung. Exposition etwa 15 Minuten. Fixierung 1 Stunde nach Abschluß der Exposition (nach POTOZKY).

Induktion	Kontrolle	Effekt in %	Induktion	Kontrolle	Effekt in %
(Sprossenzahlen pro 100)			(Sprossenzahlen pro 100)		
15,5	11,5	35	12,0	9,8	23
12,8	9,8	30	11,7	9,7	20
14,5	11,1	30	10,1	8,4	20
13,3	10,7	25	11,7	9,6	22
10,4	8,3	24	10,2	7,0	45
12,7	9,9	29	9,6	7,8	23
11,8	9,8	20			

Nimmt man nun eine relativ dichte Suspension von rege sprossenden Zellen, oder gar eine Agarkultur, so müßte, unter Voraussetzung, daß die Strahlung im allgemeinen ununterbrochen fortläuft, zweierlei resultieren: erstens eine „Sättigung" der gegenseitigen Bestrahlung der Zellen innerhalb einer relativ dichten Kultur, zweitens eine relativ mächtige Ausstrahlung der Kultur nach außen. Nun finden wir aber, daß auch noch bei solchen Kulturen eine Steigerung der Sprossungsintensität durch Fremdinduktion möglich ist, was natürlich mit einer „Sättigung" der gegenseitigen Strahlung schwer verträglich ist, und, was noch mehr ins Gewicht fällt, die Ausstrahlung nach außen viel zu gering ist. Es wurde ja in der Tat auf Grund der vorliegenden Intensitätsmessungen im Vorangehenden gezeigt, daß eine biologische Quelle von mittlerer

Intensität etwa 100—1000 Quant pco ccm/sc. ausstrahlt. Nimmt man sogar an, daß jede Zelle der Oberfläche sich nur mit je einem Quant beteiligt, so bleibt die Anzahl der jeweilig strahlenden Zellen sehr gering im Vergleich zur Gesamtzahl der Zellen. Es kann sich demnach nur um ein relativ kurzes Aufleuchten jeder oder mancher Zellen handeln, die wir hypothetisch in einen der Teilung (Sprossung) vorangehenden Zeitpunkt verlegen können.

Es ließe sich demnach folgendes Gesamtbild des Lebenszyklus einer Hefezelle (und natürlich jedes Protisten) entwerfen: eine junge Zelle reift allmählich zur nächsten Teilung (Sprossung) heran, indem neben anderen hier nicht zu berücksichtigenden Vorgängen in ihr gewisse „mitogene" Stoffe herangebildet werden, die bei einer bestimmten Konzentration bzw. anderen, noch zu erforschenden Umständen, die „strahlungsliefernde" Reaktion eingehen. Das mitogenetische „Aufleuchten" der Zelle bedingt nun den eigentlichen Teilungsimpuls entweder für die Zelle selbst (Autoinduktion) oder für benachbarte Zellen (Mutoinduktion).

Über die Energetik der mitogenetischen Strahlung der Hefe gibt uns die Spektralanalyse einigen Aufschluß. Bei aerober alkoholischer Gärung der Weinhefe wurde eine Kombination eines glykolytischen und Oxydationsspektrums gewonnen, was ja natürlich bei dem regen Kohlenhydratstoffwechsel nicht anders zu erwarten war.

Tabelle 52. Spektrum der Strahlung aerober alkoholischer Gärung der Weinhefe. (Mittelwerte aus zwei Aufnahmen.)

Spektralgebiet	Induktionseffekt in %	
1900—1950	19	Spektrum der Glykolyse.
1950—2020	26	
2020-2080	6	
2080—2140	3	
2140—2220	38	
2220—2280	5	
2280—2340	25	Spektrum der Oxydation.
2340—2400	40	

b) Höhere Pflanzen.

Die Beziehungen zwischen meristematischen Bezirken der Pflanzen und deren mitogenetischen Quellen bieten etwas einfachere Verhältnisse als wie wir sie in tierischen Organismen vorfinden und konnten bereits im Prinzip in einigermaßen befriedigender Weise geklärt werden. Wir wollen zunächst einige Sätze von allgemeiner Geltung in apodiktischer Form aussprechen und daraufhin die Belege für dieselben in ausführlicher Form mitteilen.

In pflanzlichen Organismen tritt uns mit aller Schärfe das offenbar allgemeine Prinzip entgegen, daß die Teilungsherde (Meristeme) ihre mitogenetischen Impulse von außerhalb gelegenen Strahlungsquellen empfangen. Unter normalen Verhältnissen sind diese Quellen, soweit ersichtlich, ausschließlich an gewisse Gefäßbündel (Leptom?) gebunden. Unter speziellen experimentell erzeugten Verhältnissen (Verwundung, nekrobiotische Prozesse) werden auch andere pflanzliche Gewebe zu Strahlern.

Wir müssen an der vorsichtige Ausdrucksweise der „Gebundenheit" der Strahlung an die Gefäßbündel festhalten, weil es sich vielfach oder vielerorts um sozusagen *potentielle* Strahlungsquellen handelt, deren Vermögen zu strahlen durch gewisse Umstände mobilisiert werden kann. So liegt z. B. absolut keine Veranlassung zur Annahme vor, daß die an das Leptom der Kartoffelknolle gebundene, experimentell (durch Verwundung desselben) erzeugte Strahlung auch in der normalen, intakten nicht durchkeimenden Winterknolle besteht.

Der Strahlung aus den Leptombündeln liegen spezielle *mitogene Stoffe* zu Grunde, die in gewissen Bezirken oder unter bestimmten Umständen untätig verharren, um dann an anderem Orte gewissermaßen mobilisiert zu werden und die Strahlung zu erzeugen.

Wir wollen zunächst in ausführlicher Weise die mitogenen Stoffe der Zwiebel besprechen, die von uns schon ziemlich genau im ersten Band geschildert wurden und inzwischen auch von anderen Autoren eine Behandlung erfuhren.

Die mitogenen Stoffe der Zwiebel sind in der Zwiebelsohle lokalisiert. Unsere ältere, auch von Reiter und Gabor bestätigte Angabe, daß durch einen Schnitt freigelegte Zwiebelsohle nicht strahlt, läßt sich nach unseren neuesten Befunden nicht aufrecht halten. Bei Anwendung fraktionierter Reizgabe ließ sich auch von hier aus ein mitogenetischer Effekt erzielen. Wird die Zwiebelsohle zerkleinert und mit Wasser versetzt, so entsteht eine relativ mächtige Strahlung, die sowohl von uns als in ausgiebiger Weise auch von Reiter und Gabor und von Loos geprüft wurde. Das Strahlungsvermögen hält etwa eine $^1/_2$ Stunde an, was wohl darauf hinweist, daß es sich um beschränkte Vorräte gewisser chemisch lebhaft reagierender Stoffe handelt.

Unser bereits im 1. Band ausführlich geschilderter Nachweis, daß das wirksame Prinzip der Sohlenstrahlung sich in zwei Fraktionen scheiden läßt, die wir mit dem provisorischen Namen von „*Mitotin*“ und „*Mitotase*“ belegten, fand neuerdings eine Bestätigung und bedeutende Erweiterung durch LOOS.

Nachdem der Verfasser nach unserem ursprünglichen Verfahren die Wirksamkeit des frischbereiteten Breies bzw. der beiden frischbereiteten Fraktionen nachwies, hat er zwei Versuche mit exsikkatortrocknem, mit Wasser zu einem Brei verrührten Material wiederholt, die den gleichen Effekt wie im frischen Zustande ergaben. In einem der Versuche war das getrocknete Material über 4 Monate alt. Ferner wurden die trockenen Pulver mit Wasser extrahiert und die Extrakte auf ihr Induktionsvermögen geprüft. Hierfür wurde folgendermaßen verfahren: Zwei Glasröhren, die den Mitotin- bzw. den Mitotaseextrakt enthielten, waren mit ihren spitz ausgezogenen Enden einander zugeneigt, so daß sich die austretenden Tropfen vereinigten. Die Öffnungen waren so fein, daß alle 10—15 Sekunden ein Tropfen ausfloß, auf den die Wurzel eingestellt wurde. Das Ergebnis war ein deutlich positiver Induktionseffekt (2 Versuche).

In einem der Versuche wurden bei der Abzählung der Mitosen die inneren und die Randzonen des Querschnittes auf ihre Mitosenzahlen jeweils untereinander verglichen, um ein Maß der Verteilung des mitogenetischen Effektes zu gewinnen. Es ergab sich in Übereinstimmung mit den Angaben von FRANK, daß die Unterschiede der inneren Zonen im Vergleich zu den Randzonen bedeutend zurücktreten (77 Mitosen Übergewicht gegen ein solches von 167 zwischen den Randzonen). Die Rückstände der Wasserextrakte wurden sorgfältig gewaschen und ebenfalls für einen Induktionsversuch verwendet, der negativ ausfiel.

Diese schönen Ergebnisse lassen wohl keinen Zweifel darüber aufkommen, daß der Strahlung der Zwiebelsohle fermentative Prozesse zugrunde liegen, über deren Chemismus wir im weiteren noch einige Betrachtungen anstellen werden. Es handelt sich aber jetzt um die Frage, wo und unter welchen Umständen die mitogenen Stoffe normalerweise aktiviert werden bzw. die strahlungsliefernde Reaktion erfolgt. Diese Frage läßt sich am besten unter Berücksichtigung der Gesamtheit unserer Erfahrungen an pflanzlichen Objekten behandeln.

Wenn es richtig ist, daß die eigentliche stoffliche Quelle der Strahlung der Zwiebelwurzeln die Sohle ist, so stehen wir angesichts der Ausstrahlung aus den Spitzen langer Wurzeln vor folgender Alternative: die strahlungsgebende Mitotin-Mitotase-Reaktion erfolgt proximal irgendwo in der Wurzelbasis und die hier entstandene Strahlung wird dem Wurzelschaft entlang bis zum Meristem fortgeleitet, oder aber umgekehrt, die nichtaktivierten mitogenen Stoffe gelangen als solche in die unmittelbare Nachbarschaft des Meristems (durch die Gefäßbündel fortgeleitet) und werden erst hier, gewissermaßen am Verbrauchsorte, aktiviert.

Eine Reihe schwerwiegender Gründe läßt sich zugunsten letzterer Alternative anführen:

1. Wurzeln mit abgeschnittener Wurzelspitze (Meristembezirk) versagten in unseren Versuchen als Strahler stets.

Tabelle 53. Induktion mit Wurzelstümpfen nach Abtragung der Spitze. Detektor: Zwiebelwurzel.

Mitosen der induzierten Seite	Mitosen der abgewendeten Seite	Effekt in %
346	360	−3,4
362	380	−4
435	425	2
347	360	−3,4

Es läßt sich indessen daraus nicht mit Sicherheit schließen, daß auch normalerweise jede Strahlung proximalwärts vom Meristem fehlt. Es wurde vermutet, daß es sich um eine eigenartige postoperative Schockwirkung handeln könnte, und es wurde auch der Beweis erbracht, daß dem so ist. Werden Wurzeln etwa 15 Stunden mit 1% Chloralhydrat narkotisiert und dann die Spitzen abgetragen, so erweisen sie sich als ausgezeichnete Strahler.

Tabelle 54. Induktion nach Abtragung der Wurzelspitzen an narkotisierten Wurzeln (nur Differenzen zwischen beiden Hälften jedes Schnittes angegeben).

A. Abtragung der konischen Spitze.

1. —1, *10*, *12*, *19*, *23*, *20*, *29*, *18*, *25*, *9*, *10*, *14*, —6
2. 1, 0, 8, 11, *18*, *28*, *14*, *14*, *22*, *12*, 6, 8, —1, 0
3. —10, *24*, [1], *31*, *15*, *22*, *38*, *33*, *27*, *33*, 3, 2

[1] Ein Schnitt ausgefallen.

Tabelle 54 (Fortsetzung).

Induktion nach Abtragung von 0,5 cm.

—5, —5, —3, 9, *11*, *15*, *30*, *15*, *10*, 2.

Induktion nach Abtragung von 2 cm.

1. 3, *13*, *17*, 9, —2, 1, —2.
2. —3, —3, *10*, *21*, *12*, *11*, —1, 1,0.
3. 6, —3, *23*, *23*, 5, —5.

Unsere konstant negativen Befunde beziehen sich allerdings nur auf Abtragen der distalen Abschnitte relativ langer Wurzeln. Werden die Wurzeln dagegen dicht am Ursprunge abgeschnitten, so läßt sich aus den Wurzelstümpfen mitogenetische Strahlung nachweisen, was zuerst von NAVILLE angegeben und neuerdings von uns bestätigt wurde.

2. Werden lange Wurzeln durch Einfügung in passende Glasröhren mehrfach gebogen und zwar so, daß ein aus der Basis stammendes Strahlenbündel unbedingt abgeschnitten werden müßte, so strahlt die Spitze dennoch aus. Wird dagegen die Wurzelspitze derart gekrümmt, daß die Strahlen in der distalsten Zone eine mehrfache diffuse innere Reflexion erfahren müssen, so bleibt nach RAWINs Versuchen die Ausstrahlung an der Spitze tatsächlich aus.

Von fünf derartigen Versuchen fielen vier glatt negativ aus, in einem war eine zweifelhafte Andeutung der Induktion zu verzeichnen.

Zwei Protokolle sind hier im Auszug mitgeteilt:

Tabelle 55. Induktionseffekte (Differenzen der Mitosenzahlen zwischen belichteter und abgewendeter Seite) bei Krümmungen des distalsten Abschnittes des Wurzelschaftes.

A. —2, —7, —5, —3,0, —1, —2, 1, 3, —2, 2, 3, —2, —4, 0, —4, —3, 2.

B. 2, 2, —1, 2, —1, —3, 5, 12, 4, 5, 7, 2, 4, —1, —4, —2, 3, —4.

Die Deutung der Versuchsergebnisse war folgende: In den proximalen Abschnitten des Wurzelschaftes besteht noch keine Strahlung, es zirkulieren vielmehr den Gefäßbündeln entlang mitogene Stoffe, die natürlich auch durch gebogene Bezirke an ihren Bestimmungsort — das Meristem — gelangen können. Da, wo die Strahlung bereits besteht und bei Krümmung das Strahlenbündel mehr weniger vollständig zerstreut wird, ist ein Versagen der Strahlung tatsächlich zu erwarten, was auch zutrifft. Unsere Versuche, die mitogenen Stoffe in den Wurzeln selbst nachzuweisen bzw. durch Zerreiben der Wurzeln zu aktivieren, schlugen allerdings in einigen Versuchen fehl. Loos hatte dagegen mit einem aus etioliertem Material hergestellten und im Dunkeln zur Exposition verwandten Material mehr Erfolg, wie aus dem Protokoll hervorgeht, wo der Induktionseffekt in Prozent ausgedrückt ist[1].

—2, 3, 15, 15, 50, 45, 35, 18, 24 50, 81, 69, 32, 11, 9, 63, 75, 63, 39, —6, 15, —13, 8, —15, 11.

Diesen zugunsten der peripheren Entstehung der Strahlung sprechenden Beweisen können indessen einige Einwände nicht erspart bleiben.

Abgesehen von den bereits erwähnten, von uns bestätigten Befunden Navilles an proximal abgeschnittenen Wurzeln fallen gegen die periphere Entstehung der Strahlung auch die Erfahrungen über Narkose der Zwiebelsohle ins Gewicht.

Es wurde für diese Versuche der Umstand berücksichtigt, daß ein kleines Fragment der Sohle, welches den Ursprungstrichter einschließt, für das normale Weiterwachsen und Ausstrahlung der Wurzel völlig ausreicht. Es wird derselbe in noch nicht erstarrte warme, mit 1—1,5% Chloralhydrat versetzte Gelatine eingetaucht und für etwa 15—18 Stunden darin belassen. Es wird dann mit der zugehörigen Wurzel in gewöhnlicher Weise induziert. Die Ergebnisse sind in Tab. 56 zusammengestellt.

Tabelle 56. Induktion bei Narkose des Sohlenfragmentes. (Detektor: Zwiebelwurzel.)

	Dauer der Vornarkose Stunden	Induktionseffekt in %	Zustand der induzierenden Wurzel
Chloral 1 %	15	4	Fast völlig mitosenfrei
„ 1 „	15	−6	Mitosenfrei
„ 1,5 „	15	2,5	Wurzel zeigt morphologische Spuren der Narkose
„ 1 „	12	33	Narkose unwirksam gewesen.

[1] Es ist zu beachten, daß Loos die Abzählungen an Querschnitten durch die Wurzel vornahm. Jede Zahl bezieht sich demnach auf die Abzählung der Mitosen und Ableitung des %-Satzes des Übergewichtes aus je einem Schnitte.

Die verwickelte und so wichtige Frage nach dem Entstehungsort der Wurzelstrahlung hat aber inzwischen eine wohl einwandsfreie Lösung durch Anwendung der Spektralanalyse erhalten.

Wir gingen von folgenden Erwägungen aus. Für das Zustandekommen der Spitzenstrahlung liegen drei Möglichkeiten vor: 1. Entstehung des Mitotin-Mitotase-Prozesses am Orte der Strahlung (Meristem). 2. Entstehung der Strahlung in der Zwiebelsohle und Fortpflanzung derselben durch das halbdurchsichtige Medium der Zwiebelzellen. 3. Entstehung der Sekundärstrahlung im Wurzelschaft und Wurzelmeristem unter primärer Einwirkung der in der Sohle entstandenen Primärstrahlung.

Die zweite Eventualität ließ sich aus verschiedenen Gründen kaum ernstlich vertreten, es blieb daher nur die Alternative zwischen 1. und 3.

Die bereits älteren Untersuchungen über die Möglichkeit der Auslösung der Sekundärstrahlung aus abgeschnittenen Zwiebelwurzeln (Zoglina und Potozky), die durch die neueren Befunde von Anna Gurwitsch dahin erweitert wurden, daß die Fortleitung der Sekundärstrahlung ohne Dekrement auf beliebige Strecken geschieht, ließen die Eventualität 3 als durchaus nicht unwahrscheinlich erscheinen. Sie hat sich in der Tat bewährt.

Das Spektrum der Zwiebelsohle (zu Brei verrieben) ist rein oxydativ: der Mitotin-Mitotase-Prozeß ist in der Tat, wie schon längst vermutet wurde, ein Oxydationsvorgang. Sowohl die Sekundärstrahlung aus abgeschnittenen Zwiebelwurzeln wie die normale Spitzenstrahlung aus intakten Wurzeln ist dagegen glykolytischer Herkunft (Tab. 57).

Es ist in dieser Tatsache ein wohl bündiger Beweis dafür enthalten, daß die Strahlung der Wurzelspitzen (und des Wurzelschaftes allgemein) eine solche sekundärer Art ist und daß Mitotin und Mitotase wesentlich auf die Sohle beschränkt sind.

Die Zwiebelwurzel erweist sich übrigens als wenig günstig zur Klärung der weiteren Fragen, die sich nunmehr aufdrängen: Welche Bestandteile der pflanzlichen Gewebe sind die eigentlichen Träger der Strahlung?

Die Befunde am Helianthuskeimling und an der Kartoffelknolle vermögen die Sachlage in weitgehendem Maße zu klären und dürften, wenn auch mit gewisser Reserve, auf die Verhältnisse der Zwiebelwurzel übertragen werden.

Tabelle 57. Spektrale Zusammensetzung der Strahlung aus der Sohle, aus abgeschnittenen und primär angestrahlten und aus intakten Wurzeln.

Wellenbereich	Zwiebelsohle in %	Abgeschnittene Wurzeln in %	Intakte Wurzeln in %
Mittelwert aus je 2 Spektren			
1900—1950	1	*43,7*	*39*
1950—2000	−5,1	*43*	*32,3*
2000—2050	5,4	4	−1,5
2050—2130	−4,5	9,5	−1,5
2130—2200	4,2	*37*	*38,8*
2200—2260	6,8	3,5	−3,1
2260—2330	*57*		−3,1
2330—2410	*37*		−4,7

Am einfachsten gestalten sich die Verhältnisse an der Kartoffelknolle, wo die mitogenetischen Befunde von M. KISLIAK-STATKEWITSCH sich ausgezeichnet mit den bekannten Angaben HABERLANDTs über Teilungshormone decken. Es zeigt sich hier mit aller wünschenswerten Schärfe, daß quer angeschnittene Leptombündel (und offenbar *nur* diese) mitogenetisch strahlen, ebenso wie sie nach HABERLANDT die Wundhormone sezernieren.

Die Versuche werden wie folgt angestellt: Auf einem Querschnitt durch eine längliche Kartoffelknolle trifft man auf der Tiefe von etwa 5—6 mm einen dichten und regelmäßigen Ring aus quergetroffenen Leptombündeln an, deren 5—6 auf eine Strecke von

Tabelle 58. (Nach KISLIAK-STATKEWITSCH.)
Induktion mit Leptom der Kartoffelknolle.

Mitosen der induzierten Seite	Mitosen der abgewendeten Seite	Effekt in %
1216	1072	13,4
422	364	15
1274	1069	19
257	213	20,6
677	557	21,5
1350	1093	22,9
423	334	26,6
379	289	31
Induktion mit leptomfreien Bezirken.		
478	466	2,5
795	784	1,3
221	218	1,3
435	435	0

4—5 mm entfallen. Man wählt einen Bezirk, wo einige dieser Bündel auf einer Geraden liegen und stellt das Wurzelmeristem parallel dieser Punktreihe ein. Es wurden zur Kontrolle einige Versuche mit leptomfreien Abschnitten des Speichergewebes angestellt.

Im besten Einklange mit diesen Befunden stehen die Ergebnisse der ausgedehnten Prüfung der Verhältnisse des *Helianthus*keimlinges durch FRANK und SALKIND.

Nachdem sie die Angaben RAWINs über die mitogenetische Strahlung aus der Wurzelspitze des Keimlings bestätigen konnten, haben sie alle Austrittspunkte der Strahlung, die überhaupt in Betracht kamen, geprüft und positive Ergebnisse mit jungen Primärblättern (*Plumulae*) und mit dem *Cotyledo*-Rand erhalten.

Für die Plumulae konnte der Nachweis erbracht werden, daß sie offenbar in diffuser Weise ausstrahlen. In der Nähe von etwa 1—2 mm wurden sehr gute Resultate erhalten, in zwei Versuchen auf 7,5 bzw. 10 mm Entfernung versagten sie bereits vollständig.

Tabelle 59. Induktion mit jungen Plumulae
(Nach SALKIND und FRANK.)

a) Mitosenzahl pro Schnitt an der induzierten Seite;
b) Mitosenzahl pro Schnitt an der abgewendeten Seite;
c) Differenz.

I. a) 65, 64, 60, 51, 64, 61, 76, 85, 74, 67, 65, 65, 48, 56, 50, 60, 54, 55, 44, 49, 44;
b) 63, 65, 56, 54, 66, 69, 64, 49, 49, 53, 41, 39, 27, 40, 44, 49, 58, 52, 49, 46, 43;
c) 2, —1, 4, —3, —2, —8, 12, 36, 25, 14, 24, 26, 21, 16, 6, 11, —4, 3, —5, 3, 1.

II. a) 88, 72, 82, 76, 82, 73, 100, 88, 101, 82, 90, 77, 95, 98, 88, 91, 93, 81, 68, 75;
b) 90, 70, 80, 70, 79, 72, 81, 72, 77, 68, 70, 66, 81, 79, 85, 90, 97, 85, 67, 72;
c) —2, 2, 2, 6, 3, 1, 19, 16, 24, 14, 20, 11, 14, 19, 3, 3, —4, —4, 1, 3.

III. a) 97, 118, 129, 126, 127, 133, 111, 123, 130, 109, 110, 98, 113, 115, 107, 100;
b) 101, 115, 126, 125, 124, 111, 88, 97, 98, 92, 92, 101, 117, 120, 104, 98;
c) —4, 3, 3, 1, 3, 22, 23, 26, 32, 17, 18, —3, —,4 —5, 3, 2.

Von großem Interesse erwiesen sich die Verhältnisse am Cotyledo. Nachdem sich aus einer größeren Reihe von Vorversuchen ergeben hatte, daß *nur* der mediale Punkt des Randes strahlt und beliebige andere Punkte sowie die Blattspreite versagen, wurden die Verfasser auf den Umstand aufmerksam, daß auch hier die Verhältnisse bei weitem nicht so konstant wie bei den meisten übrigen Induktionsversuchen sind. Es zeigte sich im weiteren, daß das Strahlungsvermögen mit der Geradlinigkeit des medialen Gefäßbündels zusammenhängt und in den Fällen, wie etwa der in Abb. 24 abgebildete, die Strahlung oder möglicherweise der Austritt des Strahlungsbündels aus dem Cotyledo nach außen ausbleibt. Dieser Satz wurde natürlich auf Grund der Nachprüfung der anatomischen Verhältnisse des Cotyledo nach stattgehabter Induktion aufgestellt. Es wird daher mit Recht gefolgert, daß die Strahlung aus den Gefäßbündeln stammt.

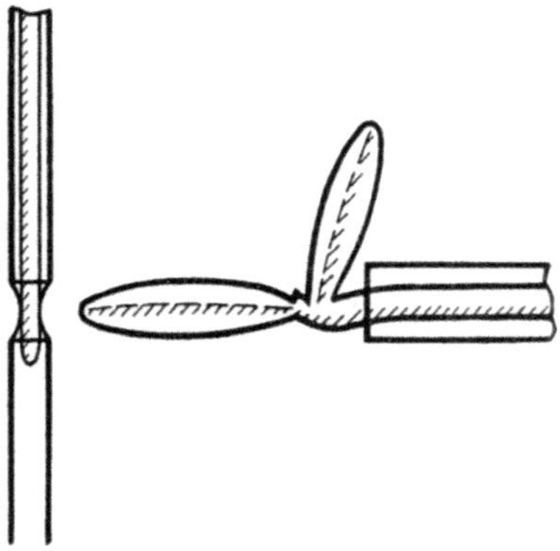

Abb. 23. Versuchsanordnung bei Induktion mit Cotyledonen (nach FRANK und SALKIND).

Tabelle 60. Induktion mit der Medianspitze des Cotyledo.

I. a) 30, 27, 28, 38, 41, 57, 47, 48, 35, 38, 30;
b) 27, 29, 27, 30, 29, 30, 36, 35, 32, 34, 30;
c) 3, —2, 1, 8, 12, 27, 11, 13, 3, 4, 0.

II. a) 63, 73, 64, 46, 58, 53, 62, 73, 77, 83, 85, 85, 79, 70, 51, 62, 68;
b) 62, 69, 65, 41, 55, 57, 59, 58, 76, 68, 73, 69, 77, 68, 55, 63, 65 (Abb. 24 A);
c) 1, 4, —1, 5, 3, —4, 3, 15, 1, 15, 12, 16, 2, 2, —4, —1, 3.

III. a) 42, 38, 37, 43, 44, 39, 43, 44, 46, 52, 35, 38, 49, 33, 39, 42;
b) 40, 38, 42, 47, 46, 36, 45, 43, 47, 42, 36, 43, 45, 35, 35, 42;
c) 2, 0, —5, —4, —2, 3, —2, 1, —1, 10, —1, —5, 4, —2, 4, 0 (Abb. 24 B).

Es kommt aber noch die wichtige Konsequenz hinzu, daß der Austritt der Strahlung, was bei der üblichen Versuchsanordnung zur Voraussetzung des Nachweises derselben gehört, spezielle günstige anatomische Verhältnisse voraussetzt. Über die innere Strahlung im Pflanzenkeimling muß daher vielfach auf Umwegen geschlossen werden.

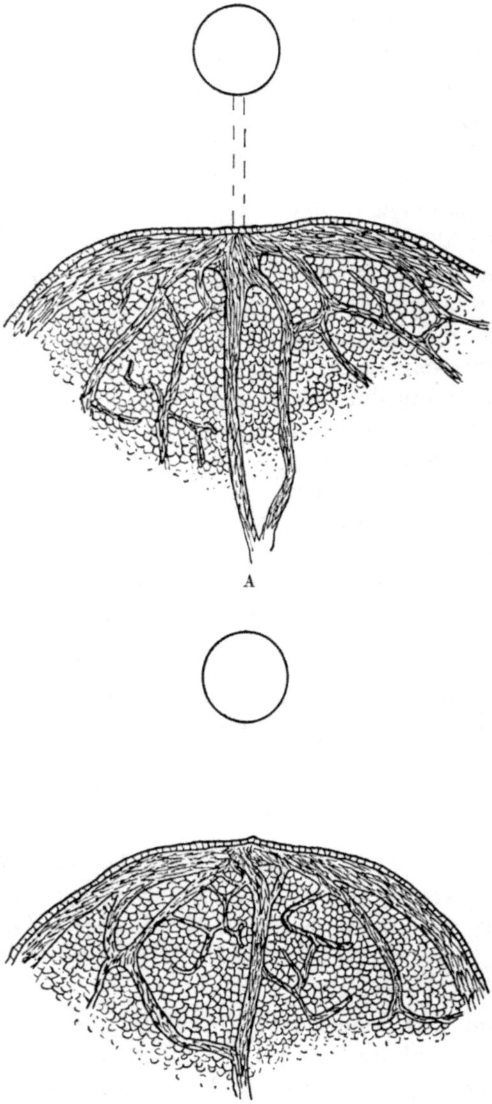

A

B

Abb. 24. Zwei Cotyledonen, die zur Induktion benutzt wurden (Tab. 60).
A Versuch II, B Versuch III.

Es wurden von den Verfassern an den Cotyledonen die gleichen Betrachtungen angestellt, die aus RAWINs Versuchen mit gekrümmten Wurzeln folgten. Sollte die Strahlung in den Gefäßbündeln bereits etwa im Hypokotyl entstehen und von hier aus sich in die Nervatur des Cotyledo fortpflanzen, so müßte das Verhalten der beiden Cotyledonen in den Fällen, wie etwa den in Abb. 23 abgebildeten, ein verschiedenes sein, der gekrümmte Cotyledo müßte versagen, was aber tatsächlich nicht der Fall ist. Es kann daraus allerdings mit großer Wahrscheinlichkeit gefolgert werden, daß Strahlung auch innerhalb des Cotyledo entsteht, nicht aber, daß sie proximalwärts in den Gefäßbündeln fehlt.

Wir sind mit anderen Worten in Bezug auf die Frage, ob die Gefäßbündel, die ja ganz offenbar Träger der mitogenen Stoffe sind, nur in bestimmten Bezirken des Keimlings oder in ihrem ganzen Verlaufe strahlen, bis auf weiteres auf bloße Vermutungen angewiesen, obwohl man gewissermaßen aus Ökonomie- oder Zweckmäßigkeitsgründen zur Annahme neigen möchte, daß ersteres zutrifft, d. h. die strahlungserzeugende Reaktion zwischen Mitotin und Mitotase erst in der Nähe der Meristeme stattfinde.

Was die Strahlung der Kartoffelknolle betrifft, so wurde mit Recht von KISLIAK-STATKEWITSCH in Erwägung gezogen, daß wohl erst die angeschnittenen Leptombündel strahlen dürften, sofern es sich, wie beim Versuchsmaterial, um Winterruhe handelt und daher die meristematischen Herde, die als Verbraucher der strahlenden Energie in Betracht kämen, solcher noch nicht bedürfen.

Derartige Erwägungen, so plausibel sie an sich auch scheinen dürften, sind indessen nie zwingender Art. Es wird sich im übrigen aus unserer Darstellung ergeben, daß die Bedeutung der mitogenetischen Strahlung offenbar viel weiter, als man es ursprünglich vermuten durfte, reicht.

Nachdem die Entstehung der mitogenetischen Strahlung innerhalb der Gefäßbündel durch die Ergebnisse am *Helianthus*-Keimling und Kartoffelknolle sichergestellt zu sein scheint, ist noch des weiteren zu prüfen, wie sich die einmal entstandene Strahlung innerhalb der anliegenden Gewebe ausbreitet. Man muß sich dabei von vornherein klarmachen, daß die Prüfung der im Innern des Keimlings herrschenden Verhältnisse durch den Nachweis der Ausstrahlung nach außen eine sehr einseitige und unvollkommene Methode ist, da, abgesehen davon, daß nicht von jedem Punkte der Oberfläche eines Gebildes etwa vorhandene Strahlung unbedingt nach außen heraustreten kann, eine tatsächlich vorhandene diffuse Strahlung auch subliminal, d. h. für unsere Detektoren nicht nachweisbar bleiben kann. Die Frage wird besonders akut, wenn man die Verhältnisse im Meristem von der Art der Zwiebelwurzel in Betracht zieht, wo ja ausgebildete Gefäßbündel fehlen und die Anlagen derselben im Plerom von dem eigentlichen Meristem (Periblem) durchaus nicht scharf abgegrenzt sind. Wenn wir hier an ein Leitsystem der mitogenen Stoffe denken, so käme noch am ehesten das Plerom (bzw. gewisse Elemente desselben) in Betracht. Ein direkter Beweis läßt sich indessen in den bisherigen Befunden nicht ersehen, und wir möchten auch nicht einen solchen in unseren im vorangehenden angeführten Ergebnissen mit narkotisierten Wurzeln erblicken, die von uns vorhin in diesem Sinne Verwertung fanden.

Stellen wir uns aber provisorisch auf diesen Standpunkt, so wäre noch die Ausbreitung der Strahlung über das ganze Meristem des näheren zu untersuchen.

Wir hatten bereits im ersten Bande (S. 139) in ziemlich ausführlicher Weise die Vermutung begründet, daß es die Wurzelhaube sein könnte, die dabei eine große Rolle spiele, indem von einigen dicken, annähernd paraboloid gestalteten Zelluloselagen derselben ein bedeutender Teil der proximalwärts kommenden mitogenetischen Strahlung reflektiert und in das Meristem hinein diffus gerichtet sein könnte.

Diese Annahme involviert einige Konsequenzen, die zum Teil experimenteller Prüfung zugänglich sind.

1. Es wäre wohl schwer denkbar, daß unter diesen Umständen die Seitenflächen des Meristembezirkes der Wurzel als Strahler vollständig versagen sollten, wenngleich natürlich eine nur sehr schwache und diffuse Strahlung zu erwarten ist.

Ein paar Versuche mit einzelnen Wurzeln, die uns keine positiven Resultate ergaben, sind unter diesen Umständen am wenigsten überzeugend. Von Maxia liegen dagegen schöne positive Ergebnisse an Seeigeleiern vor, die er mit Bündeln von Wurzeln, die von den Seitenflächen aus induzierten, anstellte. Wir werden uns auch im weiteren zu überzeugen haben, daß sogenannte *Sekundärstrahlung* von jedem beliebigen Punkte der Seitenfläche eines Bündels von 4—5 Wurzeln ausgeht.

2. Es folgt aus unsrer Konstruktion, daß aus der Spitze des Wurzelkegels ein annähernd paralleles Strahlenbündel heraustreten muß. Dem schon mehrmals im ersten Bande auf Grund der Residuen des Induktionsbildes geführten Beweise möge noch ein weiterer hinzugefügt werden, der wohl die Ansicht, daß die konische Wurzelhaube als Sammellinse funktioniert, wesentlich zu stützen vermag.

In eine sich verjüngende Kapillarröhre wird etwas von frisch bereitetem Zwiebelsohlenbrei eingeführt und das freie Ende der Kapillare durch eine frisch abgeschnittene, regelmäßig gestaltete Wurzelhaube verstopft. Zwischen der Schnittfläche und dem Brei bleibt eine Luftblase, die einen unmittelbaren Kontakt wesentlich ausschließt.

Wird damit in gewöhnlicher Weise induziert, so sind Induktionsresiduen nur in 2—5 Medianschnitten, d. h. in einem sehr schmalen Bündel, nachweisbar. Daß es nicht die Spitze selbst ist, die strahlt, sondern daß die Strahlung eine nur fortgeleitete sein kann, wurde durch zwei glatt negative Versuche mit der Haube allein nachgewiesen.

Tabelle 61. Induktion mit Sohlenbrei durch eine konische Wurzelspitze. (Nur Differenzen angegeben.)

1. 5, 1, *24*, *15*, —5, —6;
2. —7, *16*, *13*, *23*, 0, —6, 6;
3. —1, 5, *20*, *3*, *11*, *17*, 5, 3;
4. —3, —2, *17*, *16*, *10*, 1, 2;
5. 0, 0, *24*, *22*, *15*, 9, 1, 3.

Induktion mit Wurzelspitze allein.

1. —7, —8, —3, —1, —2, 7, 5;
2. 3, —1, 5, —1, 6.

Gegen die Beweiskraft dieser Versuche ließe sich eventuell nur das eine einwenden, daß es sich nicht um Durchlässigkeit der Wurzelhaube, sondern um Sekundärstrahlung aus derselben handelt. Es wäre aber dann die Schmalheit des Induktionsbündels schwer zu verstehen.

3. Eine weitere, regelmäßig auftretende Erscheinung kommt noch als weitere Stütze hinzu.

Es ist bekannt, daß Zwiebelwurzeln unter Umständen „mausern", d. h. die Wurzelhauben zeitweilig abgestoßen und dann wiederum aus dem Kalyptrogen regeneriert werden. Es zeigt sich nun regelmäßig, daß sonst kräftige und im weiteren gesunde Wurzeln während der Mauser außerordentlich mitosenarm sind. An Stelle von etwa 150—200 Mitosen werden hier nicht selten etwa 20 bis 30 Mitosen pro Schnitt angetroffen. Es versteht sich übrigens von selbst, daß man in diesem offenbar nie fehlenden Zusammentreffen wohl ein hübsches Argument, nicht aber einen eindeutigen Beweis zugunsten der hier vetretenen Anschauung von der Bedeutung der Wurzelhaube für die Versorgung des Meristems durch Eigenstrahlung erblicken kann.

Die hier betrachteten Verhältnisse im Wurzelmeristem sind jedenfalls von ganz spezieller Art und Interesse und ließen sich am wenigsten auf alle Meristeme ausdehnen, wo ja, wie z. B. in den meisten anderen Vegetationspunkten, Nichts einer Haube Vergleichbares vorliegt. Es muß aber andererseits berücksichtigt werden, daß hier auch keine anatomischen Vorbedingungen für ein annähernd paralleles, die Längsachse des Organs durchsetzendes Strahlenbündel vorliegen, welches aus recht plausiblen Gründen für das Wurzelmeristem angenommen werden kann.

Die Frage spitzt sich nach der Richtung zu, ob die in differenzierten Gefäßbündeln entstehende Strahlung diffus und allseitig ausgebreitet oder durch eine Art innere Totalreflexion von den Wänden derselben gespiegelt und folglich nur in der Längsachse fortgeleitet wird. Die für die mitogenetische Strahlung aus den Kotyledonen von *Helianthus* ermittelten Verhältnisse scheinen entschieden in letzterem Sinne zu sprechen. Die Konstruktion erscheint aber andererseits an sich etwas gewagt und kann daher nur mit einer gewissen Reserve angenommen werden.

Wie dem aber auch sei, so läßt sich die Versorgung eines beliebigen Meristems mit mitogenetischer Strahlung aus den Gefäßbündeln stets mit Leichtigkeit aus den anatomischen Verhältnissen ableiten.

Neben den nach Möglichkeit allseitig geprüften Verhältnissen der mitogenetischen Strahlung normaler und intakter Keimlinge müssen auch die Verhältnisse berücksichtigt werden, die zuerst von HABERLANDT entdeckt und unter der Bezeichnung der Wund- oder Teilungshormone so erfolgreich ausgebaut wurden (S. 47ff.). Da die grundlegenden Tatsachen schon eine wiederholte Würdigung in der Literatur, auch in unserem ersten Bande erfahren hatten, soll hier nur auf diejenigen Punkte eingegangen werden, die bisher noch keine Berücksichtigung fanden.

Es wurde, wie bekannt, von HABERLANDT nachgewiesen, daß verschiedenartige Speichergewebe, in Form von Breien auf frische Wundflächen derselben Art aufgetragen, die Neubildung von Wundgewebe bzw. die Zellvermehrung hochgradig stimulieren. Es wurde nun von HABERLANDT die Frage aufgeworfen, ob es sich dabei nicht um mitogenetische Strahlenwirkung der Hormone handeln könnte?

Diese an sich sehr berechtigte und, wie wir sehen werden, richtige Fragestellung wurde leider in eine ganz unzulässige Alternative zugespitzt, indem HABERLANDT den Satz vertritt, daß die Gewebsbreie *entweder* eine rein chemische *oder* eine *strahlende* Wirkung ausüben müssen. Dieser, wie wir noch nachweisen werden, durch nichts gerechtfertigte Standpunkt veranlaßte HABERLANDT zu Experimenten, deren Ausgang ihn zur strikten Negation der mitogenetischen Strahlung führte, was aber ein offensichtliches Mißverständnis ist.

Das Mesophyll verschiedener Crassulariaceen (insbesondere von *Sedum spectabile* und *Escheweria*) läßt sich ohne jede Beschädigung der Zellen, d. h. unter Einhaltung der natürlichen Zellgrenzen des sehr lockeren Gewebes, zerreißen. Da hier eigentliche Wunden bzw. Wundhormone fehlen, bleibt auch jede Wundreaktion in Form von Zellteilungen aus. Wird aber auf die Rißflächen ein frisch bereiteter Brei aus dem gleichen Mesophyll aufgetragen, so treten nach Verlauf von 2—3 Tagen reichlich neue Zellen auf. Der Brei enthält demnach Teilungshormone. Werden aber die Rißflächen der Induktion des Breies in feuchter Kammer auf *Entfernung* ausgesetzt (in etwa 2—3 mm Abstand), so bleibt jede Wirkung aus. Der *Sedum*-Brei sendet demnach keine mitogenetischen Strahlen aus. So lautet HABERLANDTs Gedankengang.

Hier liegt sicherlich ein Fehlschluß vor. Es wurde von mir stets angenommen und betont, daß keine Veranlassung zur Annahme vorliegt, die Teilungshormone müßten ihre teilungsfördernde Wirkung durch Strahlung allein erschöpfen. Es könnte sehr wohl von ihnen eine kombinierte Wirkung ausgehen — eine chemische Beeinflussung, die selbstredend eines unmittelbaren Kontaktes mit dem Wirkungssubstrat bedarf, an sich aber zum Effekt noch nicht ausreicht, und *außerdem* eine mitogenetische Strahlung, die sowohl bei Kontakt als auch auf Entfernung wirken müßte. Es ließe sich demnach ein Erfolg von einem Induktionsexperiment mit einem Teilungshormon nur bei Anwendung geeigneter Detektoren erwarten.

Ohne der grundlegenden Detektorenfrage hier vorgreifen zu wollen, muß ausdrücklich betont werden, daß dieser schon vom Beginne unserer mitogenetischen Untersuchungen an vertretene Standpunkt sich auch hier im vollen Umfange bewährte.

Als Detektoren sind nur solche Zellen bzw. Zellkomplexe geeignet, innerhalb deren Zellvermehrung bereits im Gange ist. Der *experimentelle* Induktionseffekt ist demnach stets nur eine Steigerung der bereits bestehenden Zellvermehrung. Die Möglichkeit eines derartigen durch Strahlung erzeugten Effektes zeigt, daß in derartigen Zellkomplexen ein gewisses Mißverhältnis zwischen den einzelnen zur Teilung gehörenden Faktoren besteht: Ein Teil derselben, den wir rein provisorisch als rein chemische Hormonalwirkung zusammenfassen möchten, ist in derartigen Detektoren in ausreichender (maximaler) Intensität, die mitogenetische Strahlung dagegen zwar in oberschwelliger, aber noch steigerungsfähiger Intensität vertreten.

Diese auf breiter und gesicherter experimenteller Basis ruhenden Schlüsse berechtigen uns zu dem Postulat, daß die mitogenetische Strahlung einer bisher noch nicht geprüften Quelle stets nur an einem bereits bewährten Detektor erprobt werden darf. Will man aber ein bestimmtes Gewebe auf sein Vermögen, als Detektor zu reagieren, prüfen, so muß zu einer bewährten und nie versagenden Strahlungsquelle gegriffen werden.

Dieser Umstand ist offenbar HABERLANDT entgangen, woraus sich sowohl sein gewagtes Experiment — eine noch nicht erprobte Strahlungsquelle an einem ebenfalls unerprobten Detektor zu prüfen — als auch sein aus dem negativen Ausgang gezogener Fehlschluß erklärt.

Wir wissen bereits aus den Versuchen von KISLIAK-STATKEWITSCH, daß angeschnittenes Kartoffelleptom, welches nach HABERLANDT Teilungshormone produziert, *auch* mitogenetisch strahlt. Der Effekt läßt sich aus frischen, eben angeschnittenen Knollen erzielen und dürfte demnach als ein rein „physiologischer" bewertet werden. Er läßt sich daher nicht ohne weiteres in Parallele zu

HABERLANDTs Gewebsbreien bringen, bevor man nicht etwa den Beweis erbringt, daß letztere unmittelbar nach Bereitung, ohne daß nennenswerte nekrobiotische Prozesse in ihnen in Wirkung treten, bereits Strahler sind.

Es wurden von uns dementsprechend spezielle Versuche mit Breien aus gelber Rübe und aus Mesophyll von *Sedum* (*latifolium*) angestellt, die zu übereinstimmenden und eindeutigen Resultaten führten.

Die Breie wurden möglichst steril bereitet und in kleinen geschlossenen Glasbehältern bei möglichst kühler Temperatur aufbewahrt. Eine Portion wurde in üblicher Weise in eine Glasröhre eingeführt und zu Induktionsversuchen mit Hefe als Detektor gebraucht. Die Ergebnisse waren folgende:

Frisch bereitete Breie, etwa bis zu 18—24 Stunden, versagten stets vollständig. Nach Verlauf von 24 Stunden erwiesen sie sich dagegen als konstante und kräftige Strahler. Nach etwa 48 Stunden versagten sie wiederum.

Tabelle 62.

Alter des *Sedum*-Breies	Induktionseffekt in %	Alter des *Sedum*-Breies	Induktionseffekt in %
frisch	1,5	20 Stunden	56
„	6,0	20 „	60
18 Stunden	37	24 „	30
18 „	36	48 „	11
18 „	35	48 „	– 1,5
20 „	62		

Dieses Verhalten entspricht in weitgehendem Maße den Angaben HABERLANDTs über den langsamen Rhythmus der hormonalen Wirkung der Breie. Es läßt sich zur Zeit nur schwer übersehen, ob die in den Breien erst nach längerer Zeit (wohl gleichzeitig mit eintretender Autolyse) auftretende mitogenetische Strahlung als Hinweis auf physiologische oder eventuell auch pathologische (aber nicht experimentelle) Vorgänge in pflanzlichen Organismen gelten kann. Es ist natürlich nicht ausgeschlossen, daß auch die Nekrohormone HABERLANDTs, die ja für manche Pflanzen als physiologische Faktoren auftreten, auch mitogenetische Strahlen aussenden. Entsprechende Erfahrungen stehen bisher noch aus.

V. Mitogenetische Strahlung während der Furchung und Embryonalentwicklung.

Wir können hier an die Untersuchung mit gewissen Voraussetzungen herantreten, die bei Richtigkeit des Ausgangspunktes unbedingt zutreffen müssen.

Kommt die mitogenetische Strahlung als unentbehrlicher, „auslösender“[1] Faktor des Zustandekommens der Eifurchung in Betracht, so muß sie dem Auftreten der Zellteilung *zeitlich vorangehen*. Ob sie dauernd ist, oder ob es sich um ein relativ kurzes „Aufleuchten“ handeln dürfte, bleibt natürlich vorderhand dahingestellt.

Ein derartiger Nachweis setzt natürlich Objekte voraus, an denen der Zeitpunkt des Auftretens der Teilung genau festgestellt werden kann, also entweder das Manipulieren mit einzelnen Zellindividuen oder mit einem Komplex mit befriedigendem Synchronismus der Zellteilungen. Eine weitere notwendige Vorbedingung ist noch dabei, daß die betreffenden Zellen keiner mitogenetischen Beeinflussung von außerhalb, es sei denn reiner Mutoinduktion, unterliegen. Künstlich befruchtete Seeigeleier genügen in vollem Maße all diesen Anforderungen, da bei richtig ausgeführter Besamung der Synchronismus der ersten Furchungsschritte eines größeren Komplexes ein geradezu idealer ist.

Die von Frank und Salkind an einer arktischen Seeigelart (*Strongylocentrotus Dröbachensis*) durchgeführten Induktionsversuche ergaben in der Tat Resultate, die in jeder Hinsicht den oben entwickelten Voraussetzungen genügten.

Der Amphiaster der ersten Furchungsteilung tritt bei der angewendeten Art 2 Stunden nach Besamung auf, die erste Furche schneidet nach 3 Stunden ein. Es ließ sich daher dieser Zeitintervall in einzelne Perioden einteilen und jede von ihnen zu einem eigenen Induktionsversuch verwerten. Die Versuchsanordnung erhellt aus der Abbildung 25. Die Ergebnisse sind graphisch im Diagramm wiedergegeben, ein Versuchsprotokoll möge in extenso mitgeteilt werden.

[1] Dieser Ausdruck soll vorläufig Anwendung finden, weil er an sich wenig präjudiziert; er wird im nachfolgenden einer vertiefteren Analyse weichen müssen.

Tabelle 63. Versuch 8.

	Mitosenzahl an der induzierten Seite	Mitosenzahl an der abgewendeten Seite	Effekt in %
a) Erste Periode (Beginn unmittelbar nach Besamung) Zeitdauer der Exposition 1 Stunde 10 Minuten			
Erste Wurzel	173	167	0,3
Zweite Wurzel	299	299	0
b) Zweite Periode (1 Stunde 10 Minuten bis 2 Stunden 15 Minuten nach Besamung)			
	109	67	62
c) Dritte Periode (bis 3 Stunden 15 Minuten nach Besamung)			
Erste Wurzel	268	268	0
Zweite Wurzel	157	144	0,9

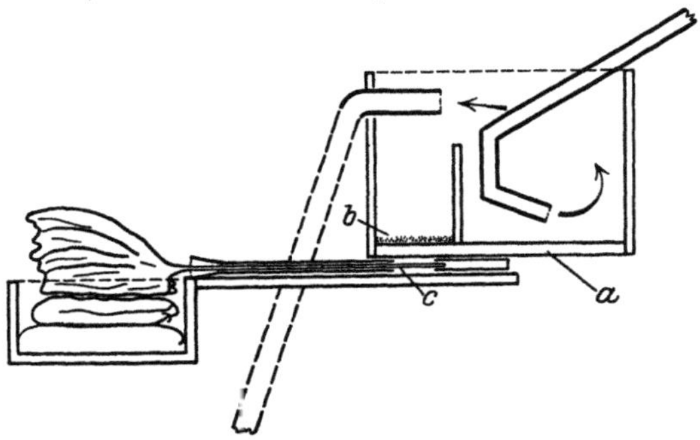

Abb. 25. Versuchsanordnung bei der Prüfung der Strahlung der Seeigeleier. *a* Quarzboden, *b* Eier, *c* Zwiebelwurzel (nach FRANK und SALKIND).

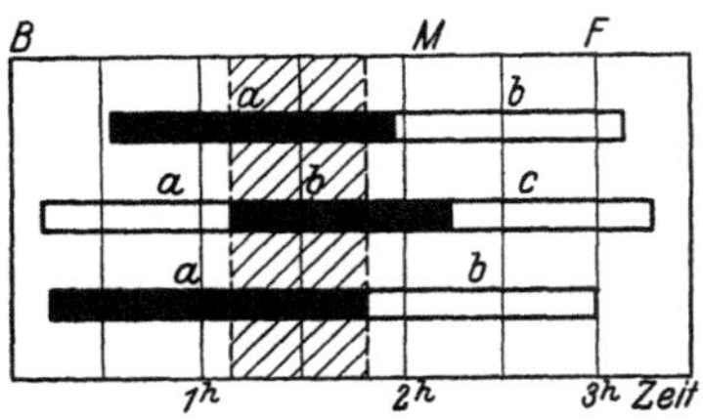

Abb. 26. Schema der Versuchsergebnisse von drei Versuchen. Schwarz: Positives Ergebnis. Weiß: Nulleffekt. Abszissen: Zeit, auf Besamung als Nullpunkt bezogen. Gestrichelt: Maximale Dauer des „Aufleuchtens".

Es handelt sich demnach in der Tat um Auftreten der mitogenetischen Strahlung einige Zeit nach der Befruchtung und um relativ kurze Persistenzdauer derselben, die von den Autoren als „mitogenetisches Aufleuchten" bezeichnet wird. Dem Postulat, das der kausalen Verknüpfung zwischen mitogenetischer Strahlung und Teilung entspringt, ist damit rein formell genüge geschehen, ohne daß freilich das Bestehen einer solchen im strengen Sinne des Wortes bewiesen wäre.

Ebensowenig läßt sich auf Grund dieser Ergebnisse entscheiden, ob es sich um Induktion auf sich selbst (Autoinduktion) oder um Mutoinduktion der Seeigeleier handelt.

Der Zusammenhang zwischen Strahlung und Furchung des Eies tritt noch klarer in den Versuchen SALKINDS mit dem zweiten Furchungsschritt des Seeigeleies zutage. Hier fehlt jeder mitogenetische Effekt innerhalb der ersten 30 Minuten nach Vollendung der ersten Furche, wo noch keine nachweisbaren Vorbereitungen zum nächsten Teilungsschritte getroffen werden, und tritt deutlich hervor, sobald diese Zeit abgelaufen ist.

Tabelle 64. Zwei Induktionsversuche während der ersten 30 bzw. 40 Minuten nach vollendeter erster Furchung.
Detektor: Zwiebelwurzel.

Induktionseffekt	− 2,1%
„ „	1,1%

Desgleichen. Beginn 30 Minuten nach vollendeter erster Furchung.

Induktionseffekt	28,4%
„ „	41,9%
„ „	26,9%

(nach SALKIND).

Der von FRANK und SALKIND studierte, mitogenetisch klarste und durchsichtigste Fall, bietet vorderhand nur wenig Aussicht auf erfolgreiches Vordringen in die der Strahlung zugrunde liegenden Stoffwechselvorgänge, solange als die Möglichkeit der Spektralanalyse nicht gegeben ist. Die spärlichen, von den Verfassern gewonnenen Anhaltspunkte mögen immerhin kurz besprochen werden.

Wir sahen bereits, daß die mitogenetische Strahlung etwa 70 Minuten nach der Befruchtung auftritt. Die Verfasser machen wohl mit Recht darauf aufmerksam, daß die von WARBURG nachgewiesene riesige Steigerung des O-Verbrauches des Seiegeleies nach der Befruchtung (ums 6—7fache) offenbar ebenfalls in dieses aktive Stadium fällt. In den Versuchen WARBURGS, der mit *Strongylocentrotus lividus* arbeitete, trat die erste Furche nach 40 Minuten auf. Der Aufstieg des Sauerstoffverbrauches, der in seinen Versuchen etwa 10 Minuten nach Besamung auftrat, dürfte offenbar etwa 40 Minuten in den Versuchen der Verfasser mit der arktischen Art entsprechen (da der Zeitpunkt des Auftretens der ersten Furche etwa das Vierfache der südlichen Art beträgt). Es läßt sich daher schließen, daß der Aufstieg des O-Verbrauches dem mitogenetischen Aufleuchten der Eier unmittelbar vorangeht.

Von nicht minderem Interesse dürften auch die zeitlichen Beziehungen des Auftretens der mitogenetischen Strahlung zur Permeabilitätssteigerung der Eier nach der Befruchtung sein. Sie beginnt nach HERLANT etwa 2 Minuten nach Besamung und hält sich bis zur 30. Minute.

Diese Erfahrungen dürften uns bis zu einem gewissen Grade zu einer Auffassung des Zustandekommens der mitogenetischen Strahlung berechtigen, die von uns schon in den ersten Arbeiten mit der Zwiebelsohle vertreten wurde und in der neuesten Arbeit von LOOS eine weitgehende Bestätigung fand und möglicherweise eine ziemlich allgemeine Geltung beanspruchen darf.

Wir nehmen an (und diese Annahme ist wohl nicht zu umgehen) daß die reifen, befruchtungsfähigen Eier zwei „mitogene Stoffe" enthalten, analog, wie wir solche im Zwiebelsohlenbrei als „Mitotin" und „Mitotase" schilderten. Der eine dieser Stoffe soll ein Ferment sein, welches innerhalb des Eies im inaktiven Zustande (als Proferment) beharrt. Infolge der nach der Befruchtung einsetzenden, von HERLANT entdeckten gewaltigen Permeabilitätssteigerung, diffundieren diese Stoffe aus dem Eiplasma heraus, wobei das Proferment an der Eioberfläche aktiviert wird (wofür ja Analogien angeführt werden können). Die „mitogenetische" strahlungsliefernde Reaktion dürfte demnach in unserer Vorstellung an der Eioberfläche stattfinden. Wieweit es sich dabei um Autoinduktion oder um Mutoinduktion handeln dürfte, wird erst in einem weiteren Kapitel erläutert.

Über den Chemismus dieser Reaktion bleiben wir vorläufig allerdings in voller Unklarheit. Der gewaltige Anstieg des O-Verbrauches dürfte den Gedanken an einen oxydativen Vorgang aufkommen lassen. Es finden aber gleichzeitig auch die von LOEB geschilderten proteolytischen Vorgänge an der Eioberfläche (Abhebung der Befruchtungsmembran) statt, die ebenfalls in Betracht kommen könnten. Es steht zu hoffen, daß hier die Spektralanalyse der mitogenetischen Strahlung einige Klarheit schaffen wird.

Einige weitere, aber weniger eindeutige Angaben über Strahlung bei Frühfurchung finden sich noch in den Versuchsergebnissen von POTOZKY, SALKIND und ZOGLINA an Eiern eines Archianneliden und von ANIKIN an der Morula des Frosches. Letzterer Versuch ist insofern von besonderem Interesse, als hier nur die animale Hemisphäre sich als Strahler erweist, was, wie wir später sehen werden, in Konnex mit späteren Erscheinungen am Amphibienei gebracht werden kann.

Tabelle 65. Induktion mit der animalen Hemisphäre einer frühen Morula von Axolotl (nach ANIKIN).
(Detektor: Zwiebelwurzel; nur Differenzen der Mitosenzahlen in jedem Schnitte angegeben.)

7, 14, 15, 31, 24, 21, 18, 23, 15, 13.

Desgleichen mit der vegetativen Hemisphäre der gleichen Morula

—3, —2, 3, —6, —3, —6, 3, 5, —5, —2, 3.

Auch mit einer Neurula erhielt ANIKIN sehr günstige Resultate.

a) Verhalten der späteren Embryonalstadien.

Unsere Kenntnisse sind hier noch lückenhaft und deren Deutung bis zu einem gewissen Grade problematisch.

Es wurde schon relativ frühzeitig (vgl. Problem der Zellteilung, S. 158ff.) der Befund gemacht, daß Kaulquappen bis zu etwa 1 cm Länge mitogenetisch strahlen, ältere dagegen versagen. Das Strahlungsvermögen scheint auf die Scheitelregion des Kopfes beschränkt zu sein. Der Effekt läßt sich sowohl vom intakten lebenden Tier, als aus frisch bereitetem Brei aus dem Kopfe auslösen. Diese Befunde fanden ihre volle Bestätigung durch REITER und GABOR, die die Strahlung als eine sehr kräftige schildern und den Effekt durch eine Abbildung belegen (deren Deutung allerdings nicht so einfach ist, vgl. S. 145).

Es wurde schon auf Grund unserer ursprünglichen Befunde die Vermutung ausgesprochen, daß es das Gehirn ist, das als eigentliche Strahlungsquelle in Betracht kommt. Durch ANIKINS Versuche, der bei sehr jungen Axolotllarven die Gehirne herauspräparierte und mit frisch bereiteten Breien aus denselben Zwiebelwurzeln induzierte, fand diese Voraussetzung ihre volle Bestätigung.

Tabelle 66. Induktion mit Gehirnbrei von Axolotllarven, 2—3 Tage vor Ausschlüpfen (nach ANIKIN).
(Differenzen zwischen den Mitosenzahlen induzierter und abgewendeter Seite der Zwiebelwurzel.)

1. 0, 17, 17, 18, 9, 15, 16, 19, 2, 23, 41, 24, 7, —3.
2. —8, 4, 12, 25, 26, 20, 22, 30, 24, 14, 6.
3. —3, 5, 21, 18, 10, 18, 20, 32, 12, —4, 13, 13, 1.

Tabelle 66 (Fortsetzung).
Induktion mit einem zu einem Brei verriebenen enthirnten Axolotlembryo von gleichem Alter.
1, —1, 3, 3, —3, 4, 2, 0, —5, 0, 1, —6, 5, 4, —4.

In einem auffallenden Gegensatze zu diesen Ergebnissen stehen scheinbar die vollständig negativen Befunde an Hühnerembryonen.

Mit Keimen von anderthalb Tagen wurden von SORIN allerdings nur zwei Versuche mit der Differenz zwischen Induktion und abgewendeter Seite von 0,4% und 1,1% ausgeführt. Eine größere Versuchsserie, die von KISLIAK-STATKEWITSCH stammt, bezieht sich auf Breie aus Gehirnblasen etwas älterer Hühnerembryonen und ergab folgende Resultate.

Tabelle 67. Induktion mit zerriebenen Gehirnblasen von 3—5tägigen Hühnerembryonen.

Mitosenzahl an der bestrahlten Seite	Mitosenzahl an der abgewendeten Seite	Differenz in %
567	577	– 1,8
382	396	– 3,8
459	431	6,8
571	547	4,5
296	305	– 3
728	733	– 0,6
433	417	3,8
542	514	5,4

Als Ersatz für die fehlende mitogenetische Strahlung der embryonalen Gewebe des Hühnerkeimes finden wir aber nach SORIN das Strahlungsvermögen in der subgerminalen Verflüssigungszone des 2.—3. Inkubationstages vor.

Tabelle 68. Induktion mit dem Eigelb bebrüteter Eier.

Induzierte Seite	Abgewendete Seite	Differenz in %
	Subgerminalzone	
714	481	30
753	578	30
1266	879	42
824	652	26
397	340	19
443	367	20
	vegetativer Pol der gleichen Eier	
300	291	3
475	487	– 2,4
322	332	– 3,1

Wenn man den Umstand berücksichtigt, daß der Dotter bei Amphibienembryonen intrazellulär ist, beim Hühnchen dagegen die Zellen nur ganz unbedeutende Mengen desselben enthalten, so läßt sich die auf den ersten Blick so unbegreifliche Diskrepanz leicht deuten: Die Verflüssigung des Dotters ist sowohl hier wie dort die eigentliche strahlungsliefernde Reaktion. Diese Behauptung findet ihre weitere Stütze noch darin, daß es speziell das Gehirngewebe junger Kaulquappen ist, in dem die Verflüssigung des Dotters, und zwar im Gegensatz zu den übrigen Geweben, so außerordentlich energisch vor sich geht. Es folgt aber andererseits aus Sorins Befunden, daß der Dotter des Hühnereies nur aus der Verflüssigungszone strahlt.

So eindeutig diese Ergebnisse und deren Interpretation zu sein schien, so konnten sie in letzter Instanz nur wenig befriedigen, da an dem Problem zwei Seiten zu unterscheiden sind: die erste Fragestellung galt einer mitogenetischen Strahlungsquelle für den Hühnerkeim. Sie fand in Sorins Befunden über das Strahlungsvermögen des Dotters bzw. des Blutes eine, wenigstens formell befriedigende Erklärung. In weit allgemeinerer Form bestand dagegen die Frage, ob der für die Furchung der Seeigeleier direkt nachgewiesene und für Hefe und Bakterien so wahrscheinlich gemachte Satz, daß jeder Teilung ein mitogenetisches „Aufleuchten" vorangehen muß, gegebenenfalls tatsächlich nicht zutreffe. Die prinzipielle Wichtigkeit der Entscheidung in dem einen oder anderen Sinne leuchtet ohne weiteres ein.

Es ist daher von größter Wichtigkeit, daß die neuesten Untersuchungen von Kannegiesser und Billig die Sachlage wohl in definitiver Weise klärten und dem Satz, daß der Zellteilung ganz im allgemeinen ein mitogenetisches Aufleuchten vorangeht, einen hohen Wahrscheinlichkeitsgrad zu verleihen vermögen.

Es wurde bei diesen Versuchen von den neueren Erfahrungen über die mitogenetische Strahlung des Karzinoms und des Kornealepithels ausgegangen, die in klarer Weise dartaten, daß die Strahlungsquellen glykolytischer Art sich nur unter Einhaltung optimaler Bedingungen, d. h. normaler Blutversorgung usw. bewähren. Der negative Ausfall der Versuche von Sorin, der mit Breien aus Keimscheiben arbeitete, erschien unter diesen Umständen nicht mehr überzeugend, da es durchaus nicht ausgeschlossen schien, daß die Strahlung der Hühnerkeime auf Glykolyse beruhe[1]. Es mußten daher die Versuche mit lebenden und ganz unbeschädigten Keimen wiederholt werden, die auch tatsächlich zu deutlich positiven Ergebnissen führten. Die Spektralanalyse der von 3tägigen Keimen ausgehenden Strahlung hat gleichzeitig gezeigt, daß derselben Glykolyse zugrunde liegt.

Tabelle 69 (nach BILLIG und KANNEGIESSER).

Induktion mit Hühnerkeimen		Spektrum der Strahlung von 3tägigen Keimen		
Alter	Effekt in %	Wellenbereich	Effekt in %	
2 Tage	42	1900—1950	36	22
„	16	1950—2000	43	23
3 Tage	32	2000—2060	5	−5
„	21	2060—2120	−5	3
„	32	2120—2180	40	32
„	26	2180—2260	5	3
		2260—2320	−3	5
		2320—2400	−1	5

An Wirbellosen liegt bisher nur eine Versuchsserie von SALKIND an *Saccocirrus*-Larven vor, die noch im Trochophorastadium deutliche Strahler sind.

Tabelle 70. Induktionsvermögen der *Saccocirrus*-Larven (nach SALKIND).

Stadium	Induktionseffekt in %			
Blastulae	30	50	48	34
Gastrulae	63	30	30	
Schwimmende Larven	54	37	49	32
Trochophora (?)	37	28		

Es wurde indessen von BLACHER und SAMARAJEW die schwerwiegende Frage aufgeworfen, ob nicht speziell den Organisationszentren im Sinne SPEMANNS ein Strahlungsvermögen zukäme? Durch sehr interessante Versuche an Hydren bringen die Verfasser tatsächlich Belege zugunsten dieser Anschauung. Sie fanden zunächst, daß sowohl der Körperbrei aus einem ganzen Tier, als auch das intakte Tier mitogenetisch strahlen.

[1] Es ist natürlich durchaus nicht ausgeschlossen, daß auch die Strahlung der Kaulquappen *neben* der proteolytischen auch die glykolytische Komponente besitzt.

Tabelle 71. Induktion mit Hydren (nach BLACHER und SAMARAJEW).

Expositionszeit in Min.		Effekt in %
30	Brei aus dem ganzen Tier	25,7 (Mittelwert a. 5 Versuch.)
30	Unbeschädigtes Tier, Hypostom voran	28,3
30	Unbeschädigtes Tier mit dem Fuße voran	2,3
40	Brei aus Hypostomen	23,7 „ „ 12 „
40	„ „ der Knospungszone	27,2 „ „ 6 „
40	Gegend zwischen Hypostom und Knospungszone	0,4 „ „ 4 „
40	Brei aus den Füßen	5,6 „ „ 4 „
40	„ „ regenerierenden Hinterhälften	31,5 „ „ 4 „
30	Regenerierende Vorderhälften	20,9 „ „ 8 „
40	„ „	31,9 „ „ 4 „

Es ergibt sich aus diesen Zahlen, daß das Strahlungsvermögen nur bestimmten Bezirken — dem Hypostom und der Knospungszone — zukommt, und daß es bei Regeneration nicht gesteigert wird. Letzterer Umstand ist nach der Ansicht der Verfasser übrigens nicht überraschend, da Mitose bei Regeneration von Hydren nach der Anschauung der meisten Autoren eine nur untergeordnete Rolle spielen soll (was allerdings den neuesten Befunden STRELINS an *Pelmatohydra* widerspricht). Indem Verfasser nun die Anschauung vertreten, daß es sich speziell um Strahlung aus den Organisationszentren handelt, beziehen sie sich auf die Angaben von ISSAJEW, OSTROUMOWA und MITZ, daß das Hypostom der Hydren tatsächlich ein Organisationszentrum ist. Auch der Befund ANIKINS, der eine Strahlung des Froschblastoporus fand, wird in diesem Zusammenhange verwertet.

Diese von den Verfassern durchgeführte Zusammenstellung scheint doch zu weitgehend zu sein. Schon abgesehen davon, daß auch die Knospungszone strahlt, deren organisatorische Eigenschaften nicht behauptet werden, läßt sich mit der aufgestellten Parallele kein tieferer konkreter Inhalt verknüpfen. Die Verfasser machen speziell darauf aufmerksam, daß die Strahlung von *Hydra* durch Hinzufügung von KCN (1 : 10000) gehemmt wird, und folgern daraus, daß sie oxydativer Art sein dürfte. Es soll aber andererseits ein Zusammenhang zwischen Funktion der Organisationszentren und Oxydationsprozessen in ihnen bestehen.

Beide Schlußfolgerungen sind durchaus nicht zwingender und nicht einmal überzeugender Art. Denn erstens kann die Hemmung der Strahlung durch KCN auf einen komplizierteren Zusammenhang deuten, da die Hemmung oxydativer Vorgänge in den Gewebselementen ihrerseits auch andere fermentative, der Strahlung zugrunde liegende Vorgänge beeinträchtigen könnten. Es wäre aber außerdem verfehlt, das Wesentliche eines Organisationszentrums in seiner oxydativen Tätigkeit zu erblicken — seine Eigenart ist viel zu tief, um eine derartige vereinfachte Formulierung zu dulden.

Eine allseitige Analyse spezieller Entwicklungsetappen — der Metamorphose —, wie sie unter anderem in Insekteneiern und bei Amphibienentwicklung auftritt, führte BLACHER zur Aufstellung eines bis dahin nicht berücksichtigten Zusammenhanges, dem möglicherweise eine sehr bedeutende Rolle zukommt und den man in Anlehnung an den Verfasser kurz dahin präzisieren kann, daß

b) Resorptionsprozesse als Quelle der Formbildung

durch Vermittlung der dabei auftretenden mitogenetischen Strahlung in Betracht kommen.

Die experimentelle Grundlage für diese Annahme, die von BLACHER und seiner Schule geliefert wurde, ist wahrlich imponierend.

Es handelt sich um drei Reihen von Beweisen: 1. Den Nachweis des Auftretens mitogenetischer Strahlung während der mit Histolyse verbundenen Metamorphose des Insekteneies (*Drosophila*). 2. Den Zusammenhang zwischen natürlicher bzw. erzwungener (Thyreodisation von Axolotln) Metamorphose der Amphibien und deren mitogenetischer Strahlung. 3. Den Zusammenhang zwischen Wundprodukten (Gewebszerfall), Wundheilung und mitogenetischer Strahlung.

In diesem Kapitel sollen die ersten zwei Versuchsserien zur Sprache kommen.

Das mitogenetische Strahlungsvermögen der *Drosophila*.

Es wurde von HOLZMANN das Strahlungsvermögen von sechs Entwicklungsstadien untersucht: I. junge, im Substrat sitzende Larven, II. bewegliche Larven, III. solche unmittelbar vor Verpuppung und drei Puppenstadien (von 25, 43 und 90 Stunden). Über das Auftreten und Verlauf des Strahlungsvermögens geben die Tabellen eine Vorstellung.

Tabelle 72. Induktionsvermögen verschiedener Entwicklungsstadien von *Drosophila* (nach HOLZMANN). (Mittelwerte aus je 6 Versuchen.)

Stadium	Expositionsdauer in Minuten	Effekt in %
L. II	20	– 3,3
L. III	20	29,9
	10	0,2
P. I	20	37,7
	10	17
	5	2,3
P. II	20	28
	10	60
	5	38,5
P. III	20	8
	10	1,8

Das Zusammentreffen des Auftretens und Anstieges der mitogenetischen Strahlung mit den autolytischen Prozessen ist hier in der Tat unverkennbar.

Besonders bedeutungsvoll sind die Untersuchungen von BLACHER und seiner Schule, die sie über das Verhalten der mitogenetischen Strahlung bei Metamorphose der Amphibien anstellten.

Auf Grund einer Reihe von Überlegungen über die Bedeutung der Thyreoidalhormone für die Metamorphose kommt Verfasser zu Vorstellungen, die er folgendermaßen formuliert:

„Die vor dem Beginn der Metamorphose gesteigerte Funktion der Schilddrüse der Kaulquappe stimuliert die Resorptionsprozesse, vielleicht mit Hilfe proteolytischer Gewebsfermente. Die Resorption der bestimmten Abschnitte (Kiemen, Teil des Darmepithels, Schwanz), welche von der Proteolyse der entsprechenden Gewebe begleitet wird, bewirkt an diesen Stellen das Zustandekommen mitogenetischer Strahlungen. Die in der Nähe befindlichen Gewebe und Organe fangen diese Strahlungen auf und erleiden Prozesse der Zellproliferation.

Solche Detektoren mitogenetischer Strahlungen können sein:

Für Kiemen — vordere Extremitäten, Zunge, Skeletteile der Unterkiefer, Muskeln des sublingualen Apparates, Lungen.

Für den Darm — neugebildetes Epithel des Verdauungstraktus und vielleicht hintere Beine.

Für den Schwanz — Haut und Muskeln der anschließenden Rumpfteile und vielleicht hintere Extremitäten.“

Die Verifikation dieser Vermutungen wurde an einer mustergültig durchgeführten Untersuchung, die über 200 Versuche mit Hefe als Detektor umfaßte, geliefert.

Es wurde in der Tat das Auftreten mitogenetischer Strahlungen aus den während der Metamorphose der Degeneration anheimfallenden Geweben (Schwanz, Kiemen, Darm) festgestellt; in den wachsenden Geweben (hintere und vordere Extremitäten) und in den relativ ruhenden Teilen (Rückenhaut) entsteht keine mitogenetische Strahlung.

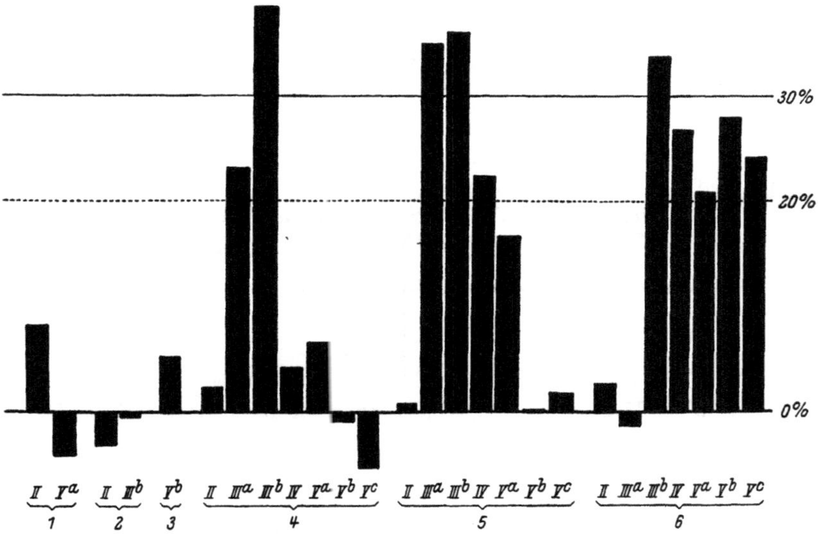

Abb. 27. Diagramm, welches den Induktionseffekt verschiedener Gewebe der sich umwandelnden Kaulquappe illustriert. Durch römische Ziffern sind die Metamorphosestadien bezeichnet. *1* hintere Extremitäten. *2* vordere Extremitäten. *3* Rückenhaut. *4* Darm. *5* Kiemen. *6* Schwanz (nach BLACHER). Jeder Stab entspricht einem Mittelwerte.

Der Darm erscheint als Quelle mitogenetischer Strahlung in den Stadien kurz vor dem Auftreten der vorderen Extremitäten. Gerade in dieser Periode geht die Verkürzung des Darmes mit größter Geschwindigkeit vor sich.

Die mitogenetische Strahlung aus den Kiemen beginnt gleichzeitig mit dem Darm, hört aber später auf.

Die mitogenetische Strahlung aus dem Schwanzgewebe beginnt im Stadium, welches dem Auftreten der vorderen Extremität vorangeht, und dauert bis zum Abschluß der Resorption des Schwanzes.

Maximale Strahlungsintensität kommt den Geweben des Schwanzes in seinen Resorptionsstadien zu. In früheren Stadien der Metamorphose ist die Strahlungsintensität aus den Schwanzgeweben schwächer.

Die Kiemen besitzen ein schwächeres Strahlungsvermögen als der Schwanz, minimale Strahlungsintensität kommt schließlich dem Darm zu.

Tabelle 73.

I. Induktionsversuche mit proliferierenden und „ruhenden" (nicht metamorphosierten) Organen der Kaulquappe (Mittelwerte aus je 3 Versuchen).

Hintere Extremität (zwei Stadien)	8,2%
	—4%
Vordere Extremität	—3,2%
	—0,4%
Rückenhaut	5,1%

II. Induktionseffekte mit Darmgewebebrei auf verschiedenen Entwicklungsstadien. (Mittelwerte aus je 6 Versuchen.)

Stadium	Induktionseffekt in %	Stadium	Induktionseffekt in %
II	2,4	Va	6,6
IIIa	23,1	Vb	-0,7
IIIb	38,7	Vc	-5,2
IV	3,5		

Stadium IIIa. Kaulquappen mit gut entwickelten Hinterbeinen. Der Bauch ist noch rundlich.

Stadium IIIb. Quappen mit Beinen wie im Stadium IIIa, aber mit *hagerem* Bauche.

III. Induktionseffekte mit Kiemenbrei während der Metamorphose (Mittelwerte aus je 6 Versuchen).

Stadium	Induktionseffekt in %	Stadium	Induktionseffekt in %
II	0,8	Va	16,6
III a	34,9	Vb	0,1
IIIb	36,1	Vc	1,8
IV	22,4		

IV. Induktionseffekt mit Schwanzgewebe.

Stadium	Induktionseffekt in %	Stadium	Induktionseffekt in %
II	2,5	Va	20,8
IIIa	-1,4	Vb	28
IIIb	33,7	Vc	24
IV	26,8		

Zur Bewertung der Strahlungsintensität auf verschiedenen Stadien der Resorption der angeführten Organe sind in die angeführten Tabellen bedeutende Korrekturen einzutragen. Es wurde nämlich in den großen Versuchsserien stets die Unitärzeit von 18 Minuten Exposition eingehalten. Es fiel nun bei den Versuchen mit dem Schwanzgewebe die Tatsache auf, daß gerade zur Zeit der mächtigsten Involutionsvorgänge, wo der stärkste mitogenetische Effekt vermutet werden konnte (Stadium Vb), er in Wirklichkeit sehr schwach ausfiel (28%). Es zeigte sich nun, daß hier eine „Hyperinduktion", d. h. eine übermäßige Reizdosis vorlag, die den Effekt bedeutend verschlechterte. Wurden nun kleinere Expositionszeiten genommen, so ergab sich die außerordentlich wichtige Tatsache, daß das Induktionsmaximum bei stärkeren Intensitäten in den Zeitpunkt von 2 Minuten fällt und die Höhe des optimalen Effektes in bester Übereinstimmung mit der Intensität der Resorptionsvorgänge steht. Es zeigte sich unter diesen Umständen bei der für die meisten Stadien optimalen Induktionsdauer von 2 Minuten der Induktionseffekt von

49,3% für das Stadium IV,
37,8% für das Stadium Va,
66,2% für das Stadium Vb.

Es sei noch hinzugefügt, daß die aufgezählten Gewebe *nur* während, eventuell unmittelbar *vor* der Metamorphose (Schwanz) mitogenetisch strahlen und nach vollendeter Umbildung (Darm) wiederum völlig versagen.

Diese wichtigen Befunde an Organbreien werden durch die nicht minder interessanten Ermittlungen über Blutstrahlung im Zusammenhang mit der Metamorphose ergänzt, die wir den Untersuchungen von Blacher und Liosner verdanken. Sie beziehen sich auf das Verhalten des Blutes während der Metamorphose und bringen das bedeutungsvolle und unerwartete Ergebnis, daß auf der Höhe der histolytischen Prozesse (Stadium III. b, vgl. S. 108) das bis dahin sehr schwache mitogenetische Strahlungsvermögen des Blutes einen gewaltigen und ziemlich unvermittelten Anstieg erfährt, um gegen Abschluß der Metamorphose auf ein sehr tiefes Niveau herabzusinken.

Der in der Tabelle gegebene Auszug aus den Protokollen gibt ein sehr anschauliches Bild dieser Verhältnisse.

Tabelle 74. Induktion mit dem Blute von Kaulquappen vor und während der Metamorphose (nach BLACHER und LIOSNER).

Stadium der Metamorphose	Expositionsdauer	Mittlerer Induktionseffekt in %	Anzahl der Versuche
II	2 Min.	0,5	4
	5 „	32	4
IIIa	10 „	5,1	4
	20 „	17,7	1
	30 „	31,3	1
IIIb	5 Sek.	40,9	2
	15 „	59,5	1
	30 „	18,2	2
	1 Min.	27,4	4
	2 „	34,2	2
IV	2 „	2	2
	5 „	35,2	2
Vb	30 Sek.	60	2
VI (völlig ausgebild.	5 Min.	18,8	1
junge Frösche)	10 „	10,1	1

Die Strahlungsintensität des Stadiums IIIb (nach dem Zeitschwellenwert gemessen) verhält sich demnach zu demjenigen des dicht vorangehenden III a etwa wie 300 zu 1, ein ganz wunderbares und unerwartetes Ergebnis! In beinahe ebenso eklatanter Weise wird die Blutstrahlung auch bei erzwungener (und viel weniger eingreifender) Metamorphose der thyreoidisierten Axolotln gesteigert.

Tabelle 75. Blutstrahlung von Axolotl während der Thyreoidinmetamorphose (nach BLACHER u. LIOSNER).

	Induktionsdauer	Effekt in %
Normale Tiere	10 Min.	– 1,0
„ „	20 „	14
„ „	30 „	33,8
Thyreoidalmetamorphose	5 Sek.	21,2
„	30 „	29,9
Blut normaler Tiere unter KCN-Zusatz	30 „	– 11,9
Blut thyreoidaler Tiere unter KCN-Zusatz	15 „	46,2
„ „ „ „ „	30 „	37,3
Blutplasma (Zitratzusatz) normale Tiere	30 „	6,7
„ „ thyreodiertes Tier	30 „	55,9

Wir haben uns an dieser Stelle vorläufig nur mit dem faktischen Nachweis des zeitlichen Zusammentreffens bestimmter Metamorphosestadien und dem Auftreten bzw. bedeutender Steigerung der Strahlung sowohl in den einzelnen Teilungsherden als im Blute zu befassen. Wieweit der von BLACHER und seiner Schule erblickte kausale Zusammenhang zwischen gesteigerter Strahlung und progressiver Formbildung zutrifft, ist eine kardinale Frage für sich, die erst im weiteren diskutiert werden soll. Es sei vorläufig nur darauf aufmerksam gemacht, daß die Befunde von BLACHER und LIOSNER, die eine ganz exzeptionelle Intensität der Blutstrahlung während der Metamorphose nachwiesen, ihre ursprüngliche Annahme von der maßgebenden Bedeutung der lokalen Degenerationsherde für benachbarte Bezirke mit progressiver Entwicklung (bzw. Zellvermehrung) möglicherweise entbehrlich machen, da ja die Versorgung aller Gewebe aus dem Blute wohl als ausreichend angesehen werden dürfte.

c) Regeneration und mitogenetische Strahlung.

Obwohl das Studium der elementaren Regenerationserscheinungen (regenerative Mitosen) den Anstoß zur Aufstellung der Lehre von der mitogenetischen Strahlung gab, blieb der Nachweis und die Erforschung der Zusammenhänge zwischen beiden Prozessen BLACHER und seinem Mitarbeiter (BROMLEY) vorbehalten.

Der grundlegende Ausgangspunkt der Verfasser, die die Resorptionsprozesse als Quellen embryonaler Formbildung ansehen, tritt hier mit weit größerer Schärfe und Überzeugungskraft als in den bereits geschilderten Prozessen der Metamorphose hervor.

Als Versuchsobjekte kamen auch hier sowohl Kaulquappen als Axolotl zur Anwendung.

Die Ausstrahlung nach Amputation des Schwanzes der *Bombinator*-Larve beginnt schon 3 Stunden nach Amputation und hält längere Zeit ununterbrochen an. Daß es die Wundzerfallprodukte sind, die die Strahlung erzeugen, wurde in sehr eleganter Weise durch spezielle Versuche bewiesen. Es wurde nach Ausbildung des Regenerationsblastems gesondert mit demselben und mit der unmittelbar anstoßenden Grenzgegend induziert. Positive Ergebnisse wurden nur aus letzterer erhalten, wobei eine weitere Einteilung dieser Grenzgegend in einzelne Schichten eine noch genauere Umgrenzung der strahlenerzeugenden Zone ergab — sie beträgt etwa 1 mm und liegt unmittelbar hinter dem Regenerationsblastem.

Tabelle 76. Induktionseffekt aus Regeneraten (samt angrenzender Gegend zum Brei verrieben). (Nach BLACHER und BROMLEY.)

Zeit nach Amputation	Induktionseffekt in % (Mittelwerte)
1 Stunde	6,2
2 Stunden	2,1
3 „	29,6
5 „	41,1
12 „	48,4
24 „	56,4
Regenerationsblastem allein	– 2,7
Gewebe hinter dem Regenerat	48,4
Einzelne Gewebsschichten (je 1 mm dick) hinter dem Blastem:	
1. Schicht	46,1
2. „	3,8
3. „	– 0,2

Diese schönen und klaren Ergebnisse wurden durch weitere Versuche an Urodelen (Axolotl) bestätigt und erweitert. Es zeigte sich

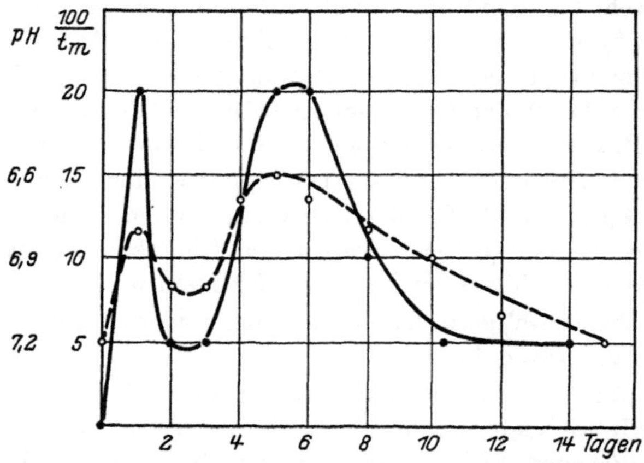

Abb. 28. Die ausgezogene Kurve: Veränderung der Intensität der mitogenetischen Strahlung des regenerierenden Axolotlschwanzes. Punktierte Kurve: Veränderungen der p_H der regenerierenden Extremitäten (nach Angaben von OKUNEFF).

im speziellen, daß die Strahlungsintensität des Wundgewebes einen eigentümlichen Rhythmus — steilen Anstieg am ersten Tag, bedeutende Depression am 2.—3. Tage und erneuerten Anstieg am 5.—6. Tag — aufweist. Die Intensität wird hier, wie auch in anderen Fällen, nach dem Zeitschwellenwert gemessen, der in der Arbeit von BLACHER und BROMLEY in zweckmäßiger Weise durch seinen reziproken Wert, multipliziert mit 100, ersetzt wird. Ob diese Auffassung eine allgemeine Berechtigung beanspruchen darf, soll erst in einem weiteren Abschnitte diskutiert werden. Der aufgefundene Rhythmus scheint jedenfalls einen tieferen Sinnn dadurch zu erlangen, daß er ziemlich gleichsinnig mit der von OKUNEFF nachgewiesenen Variation der Azidität der der Wunde anliegenden Gewebe einhergeht (Abb. 28). Wenn man die Erhöhung der Wasserstoffionenkonzentration als Anzeichen der Verstärkung der Zerfallsprozesse betrachtet, so ließe sich der erste Anstieg durch Zerfall der unmittelbar betroffenen Gewebselemente und des extravasierten Blutes, der zweite durch eine solche der Muskulatur und der Skeletteile erklären.

Von großem Interesse sind auch die weiteren Befunde über den ersten Zeitpunkt des Auftretens der Strahlung in den verschiedenen Bezirken der Wundfläche. Es zeigt sich nämlich, daß, während der zentrale Teil der Wundoberfläche schon am 1. Tag nach der Wundsetzung zu strahlen beginnt, die Randteile erst am 4.—5. Tage einsetzen.

Tabelle 77. Induktionseffekte aus zentralen Abschnitten und Randpartien der Wundflächen (nach BLACHER und BROMLEY).

Operationstag	Zentrum Induktionseffekt in %	Rand in %
1. Tag	39,5	– 1,9
2. „	30,7	3,3
3. „	43,1	1,7
4. u. 5. Tag	38,8	25,9
11. Tag	38,8	35,1

Die Verfasser weisen darauf hin, daß auch die im Beginn konische Gestalt des Regenerationsblastems auf eine intensivere Zellproliferation gerade in den mittleren Partien der Wundfläche hindeutet und uns bis zu einem gewissen Grade zur Annahme eines kausalen Zusammenhanges zwischen beiden Erscheinungen berechtigt.

Der Zusammenhang zwischen Regenerationsintensität und lokaler mitogenetischer Strahlung wird schließlich von den Verfassern noch in einer anderen Weise gezeigt, indem sie eine Steigerung der Strahlung bei Regeneration von thyreoidisierten Tritonen im Vergleich zu normalen Tieren feststellen und auf die Steigerung des Regenerationsrhythmus ersterenfalls hinweisen.

Möglicherweise noch klarer tritt der Zusammenhang zwischen den Zerfallsprozessen bei der Wundsetzung einerseits und den Regenerationserscheinungen und gleichzeitiger mitogenetischer Strahlung andererseits in einer speziellen Untersuchung von BROMLEY über das Verhalten der primär verheilten Wunden hervor.

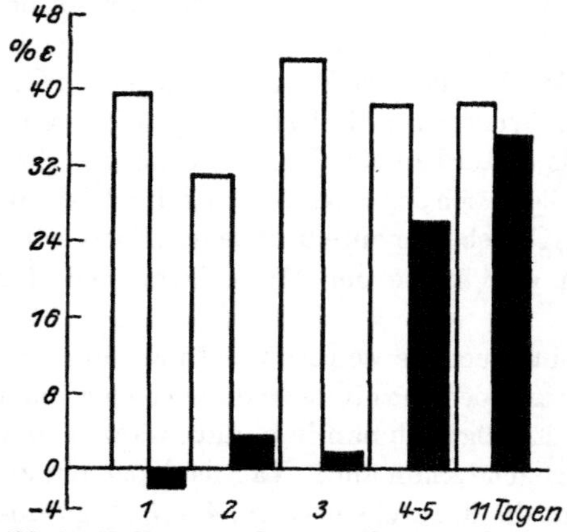

Abb. 29. Strahlung aus den zentralen und den Randteilen des regenerierenden Axolotlschwanzes. Schwarz: Effekt der Randteile; weiß: der zentralen Teile (nach BLACHER und BROMLEY).

Wird durch sorgfältige Vernähung der frischen Wundfläche mit dem Hautlappen für eine Verheilung der Wunde unter möglicher Einschränkung des Gewebszerfalls gesorgt, so bleibt jede mitogenetische Strahlung aus frisch bereiteten Gewebsbreien vollständig aus. Daß unter diesen Umständen auch Regenerationserscheinungen ausbleiben, ist durch die Untersuchungen verschiedener Autoren bekannt (GODLEWSKI u. A.).

Tabelle 78. Induktionseffekte aus vernähter und offener Wunde (nach BROMLEY).

Tage nach Operation	Geschlossene Wunde in %	Offene Wunde in %
5	4,2	34,6
5	−0,4	31,6
10	3,3	31,8

d) Mitogenetische Strahlung der Explantate.

Eine richtige Kraftprobe der allgemeinen Geltung der mitogenetischen Strahlung für das Zustandekommen der Zellteilung bieten die Explantate (Kulturen in vitro). Sollte hier die mitogenetische Strahlung fehlen, so wäre es wirklich ein harter Schlag für den ganzen Bau.

Aber durch die vorzüglichen Arbeiten CHRUSTSCHOFFS sind gerade diese Objekte zu einer besonders eindrucksvollen Stütze der mitogenetischen „Theorie" geworden.

Es wurden vom Verfasser als Strahlungsquellen Kulturen von zweierlei Art erprobt: 1. Milz von Axolotl in halbheterogenem Medium (Hühnerplasma + Gewebeextrakt aus der Milz des Tieres). 2. Fibroblastenkultur aus dem Herz eines 7tägigen Hühnchens im homogenen Medium (Plasma + Embryonalextrakt). In beiden Fällen tritt die Strahlung erst geraume Zeit nach der Explantation auf und zwar stets vor dem Auftreten der Mitosen in der Kultur. Die Zeitunterschiede zwischen Kaltblüter- und Warmblüterkultur sind in letzter Hinsicht bekanntermaßen ganz enorm; im gleichen Maße unterscheiden sich auch die zeitlichen Verhältnisse der Strahlung hier und da. Das Auftreten der Strahlung in der Axolotlkultur wurde erst nach 60 Stunden, in der Hühnerfibroblastenkultur schon nach 12 Stunden nachgewiesen. In ersterem Objekte wurde das Fortbestehen der Strahlung bis zum 10. Tag, letzterenfalls bis zur 36. Stunde verfolgt.

Tabelle 79. Induktion mit Explantat von Milz des Axolotl (nach Chrustschoff).

Zeit nach der Explantation	Induktionseffekt in %	Zeit nach der Explantation	Induktionseffekt in %
12 Std.	1,6	60 Std.	38,6
16 „	2,5	60 „	44,3
16 „	2,4	4 Tage	33,8
24 „	−0,8	4 „	35,9
36 „	4,8	7 „	40
36 „	−1,6	7 „	40
48 „	−1,8	10 „	50,4
60 „	42,1	10 „	41,7

Induktion mit Explantat von Fibroblasten des Hühnchens.

4 Std.	1,5	12 Std.	38,7
6 „	−0,7	16 „	39,4
6 „	1,5	16 „	55,3
8 „	1,4	24 „	33,1
8 „	3,4	24 „	37,9
12 „	40,9	36 „	44,8

Auch in der Frage nach der Quelle der mitogenetischen Strahlung bringen die Ermittelungen von Chrustschoff bedeutungsvolle Aufschlüsse. Er führt eine Reihe von Gründen an, die es sehr plausibel erscheinen lassen, daß der Strahlung autolytische Prozesse im Gewebsstücke selbst zu Grunde liegen. Es ist bekannt, daß in den Kaltblüterkulturen ausgesprochene zentrale Nekrosen zur Seltenheit gehören und wenn überhaupt, so nur nach längerer Zeit auftreten. Bei den Warmblüterkulturen sind kleine zentrale Nekrosen schon gegen Abschluß der ersten 24 Stunden nachweisbar, in Andeutungen daher wohl viel früher vorhanden. Die Übereinstimmung dieser Verhältnisse mit dem Zeitpunkte des Auftretens der mitogenetischen Strahlung fällt in die Augen. Den Zusammenhang zwischen Auftreten der Nekrose und der Mitosen hat aber Verfasser des weiteren noch experimentell gestützt, indem er Axolotl-Milzkulturen „überhitzte" (bei 26^0 hielt). Es stand zu erwarten, daß dabei die autolytischen Prozesse im Explantat bedeutend beschleunigt würden und dementsprechend auch mitogenetische Strahlung vorzeitig auftreten müßte. Diese Voraussetzung traf in der Tat im vollen Maße zu. Die Strahlung trat um volle 24 Stunden früher als im ersteren Fall auf.

Durch scharfsinnige Experimente konnte Chrustschoff des weiteren eine Art von „mitogenetischem Makroeffekt" an den Gewebskulturen erzielen. Es wurden reine Fibroblastenkulturen des Hühnchens nach der 11.—19. Passage benutzt. Eine Kultur wurde in zwei gleiche Hälften geteilt, die auf einer gemeinsamen Quarzlamelle in getrennten Tropfen des Mediums in einer gemeinsamen Kammer kultiviert wurden. Gleich nach Ansetzen der Kultur wurden von beiden Stücken genaue Umrißzeichnungen gemacht und darauf das eine Stück durch eine kleine Ringkammer überdacht, in die ein embryonales schlagendes Herz als Strahlungsquelle implantiert wurde. Die Kultur wurde für 2 Tage im Thermostat aufgestellt, wobei das Herz im Notfalle durch ein frisches ersetzt wurde. Das Voraneilen der induzierten Kultur machte sich makroskopisch erst am 3. Tage merkbar (Abb. 30). Eine genauere Betrachtung zeigte indessen, daß der Effekt schon am zweiten Tage durch eine größere Dichte der induzierten Kultur vorbereitet wird.

In voller Übereinstimmung mit der von uns vertretenen Ansicht nimmt auch der Verfasser an, daß von dem eigentlichen Gewebsstück eine Wirkung von zweierlei Art — neben der mitogenetischen Strahlung auch eine rein chemische — ausgeht, und kommt dazu, durch einen geistreichen Kunstgriff beide Faktoren voneinander zu trennen.

Es ist durch FISCHER bekannt geworden, daß bei vollständiger Abtrennung eines peripheren Auswuchses einer Fibroblastenkultur von dem zentralen Gewebsstück, das Wachstum des ersteren zum Stillstand kommt. CHRUSTSCHOFF macht entsprechende Einschnitte in eine Kultur und steckt das eine Mal in den Spalt ein Deckglas hinein, wodurch das abgetrennte Stück vom Zentrum sowohl hinsichtlich der eventuellen Strahlung als auch des diffundierenden Wachstumstoffes isoliert wird. Es wird dann die Kultur mitogenetisch bestrahlt, wobei jede fördernde Wirkung der Strahlung auf das abgetrennte Stück ausbleibt, woraus mit Recht ge-

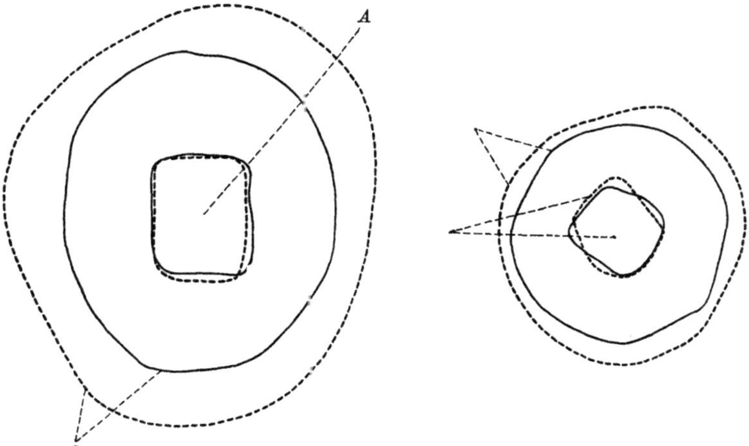

Abb. 30. Zwei Kulturen halbiert und je eine Hälfte als Kontrolle benutzt, die andere induziert. *A* Umrisse gleich nach Ansetzen. *3* Umrisse nach 3 Tagen. Gestrichelt: induzierte Kulturen. (Nach CHRUSTSCHOFF.)

folgert wird, daß die Strahlung allein, ohne gleichzeitigen Stoffzufluß vom Zentrum aus, unzulänglich ist. Nun wird in einem anderen Fall die Glaslamelle durch einen feinen Streifen Gelatine ersetzt, die ein absolutes Hindernis für den Durchtritt der mitogenetischen Strahlen vom Zentrum bildet, wogegen der Wachstumsstoff permeiren kann. Wird nun das periphere abgetrennte Stück jetzt bestrahlt, so nimmt man eine deutlich fördernde Wirkung auf sein Wachstum wahr (Abb. 31). Es fehlte demnach nur die vom Zentrum kommende durch den Gelatinestreifen abgehaltene mitogenetische Strahlung.

Die mitogenetische Strahlung der Kultur sowie deren fördernde Wirkung auf ihr Eigenwachstum wurde schließlich noch in dritter

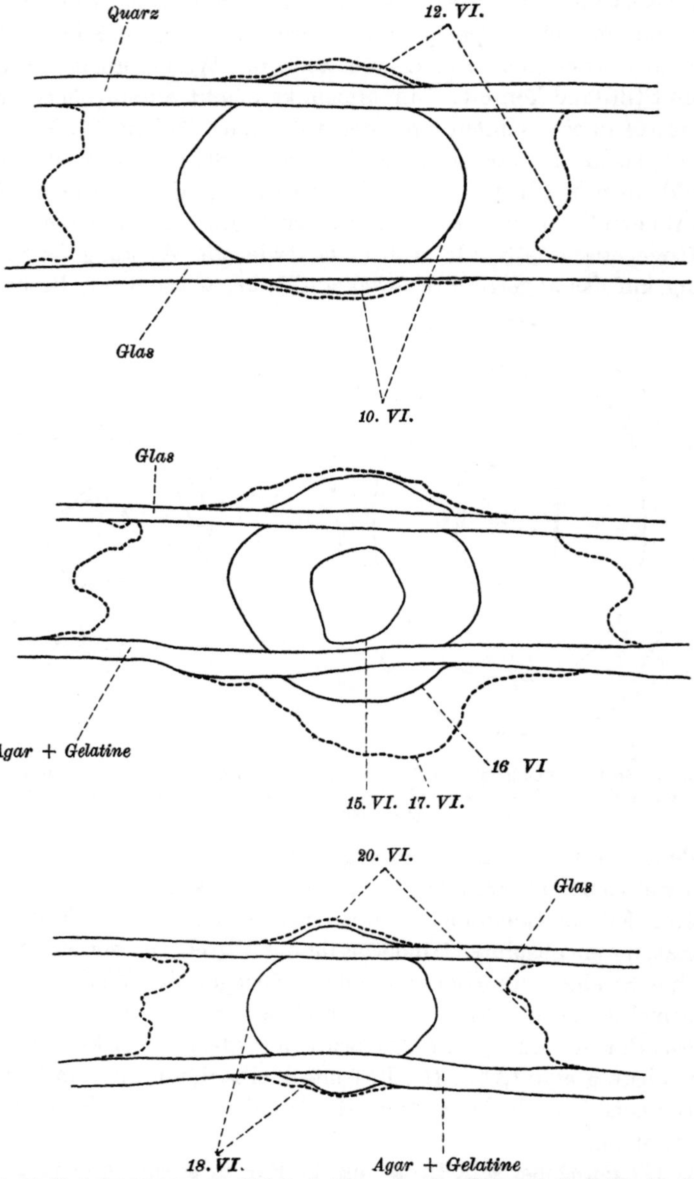

Abb. 31. (Nach CHRUSTSCHOFF). Vgl. Text. Die zwei ersten Präparate bestrahlt, das dritte unbestrahlt.

Weise von CHRUSTSCHOFF nachgewiesen. Sollte von der Oberfläche der Kultur eine Strahlung ausgehen, so müßte sie natürlich allseitig sein und es käme daher nur ein Teil derselben den Elementen der Kultur selbst zugute. Es könnte dagegen daran gedacht werden, durch passende Spiegelung den größten Teil derselben auf die Kultur zu richten und dabei eine fördernde Wirkung für deren Wachstum nachzuweisen. Dieser Gedanke wurde von CHRUSTSCHOFF in sehr scharfsinniger Weise mit bestem Erfolg ausgewertet. Er setzte Schwesterkulturen in zwei feuchten Kammern ein — die eine in einem gewöhnlichen segmentartig ausgehöhlten Objektträger, die andere von gleicher Kapazität aber aus einem Glasring und ebener Glas- oder Quarzlamelle als Boden zusammengekittet. Der Boden der ersten Kammer müßte, bei zutreffender Voraussetzung, als ein Hohlspiegel einen beträchtlichen Teil der vom Zentrum der Kultur ausgehenden Strahlung auf sie zurückwerfen, der Quarzboden dagegen sie frei heraustreten lassen. Es wäre mit andern Worten aus der ersten Anordnungsweise eine deutliche Förderung im Vergleich zur letzteren zu erwarten, was auch in sehr zahlreichen wiederholten und mannigfach variierten Versuchen des Verfassers und seiner Mitarbeiter in vollem Maße zutraf. Einen tieferen Einblick in die Entstehung der Strahlung der Kulturen könnte uns die Spektralanalyse vermitteln. Es wären im speziellen auch die Angaben von KRONTOWSKI und seiner Mitarbeiter zu berücksichtigen, die ein bedeutendes Maß von Glykolyse in den Kulturen fanden.

VI. Mitogenetische Strahlung des Blutes.

Das Blut gehört gegenwärtig zu den mitogenetisch am besten erforschten Objekten. Die zu verschiedenen Zwecken und von verschiedenen Autoren angestellten Versuche gehen hier in viele Hunderte. Ein großer Teil derselben gehört den Bestrebungen einer vertieften Analyse der der Strahlung zugrunde liegenden Umsätze. Die große theoretische und auch praktische Bedeutung der hier auftauchenden Fragen verlangt eine erschöpfende detaillierte Darstellung des gesamten Versuchsmaterials. An erster Stelle kam für uns allerdings die Blutstrahlung nicht in ihrer Ätiologie, sondern in ihrer Bedeutung als biologischer Faktor im Organismus in Betracht. Dieses Interesse war auch maßgebend bei der Aufstellung unserer ersten Versuche.

Da das Versagen der meisten normalen Gewebe des Wirbeltierkörpers als mitogenetischer Strahler bereits feststand, war die Frage, wodurch die Versorgung der verschiedenen Teilungsherde im Organismus geschieht, natürlich akut, und da war es am naheliegendsten, das Blut dafür in Beschlag zu nehmen. Es wurde sofort zur Prüfung des mitogenetischen Strahlungsvermögens des *strömenden* Blutes geschritten.

Durch einige Vorversuche wurde zunächst festgestellt, daß dünne Lamellen aus tierischen Geweben (Doppelschicht des Froschperikards) für mitogenetische Strahlen durchlässig sind.

Induktion mit einer Wurzelspitze durch eine doppelte Perikardiallamelle des Frosches (Detektor Zwiebelwurzel). (Nur Differenzen der Mitosenzahlen zwischen induzierter und beschatteter Seite angegeben.)

1, 18, 12, 4, 32, 21, 22, 4, 4.

Es wurde darauf die Bauchvene weiblicher Frösche auf eine Strecke von etwa 1 cm entblößt bzw. aus den Scheiden herauspräpariert und in etwa 5—6 mm Entfernung und parallel derselben die Detektorwurzel aufgestellt. Die Ergebnisse waren sehr befriedigend.

Induktion einer Zwiebelwurzel mit der Bauchvene des Frosches. (Nur Differenzen der Mitosenzahlen zwischen beiden Wurzelhälften angegeben.)

5, 11, 25, 26, 15, 25, 25, 37, 12, 32, 15, 10, 19, —3.

Es wurde daraufhin von SORIN geprüft, ob ein Zusammenhang zwischen dem Charakter des strömenden Blutes und seinem Strahlungsvermögen besteht. Ein Unterschied zwischen strömendem venösen, arteriellen Blute des Frosches und solchem in Stase (unterbundene Bauchvene, deren Blut durch O-Diffusion bald hellrot wurde) konnte nicht nachgewiesen werden.

Tabelle 80. Induktion mit Froschblut. (Nach SORIN.)

Art des Blutes	Induktionseffekt in % (Zwiebelwurzel als Detektor)
Vena abdominalis	46,5
„ abgebunden	43,7
	22,09
Art. femoralis	38,4

Induktion mit der Bauchvene bei hochgradiger, aber noch reversibler Asphyxie mit CO_2 mißlang dagegen regelmäßig.

Induktionseffekte 0,9%
−0,3%
−2,5%.

Man kann demnach als gesichert hinnehmen, daß in allen Organen und Geweben mit gehöriger Blutversorgung ein ununterbrochenes mitogenetisches Feld besteht.

Die weiteren Versuche wurden und werden auch gegenwärtig mit einem Bluttropfen in einer sogenannten Kapillarkammer angestellt. Frisch entnommenes Blut wird entweder durch Verdünnung mit einer 4%igen $MgSO_4$-Lösung (zur Hälfte) vor Gerinnung geschützt, oder durch destilliertes Wasser zur Hämolyse gebracht. Letzteres Verfahren ergibt gleichgute Resultate auch bei nachträglicher Hämolyse des auf Filtrierpapier aufgefangenen und getrockneten Blutes[1].

Die strahlungerzeugenden Reaktionen des extravasierten (auch nicht hämolysierten) Blutes scheinen sehr schnell abzulaufen. Die auf viele Hunderte von Versuchen gestützte Erfahrung unserer Laboratorien weist darauf hin, daß nach 10 Minuten das mit $MgSO_4$ zur Hälfte versetzte Blut von seinem Strahlungsvermögen höch-

[1] Da letzteres Verfahren von besonderer praktischer Bedeutung ist, möge es etwas ausführlicher behandelt werden.

Das Blut soll ohne vorherige Desinfektion der Haut (Jod, Alkohol) gewonnen werden, da Spuren von diesen Substanzen offenbar die Glykolyse hemmen. Der durch Stich gewonnene Tropfen wird auf Fließpapier aufgefangen und möglichst ausgebreitet, um dickere Blutschichten und namentlich Gerinnsel zu vermeiden. Der Blutfleck muß nämlich möglichst bald eintrocknen, um später beim Aufweichen seine volle Strahlung zu bewahren. Richtig behandeltes Blut behält auf Fließpapier sein Induktionsvermögen mindestens 2 Tage, namentlich dunkel aufbewahrt. Bei der Anstellung des Versuchs ist jeder Zeitverlust zu vermeiden, da die Strahlung des hämolysierten Blutes offenbar in sehr steilem Dekrement abfällt. Erst nachdem die ganze Versuchsanordnung, Aufstellung des Detektors usw., fertig ist, soll zur Bereitung des Bluttropfens geschritten werden. Der Blutfleck wird in sehr kleine Fetzen zerschnitten, die in einem flachen Salznapf unter Zusatz von 5 bis 6 Tropfen destillierten Wassers unter stetigem Herumrühren aufgeweicht werden. Das Wasser färbt sich ziemlich bald dunkelrot und wird sofort abpipettiert und in die bereit gehaltene Kapillarkammer gebracht, worauf sofort mit der Exposition begonnen wird. Die ganze Prozedur des Aufweichens des Blutes bis zum Beginn der Exposition soll womöglich nicht mehr als 1—1,5 Minuten betragen.

stens nur ganz schwache Spuren behält und jedenfalls als Strahlungsquelle ganz unzuverlässig wird. Dieser Umstand sei besonders hervorgehoben, da seine Nichtbeachtung zu ganz irreführenden Ergebnissen führen kann und zum Teil schon geführt hat.

Soweit die Strahlungsintensität nach dem Zeitschwellenwerte beurteilt werden kann, ist diejenige des vor Gerinnung geschützten, mit $MgSO_4$ versetzten Blutes viel bedeutender als diejenige des hämolysierten Blutes.

Tabelle 81. Induktion mit Blut (nach POTOZKY und ZOGLINA).

Expositionszeit	Hämolyse in %	$MgSO_4$ in %
3mal je 20″ in Abständen von 1′	21	30
„ „ 15″ „ „ „ 1′	−3	30
„ „ 15″ „ „ „ 1′	−2	
„ „ 15″ „ „ „ 1′	7	38
„ „ 15″ „ „ „ 1′	−3,5	26

Ebenso wie hämoglobinhaltiges Blut der Wirbeltiere strahlt mitogenetisch auch die hämoglobinfreie Hämolymphe der bisher erprobten Wirbellosen: der Krabbenarten *Carcinus* und *Pachygrabsus* und des Lamellibranchiaten *Mytilus edulis*. Wir geben einen Auszug aus den Protokollen der Arbeit von POTOZKY, SALKIND und ZOGLINA.

Tabelle 82. Induktion mit Hämolymphe.
Detektor: Hefe *Nadsonia*.

A. *Krabbe*. Induktionseffekt in %:

54, 12, 15, 35, 40, 49, 48, 38, 53, 58, 48, 46, 53, 57, 50, 44, 44, 40, 50.

B. *Mytilus*.

76, 64, 39, 43, 44.

Zur Klärung des Chemismus der mitogenetischen Blutstrahlung kommen natürlich die schon mitgeteilten Befunde SORINS über das asphyktische Blut des Frosches in Betracht: Die Beteiligung des Sauerstoffs scheint hier unverkennbar zu sein.

Man muß indessen im Auge behalten, daß, wie namentlich aus den bekannten Untersuchungen WARBURGS am Gänseblut hervorgeht, Blut mit kernhaltigen Erythrozyten durch das Vorherrschen oxydativer Vorgänge ausgezeichnet ist und die Glykolyse hier in den Hintergrund tritt, wogegen das Verhalten des Säugerblutes in dieser Hinsicht ein umgekehrtes ist und die Glykolyse vorherrscht.

Es dürften daher die Erfahrungen am asphyktischen Blute des Frosches nicht ohne weiteres extrapoliert werden und die Frage, ob auch im Säugerblut oxydative Vorgänge für das Zustandekommen der mitogenetischen Strahlung in Betracht kommt, muß unabhängig von ihnen behandelt werden.

Daß man im Serum verschiedener Wirbeltiere (auch der Säuger) durch Zusatz von Oxyhämoglobin bzw. von H_2O_2 eine Oxydation experimentell zustande bringen *kann*, ist natürlich kein Beweis dafür, daß sie spontan im strömenden oder auch im extravasierten Blute stattfindet. Daß die Oxydation für das Säugerblut jedenfalls nicht maßgebend sein kann, erhellt für alle Fälle daraus, daß auch noch unter Zusatz von KCN zum Heparinblut die mitogenetische Strahlung noch fortbesteht (POTOZKY und ZOGLINA).

Tabelle. 83. Induktion mit Rattenblut.

Hämolys. Blut in %	Blut mit Heparin in %	Hämolys. Blut + KCN in %	Blut mit Heparin + KCN in %
52	35	− 2,5	33
63	55	16	27 und 41
49	47	− 1,5	30 und 22

Von großem Interesse bei diesen Versuchen ist der Umstand, daß das hämolysierte Blut, welches sonst dem Heparinblut nicht nachsteht, bei Zusatz von KCN versagt. Wir können darin wohl einen Hinweis darauf erblicken, daß hier jedenfalls *auch* oxydative Vorgänge mitspielen dürften. Der Erfolg mit Heparinblut beweist aber andererseits, daß im nichthämolysierten Blute jedenfalls eine andere ergiebige Strahlungsquelle besteht, und diese ist, wie sich ergibt, in der Glykolyse zu suchen. Daß die Glykolyse im hämolysierten Blute stark herabgesetzt wird, wurde schon vor längerer Zeit von RONA nachgewiesen.

Die Beweisführung, daß Glykolyse für die Strahlung im Säugerblute in maßgebender Weise in Betracht kommt, läßt sich in verschiedener Weise führen.

In erster Linie ist es die bereits erwähnte Persistenz des Strahlungsvermögens des Säugerblutes nach Zusatz von KCN, die darauf hinweist. Es kommt der Schwund der Blutstrahlung nach Zusatz von NaF hinzu, das in besonders energischer Weise die Glykolyse hemmt.

Induktion des Rattenblutes nach Zusatz von NaF und $MgSO_4$:

	Induktionseffekt
Blut ohne Fluorate	35 %
dasselbe mit NaF versetzt	—0,2 „
	—1,3 „

Für die maßgebende Bedeutung der Glykolyse bei der Blutstrahlung spricht des weiteren die von KANNEGIESSER und KAZWA durchgeführte Versuchsserie, bei der im aufbewahrten Hundeblute alle 5 Minuten, bis zur 30. Minute, sowohl der Gang der Glykolyse als die mitogenetische Strahlung geprüft wurde. Die Wahl des Tieres war dabei besonders günstig, da die Glykolyse des Hundeblutes im Gegensatz zu derjenigen der meisten anderen geprüften Säuger sehr schwankend ist und zuweilen auch bei gesunden Tieren zeitweilig vollständig ausbleibt oder minimal ist. Desto eindrucksvoller ist daher die Parallelität der von den beiden Untersuchern gesondert (ohne gegenseitige Kenntnis der respektiven Ergebnisse) erhobenen Befunde (die allerdings nicht *für alle* Fälle zutraf). Diesen unter physiologischen Verhältnissen gewonnenen Ergebnissen reihen sich die zeitlich vorangehenden Erfahrungen von POTOZKY und ZOGLINA und von L. GURWITSCH und SALKIND am Blute von Hunger-

Tabelle 84. Zusammenhang zwischen Intensität der Glykolyse und der Strahlung. (*G* = Maß der Glykolyse, *J* = Induktionseffekt. Die benachbarten Stäbe vom gleichen Versuch.)

Normale Hunde.

Zeitpunkt in Minuten	G	J %	G	J %	G	J %	G	J %	G	J %	G	J %	G	J %
1–5	59	35	28	28	2	2	5	–1	16	10	0	3	8	3
5–10	19	25	24	25	13	2	7,5	—	18	30	0	1	2	12
10–15	–1,5	9,3	16	27	12	8	22,5	25	0	–3	0	–2	0	20
15–20	3,5	0,3	—	12	0	0	0	20	0	–1	0	5	10	4
20–25	—	0,2	—	—	—	1	—	5,0	7	5	0	0	—	2

Zeitpunkt in Minuten	Alimentäre Hyperglykämie G	J %	G	J %	Insulin intravenös G	J %	G	J %
1—5	9	20	0	4	0	3	0	–6
5—10	7	17	1	2	0	2	1	–4
10—15	20	26	–1	8	0	7	0	0
15—20	3	—	0	1	0	4	0	2
20—25	—	3	—	3	0	4	—	3

(Nach KANNEGIESSER und KAZWA.)

tieren bzw. karzinomatösen Tieren und Menschen an. In beiden Kategorien versagt die mitogenetische Strahlung konstant und vollständig. Wird aber dem Hunger- bzw. karzinomatösen Blute Glykose im Überschuß zugesetzt, so tritt wieder mitogenetische Strahlung auf.

Tabelle 85. Induktion mit Hungerblut der Ratte (Gewichtsverlust annähernd 30%) (nach POTOZKY und ZOGLINA).

Induktion	
ohne Zusatz von Glykose in %	mit Zusatz von Glykose (etwa 2%) in %
− 2,5	21
− 5	44 und 60
− 2	39
0	36

Es muß dabei beachtet werden, daß Glykose im starken Überschuß im Vergleich zur Norm zugesetzt werden muß (etwa 2% gegen etwa 0,2%).

Tabelle 86. Induktion mit dem Blute karzinomatöser Mäuse ohne und mit Glykosezusatz (nach POTOZKY und ZOGLINA).

Ohne Glykose in %	Mit Glykose in %	Ohne Glykose in %	Mit Glykose in %
2,4	38	7	31
3,2	40	− 5	25
0,5	25	1,5	28
− 3,3	30		

In analoger Weise gelingt übrigens auch die Regeneration des mitogenetischen Vermögens des Serums der Hunger- und Karzinomtiere nach Zusatz von Polypeptiden und H_2O_2 (aber *nicht* von Glykose!).

Tabelle 87. Hund, Hungertier (nach POTOZKY und ZOGLINA).

1. Tier: Serum mit H_2O_2 = 1,5%. Mit Glykose und H_2O_2 = —1,8%, mit Polypeptiden plus H_2O_2 (4 Versuche) 37%, 60%, 31%, 27%.

Es zeigt sich schließlich, daß das Spektrum der Blutstrahlung mit demjenigen des Karzinoms und der milchsaueren Gärung übereinstimmt (Abb. 20c, S. 60), was als ein weiterer und wohl endgültiger Beweis betrachtet werden kann, daß sie wesentlich glykolytischen Ursprunges ist. Ein sehr wichtiger Beweis des glykolytischen Charakters des Blutes liegt auch in den Versuchen von KARPAS und LANSCHINA vor. Wird dem hämolysierten (vom Fließpapier aufgeweichten) Blute, nachdem es etwa 1 Stunde gestanden und sein Strahlungsvermögen völlig eingebüßt, etwas

Glykose zugesetzt, so tritt die Strahlung sofort für kurze Zeit wieder auf. Nach Schwund dieser Strahlung kann sie durch erneuerten Glykosezusatz zum zweiten Male erzeugt werden.

Tabelle 88. Schwund und Wiederherstellung der Blutstrahlung (nach KARPAS und LANSCHINA).

Herkunft und Alter des Blutes	Effekt unmittelbar nach Bereitung in %	Effekt nach längerem Stehen in %	Effekt nach Glykosezusatz in %
Mäuseblut, frisch mit $MgSO_4$	27,3 und 23,5	$^1/_2$ Std. 7,5	23,1
Kaninchen, Fließpapier, nach 3 Tagen	20,4	1 Std. 45 Min. −6	30,3
Desgl. nach 4 Tagen	28,1	Nach 45 Min. 1,2	38,1

Wiederholter Zusatz von Glykose.

Zeit des ersten Zusatzes in Std.	Zeit der Prüfung der Strahlung nach dem ersten Zusatz und Effekt in Std.	und %	Effekt sofort nach dem zweiten Zusatz in %
1	5	−0,84	44,6
1	4	1,7	43,5
1	4	−0,78	53,7

Es sei schließlich erwähnt, daß nach den Befunden von KARPAS und LANSCHINA ein Überschuß von Glykose die Strahlung hemmt.

Rattenblut, vom Fließpapier aufgeweicht	I 55,4%	II 56,6%
Dasselbe, unter Glykosezusatz (1 Tropfen 5% auf 4 Tropfen Blut)	0 „	−1,7 „

Die Gesamtheit unserer bisherigen Erfahrungen über die mitogenetische Strahlung des Blutes läßt wohl keinen Zweifel darüber aufkommen, daß den Formelementen des Blutes, und vor allem den Erythrozyten, wohl die maßgebende Bedeutung beim Zustandekommen derselben zukommt. Sofern es sich um Oxydationsvorgänge handelt, ist die Sauerstoffübertragung durch das Oxyhämoglobin wohl ohne weiteres klar. Aber daß auch das glykolytische Ferment hauptsächlich an die Erythrozyten gebunden ist, wird ebenfalls ziemlich allgemein angenommen. Auch die bereits hervorgehobenen Unterschiede zwischen dem Verhalten des frischen, vor Gerinnung geschützten Blutes mit intakten Formelementen und des aus getrocknetem Blute gewonnenen zellfreien Wasserauszuges ist ein weiterer Hinweis auf die Bedeutung der Formelemente für die Blutstrahlung. Es muß indessen zugegeben werden, daß unsere Kenntnisse in dieser wichtigen Frage noch höchst lückenhaft sind und sogar manches grundlegende Problem noch gar nicht in Angriff genommen werden konnte — so vor allem die Frage der Beteiligung der farblosen Blutelemente an der Blutstrahlung. Diese Frage ist aber um so interessanter, als die bisher vorliegenden spärlichen Untersuchungen über die Blutstrahlung bei Wirbellosen uns schon eine Reihe wichtiger Aufschlüsse über das Verhalten des *hämoglobinfreien* Blutes bringen (Potozky, Salkind, Zoglina).

Es wird zunächst der wichtige Nachweis erbracht, daß der Induktion in maßgebender Weise oxydative Vorgänge zugrunde liegen. Bei Zusatz von KCN zu der Hämolymphe der Krabbe schwindet nämlich die Strahlung.

Tabelle 89. Induktion mit Hämolymphe der Krabbe unter Zusatz von KCN (n/10000).
4 Tropfen Hämolymphe + 1 Tropfen KCN
(nach Potozky, Salkind und Zoglina).

	Induktionseffekt (Hefedetektor) in %
1. a) Normale Hämolymphe	58
b) Dieselbe + KCN	10
c) Desgleichen	2
2. a) Normale Hämolymphe	46
b) Dieselbe + KCN	–3
c) Desgleichen	–4,2

Da auch die Unterdrückung einer eventuellen schwachen glykolytischen Wirksamkeit durch KCN nicht ausgeschlossen ist, mußte diese letztere auf Umwegen erschlossen werden.

Es war zu vermuten, daß die normale (oxydative) Strahlung der Hämolymphe von nur kurzer Dauer ist. Sie erlischt in der Tat schon nach etwa 8 Minuten.

Tabelle 90. Induktion mit Hämolymphe in Abhängigkeit von der Zeit nach Entnahme aus dem lebenden Tiere (Herz).

Beginn des Versuches nach Entnahme (Minuten)	Induktionseffekt in %	Beginn des Versuches nach Entnahme (Minuten)	Induktionseffekt in %
5	25	10	–4,4
5	40	10	1,3
5	39	15	2,5
5	39	15	–3
10	0	25	–2,5
10	4,2	30	0

Es wurde nun versucht, eine bereits inaktive Hämolymphe durch Glykosezusatz zur erneuerten Strahlung anzuregen (0,3% Glykose zur Hälfte mit Hämolymphe). Die Ergebnisse waren zwar ermutigend, aber, wie die Autoren hervorheben, zweifelhaft, weil sie in der Nähe der Fehlergrenzen der Hefemethodik bleiben. Ausgedehntere Prüfungen könnten hier volle Klarheit schaffen.

Tabelle 91. Induktion mit 10 Minuten gestandener Hämolymphe unter Zusatz von Glykose.

	Induktionseffekt in %
1. a) Normale Hämolymphe	39
b) Dasselbe nach 10 Minuten	−5
c) Dasselbe mit Glykose	21
2. a) Normale Hämolymphe	50,3
b) Dieselbe nach 10 Minuten	1
c) Dieselbe mit Glykose	20 und 18

Es konnte schließlich die Frage geprüft werden, wieweit die Strahlung der Hämolymphe an ihre Formelemente gebunden sei. Durch Abzentrifugieren der Hämolymphe wurde der Beweis erbracht, daß der Flüssigkeit allein das Strahlungsvermögen abgeht und dasselbe wesentlich an die Formelemente (Amöbozyten) gebunden zu sein scheint.

Es ist dieses gewiß auffallend, da die oxydative Strahlung des Wirbeltierblutes (und um eine solche handelt es sich ja auch in der Hämolymphe) an die Formelemente des Blutes nicht unmittelbar gebunden ist und die oxydablen Körper (Aminosäuren bzw. Polypeptide) im Serum vertreten sind, als Sauerstoffüberträger allerdings das Hämoglobin in Betracht kommt. Es dürfte wohl am wahrscheinlichsten sein, daß in der Hämolymphe die Amöbozyten die Funktion der Sauerstoffüberträger übernehmen, was sich eventuell auch experimentell prüfen ließe. Die Rückschlüsse auf die farblosen Elemente des Wirbeltierblutes liegen hier auf der Hand.

Tabelle 92. Induktion mit flüssiger Komponente und Sediment der Hämolymphe (nach Potozky, Salkind und Zoglina).

Normale Hämolymphe in %	Flüssigkeit in %	Sediment in %
50	9 und 9,4	20
57	6 und 4	24
40	—	35 und 25
—	3,1 und 4,7	30

a) Zusammenhänge zwischen Blutstrahlung und Gesamtzustand des Organismus.

Blut des Menschen und der kleinen Laboratoriumstiere (Maus, Ratte und Kaninchen) ist in unserem Laboratorium eine beliebte und in unaufhörlichem Gebrauche stehende Strahlungsquelle. Unsere Statistik geht demnach in viele Hunderte von Einzelfällen und braucht nicht speziell angeführt zu werden. Unser Satz, daß das *Blut gesunder Menschen (und normal gehaltener Mäuse und Ratten*[1]) *als Strahler nie versagt,* findet eine weitgehende Bestätigung in den Angaben dreier Autoren: PROTTI, SIEBERT und GESENIUS. Ersterer Autor, der neue interessante Belege in dieser Frage bringt, die noch im weiteren besprochen werden, behandelt die Frage als eine feststehende Tatsache, ohne eine spezielle Statistik anzuführen. GESENIUS gibt eine sorgfältig ausgeführte Zusammenstellung seiner 145 Fälle (darunter 30 völlig gesunder Personen, die übrigen mit verschiedenen weiter unten zu besprechenden Erkrankungen) an. Der „Strahlungseffekt war auch bei ihm in 100% der Fälle vorhanden". Das gleiche gilt auch für 20 von SIEBERT angeführte Fälle.

Über Altersunterschiede der Strahlung, die ja gewiß ein sehr wichtiges Problem bilden, liegen zur Zeit nur einige Angaben PROTTIS vor. Von zehn geprüften Fällen des Greisenblutes fehlte die Strahlung praktisch in sechs Fällen und war relativ schwach in den übrigen vier. Es ist dabei von besonderem Interesse, daß die intermuskuläre Injektion von jugendlichem Blut bei diesen Greisen, die von PROTTI zu „Verjüngungszwecken" vielfach geübt wird und in vier Fällen zu „guten" bzw. „ausgezeichneten" klinischen Erfolgen führte, auch die Blutstrahlung der Greise wieder herstellte. Es versteht sich von selbst, daß nur weitere, ausgedehntere Untersuchungen diese Zusammenhänge als einigermaßen regelmäßige erkennen lassen können.

Von größtem Interesse wäre natürlich die Kenntnis der „mitogenetischen" individuellen Konstitution eines gegebenen Indivi-

[1] Es sei ausdrücklich hervorgehoben, daß die Konstanz der Blutstrahlung von uns nur für den Menschen und unter gewissem Vorbehalt für Maus und Ratte vertreten wird. Es wurde bisher noch in vereinzelten Fällen Pferdeblut und Kaninchenblut mit *konstantem,* Hundeblut dagegen mit *sehr schwankendem* Erfolge geprüft (schwache Glykolyse beim Hund, vgl. KANNEGIESSER und KAZWA S. 124).

Tabelle 93.

Blutgruppe	Blut Jugendlicher Effekt in %	Blut Seniler Effekt in %	Effekt nach Injektion des Blutes der jungen Person Stab 2
A	70	5	30 (sehr guter Effekt)
B	72	16	32 (guter Effekt)
A	20	3	4 (Nulleffekt)
O	81	24	40 (sehr guter Effekt)
A	60	29	38 („ „ „)
O	62	30	37 (guter Effekt)
O	22	17	20 (schwach)
A	70	15	38 (sehr guter Effekt)
A	20	10	10 (schwach)
A	80	30	53 (sehr guter Effekt)

(Nach PROTTI.)

duums. Systematische Untersuchungen dieser Art stehen noch vorläufig aus, einzelne Beobachtungen an Mitgliedern des Laboratoriums scheinen indessen dafür zu sprechen, daß es Personen mit „guter“ und „schwacher“ Strahlung als konstitutionellem Merkmale gibt.

Schon die oben erwähnte Erfahrung, daß bei hochgradigem Hungerzustande der Tiere (Gewichtsverlust von über 30%) die mitogenetische Strahlung schwindet, leitet unsere Aufmerksamkeit naturgemäß auf die Frage nach der Beziehung der Strahlung zu Ernährungsverhältnissen und Gesamtzustand des betreffenden Individuums.

Es wurde bereits im Vorangehenden darauf hingewiesen, daß durch Zusatz von Glykose die Strahlung aus dem Hungerblute wieder hergestellt werden kann, daß jedoch diese Tatsache wohl am ehesten als ein Zeichen einer Hemmung oder Schwächung des glykolytischen Fermentes betrachtet werden muß, da ja der Blutzuckerspiegel im Hungerzustand kaum in nennenswertem Maße abnimmt.

Weniger eindeutig ist die Lage bezüglich des oxydativen Vermögens des Hungerblutes. Serum von Hungertieren leistet unter H_2O_2-Zusatz keine mitogenetische Strahlung, kann jedoch unter Zusatz von Polypeptiden $+ H_2O_2$ wieder zu einem kräftigen Strahler werden. Es ließe sich wohl daran denken, daß es sich um Abschwächung der Katalase handelt, die ja durch Zersetzung des H_2O_2 den Sauerstoff für Oxydationen der Polypeptide erst verfügbar macht.

Tabelle 94. Induktion mit Hungerserum.

Hungerserum + H_2O_2 in %	Dasselbe + H_2O_2 + Polypeptide in %	
1,5	37	Hund (erstes Tier)
	60	
	31	
	27	
−2	27	Hund (zweites Tier)
	52	
	35	
	52	
	30	

(Nach POTOZKY und ZOGLINA.)

Weniger ausgesprochene Störungen der Ernährungszustände wurden bisher an gesunden Individuen nicht geprüft. Die Persistenz der Strahlung bei auszehrenden Erkrankungen (Tuberkulose) scheint indessen dafür zu sprechen, daß nur extreme Zustände strahlungshemmend sein dürften.

Um so auffallender ist dagegen der Schwund der Strahlung nach mittelschwerer Arbeit des Menschen. Es mögen hier folgende für praktische Zwecke nicht uninteressante Erfahrungen Erwähnung finden (Tabelle 95).

Die Erklärung dieser praktisch wichtigen Erscheinung kann vorderhand nur problematisch sein. Es dürfte sich möglicherweise um Hemmung der Glykolyse durch übermäßige Anhäufung von Milchsäure im Blute handeln, die nach HILLs Angaben bei Muskelarbeit reichlich ins Blut übertritt.

Von größtem Interesse ist natürlich das Verhalten der Blutstrahlung bei verschiedenen Erkrankungen. Auf Grund der bisherigen, über 200 Fälle umfassenden Statistik, lassen sich folgende begründete Aussagen machen.

Die allgemeine Schwere der Erkrankung und des Gesamtzustandes gibt an sich keine Veranlassung zum Schwund der Strahlung. *Abgesehen von bösartigen Geschwülsten* scheint die *Blutstrahlung bei schweren Bluterkrankungen und Vergiftungen und bei schwerer Sepsis zu schwinden.* Die übrigen auch auszehrenden Infektionskrankheiten beeinträchtigen die Strahlung in keiner Weise. Besonders auffallend ist das Verhalten Tuberkulöser, welches weiter unten etwas ausführlicher besprochen werden soll.

Tabelle 95. Beeinflussung der Blutstrahlung durch mittelschwere Arbeit (Fabrikarbeiter) und Erholung (nach BRAINESS).

Person und Datum	Zeit der Blutentnahme		
	8 Uhr morgens in %	4 Uhr nachmittags (nach Abschluß des Arbeitstages) in %	6 Uhr abends (zwei Stunden Erholung) in %
K. X.	24,7	6	—
14. I.	24	−1	36
7. XII.	45	1,1	26
B. 5. XI.	38,2	−2,5	31
9. XI.	—	6	21
W. 9. XI.	—	5	29,5
K. 4. XII.	30	0	—
	24,3	−2,7	—
T. XI.	33	−2	—
S. 5. XI.	24	0	—
M. 7. I.	31,8	−4,5	10,8
E. 7. I.	33	2	26,9
11. I.	28,5	−3,8	—
S. 10. I.	35	−13	10
11. I.	21,3	12	26,5
B. 10. I.	28,2	6,1	22,2
11. I.	22,5	3,3	25,8
K. 10. I.	23	7,8	—
11. I.	26	3,8	—
D. 10. I.	25,6	1,3	29,5
11. I.	24	12	16,9

Die Statistik über Blut- und septische Erkrankungen setzt sich aus 8 Fällen von L. GURWITSCH und SALKIND und aus 14 Fällen von GESENIUS[1] zusammen, die sich folgendermaßen zusammenfassen lassen.

Tabelle 96. Schwere Bluterkrankungen und Sepsis mit fehlender Strahlung.

Perniziöse Anämie . . . . 8 Fälle,
Leukämie . . . . 4 Fälle,
Sepsis und Pyämie . . . . 5 Fälle (darunter ein Fall von Sepsis, der zweimal untersucht wurde, das erste Mal einen schwachen Effekt, nach 2 Tagen einen Nulleffekt gab),
Vergiftung mit Nitrobenzol (Ratten) 3 Fälle.

Was die übrigen, zum Teil sehr schweren Erkrankungen betrifft, so ist hier von besonderem Interesse die Tuberkulose, über die

[1] Auch von SIEBERT, ohne Angabe der Statistik bestätigt.

eine relativ große Statistik vorliegt. Soweit man aus 15 Fällen zumeist schwerer Tuberkulose von GESENIUS, etwa 10 von L. GURWITSCH und SALKIND und einer großen Anzahl (über 70 Fälle) von Dr. MARKOWSKY[1] schließen kann, bleibt die mitogenetische Strahlung hier trotz des schwersten Allgemeinzustandes ausgesprochen. Von besonderem Interesse sind u. a. auch drei experimentelle Befunde von L. GURWITSCH an künstlich infizierten Meerschweinchen, die noch kurz vor dem Tode strahlten. Der eine Fall ist besonders lehrreich und möge hier angeführt werden.

Tabelle 97.

Tage nach Infektion . . .	2	9	12	15	19
Induktionseffekt	33%	42%	57%	70%.	Starb während der Blutentnahme. Blut aus der Carotis, agonal entnommen = 20%, aus dem rechten Vorhof = 0,9%.

Von den übrigen Erkrankungen mit Erhaltung mitogenetischer Strahlung seien noch einige Fälle von Lues (6), Basedow (5), Typhus (2) erwähnt.

Eine Sonderstellung nimmt, wie erwähnt, das Verhalten des Blutes Karzinomatöser ein.

b) Das mitogenetische Verhalten des Blutes Karzinomatöser.

Ein eigenartiges, von L. GURWITSCH entdecktes und gemeinsam mit SALKIND näher erforschtes Phänomen steht vorderhand ohne unmittelbar nachweisbaren Zusammenhang mit den im Vorangehenden mitgeteilten Befunden. Es ist dies der frühzeitige vollständige und offenbar ganz konstante Schwund der mitogenetischen Blutstrahlung Karzinomatöser. Die betreffenden Beobachtungen wurden zuerst an Mäusen nach Einimpfung des EHRLICHschen Adenokarzinoms gemacht. Der Schwund der Strahlung gehört hier zu den frühesten Erscheinungen der gelungenen Impfung, da das Angehen der Tumoren am 5.—6. Tage auch in den günstigsten Fällen durch Palpation kaum nachweisbar ist und auch die histologische Prüfung der eingeimpften Stückchen um diese Zeit noch keine ausgesprochene Volumzunahme der Implantate ergibt.

Die Statistik der karzinomatösen Erkrankungen des Menschen ist zur Zeit noch gering, empfiehlt sich aber durch einen Grad von Konstanz der Ergebnisse, die die gewöhnlichen diagnostischen Blutprüfungen bei weitem übertrifft. Den Verfassern lagen im ganzen

[1] Nicht veröffentlicht.

Tabelle 98. Schwund der mitogenetischen Strahlung nach Verimpfung des Karzinoms.

	Tag nach Verimpfung	Induktionseffekt in %
1.	3	46
	5	3,3
2.	5	49
	9	4
3.	3	30
	6	−2,5
4.	3	50
	6	11
5.	3	32
	6	0,1

nur 17 Fälle vor, die ausnahmslos ein Ausbleiben der mitogenetischen Blutstrahlung ergaben. Es wurde seitdem das statistische Material in unserem Laboratorium gelegentlich vermehrt und die ursprünglichen Befunde unter ganz geringen Ausnahmen bestätigt. Da aber das Blut, das uns zur Verfügung gestellt wurde, nicht in allen Fällen diagnostisch völlig gesichert war, kann hier von einer weiteren Verwertung dieses Materials abgesehen werden. Um so wertvoller ist die relativ reichhaltige und diagnostisch sorgfältig gesicherte Statistik von GESENIUS, die im ganzen 47 Fälle umfaßt,

Tabelle 99. Induktionseffekt mit dem Blute Karzinomatöser (Hefe als Detektor, Sprossenzählung) (nach GURWITSCH u. SALKIND).

Cancer uteri	— 4%
„ oesophagi	— 2%
„ ovarii	0%
„ peritonei	— 8%
„ „	—10%
„ oesophagi	—10%
„ ventriculi	— 2,5%
„ pulmonis	— 7%
„ ventriculi	8%
„ coli	8%
„ (ohne Angabe des Organs)	7%
„ mammae	—18%
„ „	— 8%
Lymphosarkom	1%
Sarcoma femoris, 1 Jahr nach Operation ohne Rezidiv	23%
Cancer hepatis	— 2%
„ „	— 3%
Lymphogranulom	7%
Cancroide, 3 Fälle	—3,0%, 9,6%, — 2,5%

die in 2 Gruppen (verschiedene Detektoren) zerfallen. Die eine Gruppe, die 33 Fälle umfaßt, mit Hefezellen als Detektor, ergibt in 100% Fehlen der Blutstrahlung, unter den 14 Versuchen mit Hefemazerationssaft als Detektor fehlte die Strahlung in 11 Fällen.

Tabelle 100. Induktionseffekt mit dem Blute Karzinomatöser (Detektor: Hemmung der Atmung der Hefe bzw. des Mazerationssaftes) (nach GESENIUS).

Organ	Atmungsänderung in %									
Magen	-0,8	-2,5	- 4	4	0,8	2,1				
	3,1	3,6	2,8	0						
Colon	2	-1,9	- 1,4	9,8						
Mamma	-3,6	-2,8	5	-24	-1					
Lungenhilus	0	2,5	- 1,8	0	0					
Rectum	1,8									
Ösophagus	3	-1,8	1	2	8	0	0	1	1	2
Larynx	-1,9	-2	-12							
Gaumen	0,	0	- 8							
Ovarium	-15									
Penis	-1	0								
Becken	1									
Tonsillen	-8									
Sarkom des Nasenrachenraumes	-2									

Der Schwund der sonst konstanten Blutstrahlung kei Karzinomatösen wird auch von PROTTI, leider ohne Mitteilung der Statistik, angegeben. SIEBERT untersuchte 35 Karzinom- und Sarkomfälle, von denen bei 30 Blutstrahlung fehlte. Die 5 Kranken, bei denen die Blutstrahlung erhalten blieb, wurden kurz zuvor mit Isaminblau und Röntgenlicht behandelt.

Der regelmäßige Schwund der Strahlung bei so heterogenen Zuständen, wie es Ermüdung gesunder Individuen einerseits, Hungerinanition, Bluterkrankungen und Karzinom andererseits ist, neben Persistenz der Strahlung bei einer Reihe schwerer, namentlich den allgemeinen Ernährungszustand mitnehmender Erkrankungen, besonders Tuberkulose, macht einen höchst unbefriedigenden, ja geradezu verwirrenden Eindruck. Es mußte jedenfalls gefolgert werden, daß in den Fällen erster Kategorie bestimmte Hemmungsfaktoren auftreten, die in keinem unmittelbaren Verhältnisse zur Schwere des Allgemeinzustandes des Organismus stehen und als

Angriffspunkte speziell bestimmte Etappen der strahlungserzeugenden Reaktionen wählen. Die Analyse dieser Faktoren ging am erfolgreichsten an der Hand der Erfahrungen über den Schwund der Strahlung bei Karzinom.

Da diese Erscheinung bei geimpften Mäusen zu den frühesten Erscheinungen des Gesamtbildes gehört, war es von vornherein klar, daß es wohl kaum angebracht wäre, die Erscheinung in Parallele zu dem Schwund der Strahlung im Hungerblute zu stellen. Es lag der Gedanke nahe, an eine Ausscheidung bestimmter Stoffe aus dem Implantat ins Blut zu denken, die gewisse, zur Blutstrahlung führende Prozesse hemmen dürften. Die Versuche beweisen, daß diese Vermutung das Richtige trifft. Sie zerfallen in 4 Gruppen:

1. Hemmende Wirkung des Krebsblutes.

Wird ein Tropfen hämolysierten Blutes einer gesunden Maus mit gleicher oder geringerer Menge eines solchen eines karzinomatösen Tieres gemischt, so verlaufen die Induktionsversuche mit dem Gemenge meist negativ.

Tabelle 101.

Normales Blut in %	Krebsblut in %	Beide zu gleichen Teilen in %
30	−1,2	0,7
60	−1	5
28	−3	−10
40	−9	−1
38	−3	2
38	−3	10
48	5	6

(Versuche der Herren Lapzinski und Martinoff.)

2. Hemmung der mitogenetischen Strahlung durch Injektion von zellfreiem Krebsextrakt.

Eine frisch herauspräparierte, zum größten Teile nekrotische Geschwulst der Maus wird unter Ringerzusatz steril in einem Porzellanmörser zerrieben und sofort zentrifugiert. Die abzentrifugierte, zellfreie, leicht opaleszierende Flüssigkeit wird Mäusen (auch Ratten!) injiziert (1—2 ccm). Innerhalb 24—72 Stunden darauf versagt die Blutstrahlung solcher Tiere vollständig.

Tabelle 102. Injektion von Krebsextrakt.

Versuchstier		Zeit der Blutentnahme (in Tagen nach Injektion) in % 2	4	9
Ratte		7	0,18	62
„	Zusatz von Glykose zum Blute	–2	–0,18	50
„			0,9	
Maus		0,9		
„		10		
„			12	
„	Glykosezusatz		55	
„	Hefezusatz		80	
„			8	
„	Glykosezusatz		32	
„	Hefezusatz		40	

3. Hemmung durch nichtspezifischer Autolysate.

Es zeigte sich ferner, daß auch nichtspezifische Autolysate bei Injektion die gleiche hemmende Wirkung wie zellfreie Karzinomextrakte haben.

Tabelle 103. Unterdrückung der Strahlung durch Injektion von Nierenautolysaten.

Tier	Tag nach Injektion	Blut in %	Blut + Glykose in %	Blut + Hefe in %	Reine Hefe in %
Maus	Vor Injektion	70	–	–	–
	1 Tag nach Injektion	– 3	–	70	9
„	Vor Injektion	75	–	–	–
	2 Tage nach Injektion	– 3	–	60	10
„	1 Tag nach Injektion	0	–	–	–
	2 Tage nach Injektion	3	– 7	–	–
	3 Tage nach Injektion	0	3	–	–
„	1 Tag nach Injektion	6	1	49	– 3

Der Beweis, daß der Schwund der Blutstrahlung bei Karzinom auf einem Hemmungsvorgange der normalen fermentativen Abläufe im Blute beruht, kann wohl als gesichert gelten. Ebensowenig dürfte wohl auch der Schluß beanstandet werden, daß es sich um Übertritt von Autolysaten ins Blut handelt, die den hemmenden Faktor des Karzinoms abgeben. Einen schönen weiteren Beweis in diesem Sinne liefern die neueren Erfahrungen von Salkind und Schabad an Teerkrebsen der Mäuse. Es handelt sich bei diesen wie bekannt, um Hautkrebse, die zur Verhornung neigen und keine eigentliche Kolliquationsnekrosen aufweisen. Es zeigte sich dementsprechend, daß bei diesen Krebsen die Blutstrahlung bis auf späte Stadien erhalten bleibt. Nur in den wenigen Fällen, wo Metastasen entstanden, kam es zum Schwunde der Blutstrahlung. Daß aber die Teergeschwülste wie echte bösartige Tumoren Eigenstrahlung besitzen, und daß dieselbe sowohl vom lebenden Tier als bei Zusatz von Glykose auch aus überlebenden Tumoren gewonnen werden kann, wird im Kapitel VIII ausgeführt.

Tabelle 104. Induktion mit dem Blute von Teermäusen vor und nach dem Auftreten von Metastasen (nach SALKIND und SCHABAD).

I. Vor	2. X.	20%	II. Vor	13. XI.	17%	III. Vor	7. X.	11%
Nach	28. X.	− 1%		21. XI.	28%	Nach	12. I.	− 7%
„	31. X.	− 5%	Nach	23. XII.	2%			

Von großem Interesse ist natürlich das Verhalten der Kankroide des Menschen, die auch ohne Verflüssigungsnekrosen einherzugehen pflegen. Die uns vorliegende, allerdings recht spärliche Statistik liefert bisher keine eindeutigen Befunde, da neben Fällen mit versagender Blutstrahlung auch einige mit Erhaltung derselben verzeichnet wurden.

Wir müssen nun den Versuch machen, etwas konkretere Vorstellungen über die Hemmungsvorgänge der Strahlung zu gewinnen. Daß die Glykolyse im Blute Karzinomatöser sehr träge vor sich geht, ist eine vielfach erhärtete Tatsache. Besonders eindrucksvoll sind in dieser Hinsicht die im großen Maßstabe durchgeführten Untersuchungen von REDING und SLOSSE.

Der Begriff der „Hemmung" der Fermentwirkung kann im Anschluß an MICHAELIS in verschiedener Weise gefaßt werden. Es kann sich erstens um eine solche der Produktion der Fermente im Blute handeln. Die Hemmung der Betätigung des Fermentes kann aber wiederum in verschiedener Weise zustandekommen. Der hemmende Stoff kann nämlich durch seine Affinität zum Ferment dessen Inbeziehungtreten zum normalen Substrat erschweren, aber auch dem Zerfall der zwischen dem Ferment und dem Substrat entstehenden lockeren Bindung entgegenarbeiten, indem er dieselbe festigt. Eine strenge Entscheidung zwischen diesen Eventualitäten läßt sich zur Zeit nicht fällen, zumal gewisse Unstimmigkeiten vorliegen, die sich namentlich auf das Verhalten nach Zusatz von Glykose beziehen.

Es zeigt sich nämlich, daß die Wiederherstellung der Blutstrahlung des karzinomatösen Blutes durch Zusatz von Glykose in vitro gelingt, entsprechende Versuche mit dem durch Injektion von Krebsextrakt von Autolysaten „gehemmten“ Blutstrahlung dagegen schwanken (vgl. Tab. 102 und 103 und nachstehende Tab. 105).

Tabelle 105. Wiederherstellung des Strahlungsvermögens des karzinomatösen Blutes nach Glykosezusatz.

Induktionseffekt ohne Glykose in %	Induktionseffekt nach Zusatz von Glykose in %	Induktionseffekt ohne Glykose in %	Induktionseffekt nach Zusatz von Glykose in %
2,4	38	−7,0	31
3,2	40	−5	25
0,5	25	1,5	28
−3,3	30		

Es muß daraus gefolgert werden, daß die Hemmung der Fermentwirkung im Krebsblut von einer anderen Art oder von einem schwächeren Grade als diejenige durch Injektion der Krebsextrakte oder Autolysate ist. Denn ersterenfalls handelt es sich nur um eine Abschwächung des glykolytischen Fermentes, die durch gesteigerte Konzentration des Substrates wieder wettgemacht werden kann. Letzterenfalls stehen wir aber offenbar vor einer völligen Hemmung. Besonders eindrucksvoll ist dabei die Wiederherstellung der Blutstrahlung durch Hefezusatz (Tab. 102 und 103), was zum Überfluß darauf hinweist, daß der Blutzucker auch in diesen Fällen frei verfügbar ist und der hemmende Faktor offenbar an das glykolytische Ferment des Blutes irgendwie gebunden ist und daher die Wirksamkeit der Zymase der Hefe nicht beeinträchtigt.

4. Hemmung durch Chinin.

Ein fruchtbarer Weg zur Analyse der Hemmungsvorgänge scheint die Beeinflussung der Blutstrahlung auf pharmakologischem Wege zu sein. Interessante Ermittelungen dieser Art liegen in den Versuchen von Frau Billig mit Einwirkung des Chinins vor.

Subkutane Gaben von Chinin (0,00005 g), die von der Maus ohne jede sichtbare Wirkung vertragen werden, reichen aus, um schon nach 15 Minuten die Blutstrahlung zum völligen Schwunde zu bringen.

Tabelle 106. Hemmung der Blutstrahlung durch Chiningaben (nach BILLIG).

Induktionseffekt vor der Injektion in %	Induktionseffekt nach der Injektion in %	Zeit der Blutentnahme nach der Injektion
31	8	2 Stunden
48	– 4	4 „
44	14	30 Minuten
51	6	30 „
58	–13	15 „
44	3	15 „
40	5	15 „

Die Hemmung der Strahlung persistiert auch bei Glykosezusatz und wird erst nach Verlauf mehrerer Tage überwunden, wobei eine Kumulation sich merkbar macht, d. h. die Erholung nach wiederholten Injektionen immer länger auf sich warten läßt. Ein ausführliches Protokoll ist in Tab. 107 mitgeteilt.

Tabelle 107. Induktionseffekte nach wiederholten Injektionen und Erholung (nach BILLIG).

Zeit der Blutentnahme	Induktionseffekt in %
Vor der Injektion	31
2 Stunden nach der 1. Injektion	8
24 „ „ „ 2. „	–4
2 „ „ „ 3. „	0
2 „ „ „ 5. „	3
Nach 2 Tagen Erholung	20
„ 5 „ „	33
1 Stunde nach der 6. Injektion	8
4 Stunden nach der 7. Injektion	–8
Nach 2 Tagen Erholung	–2
„ 5 „ „	5
„ 8 „ „	20
„ 10 „ „	53

In einem anderen Falle trat die Strahlung erst 17 Tage nach der letzten Injektion auf.

Der gleiche Hemmungseffekt läßt sich übrigens durch Zusatz des Chinins in vitro erzielen. Tab. 108.

Da die Hemmung auch nach Glykosezusatz persistiert, muß gefolgert werden, daß der eigentliche Angriffspunkt des Chinins das glykolytische Ferment selbst ist. Wir sahen, daß die gleiche Auffassung sich auch bei der Hemmung durch Einführung von Autolysaten aufdrängt.

Tabelle 108. Induktionseffekt nach Zusatz von Chinin (0,01%) zum Blut (nach BILLIG).

Induktionseffekt ohne Chinin in %	Induktionseffekt mit Chinin in %
32	−5
50	2
30	−2
27	11

Anhang. SIEBERT gelang es mitogenetische Strahlung des frischen Harnes gesunder und auch kranker Menschen nachzuweisen. Bei Karzinomkranken schwand gleichzeitig mit der Blut-, auch die Harnstrahlung. Über die chemische Grundlage der Strahlung werden vom Verfasser keine Vermutungen ausgesprochen.

VII. Tierische Gewebe als Strahlungsquellen.

Wir sahen bereits in der Einleitung, daß unsere Kenntnis der Strahlungsquellen gegenwärtig eine nur ganz fragmentarische ist und deren Liste daher im Ganzen inkohärent sein muß. Es wäre daher durchaus verfrüht, irgendwelche theoretische Betrachtungen an die Eigenart des einen oder anderen Strahlers schon jetzt anzuknüpfen. Sowohl bei weitgehend geprüften Wirbeltieren, als auch bei den wenigen bisher untersuchten Wirbellosen konnten bisher genauere Ergebnisse nur über die mitogenetische Strahlung des Blutes gewonnen werden, die demnach ein umfangreiches Kapitel für sich bildet. Die übrigen, bisher bekannt gewordenen Strahlungsquellen können nur rein aphoristisch, ohne jeden tieferen Zusammenhang, geschildert werden.

a) Mitogenetische Strahlung der Gewebe von Wirbellosen.

Es liegt hier nur eine einzige Untersuchung von POTOZKY, SALKIND und ZOGLINA vor. Es wurden geprüft die Breie aus Hoden, Hepatopankreas und Kiemen von Krabben (*Carcinus maenas* und *Pachygrapsus*). Die Resultate waren im ersten und letzten Falle durchaus negativ, das Hepatopankreas ergab dagegen einen deutlichen Induktionseffekt.

Diese Sonderstellung des Hepatopankreas findet nach der Ansicht der Autoren eine befriedigende Erklärung darin, daß in diesem Organ zweifelsohne intensive proteolytische Prozesse ablaufen: wir

Tabelle 109. Induktion mit Gewebebreien von Krabben (nach POTOZKY, SALKIND und ZOGLINA).

A. *Hodenbrei* Induktionseffekt in %	B. *Kiemenbrei* Induktionseffekt in %	C. *Hepatopankreas* Induktionseffekt in %
2,4	1	41
3,4	1	9
13	1,1	25
9	4	22
17		22
6		54
0		52
−3,7		55
−4,8		39
		41
		46
		67
		68

wissen aber bereits, daß gerade die Strahlung auf proteolytischer Grundlage durch ihre Persistenz auch unter ungünstigen Versuchsbedingungen (Gewebebreie) ausgezeichnet ist. Etwas näheres über die Lokalisation der Strahlung in den so verschiedenen Elementen des Hepatopankreas läßt sich natürlich auf Grund dieser Befunde nicht aussagen.

Abgesehen von diesen Geweben, wurde noch das Flimmerepithel der Kiemen der Teichmuschel zum Gegenstand einer ausführlichen Analyse gemacht (ZOGLINA), deren Ergebnisse im nächsten Abschnitt geschildert werden sollen.

b) Mitogenetische Strahlung der Gewebe der Wirbeltiere.

Die Zusammenstellung der bisher mit positivem Erfolge geprüften Gewebe und Organe ergibt ein buntes Bild.

Wenn wir zunächst von dem Blute, das ja, wie wir wissen, eine Sonderstellung in der bisherigen mitogenetischen Forschung einnimmt, absehen, so sehen wir bisher negative Befunde vorherrschen. Es wurden sowohl von uns wie von SIEBERT mit negativem Ergebnisse bisher geprüft: Lymphknoten, Hoden, Ovarium Haut, Leber.

Positive Erfolge ergaben dagegen: Muskeln (SIEBERT, FRANK), sowohl Skelettmuskulatur als auch Herz des Frosches (FRANK), Kornealepithel (L. GURWITSCH und ANIKIN), Knochenmark (SIEBERT), Nervenfasern (FRANK, GOLDENBERG, WASSILIEFF und

KALENDAROFF), Flimmerepithel (ZOGLINA), Darmepithel in situ (KANNEGIESSER), Milz (SEWERTZOWA).

Die negativen Befunde an verschiedenen Organen sind nur von geringem Werte, namentlich sofern sie an Gewebebreien oder sogar an Organen in situ, aber im überlebenden Zustande (z. B. nach Unterbrechung des Kreislaufes) gewonnen wurden. Es zeigt sich nämlich einerseits, daß offenbar nur die Strahlung auf oxydativer bzw. proteolytischer Grundlage auch in den zu Breien verriebenen Strahlungsquellen persistiert und andererseits, daß manche Strahler glykolytischer Art (Karzinom und Kornealepithel) schon unmittelbar nach Unterbrechung des Kreislaufes versagen.

Neuere Nachprüfungen an einigen Organen in situ, unter Erhaltung des normalen Kreislaufes ergaben daher viel günstigere Resultate: aufgeschnittene Dünndarmschlingen und Milz des Frosches zeigten sich in der Mehrzahl der Fälle (unter Erhaltung des Kreislaufes, ohne Blutaustritt) als gute Strahlungsquellen, ebenso wie auch ein aufgeschnittener Hoden der Maus. Die Leber von Maus und Frosch gab auch unter normalen Verhältnissen negative Resultate.

Tabelle 110. Induktionsversuche mit der Dünndarmschleimhaut des Sommerfrosches (unter Erhaltung des Blutkreislaufes), Fraktionierung des Reizes (nach KANNEGIESSER).

Expositionszeit (reine)	Effekt in %
1) 1 Min.	– 6
2 „	5
2) 20 Sek.	28 Mucosa stark hyperämisch, blutet leicht
1 Min.	28
3) 30 Sek.	1 Mucosa anämisch
1 Min.	22
4) 1 „	1 Mucosa anämisch
1,5 „	24
2 „	32
5) 30 Sek.	26 Mucosa hyperämisch
1 Min.	15
2 „	34

Tabelle 111. Induktionsversuche mit Milz.
Detektor: Bakterien (nach SEWERTZOWA).
(Induktion mit 3—5 Froschmilzen, herausgeschnitten.)

65,8 %	22,8 %
13,1 %	–0,9 %
28,3 %	–4,0 %

Tabelle 112. (Fortsetzung.)
Detektor: Hefe (nach KANNEGIESSER).
(Induktion mit der Milz in situ.)

Expositionsdauer	Effekt in %	Expositionsdauer	Effekt in %
1) 1 Min.	21	3) 1 Min.	24 erwachsener Frosch
2 „	21	1,5 „	4
2) 30 Sek.	–4 alter Frosch, große Milz	4) 20 Sek.	58 ganz junger Frosch
1 Min.	–6	30 „	28
1,5 „	3	45 „	25
2 „	0	2 Min.	20

Die Strahlung des Knochenmarkes wurde von SIEBERT in einer größeren Versuchsserie, die hier wiedergegeben werden soll, nachgewiesen.

Tabelle 113. Induktion mit Knochenmark (nur Induktionseffekt in Prozenten wiedergegeben) (nach SIEBERT).

27	58	36	65	33
18	38	75	54	30

Die auffällige Diskrepanz zwischen Knochenmark und Lymphsystem führt SIEBERT wohl mit Recht darauf zurück, daß das Knochenmark, d. h. die Granulozyten und ihre Vorstufen oxydasehaltig im Gegensatz zu lymphogenen Zellen sind. Er nimmt mit anderen Worten an, daß die Strahlung des Knochenmarkes oxydativer Abstammung ist.

Die ergiebigsten Resultate hat uns bisher das Kornealepithel geliefert, dessen Studium auch manche Fragen allgemeinerer Bedeutung in Fluß gebracht bzw. geklärt hatte.

Die ältere Untersuchung von L. GURWITSCH und ANIKIN brachte allerdings neben interessanten positiven auch manche verwirrende Resultate.

Es wurde nämlich aus verschiedenen technischen Gründen ausschließlich mit abgeschabtem, in physiologischer Lösung suspendiertem Epithel gearbeitet, wobei sich die paradoxe Tatsache ergab, daß das Epithel normal genährter Tiere versagte, dasjenige der Hungertiere dagegen strahlte und das Strahlungsvermögen in einem umgekehrten Verhältnisse zum Mitosenreichtum stand. Es konnte außerdem vom Froschepithel auch Sekundärstrahlung durch primäre Bestrahlung erreicht werden.

Tabelle 114. Induktionsversuche mit abgeschabtem Cornealepithel (nach L. GURWITSCH und ANIKIN).

Anzahl der Mitosen im Kontrollauge	Induktionseffekt in %	Art des Detektors
A. *Ratte.*		
1. Normal gehaltene Tiere.		
2581	1	Zwiebelwurzel
1783	1	„
2199	− 7	„
etwa 5000	− 5	Hefe
3200	+10	„
2500	+29	Zwiebelwurzel
2. Hungertiere.		
etwa 250	+12,5	„
182	+28,5	„
88	+26	„
etwa 1000	+90	Hefe
B. *Frosch.*		
1. 112	− 7	Zwiebelwurzel
2. 19	+30	„
3. Primär spektral bestrahlt	+30	„
4. Primär spektral bestrahlt	+22	„
4a. Das andere Auge, nicht bestrahlt	+ 5	„
5. Primär spektral bestrahlt	+31	„
5a. Das andere Auge, nicht bestrahlt	+ 0,8	„

Eine befriedigende Erklärung dieser an sich richtigen, aber falsch interpretierten Befunde konnte erst in der allerletzten Zeit gegeben werden.

Versuche mit dem lebenden Auge des Kaninchens ergaben nämlich, daß das normale Epithel in situ ein sehr kräftiger Strahler ist. Es zeigte sich ferner (unveröffentlichte Versuche ANIKINS), daß die Strahlung des Kornealepithels der Taube schon bei Entblutung des noch lebenswarmen Tieres schwindet und darin eine vollständige Übereinstimmung mit den Verhältnissen des Karzinoms herrscht, das von seiner intakten Oberfläche nur in situ strahlt. Es gelang auch den Grund des eigentümlichen und differenten Verhaltens des Epithels der normal genährten und der Hungertiere zu finden: es zeigte sich nämlich, daß die Strahlung der ersteren auf Glykolyse, diejenige der Hungertiere auf Proteolyse (Autolyse) beruht, und daß es eine ganz allgemeine Erscheinung ist, daß glykolytische Strahlung ohne künstlichen Zufluß von Glykose sofort nach Unterbrechung des normalen Kreislaufes erlischt (vgl. S. 67, Tab. 28 u. 29).

Die Persistenz der proteolytischen Strahlung in Breien ist dagegen eine auch an anderen Objekten mehrmals nachgewiesene Erscheinung.

Tabelle 115. Induktion mit dem Auge des Kaninchens.

Expositionsdauer	Effekt in %	Expositionsdauer	Effekt in %
(Ohne Fraktionierung)		(Mit Fraktionierung)	
30 Sek.	6	7,5 Sek.	3
1 Min.	50	15 „	31
		1 Min.	60

Die mitogenetische Strahlung des Kornealepithels ist, wie bereits im Vorangehenden betont wurde, von besonderem theoretischen Interesse, da diesem Gewebe die enge unmittelbare Beziehung zum Blute, das als allgemeine Strahlungsquelle gelten kann, fehlt und daher die Frage nach der Strahlungsquelle für die zahlreichen, hier nie fehlenden Mitosen akut wird.

Die kardinale Frage, die vorläufig leider nur gestellt, aber nicht in Angriff genommen werden kann, bezieht sich auf die nähere Abstammung der Strahlung des Epithels: sind alle Zellen desselben ganz allgemein (und ununterbrochen) Strahler, oder tritt die Strahlung während bestimmter Etappen des Lebensturnus, gewissermaßen als kurzes Aufleuchten auf? Oder, was noch wahrscheinlicher ist, handelt es sich nicht um Sekundärstrahlung, die von einem primär angeregten Bezirke, z. B. dem Limbus, fortgeleitet wird? Wir sind hier auf bloße Vermutungen angewiesen, die uns immerhin zu dem Gedanken verleiten, daß letztere Eventualität die bei weitem wahrscheinlichere ist. Es dürfte jedenfalls das mitogenetische „Aufleuchten" hier, wie wohl auch in anderen analogen Fällen, nur ein „prämitotisches" sein, d. h. die Zellen in einer bestimmten Etappe der Heranreifung zur Mitose mitogenetisch strahlen.

Die Gründe, die zugunsten dieser Annahme sprechen, ergeben sich aus folgenden Erwägungen und Experimenten. Das Kornealepithel ist selbstverständlich gleichzeitig sowohl Strahlungsquelle als Detektor. Es lassen sich demnach gewisse Versuchsbedingungen ersinnen, unter denen die Beziehungen zwischen beiden Vorgängen — der Ausstrahlung der Kornea und der Mitosenzahl an derselben, zu Tage treten. Wird das Auge von Sommerfröschen mit Hefeagarkulturen unter Benutzung der Drehscheibe angestrahlt und alle 2 Minuten frische Agarblöcke genommen, so erlischt sein Strahlungsvermögen schon nach 4 Minuten. Die Gesamtquantenzahl, von der die Kornea während dieser Exposition getroffen wird, dürfte sich höchstens auf 20000—30000 belaufen, also etwa 1 Quant auf 20 Zellen. Ohne auf die nähere Analyse der Wirkung der Bestrahlung schon jetzt einzugehen, können wir in diesem Umstande ein Argument zugunsten der Anschauung erblicken, daß als eigentliche Strahler nur bestimmte Zellkategorien und nicht alle Zellen der Kornea (im Froschauge annähernd 500000) in Betracht kommen können. Diese Schlußfolgerung ist um so berechtigter, als, wie wir noch des weiteren sehen werden, gleichzeitig mit dem Schwund der Strahlung aus der Kornea auch eine bedeutende Abnahme der Mitosenzahl in ihr eintritt. Tab. 116. Der Zusammenhang zwischen beiden Erscheinungen läßt sich allerdings zur Zeit noch nicht in endgültiger Weise ergründen. Folgendes Bild erscheint jedoch durchaus plausibel; durch Bestrahlung von außen wird eine bestimmte Gruppe von Zellen, die man als noch nicht „teilungsreif“ bezeichnen kann, zur vorzeitigen Zersetzung eines energie-(strahlungs-)liefernden Stoffes veranlaßt, der normalerweise den Arbeitsaufwand der Zellteilung mit *vorangehenden* mitogenetischen Aufleuchten bestritten hätte.

Tabelle 116. Induktion des Froschauges mit Hefeagarkulturen, die alle 2 Minuten erneuert werden (unter Anwendung der Drehscheibe).

Reihenfolge der Blöcke	I	II	III	IV	V	VI
	84,6 %	35 %	−4 %	−5,5 %	4 %	0

Mitosenanzahl in beiden Augen:	Induz.	Kontrolle
	121 (nach 1,5 Std.)	227 (nach 1,5 Std.)

Diese Vorstellung findet übrigens eine Reihe weitgehender Stützen auch noch in anderen Erfahrungen. Wir sahen bereits, daß während der Furchung der Seeigeleier das mitogenetische Aufleuchten dem jeweiligen Teilungsschritt vorangeht (Frank und Salkind). Es kommt noch die erst im theoretischen Teil näher begründete Erwägung hinzu, daß das Kornealepithel eine „grobdisperse“ Strahlungsquelle liefert, und schließlich auch die Unwahrscheinlichkeit, daß der allgemeine Stoffwechsel der Epithelzellen auf glykolytischer Grundlage ablaufe.

Alles in allem dürfen wir demnach in den bis jetzt vorliegenden, allerdings spärlichen Erfahrungen an verschiedenen, in Teilung begriffenen Geweben eine gewichtige Stütze zugunsten der Auffassung erblicken, daß jeder Teilung der Zelle im allgemeinen ihr mitogenetisches Aufleuchten vorangeht.

c) Muskeln als mitogenetische Strahlungsquellen.

Die mitogenetische Strahlung des Muskels wurde zuerst von W. W. Siebert geschildert und kurz darauf wurden auch die Versuchsergebnisse von Frank mitgeteilt. Siebert ging aus von gewissen Versuchen und Erwägungen über die fördernde Wirkung von Muskelbreien aus ermüdeten Muskeln (Belehradek) auf das Wachstum der Kaulquappen. Als Strahlungsquelle wurden von ihm dementsprechend ausschließlich Breie aus Ruhemuskeln und aus tetanisierten Muskeln benutzt.

Es ergab sich aus Sieberts Versuchen, daß Ruhemuskelbrei keine Induktionswirkung ausübt, wohl aber ein solcher, der aus einem vorher tetanisierten Muskel bereitet wurde. Als Mittel aus 25 Versuchen ergab ihm der Ruhemuskelbrei die Sprossungsintensität von 24%, der Arbeitsmuskelbrei eine solche von 33,4%, wobei in jedem einzelnen Versuch ein Übergewicht auf letzterer Seite vorlag. Daß es sich um oxydative Strahlung handelt, wurde von Siebert durch Zusatz von n/1000 KCN gezeigt: die Muskelstrahlung wird dadurch zum Schwund gebracht.

Tabelle 117. Induktion mit Muskelbreien (nach W. Siebert).

Kontrolle	Muskel ohne KCN	Muskel mit KCN	Kontrolle	Muskel ohne KCN	Muskel mit KCN
23	32	24	24	32	27
22	32	22	23	29	24
23	29	25	24	31	23
21	31	23	21	27	23
24	32	23	23	29	22

Sieberts Versuche wurden von Frank und Kreps aufgenommen. Anm. Nicht veröffentlicht. Die Verfasser, die mit wesentlich anderer Methodik arbeiteten, gelangen zu entgegengesetzten Resultaten: nur der Brei aus Ruhemuskeln ist ein wirklicher Strahler, die ermüdete Muskulatur versagt fast vollständig.

Es wird zunächst darauf aufmerksam gemacht, daß auch der von Siebert bereitete Brei aus „Ruhemuskeln“ seiner Bezeichnung nicht mehr entspricht, da schon die mechanische Zerkleinerung des Muskels bei Zimmertemperatur das Gewebe in maximale Erregung versetzt. Es wurden daher von FRANK und KREPS die intakten, sei es vorher bis zur Erschöpfung tetanisierten oder ruhenden Muskeln durch flüssige Luft vollständig in kürzester Zeit durchfroren und erst in diesem Zustande zu einem feinen Brei zerrieben, der noch vor und während des Auftauens zu Induktionszwecken Verwendung fand. Es wurden gleichzeitig in kurzen Zeitabständen p_H- bzw. Milchsäurebestimmungen an den Breien gemacht. Eine Übersicht über die erste Versuchsserie ist in der Tabelle enthalten.

Tabelle 118. Induktion mit gefrorenen Muskelbreien (nach FRANK und KREPS).
(Der arbeitende und der Ruhemuskel stets demselben Tier entnommen.)

	Expositionszeit in Minuten	Arbeitsmuskel in %	Ruhemuskel in %
1.	2	0	20
2.	10	2	34
3.	10	7	44
4.	10	11	31
		p_H von 5,96 → 5,82	p_H von 6,33 → 5,85

Verschiebung des p_H während des Induktionsversuches des Falles 4.

Wir sehen demnach, daß die Säuerung des Muskelbreies im Ruhemuskel viel intensiver als im ermüdeten Muskel verlief, was ja natürlich in dem Sinne gedeutet werden kann, daß dieser Vorgang (Glykolyse?) der strahlungsliefernde ist.

In einer anderen Versuchsserie wurden Ruhemuskeln vor der Gefrierung zur völligen Erholung eine Zeitlang im O-Strom gehalten und daraufhin der Muskelbrei eines jeden Versuches in drei Portionen verteilt: die eine in NaCl-Lösung, die zweite mit Zusatz

Tabelle 119. Induktion mit gefrorenen Muskelbreien aus Ruhemuskeln (nach FRANK und KREPS).

	In NaCl-Lösung in %	Mit NaF-Zusatz in %	Mit KCN-Zusatz in %
1.	48	—	39
2.	26	—	10
3.	34	—	16
4.	32	15	—
5.	53	7	—
		NaF + KCN	
6.	40	−8	−4
7.	46	5	12
8.	30	0	22
9.	20	3	—

von NaF allein oder mit KCN oder schließlich mit KCN allein versetzt. Es zeigte sich, daß das NaF die Strahlung absolut hemmt.

Da NaF die Glykolyse sehr bedeutend hemmt, ist aus den Versuchsergebnissen ein weiterer Beweis dafür zu schöpfen, daß die Strahlung aus Muskelbreien tatsächlich im wesentlichen auf Glykolyse beruht. Da auch KCN die Strahlungsintensität jedenfalls herabsetzt, so bleibt die Bedeutung der gleichzeitig einherlaufenden oxydativen Vorgänge jedenfalls zu erwägen.

Sowohl die Versuche von SIEBERT als diejenigen von KREPS und FRANK liefern indessen nur an sich interessante Modelle oxydativer und glykolytischer Quellen mitogenetischer Strahlung. Etwas Positives über effektive Strahlung aus dem lebenden Muskel läßt sich aus ihnen in bindender Weise nicht ableiten.

Um so bedeutungsvoller sind dagegen die Untersuchungen von FRANK am lebenden (zum Teil sogar in situ belassenen durchbluteten) Froschmuskel, die durch neuere, noch nicht veröffentlichte Versuche desselben Autors ergänzt wurden.

Es zeigte sich, daß nicht nur der arbeitende, sondern auch der ruhende Muskel mitogenetisch strahlt, wobei allerdings der Nachweis der Strahlung aus letzterem nur durch den Kunstgriff der fraktionierten Reizgabe gelingt. Nimmt man dagegen den arbeitenden Muskel, so ist entweder eine natürliche Fraktionierung (im Falle des Tetanus) oder eine experimentelle (bei Einzelzuckungen) gegeben. Die Ergebnisse sind zum Teil in der Tabelle 120 zusammengestellt.

Mittels einer ziemlich komplizierten Versuchsanordnung konnte ferner von FRANK (gemeinsam mit POPOFF) gezeigt werden, daß die Strahlung aus dem Muskel bei Einzelzuckungen nur während der Latenzperiode und möglicherweise des allerersten Beginns der Verkürzung nachweisbar ist.

Die Versuchsanordnung bestand im wesentlichen darin, daß der Muskel von dem Hefedetektor durch eine rotierende Scheibe getrennt war und die Bestrahlung nur während des Vorbeilaufens eines willkürlich regulierbaren Sektorialspaltes erfolgen konnte. Durch entsprechend an den Scheibenrand angebrachte, verschiebbare Kontakte konnte der elektrische Reiz in jeder erwünschten zeitlichen Kombination mit dem Vorbeilaufen des Spaltes gegeben werden. Es wurde schließlich automatisch (graphisch) neben der Zeitmessung (in $^1/_{100}$ Sekunden) die Zuckungskurve, der elektrische Reiz und Beginn und Schluß der Exposition registriert.

Tabelle 120. Strahlung des Muskels (nach FRANK).

Art des Reizes	Dauer	Induktionseffekt in %
Froschsartorius		
Tetanus	10 Min.	52
"	10 "	44
"	3 "	38
"	6 "	40
sehr ermüdet	6 "	45
frisch	20 Sek.	39
sehr ermüdet	10 "	34
Sartorius, Ruhe	15 Min.	5
" "	30 "	-3
" "	40 "	-1,6
Einzelzuckungen, alle 0,5—2 Sek.		
Gesamtdauer	10 "	42
"	2 "	18,6
"	3 "	47
Isoliertes Froschherz		
entblutet, schlagend	20 "	40
" "	20 "	59,4
" "	20 "	61
Tetanusmuskel in situ (durchblutet)	3 "	40
Ruhemuskel in situ	30 "	1
Einzelzuckungen in situ alle 2 Sek.	6 "	38,6
Ruhemuskel (in situ) — fraktionierte Reizgaben — (Spektralaufnahmen)	"	38
	1 "	40,9
	"	32,2

Die in Abb. 32 abgebildeten Protokolle sind in der Tabelle 121 zusammengestellt.

Tabelle 121. Induktion mit Muskeln bei Einzelzuckungen (nach FRANK und POPOFF).

Zeitverhältnis zwischen Reizmoment und Beginn der Exposition. Vorzeichen — bedeutet Voraneilen der Exposition, + Voraneilen des Reizes	Dauer der Einzelexposition in σ	Zahl der Zuckungen	Effekt in %
A + 22 σ	55	270	- 2,7
A_1 - 5 σ	20	270	60
- 5 σ	20	270	44
+ 22 σ	55	270	2,5
+ 12 σ	55	180	1,3
B - 10 σ	20	180	30
B_1 + 12 σ	55	200	- 1,2
- 5 σ	18	200	32
	Muskel in situ		
- 5 σ	13	300	38,6
+ 12 σ	55	300	- 3,3

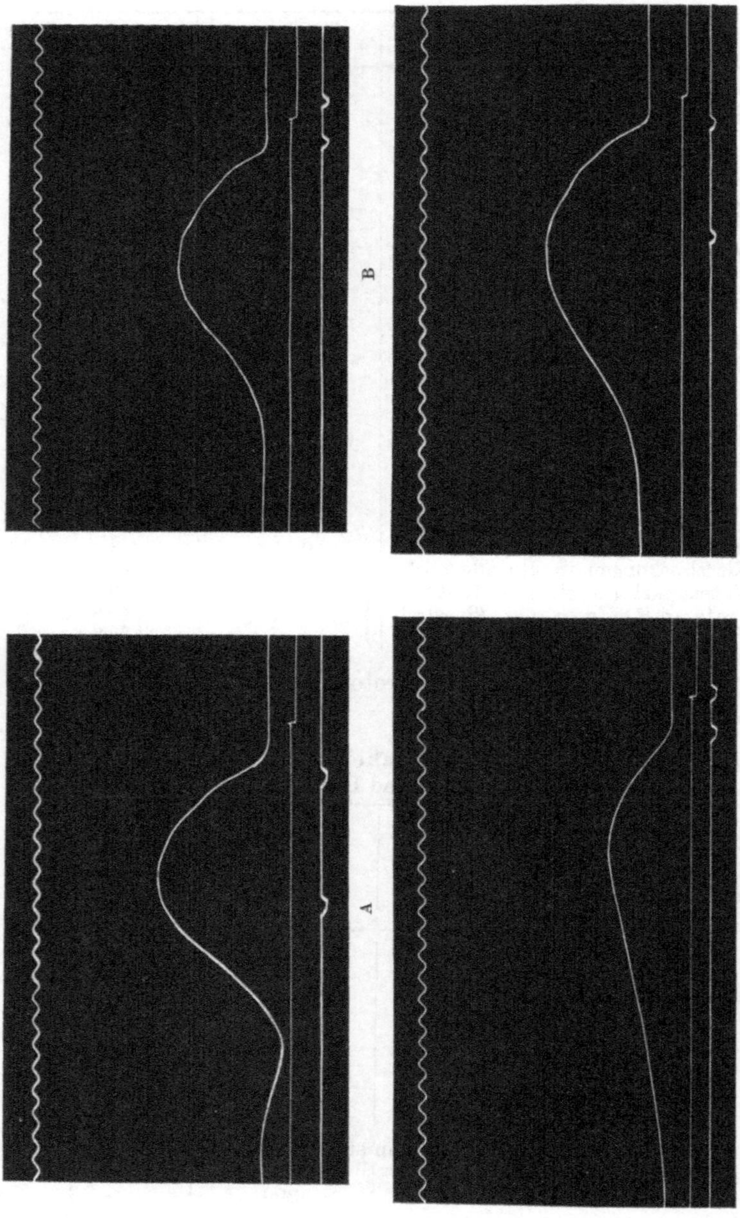

Abb. 32. Graphische Registration der in der Tab. 121 mit A, A_1 und B, B_1 bezeichneten Versuche. Von rechts nach links zu lesen. Von oben nach unten: Zeit (in 0,01″), Myogramm, Reizzacke, Öffnung und Schließung des Sektorialspaltes (nach FRANK und POPOFF).

Die Kurven und die ihnen entsprechenden Zahlen ergeben demnach folgendes. Nur in denjenigen Fällen, wo die Exposition innerhalb der Latenzperiode des Reizes fällt (leichtes Voraneilen des letzteren) ergibt dieselbe einen Induktionseffekt. Eine wenn auch viel längere Exposition während des aufsteigenden Schenkels (unter Ausschluß des Latenzstadiums) bleibt dagegen ohne Wirkung.

Die Bedeutung dieser Befunde für die Analyse der Energetik der Muskelkontraktion kann von enormer Bedeutung werden. Die Verfasser heben mit Recht hervor, daß „die Tatsache, daß die Strahlung nur mit der Latenzperiode oder vielleicht mit dem ersten Anfang des mechanischen Prozesses verbunden ist, kann nur in dem Sinne interpretiert werden, daß als Quelle der Strahlung jene exothermischen Reaktionen erscheinen, die zugleich Quellen der mechanischen Energie des Muskels sind, d. h. der Kontraktion zugrunde liegen".

Der Chemismus dieser Spaltung, der noch immer im Brennpunkte des Interesses steht, obwohl die Waage sich immer mehr zugunsten der Anschauungen von EMBDEN wendet, kann aber eine ganz ungeahnte Klärung durch die Spektralanalyse der Muskelstrahlung erfahren. Die eine kapitale Tatsache scheint schon jetzt gesichert: das von FRANK gewonnene Muskelspektrum ist ganz eigenartig: Die grobe Zergliederung der Muskelstrahlung, die von FRANK in seinen ursprünglichen (Abb. 12) und auch neueren (Abb. 33) Versuchen durchgeführt wurde, ergibt mit Sicherheit die Anwesenheit von Wellenlängen, die ganz außerhalb des glykolytischen und auch des oxydativen Gebietes liegen und an Intensität jedenfalls bei weitem vorherrschen. Der kurzwelligste, glykolytische Bereich erscheint hier vollständig leer. Die neuesten, noch nicht völlig abgeschlossenen viel detaillierteren Aufnahmen (Zergliederung des ganzen Gebietes in Einzelstreifen à 10 μ) lieferten indessen auch die glykolytischen Komponenten des Spektrums, allerdings bei einer Expositionsdauer, die etwa ums vierfache diejenige der übrigen Bezirke übertraf, was jedenfalls darauf hinweist, daß es sich um relativ sehr geringe Intensitäten handelt. Was das mittlere, in FRANKS ursprünglichen Annahmen vorherrschende Gebiet betrifft, welches weder mit dem glykolytischen, noch mit dem oxydativen Bereich zusammenfällt, so ergab die „monochromatische" Prüfung eine ziemlich weitgehende Übereinstimmung mit dem von KALENDAROFF gewonnenen Nervenspektrum (Abb. 37). Die Interpretation dieser Streifen ist zur Zeit noch problematisch, es erscheint jedoch aus verschiedenen Erwägungen sehr plausibel, daß es sich um Spaltungen stickstoffhaltiger Verbindungen handelt. Die Prüfung dieser Verhältnisse ist gegenwärtig im Gange. Es fällt mit dem Vorangehenden die

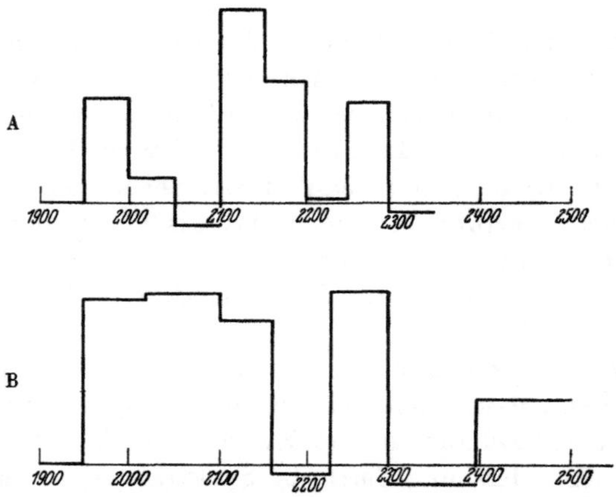

Abb. 33. Spektralzerlegung der Muskelstrahlung. A Ruhender Muskel (in situ). B Muskel in Tetanus (nach FRANK).

zur Zeit der Abfassung der Arbeit von FRANK noch nicht unwahrscheinliche Annahme, daß die Kontraktion auf Kosten der Glykolyse erfolgt[1].

[1] Diese Frage wurde aber übrigens schon von FRANK mit großer Reserve diskutiert: „Da es sich wahrscheinlich nur um Zerfall des Glykogens bis zur Milchsäure handeln kann, so entsteht ein gewisser Zirkel in der Beweisführung, da wir den Muskel auf Grund der feststehenden Tatsache der Glykolyse als energetische Quelle auf sein mitogenetisches Vermögen prüfen und andererseits in der zeitlichen Lokalisation der Strahlung in der Latenzperiode einen neuen Beweis dafür erblicken, daß die Glykolyse eben in diesen Zeitpunkt fällt.

Wir sagen ausdrücklich ‚wahrscheinlich', weil die Arbeiten von EMBDEN und seiner Schule die Frage nach dem Umsatz der Kohlenhydrate bei der Muskelarbeit etwas komplizieren. Wir machen absolut keinen Anspruch darauf, diese höchst komplizierte Frage durch unsere Befunde zu lösen, es scheint uns aber, daß die von uns festgestellten Tatsachen sich sehr gut in das energetische Schema von HILL und MEYERHOF einordnen lassen und nur schwer mit den Angaben von EMBDEN in Einklang zu bringen sind."

Es bleiben noch manche Schwierigkeiten, und zwar von prinzipieller Bedeutung. Es muß vor allem geklärt werden, warum die glykolytischen Komponenten des Spektrums (sowohl des arbeitenden als des ruhenden Muskels) so schwach sind, da doch bei einem lange währenden Tetanus eine bedeutende Milchsäureproduktion außer jedem Zweifel steht? Und im Zusammenhange damit die zweite Frage: warum blieb in FRANKs und POPOFFs Versuchen mit der Prüfung der Einzelzuckungen jeder Effekt während der eigentlichen Kontraktion aus, da doch auch der ruhende Muskel strahlt und die Umsätze während der Verkürzung jedenfalls an Intensität denjenigen des Ruhemuskels nicht nachstehen und, soweit aus den immerhin unvollkommenen Spektren geschlossen werden kann, sogar auf analogen chemischen Umsätzen beruhen?

Die Antwort auf die zweite Frage ist wohl in der Versuchsanordnung gegeben. Es handelt sich um Reizmengen und um Darreichungsweisen, die sich jetzt als völlig inadäquat erweisen, da, wie wir sehen, zur Erzielung der glykolytischen Komponente der Muskelstrahlung eine Exposition von mehreren (etwa 10—12) Minuten und eine sehr weitgehende Fraktionierung (etwa 20000 Perioden pro Minute) notwendig sind. Warum die glykolytische Komponente der Muskelstrahlung so schwach ist, bleibt allerdings zur Zeit noch ungeklärt.

Das mitogenetische Verhalten des Froschherzens weicht in mancher Hinsicht von demjenigen des Skelettmuskels deutlich ab. Wir sahen bereits aus der Tabelle von FRANK, daß der Skelettmuskel innerhalb sehr weiter Zeitgrenzen eine sich auf dem gleichen Niveau haltende Wirkung ausübt und ein Umschlag des positiven Induktionseffektes in sogenannte Depression (vgl. Kap. IX) bisher in keinem einzigen Falle beobachtet wurde.

Das Verhalten des Herzens bietet ein exquisites Gegenstück dazu: es läßt sich nur sehr unsicher die Expositionsdauer feststellen, die einen positiven Induktionseffekt garantiert, denn fast ebenso häufig ist eine depressive Wirkung des Herzens feststellbar. So lassen sich unter den zahlreichen Versuchsprotokollen, mit Hefe und Bakterien als Detektoren, Fälle verzeichnen, wo Pluseffekte ganz unvermittelt in Minuseffekte übergingen. Da der Pulsationsrhythmus des Froschherzens individuell hochgradig verschieden ist, empfiehlt es sich eigentlich, nicht die globale Expositionszeit, sondern die Anzahl der Schläge zu registrieren. Es ergibt sich dabei, daß unter Umständen 40 Schläge eines Exemplars einen deutlichen Pluseffekt, 60 Schläge eines anderen einen ebenso ausgesprochenen Minuseffekt liefern.

d) Die mitogenetische Strahlung der Flimmerzellen.

Nach dem erfolgreichen Ergebnisse der Prüfung des mitogenetischen Verhaltens des tätigen Muskels war es naheliegend, auch die Flimmerbewegung auf das mitogenetische Phänomen zu prüfen, um so mehr, als in der Literatur vermutungsweise auch für diese Bewegungsart das Glykogen als die energetische Quelle angesprochen wurde.

Eine ausgedehnte Untersuchung dieses Problems, die wir ZOGLINA verdanken, klärte hier in wesentlichen Zügen die Sachlage.

Die zwei darauf geprüften Flimmerzellenarten — das Ösophagusepithel des Frosches und das Kiemenepithel der Teichmuschel — erwiesen sich in der Tat als kräftige Strahler, ersteres allerdings in nicht ganz konstanter Weise (was wohl möglicherweise mit der großen und individuell variierenden Zahl der eingestreuten Schleimzellen zusammenhängt).

Für das Kiemenepithel der Teichmuschel liegt der Zeitschwellenwert bei etwa 50 Sek.

Tabelle 122. Induktion mit Kiemenepithel der Teichmuschel (nach ZOGLINA).

Senkrecht zur Richtung des Wimperschlages	Parallel zur Richtung des Wimperschlages
Expositionszeit: 50 Sekunden.	Effekt in %
13	6
43	22
26	16
12	25
10	7
Expositionszeit: 45 Sekunden.	Effekt in %
−7	−3
−2,5	10
−9	13
5	

und kann, wie bei allen Strahlungsquellen, durch passende Fraktionierung auf einen Wert von etwa 10 Sek. heruntergebracht werden.

Auch die beiden untersuchten Infusorien — *Opalina* und *Paramaecium* — erwiesen sich als Strahler, jedoch nur unter speziellen, weiter unten zu besprechenden Verhältnissen.

Der Schwerpunkt des Problems liegt naturgemäß in dem Zusammenhange des Strahlungsvermögens mit der Flimmerbewegung, und eine nähere Analyse dieses Zusammenhanges dürfte natürlich dem Gedankengange bei der Prüfung der Muskelstrahlung nahekommen. Die Schwierigkeit der Prüfung ist indessen hier viel bedeutender als im Muskel, vor allem, weil die Beherrschung der Bewegung nicht in den Händen des Experimentators liegt.

Es war natürlich naheliegend, die Flimmerbewegung durch einen der bekannten physikalischen Faktoren zu beeinflussen, um die Rückwirkung auf die mitogenetische Strahlung zu erproben. Die Berieselung mit kaltem Wasser setzte in der Tat letztere innerhalb kurzer Zeit auf Null herunter. Derartige Ergebnisse können indessen keinesfalls als eindeutige gelten, da ja auch die mannigfaltigsten Prozesse des Metabolismus durch Abkühlung gehemmt werden dürften.

Tabelle 123. Induktion mit dem Kiemenepithel der Teichmuschel, das abwechselnd mit warmem (28°) und kaltem (3°) Wasser berieselt wird (nach ZOGLINA).

Temperatur	28°		3°		28°
Zeitpunkt nach Beginn der Berieselung (in Minuten)	10	5	25	10	20
Effekt in %	40	23	−0,4	0,2	19

Der Zusammenhang zwischen den Perioden der Flimmerbewegung und der Ausstrahlung kann erst auf mittelbarem Wege erschlossen werden, was in sehr überzeugender Weise in der Untersuchung von ZOGLINA geschehen ist.

Es wurde dabei von folgenden Erwägungen ausgegangen:

Die Strahlung kann (vorausgesetzt natürlich, daß sie mit der Flimmerbewegung überhaupt zusammenhängt) entweder mit dem eigentlichen Akt der mechanischen Arbeit, d. h. des Schlages der Zilien, oder mit dem vorausgegangenen Erregungszustande, der sich langsam fortpflanzt, verbunden sein.

Optieren wir für erstere Eventualität, so wäre es natürlich sehr gekünstelt, eine einzelne zeitlich scharf umschriebene Etappe des Schlages als die eigentlich „strahlende" den übrigen entgegenzustellen. Man hätte viel eher z. B. die ganze aktive Hälfte dafür in Beschlag zu nehmen. Da wir in jedem Zeitquerschnitt innerhalb einer ausgedehnten flimmernden Oberfläche alle Abstufungen des

Schlages vorfinden, müßte unter diesen Voraussetzungen die resultierende Strahlung annähernd konstant, jedenfalls nicht deutlich intermittierend oder gar streng periodisch sein.

Sollte dagegen die Strahlung an den Augenblick der eigentlichen Erregung der Flimmerzelle geknüpft sein, so sind ganz andere Möglichkeiten denkbar. Über die zeitlichen Verhältnisse des Erregungszustandes der Flimmerzelle sind wir gegenwärtig in voller Unkenntnis. Es kann indessen von zwei feststehenden Tatsachen ausgegangen werden: 1. daß der Erregungszustand eine Zelle als Ganzes in Beschlag nimmt (da sämtliche Zilien einer Zelle synchron schlagen) und 2. daß die Fortpflanzungsgeschwindigkeit des Erregungszustandes (der Erregungswelle) gering ist und die Zurücklegung einer Strecke etwa von der Größe des Durchmessers der Zellbasis zum mindesten einen bedeutenden Bruchteil einer Sekunde in Anspruch nimmt.

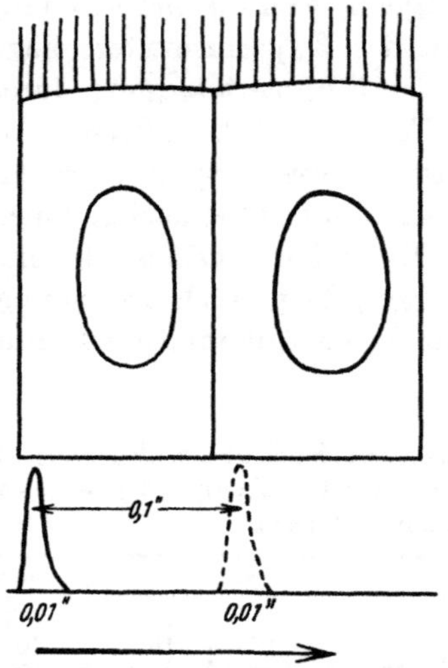

Abb. 34. Schema der angenommenen Fortpflanzung des Erregungszustandes längs der Zellreihe. Die Wegstrecke von einem Zelldurchmesser soll in 0,1″ zurückgelegt werden, die Dauer des Erregungszustandes der Zelle aber nur 0,01″ betragen.

Es wurde nun auf Grund dieser Überlegungen von Zoglina die Annahme gemacht, daß die Dauer des latenten Reizzustandes der Flimmerzelle, nach Analogie mit derjenigen einer Muskelfaser, von der Größenordnung von einigen σ, d. h. gering im Vergleich zur Fortpflanzungszeit der Erregungswelle längs einer Zellbasis ist (Abb. 34). Denken wir uns jetzt einen Streifen des Flimmerepithels parallel zur Fortpflanzungsrichtung der Erregungswelle herausgeschnitten. Es seien innerhalb desselben die nte, 2 nte, 3 nte usw. Zelle im gegebenen Zeitpunkte im Zustande des latenten Erregungszustandes getroffen[1]. Der Zeitpunkt des entsprechenden Erregungszustandes der $(n + 1)$ten, der $(2n + 1)$ten, $(3n + 1)$ten . . . Zelle würde dann erst nach einer gewissen „Ruheperiode" des

[1] Was aus der Überlagerung der einzelnen aufeinanderfolgenden Wellen (etwa 10—12 pro Sek.) folgt.

ganzen Komplexes eintreten, da laut Voraussetzung die Fortpflanzung einer Welle von der nten auf die n + 1te Zelle eine im Vergleich zur Erregungsdauer nicht unbeträchtliche Zeitspanne (z. B. 0,1 Sek. gegen 0,01 Sek.) in Beschlag nimmt. Die Ausstrahlung aus einem derartigen Streifen hätte demnach, sofern in der Querrichtung voller Synchronismus herrscht, einen intermittierenden Charakter.

Es handelt sich demnach auf Grund dieser Überlegungen darum, den Nachweis des intermittierenden Charakters der Strahlung des Flimmerepithels zu erbringen. Eine Reihe von Befunden bringt sehr wertvolle Indizien in diesem Sinne.

Wir müssen zu ihrem Verständnisse auf ein Prinzip vorgreifen, welches für die mitogenetische Induktion von enormer Bedeutung ist — die Fraktionierung der Reizgaben (vgl. Kap. X). Wird zwischen konstanter Strahlungsquelle und Detektor eine schnell rotierende Scheibe mit Sektorialausschnitten eingeschaltet bzw. der Reiz in sehr kleinen Schlägen (von der Größenordnung von 0,002″ und darunter) und sehr großer Frequenz (von 0,01″ und darunter) verabreicht, so läßt sich der Zeitschwellenwert auf etwa $^1/_{30}$—$^1/_{50}$ des ursprünglichen herunterbringen. Diese günstige Beeinflussung der Rezeptivität des Detektors ist bis zu einem gewissen Grade eine Funktion der Frequenz der Intermittenz. Nimmt man nur etwa 20 Perioden pro Sekunde, so sinkt der Zeitschwellenwert auf etwa nur $^1/_5$ des ursprünglichen. Versucht man jetzt diese Erfahrungen auf das Flimmerepithel anzuwenden, so lassen sich folgende Tatsachen zu Nutze machen.

Die Frequenz des Wimperschlages schwankt etwa zwischen 10 bis 15 pro Sekunde. Es kann sich demnach bei etwaiger intermittierender Strahlung aus dem Flimmerepithel um höchstens diese Frequenz handeln, die demnach nicht optimal ist. Wird dieser natürlichen Intermittenz noch eine experimentelle Fraktionierung von einer viel häufigeren Periode überlagert, so steht zu erwarten, daß der Zeitschwellenwert wohl abnimmt, aber nicht in dem Maße, wie es beim Übergange von einer konstanten Ausstrahlung zur maximalen Frequenz der Fall zu sein pflegt. Diese Voraussetzung hat sich bestätigt. Der Zeitschwellenwert des Flimmerepithels liegt nämlich unter natürlichen Verhältnissen bei 50″ und kann durch maximale Fraktionierung (je $^1/_{1500}$″ alle $^1/_{300}$″) nur auf 10—12″ heruntergebracht werden.

Es zeigt sich jedoch bei diesen Versuchen eine Eigentümlichkeit, deren Analyse uns dem Verständnisse der sich hier abspielenden Vorgänge am nächsten bringt.

Das Flimmerepithel der Kiemen ist, wie bekannt, auf einige Längsreihen von sog. Eckzellen, die dem Kiemenspalt entlang verlaufen, beschränkt. Die Erregungswelle pflanzt sich sowohl in der Richtung des Wimperschlages (parallel zur Kiemenspalte) als auch in der Querrichtung fort. Ob in allen (bzw. in benachbarten) Längsreihen ein strenger Synchronismus ihrer Perioden herrscht, läßt

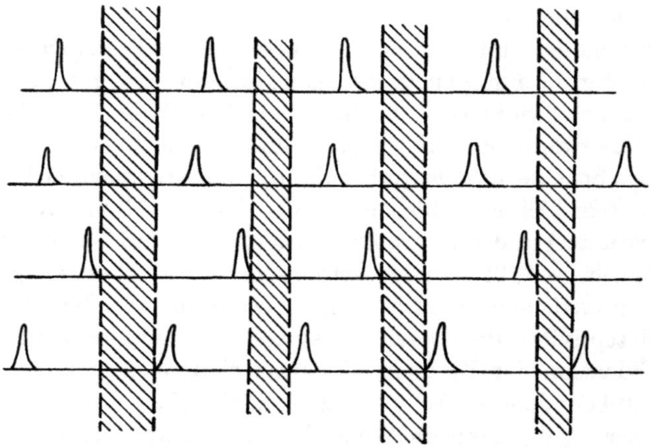

Abb. 35. Angenommenes Verhalten des Gesamterregungsregimes innerhalb eines Streifens von 4 Zellenreihen, bei denen ein relativ laxer Synchronismus vorausgesetzt wird. Gestrichelt — die Perioden vollständiger Ruhe.

sich ohne spezielle kinematographische Aufnahmen nicht sagen; es hat jedoch den Anschein, als ob, wenn ein gewisser Synchronismus auch besteht, er jedenfalls ein relativ laxer ist. Abb. 35.

Schneiden wir nun ein großes quadratisches Stück von etwa 2 cm Kantenlänge aus der Kieme heraus, und setzen es durch einen langen und schmalen Vorsatzspalt von 2 mm Breite und über 2 cm Länge der Hefe vor, so müßte man etwas verschiedene Verhältnisse erwarten, je nachdem man den Spalt quer oder längs zur Richtung der Kiemenspalte orientiert (Abb. 36). Wir hätten ja letzterenfalls eine relativ beschränkte Anzahl von Einzelreihen von Zellstreifen, dafür aber jeden auf eine sehr lange Strecke getroffen, ersterenfalls dagegen kurze Bruchstücke einer großen Anzahl von solchen.

Es wurde bereits im Vorangehenden als Grundhypothese hingestellt, daß eine Längsreihe, an sich betrachtet, eine Strahlung von ziemlich scharf ausgesprochener Intermittenz besitzen dürfte, die aber durch diejenige benachbarter Streifen, sofern der Synchronismus kein ideeller ist, bis zu einem gewissen Maße verwischt werden kann. Es erscheint natürlich unter diesen Umständen plausibel, daß die Intermittenz wenigstens in Spuren, viel eher bei der Orientierung des Vorsatzspaltes parallel zur Richtung der Zellreihen als quer zu ihnen erhalten bleiben wird. Es wäre daher schon bei einer experimentell nicht beeinflußten Reizgabe nicht unwahrscheinlich, daß die Zeitschwellenwerte bei der einen oder anderen Orientierungsart um etwas differieren, was bisher nicht sichergestellt werden konnte, obwohl Andeutungen in diesem Sinne vorliegen.

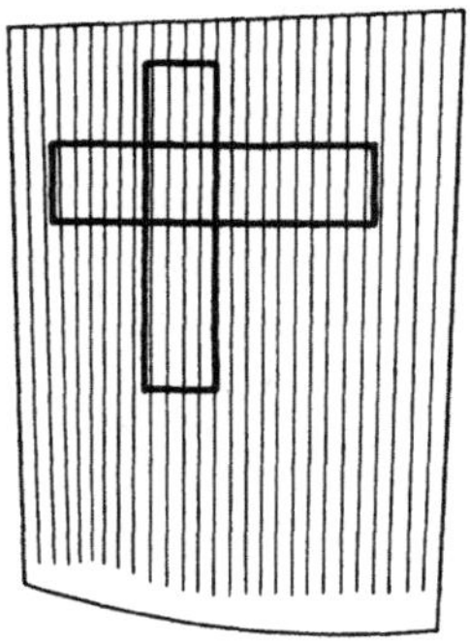

Abb. 36. Vgl. Text. (Nach ZOGLINA.)

Die Unterschiede treten indessen mit aller Schärfe bei der bereits erwähnten maximalen Fraktionierung mittels Drehscheibe hervor. Der Schwellenwert liegt hier für die Querrichtung bei etwa 9″, bei der Längsrichtung bei mindestens 13″ (zwischen 13″ und 18″).

Tabelle 124. Induktion mit einem quadratischen Stück der Teichmuschelkieme (unter Fraktionierung) durch einen langen Vorsatzspalt (nach ZOGLINA).

Querrichtung		Längsrichtung		
10 Sekunden in %	8 Sekunden in %	10 Sekunden in %	12 Sekunden in %	18 Sekunden in %
Reine Expositionszeit				
32	6	7	8	30
21	1,5	12	−3	42
41	1,4	−12	6	44
47	5	−19	8	18
57	−8	4	0	62
44	−4	−6	2	66
20		22		
17		−22		
		8		
		−1,5		
Mittel 36%	1,4%	Mittel 0,8%	3,5%	43%

Dieses Ergebnis, d. h. die Begünstigung der Querrichtung, erscheint auf den ersten Blick paradox, ist es aber keinesfalls. Die unbeeinflußte Ausstrahlung aus dem quer geschnittenen Streifen besitzt laut Grundannahme eine relativ schwache Periodizität ohne eigentliche Nullwerte bzw. ohne reine Pausen. Die experimentelle Fraktionierung kann unter diesen Umständen *nur* fördernd, wenn auch im Vergleich zur Fraktionierung einer streng konstanten Ausgangsquelle etwas geschwächt (s. oben) eingreifen. Anders in dem längs geschnittenen Streifen. Es besteht hier laut Voraussetzung eine relativ scharf ausgesprochene Periodizität von zirka $^1/_{15}''$ mit sehr kurzdauernden Einzelschlägen und relativ langen, völlig freien Intervallen. Wird dieser Periodizität eine solche von $^1/_{300}''$ mit Einzelschlägen von $^1/_{1500}''$ überlagert, so wird überhaupt keine regelmäßige Intermittenz resultieren können, eine Anzahl Perioden dürften leer ausfallen und verschiedene natürliche Schläge abgeschirmt werden. Die Effektivität der experimentellen Fragmentierung muß unter diesen Umständen naturgemäß relativ gering sein.

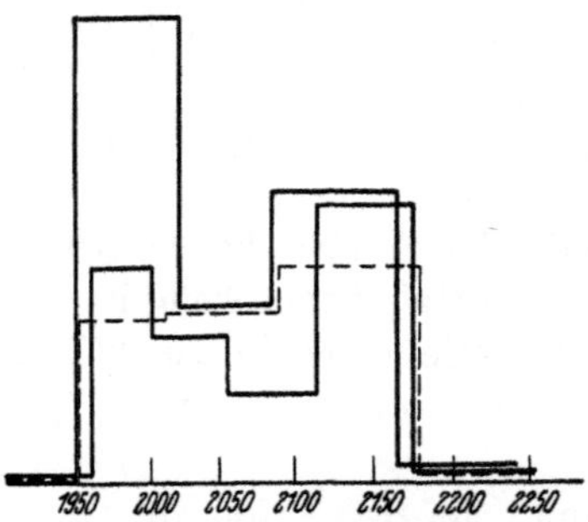

Abb. 37. 3 Spektren der Flimmerbewegung (nach ZOGLINA).

Die hier etwas ausführlicher mitgeteilten Überlegungen und Deutungen der experimentellen Befunde erheben unseres Erachtens die Verknüpfung der Strahlung der Flimmerzellen mit dem latenten Erregungszustande der Flimmerzelle zu einem hohen Wahrscheinlichkeitsgrade, allerdings ohne eine apodiktische Beweiskraft zu beanspruchen.

Hat sich demnach die Analogie mit der Muskelstrahlung in einem grundlegenden Punkte bewährt, so dürfte um so interessanter die Ermittelung der Energetik der strahlengebenden Erregung werden. Der Anschluß an den Muskel erscheint auf Grund des bisher Ermittelten um so inniger. Es zeigt sich nämlich, daß das Spektrum der Strahlung der Flimmerzellen mit demjenigen der Muskelstrahlung, soweit die immerhin rohe Zerlegung reicht, völlig übereinstimmt und daß es sich jedenfalls weder um ein glykolytisches noch um ein Oxydationsspektrum handeln kann.

Eine chemische Identifizierung des Flimmerspektrums ist indessen bisher ebensowenig wie diejenige des Muskelspektrums gelungen.

e) Mitogenetische Strahlung des Nervensystems.

Die grundlegende Tatsache, daß die mitogenetische Strahlung nur aus der erregten, nicht aber aus der ruhenden Nervenfaser nachgewiesen werden kann, bildet die Grundlage für weitere Ermittelungen, die möglicherweise von gleicher Wichtigkeit für die Nervenphysiologie und für die mitogenetische Strahlenforschung werden dürften.

Die erste Untersuchung über die mitogenetische Strahlung der Nerven stammt von FRANK, GOLDENBERG und WASSILIEFF. Obwohl erst in allerletzter Zeit veröffentlicht, ist sie an sich schon älteren Datums und konnte daher die neueren technischen Fortschritte nicht verwerten. Da der markhaltige N. ischiadicus des Frosches den Autoren nur sehr unsichere Resultate gab, die an der Fehlergrenze der Methode standen, wurde die Untersuchung an dem technisch schwerer zu handhabenden N. olfactorius des Hechtes, der, wie bekannt, marklos ist, durchgeführt.

Die möglichst schonende Präparation des Nerven scheint schon an sich denselben in einen Erregungszustand zu versetzen. Es zeigte sich jedenfalls, daß der lebende Olfaktorius auch ohne spezielle Reizung deutlich mitogenetisch strahlt und die faradische Reizung in einigen Fällen den Effekt sogar herabsetzte bzw. vernichtete. Als Kontrolle mußte daher der abgetötete Nerv benutzt werden.

Tabelle 125. Mitogenetische Strahlung des N. olfactorius des Hechtes (Ruhe).
Effekte in Prozenten (nach FRANK, GOLDENBERG und WASSILIEFF).

31,5	46,1	53	20,2	67,7	28,1	33,7	44,1

Die Anwendung der Fraktionierung der Reizgaben brachte bedeutende Fortschritte und ermöglichte den sicheren Nachweis der Strahlung des N. ischiadicus des Frosches bei Reizung und des Fehlens der Strahlung im Ruhezustande (KALENDAROFF).

Die beiden Ischiadici werden möglichst schonend in ihrer ganzen Länge samt der Wirbelsäule und den intakten Unterschenkeln herauspräpariert und sehr vorsichtig ohne Zug parallel aufgespannt. Die Induktion erfolgt in gewöhnlicher Weise durch die Drehscheibe. Der Induktionseffekt bleibt unter diesen Verhältnissen regelmäßig aus. Werden aber die Nervenstämme durchschnitten (oder stark gequetscht), so genügt schon die Exposition von 30″ zur Erzielung eines guten Induktionseffektes. Es wurden von KALENDAROFF in zahlreichen Versuchen auch einzelne Spektralstreifen der Nervenstrahlung geprüft. Das sehr komplizierte Spektrum läßt mit Sicherheit den glykolytischen und oxydativen Anteil erkennen, daneben eine Anzahl unbekannter Linien die mit einer einzigen Ausnahme, mit denjenigen des Muskelspektrums übereinstimmen.

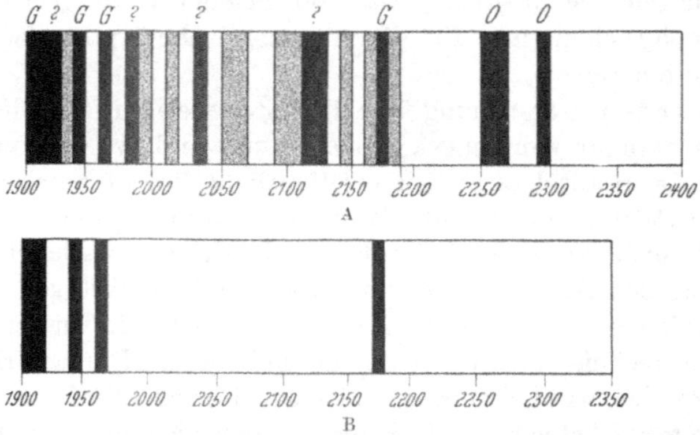

Abb. 38. A Spektrum der mitogenetischen Strahlung des traumatisch erregten Froschischiadicus und zum Vergleich das glykolytische Spektrum (B). Schwarz: intensive, grau: schwache, zuweilen zweifelhafte Induktionseffekte. *G* Glykolytische Linien. *O* Oxydationslinien. *?* Nicht identifizierte Linien. A Nach KALENDAROFF.

Der Parallelismus der Nerven- und Muskelstrahlung wird durch den Umstand erhöht, daß beide Organe durch mitogenetische Bestrahlung zur Sekundärstrahlung angeregt werden können, die sich der Faser entlang dekrementlos fortpflanzt (vgl. Kap. XI).

Tabelle 126. Strahlung des traumatisierten Froschischiadicus (nach KALENDAROFF).[1]

Spektralstreifen	Effekt in %	Spektralstreifen	Effekt in %
1900—1910	37	1980—1990	63
	40		50
1910—1920	46	2110—2120	50
	76		60
	100		32
	39	2120—2130	67
	41		59
1980—1990	56		60

[1] Nur die stärksten Spektralstreifen angeführt. Vgl. auch das vollständige Spektrum (Abb. 38).

Es wäre verfrüht, schon jetzt Betrachtungen über den Ursprung der Strahlung des Nerven und ihren Zusammenhang mit dessen Erregungszustande anzustellen, um so mehr, als hier die reichsten experimentellen Möglichkeiten vorliegen, die bereits in Angriff genommen wurden.

VIII. Das Karzinom.

Das besondere Interesse, welches die Prüfung der Verhältnisse der mitogenetischen Strahlung des Karzinoms bietet, versteht sich wohl von selbst. Es wäre indessen verfehlt, sich in der Erforschung dieses Problems durch die elementare Überlegung leiten zu lassen, daß ein in reger Vermehrung befindliches Zellagregat unbedingt auch spezielle Eigenschaften bezüglich der mitogenetischen Strahlung besitzen müsse. Wir wissen ja aus dem Vorhergehenden, daß die Frage, ob alle Vermehrungsherde in tierischen und pflanzlichen Organismen auch unbedingt Strahler sind, bislang offen bleibt. Die Erfahrung lehrt uns nämlich, daß für intensive Proliferationsherde gar nicht unbedingt autochthone Quellen postuliert zu werden brauchen.

Es wurde aber andererseits durch SIEBERT und FRANK die mitogenetische Strahlung des Muskels entdeckt, eines Gewebes, welches gar keine Beziehung zum Zellteilungsvorgang besitzt. Es müssen demnach für unsere Erwartung bezüglich des einen oder anderen Gewebes oder Organes nicht dessen Beziehungen zu Zellteilungen, sondern seine Stoffwechselverhältnisse maßgebend sein. Solche waren es in der Tat, die uns nach dem Nachweise der Muskelstrahlung[1] und anderer Beispiele der Bedeutung der Glykolyse als mitogenetischer Quelle, zur Untersuchung des mitogenetischen Vermögens des Karzinoms veranlaßten. Gleichzeitig und unabhängig von uns wurde die mitogenetische Strahlung der bösartigen Geschwülste durch SIEBERT und REITER und GABOR nachgewiesen. SIEBERT teilt 20 Versuche mit Jensensarkom mit, die sämtlich positiv ausfielen und den Mittelwert von 44% Effekt ergaben. REITER und GABOR haben einige Versuche mit Karzinomen und Sarkomen angestellt, von denen Abb. 39a und b Beispiele liefern.

Bevor auf die Analyse der Karzinomstrahlung des näheren eingegangen wird, muß folgender Umstand berücksichtigt werden.

---

[1] Die ursprünglich von FRANK auf Glykolyse zurückgeführt wurde.

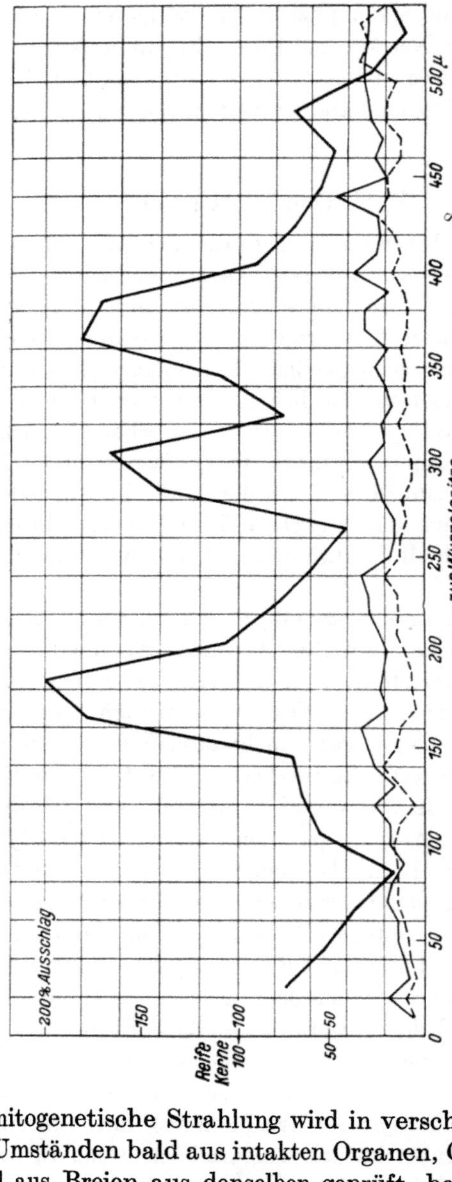

a

Abb. 39a und b. Induktionseffekte eines Sarkoms (a) und eines Karzinoms (b). Detektor: Zwiebelwurzel, geprüft an Querschnitten. Feine ausgezogene Linie: Induktion. Strichlinie: Kontrolle. Dicke Linie: Induktionseffekt in %. (Nach REITER und GABOR.)

Die mitogenetische Strahlung wird in verschiedenen Objekten je nach Umständen bald aus intakten Organen, Geweben bzw. Zellen, bald aus Breien aus denselben geprüft, bei denen sicherlich neben Zelltrümmern auch intakte Zellen vorhanden sein müssen.

In manchen Fällen, bei denen beide Verfahren geübt werden, zeigen sich keine Unterschiede der Ergebnisse, so in den Geweben der Kaulquappen, Hydren, Muskeln. Andere Objekte, wie das Korneal-epithel normal genährter Tiere, versagen dagegen schon bei der Störung des normalen Kreislaufes, um so eher natürlich bei Zerkleinerung des Gewebes.

Das Karzinom bietet in dieser Hinsicht eigentümliche Verhältnisse, die auf den ersten Blick dem Verständnisse Schwierigkeiten

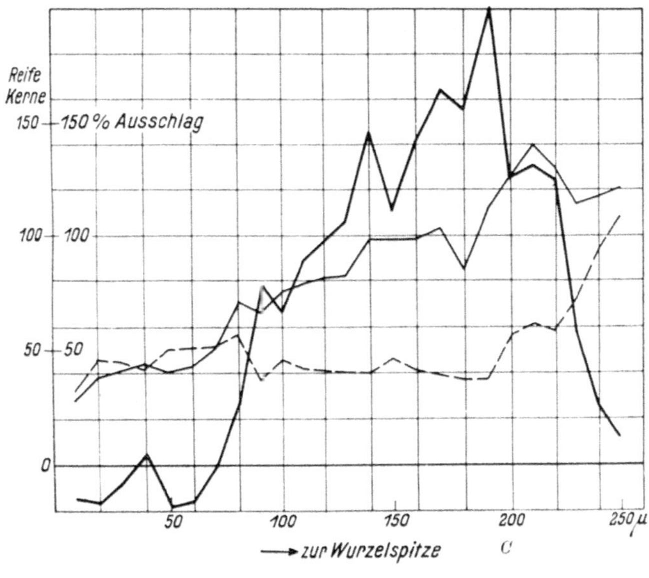

Abb. 39 b.

bereiten, sich jedoch in befriedigender Weise in Einklang mit gewissen Stoffwechselverhältnissen der Tumoren bringen ließen.

Der erste Nachweis der mitogenetischen Strahlung der bösartigen Tumoren wurde von allen aufgezählten Autoren an Breien aus denselben geführt. Zytologisch und biologisch ist ein derartiger Brei selbstverständlich ein ganz unbestimmter Begriff: abgesehn davon, daß hier stets neben Zelltrümmern auch intakte Zellen vertreten sein dürften, ist auch die Zusammensetzung des Tumorgewebes eine durchaus nicht gleichartige: es sind ja speziell stets größere oder kleinere Nekroseherde dem virulenten, wuchernden

Gewebe untermischt. Im besonderen Maße gilt esfür Adenokarzinome der Mäuse, die unserer Analyse zu Grunde liegen.

Es muß unter diesen Umständen vor allem folgende Frage aufgeworfen werden: besteht mitogenetische Strahlung auch an intakten Tumoren in situ und sind die Bedingungen zur Ausstrahlung von dem Tumor in die Umgebung gegeben?

Die Prüfung lebender Karzinome in situ kann in zweifacher Weise vorgenommen werden: 1. aus freigelegten Bauchmetastasen, wozu sich besonders gut Mesenterialmetastasen eignen; 2. aus großen subkutanen Tumoren, die sich durch einen Hautschnitt glatt freilegen lassen, wobei die Blutung nur unbedeutend zu sein pflegt und durch Tamponade leicht zum Stillstande gebracht werden kann.

Es kommen hier noch Versuche mit Hautkrebsen des Menschen hinzu, die von SALKIND und SCHABAD durchgeführt wurden und allerdings den Nachteil der Nichtsterilität besitzen, die die Möglichkeit einer Ausstrahlung oder wenigstens Mitstrahlung von angesiedelten Bakterien nicht ausschließen.

Es mögen immerhin drei instruktive Fälle dieser Kategorie angeführt werden.

Tabelle 127. Induktion mit Hautkrebsen des Menschen (nach SALKIND und SCHABAD).

	Induktionseffekt in %
Typisches Cancroid der Unterlippe	46
und	20
Karzinom des unteren Augenlides, Auge geschlossen	39
Ähnlicher Fall „ „	31

Die Versuche mit Metastasen wurden folgendermaßen angestellt:

Es wurde am lebenden Tier ohne Narkose die Bauchhöhle ohne Blutverlust eröffnet und den günstig gelegenen Metastasen auf etwa 5 mm Entfernung Hefeagarblöcke für 2—3 Minuten genähert. Ein Kontrollversuch wurde gleichzeitig mit Induktion vom entblößten Darm aus gemacht.

Die Ergebnisse waren eindeutig.

Tabelle 128.

1. Tier:		2. Tier:	
1. Versuch, Induktionseffekt	50%	1. Versuch, Induktionseffekt	40%
2. „ „	31%	2. „ „	31%

Vom gleichen Tier: Induktion vom Darm aus, Effekt 1%.

Die Erfahrungen mit subkutanen Tumoren in situ sind in Tabelle 107 zusammengefaßt.

Tabelle 129.

Expositionszeit		Effekt in %	
Tier 1	10 Sekunden	45	
	15 „	22	
	15 „	24	Durch Quarzfenster
Tier 2	30 „	74	„ „
	1 Minute	87	„ „
Tier 1 Kopf abgeschnitten und sofort induziert (durch Drehscheibe)			
	15 Sekunden	27	
	1 Minute	20,9	

Wir sehen demnach, daß unter Benutzung der ersten Augenblicke nach Stillstand des Kreislaufes eine Ausstrahlung aus dem Karzinom noch nachgewiesen werden kann.

Auf Grund unserer bisherigen Erfahrungen an verschiedenen Strahlern, die in gleicher Weise sowohl im Körperverbande wie auch vom selben losgelöst ihr Strahlungsvermögen behalten, konnte erwartet werden, daß auch herauspräparierte, intakte, lebenswarm in Ringerlösung gebrachte und sofort zur Induktion benutzte Tumoren, bzw. Metastasen strahlen würden. Es ergab sich indessen, daß dies unter den eben aufgezählten Verhältnissen nicht der Fall ist. Ein positiver und zwar sehr kräftiger Induktionseffekt (Expositionsminimum = Bruchteile einer Minute!) kann nur unter Zusatz von Glykose erzielt werden.

Es muß bei diesen Versuchen in genauester Weise auf die Beschaffenheit der gebrauchten Tumoren geachtet werden, auf deren histologischen Bau hier in einigen Worten eingegangen werden möge.

Die Oberfläche einer relativ jungen Metastase, die frei in die Bauchhöhle hineinragt (z. B. im Mesenterium sitzt oder frei aus der Oberfläche der Milz hervorragt), wird, wie gesagt, stets durch eine sehr feine bindegewebige Membran überzogen, die sich, namentlich bei Mesenterialmetastasen, glatt und ohne Verletzung abziehen läßt. Die nun freiliegende Tumoroberfläche besteht aus einer, mehrere Zellagen dicken Schicht lebender, meist in reger Vermehrung befindlicher Zellen. Dringt man mehr in die Tiefe vor, so stößt man stets auf nekrotische Herde, und zwar zunächst von mikroskopischen Dimensionen, weiter in die Tiefe auch auf große

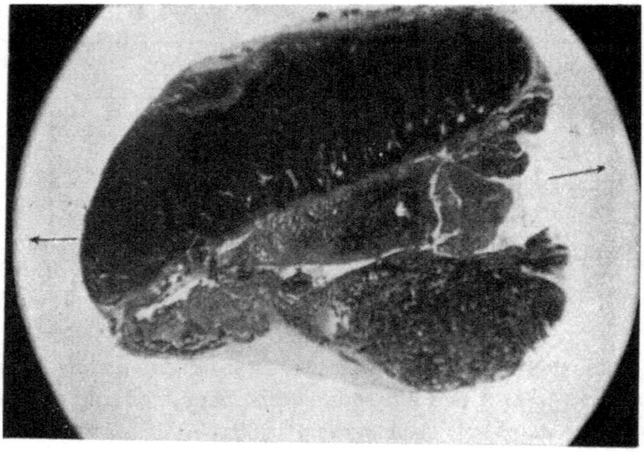

Abb. 40 B.

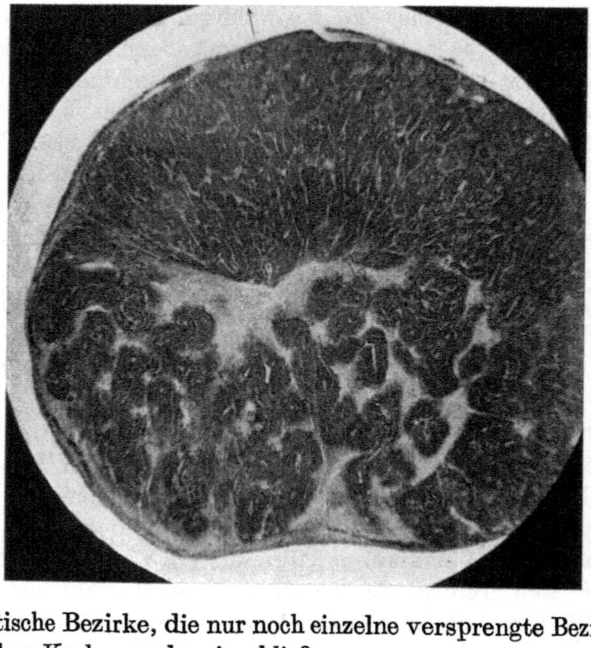

Abb. 40 A.

Abb. 40. A Intakte herauspräparierte Metastase, nur bei Glykosezusatz strahlend (→ deutet die Richtung des Detektors an). B Halbierter Tumor. Oben nekrosefreie natürliche Oberfläche *nichtstrahlend*. Unten freigelegter, zentraler, nekrotischer Bezirk, strahlend.

nekrotische Bezirke, die nur noch einzelne versprengte Bezirke von lebendem Krebsgewebe einschließen.

Da es sich für uns zunächst um Prüfung der Verhältnisse handelt, die den natürlichen, in situ herrschenden, nach Möglichkeit entsprechen, muß in jedem Falle nach abgeschlossener Induktion der betreffende Tumor einer sorgfältigen histologischen Prüfung unterworfen werden, die die Entscheidung bringen soll, ob die induzierende Oberfläche wirklich aus lauter lebenden Zellen bestand.

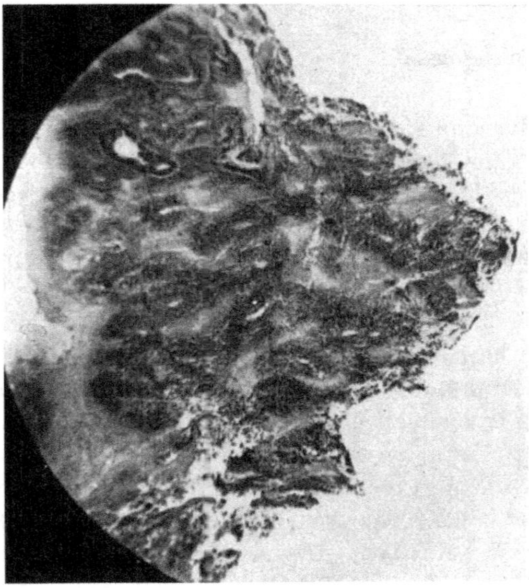

Abb. 40 C. Rein nekrotischer freigelegter, zum Teil verflüssigter Bezirk eines Tumors, strahlend.

Der im vorangehenden betonte negative Ausfall der Induktionsversuche mit lebenswarmen Tumoren in einfacher Ringerlösung bezieht sich eben auf derartige Fälle.

Tadellos intakte Metastasen wurden auf eine feine Nadel in einer kleinen Kammer mit einem Quarzfenster aufgespießt und zunächst einfache warme Ringerlösung zugesetzt. Vor das Quarzfenster wurden Hefeagarblöcke aufgestellt und die Exposition 1 bis 5 Minuten ausgeführt. Abb. 8 B. Es wurde daraufhin die Ringerlösung abpipettiert und durch eine solche mit Zusatz von Glykose ersetzt. Nach Verlauf von einigen Minuten wurde ein frischer Hefeagarblock zur Induktion aufgestellt.

Die Ergebnisse sind in Tab. 130 zusammengestellt.

Tabelle 130. Induktion mit Adenokarzinomen der Maus.

Art des Tumors	Versuchsdauer, in Ringer		Versuchsdauer, in Ringer-Glykose	
	in Minuten	Effekt in %	in Sekunden	Effekt in %
Transplantationstumor	—	—	10	37
„ „	—	—	15	34
Lebermetastase	3	–2	40	30
Mesenteriummetastase	5	0,5	30	27,5
„ „	—	—	60	36
Milzmetastase	5	0,5	60	35
Mesenteriummetastase	1	– 0,2	30	20
„ „	3	–10,1	60	35

Wir sehen sofort, daß schon die mitgeteilten Befunde dem Karzinom eine ganz eigenartige Sonderstellung einräumen.

Die Breie, die aus dem Tumorgewebe hergestellt werden, strahlen offenbar nicht, weil sie intakte Zellen enthalten, oder richtiger, es sind offenbar nicht die in den Breien enthaltenen intakten und lebens- und vermehrungsfähigen Zellen, die deren Strahlungsvermögen bedingen. Sofern es sich um Strahlung aus virulenten Krebszellen handelt, ist sie an ganz spezielle Stoffumsätze außerordentlich labiler Art geknüpft, da lebenswarme Tumormassen, die eher als lebend, als überlebend bezeichnet werden müssen, da sie bei Transplantation ausnahmslos angehen, bereits als Strahler versagen. Es genügt demnach ihre Entfernung aus dem Kreislaufe für die Dauer von ein paar Minuten, um sie bereits ihres Strahlungsvermögens zu berauben. Die Erfahrung, daß das Strahlungsvermögen durch Zusatz von Glykose wiedererlangt wird, wirft indessen ein gewisses Licht auf die auf den ersten Blick völlig dunkle Sachlage. Sie kann wohl nur in dem Sinne gedeutet werden, daß es das gewaltige, durch Warburg entdeckte aerobe glykolytische Vermögen der Krebszellen ist, das ihre Strahlung unter den bisher geschilderten Verhältnissen des Intaktseins, *nicht* aber dasjenige der Breie aus den Tumormassen bedingt. Hier herrscht auch eine völlige Harmonie zwischen unseren Befunden und den Angaben von Warburg. Es ergibt sich nämlich nach letzterem Autor, daß zwar die Glykolyse der Tumoren in situ, nicht aber diejenige der herausgeschnittenen ein hohes Maß erreicht. Die Glykolyse überlebender Krebszellen im zuckerfreien Medium kommt unter anaeroben Bedingungen derjenigen der Leber nahe und bleibt annähernd auf der gleichen Höhe auch unter aeroben Verhältnissen, steigt aber ganz gewaltig an bei Zusatz von Glykose.

Es kann wohl auf Grund des Ausgeführten kein berechtigter Zweifel darüber bestehen, daß die lebende virulente Karzinomzelle vermöge der ihr eigenen intensiven Glykolyse und offenbar *nur* vermöge derselben mitogenetisch strahlt und uns dadurch das wohl exquisiteste Beispiel von mitogenetischer Strahlung auf glykolytischer Basis bietet.

Das Spektrum der Strahlung des intakten Karzinoms, sei es in situ am lebenden Tier, oder herausgenommen, in Ringer-Glykose, ist in der Tat rein glykolytischer Art (vgl. Tab. 131).

Tabelle 131. Spektrum des Karzinoms.

Wellenbereich	In situ am lebenden Tier in %	Dasselbe herausgenommen, in Ringer-Glykose in %
1900 – 1960	61	44
1960 – 2000	37	33
2000 – 2070	– 3	– 9
2070 – 2170	1,3	3
2170 – 2230	50	66
2230 – 2340	0	0

Spektren eines herauspräparierten Tumors in reinem Ringer, darauf in Ringer-Glykose.

Wellenbereich	Ringer in %	Ringer-Glykose in %
1900 – 1960	– 4	37
1960 – 2000	0	50
2000 – 2060	– 4	4
2060 – 2140	– 7,5	– 4
2140 – 2220	– 7,5	42
2220 – 2300	0	3

Die Strahlung aus den Tumorbreien ist eine Erscheinung ganz anderer Art: sie beruht auf Proteolyse (Autolyse) des Krebsgewebes, die in der Ausbildung der mikroskopischen und großen nekrotischen Herde ihren Ausdruck findet.

Die Beweisführung für diese Behauptung läßt sich in mehrfacher Weise führen.

Erstens durch Induktion mit rein nekrotischen Tumorbezirken. In größeren Impftumoren des Adenokarzinoms der Maus lassen sich große Bezirke von mehreren Millimeter im Durchmesser in den zentralen Abschnitten des Tumors aussondern, die, wie die mikroskopische Prüfung ergibt, keine lebenden Zellmassen enthalten (Abb. 40 B und C). Eine Induktion mit solchen nekrotischen Herden gibt positive Resultate unter Verhältnissen, die wohl jede andere Möglichkeit außer autolytischer Quelle ausschließen.

Sehr eindrucksvoll sind schon die Induktionsversuche mit freigelegten rein nekrotischen Bezirken, namentlich da, wo gleichzeitig auch mit der freigelegten Rinde des gleichen Tumors induziert wird. Letztere versagt als Strahler, erstere gibt gleichzeitig einen ausgesprochenen mitogenetischen Effekt (Abb. 40B).

Sehr klare Resultate mit reinem Detritusbrei wurden von M. KISLIAK-STATKEWITSCH erzielt. Es wurden die zentralen Bezirke großer (1,5—2 cm Länge) Tumoren benutzt, die keine lebenden Zellbezirke enthalten, zu Brei verrieben, mit Ringer verdünnt, zentrifugiert und darauf sowohl mit dem Sediment als mit der zellfreien Flüssigkeit induziert. Die Ergebnisse sind in Tab. 132 zusammengestellt.

Tabelle 132. Induktion mit frischem Detritus des Adenokarzinoms der Maus (nach KISLIAK-STATKEWITSCH).

	Zellfreie Flüssigkeit in %	Sediment in %
	5	15
	3,8	36,9
	14,8	59,2
	45,4	74,5
	5,5	11
	18,5	40,4
Mittel	15,5	39,5

Induktion mit nekrotischen Massen nach 24 Stunden steriler Aufbewahrung im Thermostat.

	Ringer		Ringer + Glykose	
	Flüssigkeit in %	Sediment in %	Flüssigkeit in %	Sediment in %
	14	9,6	25,8	16,1
	47,5	20	56	33,3
	41	17,6	40	15
	24	16	18,7	9,3
	41,6	20,8	22,5	6,1
	13,9	8,3	6,5	9,6
Mittel	30,3	15,3	28,2	19,8

Schon die Tatsache, daß die Strahlung auch nach 24stündiger Aufbewahrung in zuckerfreier Ringerlösung nicht merklich abnimmt, schließt wohl jede Möglichkeit außer Autolyse aus. Von großer Beweiskraft in diesem Sinne ist auch der Umstand, daß im frischen nekrotischen Brei das Sediment und nicht die abzentrifugierte zellfreie Flüssigkeit der Hauptsitz der Strahlung ist, dagegen nach Aufbewahrung im Brutschrank und wohl fortschreitender weiterer Autolyse die Flüssigkeit zum aktiven Bestandteile wird.

Es wurden übrigens von der Verfasserin auch Breie aus jungen Metastasen, deren nekrotische Herde relativ unbedeutend sind, geprüft. Der Induktionseffekt war minimal und hielt sich eigentlich innerhalb der Fehlergrenzen der Methodik.

Tabelle 133. Induktion mit Metastasen, unter Ringerzusatz zu Brei verrieben.

Induktionseffekte in %				
9	5	10	10	5

Den Erwartungen entsprechend erwies sich auch das Spektrum aus rein nekrotischen Bezirken des Karzinoms völlig übereinstimmend mit dem proteolytischen (Verdauung von Serumalbumin in natürlichem Magensaft des Hundes).

Tabelle 134. Spektren der nekrotischen Karzinombezirke und der peptischen Verdauung.

Wellenbereich	Karzinom in %	Peptische Verdauung von Serumalbumin in %
1900—1960	−2	−1—5
1960—2010	23	50
2010—2070	50	80
2070—2120	35	70
2120—2190	3	1,5
2190—2240	−2	11
2240—2340	53	50
2340—2440	71	36

Es ist natürlich sehr verlockend, die Biologie des Karzinoms schon jetzt in nähere Beziehungen zu den aufgedeckten merkwürdigen mitogenetischen Erscheinungen an demselben zu setzen. Es lassen sich in der Tat eine Reihe interessanter Zusammenhänge erblicken, die aber mit großer Reserve behandelt werden müssen.

In erster Linie steht natürlich die Strahlung lebender virulenter Krebszellen, schon aus dem Grunde, weil Nekrosen durchaus nicht allen Arten von Karzinomen im gleichen Maße zukommen und namentlich bei Plattenepithelkrebsen häufig vermißt werden dürften.

Wir konnten den Nachweis erbringen, daß sie auf Glykolyse beruht. Jetzt dürfen wir die Frage aufwerfen: in welchem Maße wird die *Malignität* der Krebszelle durch ihr Strahlungsvermögen bedingt? Oder ist die Strahlung nur eine Nebenerscheinung, die biologisch im Hintergrunde steht?

Um hier einige Klarheit zu schaffen, müßte natürlich der an sich unbestimmte, obwohl geläufige Begriff der Malignität nach Möglichkeit präzisiert werden.

Wir wollen nur einige Eigenschaften der Malignität hervorheben:

1. Unbeschränktes Vermehrungsvermögen; 2. Degeneration; 3. Deletäre Wirkung auf die benachbarten Gewebe (Infiltration usw.).

Wir müssen uns zunächst fragen, ob die Vermehrungsintensität der Krebszellen in der Tat so überragend ist, um dem Tumor eine Sonderstellung unter den sonstigen Teilungsherden einzuräumen. Die Antwort lautet negativ. Abgesehen von vielen Fällen bösartiger Krebse, wo Mitosen sogar relativ selten und schwer zu treffen sind, ist der Prozentsatz der mitotischen Figuren sogar in den ungemein mitosenreichen Adenokarzinomen der Maus bedeutend tiefer als in manchen physiologischen Vermehrungsherden, wie z. B. den LIEBERKÜHNschen Drüsen, zuweilen auch den Keimzentren der Lymphknoten usw. Der spezifische Charakter der Vermehrungstätigkeit des Krebsgewebes liegt anderswo: im Gegensatz zu allen übrigen Teilungsherden physiologischer Art fehlt hier eine bestimmte räumliche Begrenzung des Vermehrungsareals. Indem unter physiologischen Verhältnissen die weiteren Schicksale von zwei Schwesterzellen sich früher oder später scheiden, da die eine *innerhalb* des Vermehrungsherdes verbleibt, die andere dagegen aus demselben heraustritt (meist um einen bestimmten Entwicklungsweg einzuschlagen), trägt jede Krebszelle eine Alternative stets mit sich: entweder Weiterteilung oder Degeneration, wobei die topographischen Verhältnisse innerhalb kleiner zirkumskripter Nester deutlich darauf hinweisen, daß die Entscheidung in dieser Alternative gewissermaßen an der Messerschneide steht. Wenn man von der Degeneration der Krebszellen zunächst absieht und seine Aufmerksamkeit ausschließlich dem Vermögen der *unbeschränkten*, wenn auch nicht intensiven Teilungstendenz schenkt, so wäre es eigentlich angezeigt, die Frage gewissermaßen umzukehren, indem man nach den Ursachen der Beschränktheit der physiologischen

Teilungsareale oder, was das gleiche ist, der *topographischen Bedingtheit* (Gebundenheit) der physiologischen Teilungen im Gegensatz zum Fehlen einer solchen in den Krebsnestern fragt.

Diese „topographische Bedingtheit" der physiologischen Teilungen ist in der Tat ein Problem von offenbar entscheidender Bedeutung, dem bisher keine Beachtung geschenkt wurde. Es tritt uns z. B. in frappanter Weise in den Epithelwänden der embryonalen Gehirnblasen oder in den LIEBERKÜHNschen Drüsen entgegen. In ersterem Objekte teilen sich wie bekannt nur die der Blasenhöhle unmittelbar anliegenden Zellen, woraus gefolgert werden muß, daß stets die eine oder die andere der jungen Schwesterzellen von der Innenwand der Epithelplatte in ihre Tiefe wegrückt und damit auf Weiterteilung für immer verzichtet. Die andere Schwesterzelle, die am ursprünglichen Orte verbleibt, macht zum mindesten noch eine Teilung durch usw. Daß hier, wie in den anderen analogen Fällen, das Teilungsvermögen irgendwie topographisch bedingt oder beschränkt ist, unterliegt keinem Zweifel, ebensowenig, wie die topographische Unabhängigkeit der Teilungspotenz der Krebszellen.

Es drängt sich von selbst eine scheinbare Deutung dieses auffallenden Gegensatzes auf: die physiologischen Mitosen sind eben von einer speziellen außerhalb ihrer gelegenen Anregungsquelle, die topographisch umgrenzt ist, abhängig; die Krebszelle bedarf einer solchen nicht, da sie alle Veranlassungsfaktoren der Teilung in sich selbst enthält. So einfach scheinen die Verhältnisse allerdings nicht zu liegen, wenngleich auch die Deutung einen Wahrheitskern enthalten dürfte.

Wenn wir das exquisiteste Beispiel der topographisch bedingten Teilungen — die Keimzone der Hirnwand nehmen, so stoßen wir auf große Schwierigkeiten, sobald wir an eine räumlich eng zirkumskripte mitogenetische Quelle denken. Denn die Zerebrospinalflüssigkeit, an die natürlich am ehesten gedacht werden muß, versagte bisher als mitogenetischer Strahler (unveröffentlichte Versuche von KISLIAK-STATKEWITSCH).

Die topographische Bedingtheit ist demnach in diesem Falle keine solche mitogenetischer Art. Wenn überhaupt Mitosen in der Keimzone von der unmittelbaren Nachbarschaft der Zerebrospinalflüssigkeit abhängen, so dürfte es sich um eine solche stofflicher Art — um bestimmte Ernährungsverhältnisse oder Ähnliches handeln.

Eine zirkumskripte topographisch umgrenzte *mitogenetische* Quelle liegt demnach in dem exquisitesten Falle topographisch bedingter Teilungsherde nicht vor. Ebensowenig ließe sich wohl eine solche in den Keimzentren der Lymphfollikel usw. nachweisen. Ob dadurch überhaupt Schwierigkeiten für die mitogenetische Ätiologie jeder Zellteilung erwachsen, ist eine Frage für sich, die in einem weiteren Kapitel diskutiert werden soll. Es wäre am nächstliegenden, daran zu denken, daß eine ganz allgemeine mitogenetische Quelle — das strömende Blut — auch für die topographisch umgrenzten Teilungsherde in Betracht kommt, daß aber noch ein Etwas außerdem, was in der Tat von lokalem Charakter ist, für die Teilungsherde spezifisch ist. Es läßt sich eine weitere Tatsache anführen, die zu Gunsten dieser etwas zu vereinfachten Deutung der Verhältnisse physiologischer Vermehrungsherde spricht. Das Blut von Hungertieren büßt sein Strahlungsvermögen ein, wobei Mitosen in den Vermehrungsherden eine sehr starke Abnahme erfahren. So sinkt z. B. die Mitosenzahl des Rattenauges von 2000—5000 auf ein paar Hundert (L. GURWITSCH und ANIKIN), diejenige in den LIEBERKÜHNschen Drüsen der Ratte von durchschnittlich 15 pro Drüse auf etwa 2 (SORIN). Für die Persistenz dieser geringen Mitosenzahl lassen sich immerhin einige Erklärungen finden, die weiter unten diskutiert werden sollen. Ein bestimmter, ziemlich weitgehender Parallelismus zwischen Schwund der Blutstrahlung und der Mitosen läßt sich jedenfalls nicht verkennen, ohne daß daraus eine Berechtigung entstünde, einen Kausalnexus in unserem Sinne zu konstruieren.

Von besonderer Bedeutung wird aber in diesem Zusammenhang der Umstand, daß die Blutstrahlung auch bei Karzinom schwindet, und zwar bereits in den Frühstadien desselben, wo die regste Zellvermehrung erst einsetzt. Es läßt sich mit andern Worten im Gegensatz zu physiologischen Mitosen, wo Blutstrahlung und Mitosenreichtum jedenfalls gleichsinnig variieren, hier gewissermaßen ein Gegensatz zwischen beiden Erscheinungen feststellen. Es wäre natürlich um so verkehrter, darin wiederum einen Kausalnexus zu suchen. Von grundlegender Wichtigkeit ist aber, daß das eben angedeutete Verhältnis in der Tat die volle Autonomie der Krebselemente von der Versorgung durch Blutstrahlung dartut, und daß eben hier, wo die mitogenetische Ätiologie der Zellteilung am ehesten Gefahr liefe, sie sich am überzeugendsten bewährt, da,

Vermehrungsherd und Strahlungsherd räumlich miteinander zusammenfallen.

Diese Feststellung reicht indessen noch bei weitem nicht aus, um eine Grundlage für die weitere Frage zu liefern, und zwar, ob die Strahlung der Krebszellen auch der Grund oder zum mindesten die Vorbedingung ihrer unbegrenzten und topographisch nicht beschränkten Teilungsfähigkeit ist.

Einen Schritt vorwärts könnte uns hier nur das Experiment bringen — und zwar eine ständige Bestrahlung geeigneter Zellen oder Zellkomplexe unter Bedingungen und Verhältnissen, die im Krebsgewebe gegeben sind. Das technisch ungemein schwierige Experiment ist noch nie unternommen worden und dürfte auch nicht so leicht gelingen. Wir können aber eine gewisse Vorarbeit zu ihm leisten, indem wir uns wenigstens die Eigenart der Strahlung der Krebszellen einigermaßen genau vergegenwärtigen.

Wenn wir an das Zustandekommen der Strahlung der kleinen Metastasen in der Kammer mit zuckerhaltiger Glykose zurückdenken, so könnten wir Folgendes ableiten: es kann sich nur um Ausstrahlung aus 1—2 Lagen der oberflächlichsten Krebszellen handeln, da eine eventuelle Strahlung aus der Tiefe wohl durch die oberflächlichsten Lagen absorbiert werden dürfte. Sollte es sich nur um vereinzelte Zellen als Strahler handeln, so könnte wohl der Effekt kaum so kräftig gedacht werden (Schwellenwert unter 10″). Es muß demnach als wahrscheinlich betrachtet werden, daß, wenn nicht alle, so doch die meisten Zellen der oberflächlichen Lagen strahlen und folglich die mitogenetische Strahlung der Krebszellen, im Gegensatz zu derjenigen der bisher bekannt gewordenen anderen strahlenden Gewebe, eine ständige und ununterbrochene ist. Ob sie auch während der Mitose fortbesteht, bliebe dabei allerdings dahingestellt, da die in Teilung begriffenen Zellen eine kleine Minderzahl bilden. Es ergibt sich daraus eine Folgerung von weittragender Bedeutung: die aus virulenten Zellen zusammengesetzten Krebsnester stehen unter ständiger ununterbrochener Eigenstrahlung, gewissermaßen in einem ultravioletten Regime von bedeutender Intensität. In letzterer Hinsicht dürfte das Krebsgewebe wohl vereinzelt dastehen und diese tiefgehende Eigenart des Regimes wohl kaum ohne Belang für die Biologie des Tumors sein.

Man kann sich auch eine ungefähre Vorstellung von der Intensität der gegenseitigen Bestrahlung benachbarter Krebszellen bilden, wenn man die Verhältnisse der Ausstrahlung nach außen dazu verwertet. So ergibt z. B. der in der Tabelle angeführte Versuch mit einer sehr kleinen Metastase folgendes:

Der wirksame Durchmesser des Tumors betrug etwa 1,5 mm, der Abstand zwischen seinem Vorderpunkte und der Hefeoberfläche des Agarblocks etwa 8 mm, die Expositionszeit 15″, also der vermutliche Schwellenwert etwa 10″. In anderen Versuchen wurde ein großer Tumor in situ am lebenden Tier als Strahler benutzt, dabei aber bis auf ein rundes Diaphragma von 3 mm Durchmesser (Quarzfenster) abgeschirmt. Der Abstand betrug 2 cm. Der Zeitschwellenwert war bei 15″ noch nicht erreicht.

Wenn wir die Intensität der Strahlung provisorisch nach dem Schwellenwert bemessen (was nicht ganz streng ist und im weiteren diskutiert werden soll), so ließe sich dieselbe unmittelbar an der Oberfläche des Tumors, d. h. bei unmittelbarem Kontakt, aus der Überlegung berechnen, daß für eine nichtpunktförmige kleine leuchtende Fläche ihre Wirkungsintensität umgekehrt proportional dem Quadrate des Abstandes ist, vorausgesetzt, daß er größer als der Durchmesser der Fläche ist. Eine Annäherung der Hefeoberfläche zur Oberfläche des Tumors bis auf etwa 1,5 mm müßte demnach dem erreichbaren Intensitätsmaximum entsprechen. Die an der Oberfläche des Tumors bei unmittelbarem Kontakt herrschende Intensität hätte demnach etwa das 25fache der unmittelbar beobachteten betragen. Wollte man dieselbe auf den Zeitschwellenwert übertragen (was sich allerdings in strenger Weise nicht rechtfertigen ließe), so käme man auf etwa eine bzw. Bruchteile von Sekunden.

Es wären dieses möglicherweise Intensitäten, die sich bereits mit denjenigen vergleichen ließen, die von einer physikalischen Quelle spektral gewonnen werden und die photographische Platte und sogar einen Fluoreszenzschirm beeinflussen. Sie übertreffen jedenfalls diejenigen eines anderen kräftigen, ebenfalls glykolytischen Strahlers — der Kaninchenkornea — etwa um das Vierfache.

Man muß hier allerdings mit großer Vorsicht schließen, da, wie es sich immer mehr zeigt, die Zeitschwellenwerte für den mitogenetischen Effekt als Kriterium der Intensität der Strahlungsquelle nur ceteris paribus brauchbar sind und speziell die von biologischen

Quellen gewonnenen Daten sich nur sehr bedingt auf die Verhältnisse der Spektralstreifen übertragen lassen.

Tabelle 135. Induktion mit einem Karzinom in situ am lebenden Tier und mit dem Kaninchenauge bei gleichen Versuchsbedingungen (Quarzfenster von 3 mm Durchmesser, Abstand vom Detektor = 5 cm).

Expositionszeit	Karzinom in %	Auge in %
15 Sek.	24	9
30 „	74	6
1 Min.	37	50

Wie dem auch sei, so erscheint es jedenfalls sehr wahrscheinlich, daß das ultraviolette Regime, in dem die Krebszellen leben und sich vermehren, ein ganz eigenartiges ist. Es lassen sich demnach vorderhand die Folgen desselben für die Zellbiologie gar nicht übersehen. Die experimentelle Reproduktion eines derartigen Regimes stößt auf technische Schwierigkeiten mannigfacher Art. Es ergibt sich durch die Untersuchungen von N. KANNEGIESSER und PONOMAREWA, daß speziell das glykolytische Spektrum, das ja auch vom Karzinom emittiert wird, ein relativ reich gegliedertes und experimentell schwer reproduzierbares ist. Die Bestrahlung eines Epithelgewebes mit einer anderen mitogenetischen Quelle würde demnach eine relativ grobe Nachahmung der für den Krebs natürlichen Verhältnisse sein, da, abgesehen von der abweichenden spektralen Zusammensetzung, auch die Beurteilung der Intensität nach dem Schwellenwerte (was bisher technisch allein erfüllbar ist) kaum durchführbar wäre. Es gesellt sich dazu noch die rein technische Schwierigkeit, ein lebendes passendes Objekt mehrere Tage hindurch ununterbrochen mit den nötigen Intensitäten zu bestrahlen. Ein schwerer methodischer Mißgriff wäre es auch, die immerhin absolut sehr schwache mitogenetische Strahlung des Karzinoms durch eine intensivere Quelle zu ersetzen und die eventuellen Ergebnisse dabei zu extrapolieren. Das schwerwiegendste Bedenken gegen ein derartiges experimentelles Modell des mitogenetischen Regimes liegt jedoch in dem Umstande, daß eine Bestrahlung von außen, d. h. ein äußeres mitogenetisches Feld keinesfalls einem Innenfelde des Detektors gleichgemacht werden kann (vgl. Kap. XII).

Es muß daher offen gestanden werden, daß die von uns geschilderten Verhältnisse der Karzinomstrahlung uns vorläufig vor eine offene Frage von enormer Wichtigkeit stellen, die sich etwa wie folgt formulieren ließe: kann die ununterbrochene, tagelang dauernde mitogenetische Bestrahlung epithelialer Zellen von der bewußten, provisorisch abgeleiteten Intensität, ihnen die eine oder andere Eigenschaft der Karzinomzellen verleihen, also zur unumschränkten Vermehrung anregen und gleichzeitig auch die auffallende Labilität ihrer Organisation bzw. ihre Degeneration veranlassen?

Indem wir letzteren Punkt berühren, kommen wir auf die weitere Eigenart der mitogenetischen Strahlung des Karzinoms — die Ausstrahlung der nekrotischen und nekrotisierenden Bezirke desselben. Diese, auf Autolyse beruhende Quelle scheint ebenso beständig wie die glykolytische Strahlung der lebenden Krebszellen zu sein und ist, im Gegensatz zur letzteren, unabhängig von jedem Stoffzufluß, und außerdem anoxybiotisch. Das Gesamtbild der mitogenetischen Strahlung des Karzinoms wird bei Berücksichtigung dieser weiteren Quelle noch imposanter, da ja in der Tat in jedem Bezirke des Tumors offenbar eine Sättigung mit Strahlung angenommen werden muß.

Die im Vorangehenden aufgeworfene Frage, in der die Möglichkeit der deletären Wirkung der ununterbrochenen mitogenetischen Strahlung auf die unmittelbar ausgesetzten Krebszellen erwogen wird, muß noch dahin eine Erweiterung erfahren, daß ja auch die Möglichkeit einer ähnlichen Beeinflussung der an- und umliegenden nichtkarzinomatösen Gewebe, das sog. Infiltrationsvermögen des Karzinomgewebes in einen gewissen Zusammenhang mit der Strahlung gebracht werden dürfte.

Es soll dabei natürlich keinen Augenblick verkannt werden, daß dabei histolytische Fermente, die offenbar durch die Krebszellen in die Umgebung ausgeschieden werden, von maßgebender Bedeutung sein dürften. Die Beteiligung der mitogenetischen Strahlung wäre indessen in zweifacher Form denkbar: erstens, indem durch sie die Widerstandsfähigkeit der betroffenen Gewebe herabgesetzt werde, wodurch sie leichter zu Angriffspunkten der proteolytischen Fermente werden könnten; zweitens, indem die Fermentwirkung selbst durch mitogenetische Strahlung unterstützt und bis zu einem gewissen Grade vikariierend ersetzt werden könnte. Die eigenartigen Beziehungen zwischen mitogenetischer Strahlung und Fermenttätigkeit treten ja vielfach auf (vgl. Kapitel über Blut).

Mit besonderer Klarheit tritt die Beziehung zwischen „Malignität“ und mitogenetischer Strahlung bei experimentellen Teerkrebsen hervor, wo die Verwandlung des Papilloms in eine maligne Form schrittweise verfolgt werden kann. Eine Untersuchung von SALKIND und SCHABAD bringt hier eine Reihe interessanter Aufschlüsse.

Ausgebildete Teerkrebse ergaben, wie zu erwarten war, deutliche Induktionseffekte (33,6% als Mittel aus sechs positiven Versuchen).

Auch spektral geprüft ergibt sie für das Karzinom das typische glykolytische Spektrum.

Tabelle 136. Induktionseffekt mit Teerkrebs der Maus in situ (nach SALKIND und SCHABAD).

Expositionszeit in Minuten	Effekt in %
10	37
10	25
10	52 (Mit Dazwischenschaltung einer Quarzplatte)
10	30 „ „ „ „
5	27 „ „ „ „
5	31 „ „ „ „

Auch an diesem Objekte wurde der sofortige Schwund der Strahlung nach Herausnahme der Geschwulst und Erneuerung derselben bei Berieselung mit glykosehaltiger RINGERlösung nachgewiesen.

Tabelle 137. Induktion mit der Innenfläche der herausgenommenen Geschwulst.

In Ringer, in %		In Ringer-Glykose, in %	
2	8	30	40

Es wurden nun Papillome, die *äußerlich* noch nicht krebsig entartet waren, in situ geprüft, und zwar mit negativem Resultat (oder kaum merkbarer und schwankender Andeutung des Effektes). Die 8 Versuche ergaben nämlich folgende Werte:

14,4%	−8%	2%	12%	3%	−12%*	24%*	14%*

In den drei mit * bezeichneten Versuchen wurde gleichzeitig auch die Innenfläche des Papilloms geprüft, indem ein dicker Hautlappen, an dem das Papillom saß, umschnitten und zurückgeschlagen wurde. Der Panniculus carnosus wurde nach Möglichkeit abpräpariert, die eventuelle Blutung gestillt und mit der weißlich aussehenden Wucherungsmasse mitogenetisch induziert. In allen 3 Fällen ergab sich ein deutlicher Induktionseffekt, der sich wie folgt zur Ausstrahlung aus der Außenfläche des Papilloms verhielt:

Außenfläche in %			Innenfläche in %		
−12	24	14	30	37	40

Die mikroskopische Prüfung, die in allen 3 Fällen vorgenommen wurde, ergab mächtige Wucherung von atypischem Charakter, d. h. beginnende Malignität.

Dritter Teil.

Der mitogenetische Effekt.

IX. Die Phänomenologie des mitogenetischen Effektes.

Die ursprünglich so einfache Fassung des mitogenetischen Effektes, wie sie im ersten Bande vertreten werden konnte, wo es sich um den einzigen Detektor — die Zwiebelwurzel — und um den einen Effekt — die Zunahme der Mitosenzahl — handelte, mußte allmählich einer weit komplizierteren und schwer übersehbaren Sachlage weichen. Denn nicht nur die Mannigfaltigkeit der bereits bekannt gewordenen Detektoren, sondern auch der an ihnen aufgedeckten mitogenetischen Beeinflussungen veranlassen uns, den Begriff des mitogenetischen Effektes bedeutend zu erweitern und sogar im Plural zu gebrauchen. Die „mitogenetischen Effekte" lassen sich nach verschiedenen Gesichtspunkten klassifizieren, erstens, indem man die einzelnen Detektoren, jeden für sich, unbekümmert um die Eigenart des erzielten Effektes, vornimmt, oder zweitens, indem man die einzelnen Arten des Effektes ohne Rücksicht auf den jeweiligen Detektor herausschält.

Das zweite Verfahren erscheint uns für eine allgemeine Übersicht am ehesten geeignet.

Rein phänomenologisch lassen sich vorläufig folgende Effekte der mitogenetischen Bestrahlung unterscheiden:

A. Zunahme der Anzahl der in simultaner Teilung befindlichen Zellen innerhalb eines Zellkomplexes (verglichen mit der zugehörigen Kontrolle).

B. Steigerung der Vermehrungsintensität der Zellen des bestrahlten Zellkomplexes.

C. Depression des bestrahlten Zellkomplexes, die einem den Effekten A und B entgegengesetzten Verhalten der Kulturen gleichkommt (demnach kurz in provisorischer Weise als Depression A und B bezeichnet werden mag).

D. Beeinflussung des Zellmetabolismus.

E. Begünstigung der Embryonalentwicklung.

F. Abnorme Embryonalentwicklung (Mißbildungen) als Folge mitogenetischer Bestrahlung.

G. Entstehung sekundärer mitogenetischer Strahlung aus primär bestrahlten Geweben.

Diese Aufzählung der Effekte mag auf den ersten Blick überflüssig und gewissermaßen als eine Art von Spitzfindigkeit erscheinen, ist es aber tatsächlich keinesfalls.

Man würde im speziellen fehlgehen, wollte man die Effekte A und B (sowie ihre Antithesen) zusammenwerfen. Jeder dieser Effekte hat nämlich eine eigene Ätiologie, die dabei nicht immer eindeutiger Art ist.

Wenn wir zunächst den ursprünglichen „mitogenetischen" Effekt vornehmen, der uns den ersten Nachweis mitogenetischer Strahlung ermöglichte (A), so muß ja für jeden neuen Fall der strikte oder zum mindesten der Wahrscheinlichkeitsbeweis erbracht werden, daß die Zunahme der Mitosen- (bzw. Sprossen-)Zahl im Präparate tatsächlich einer Stimulation der Zellvermehrung entspricht. Denn es läßt sich ja absolut nicht leugnen, daß auch bei einer depressiven Beeinflussung des Teilungsvorganges bzw. bei Verzögerung des einen oder anderen Teilungsstadiums die Gesamtzahl der im fixierten Präparate vertretenen Mitosen (Sprossen) zunehmen müßte.

Genau so zweideutig ist an sich auch das Phänomen der „Depression" (Abnahme der Mitosen bzw. Sprossen) im fixierten Präparate. Denn eine reine Beschleunigung der bereits im Gange befindlichen Teilungen, ohne Stimulation zu vorzeitigen, normalerweise nicht vorgesehenen Teilungen, müßte ja ebenfalls zur Abnahme der Mitosenzahl im Präparate führen.

Aber auch für den Fall, daß echte Stimulation der Zellvermehrung (Sprossung) im Sinne der Kategorie A nachgewiesen wäre, wäre der Effekt nicht ohne weiteres demjenigen der Kategorie B gleichzusetzen. Die Steigerung der Vermehrungsintensität wird nach der Anzahl der Individuen im bestrahlten Komplex (verglichen mit der Kontrolle) bemessen. Nun kann aber das Übergewicht auf zweifachem Wege erreicht werden: 1. indem eine übermäßige Anzahl von Zellen zur Teilung angeregt wird, oder 2. indem der Teilungsvorgang eine Beschleunigung erfährt. Zwischen beiden Eventualitäten besteht ein durchgreifender Unterschied, da man dort von einem „Auslösungsvorgange" sprechen könnte, was ja natürlich hier keinesfalls anginge.

Auch die beiden als D und F unterschiedenen Kategorien der Effekte lassen sich nicht so ohne weiteres auf die urprüngliche Wirkung der Stimulation der Zellvermehrung zurückführen. Die Begründung ihrer Sonderung kann indessen nur in weiteren speziellen Abschnitten der Darstellung erfolgen.

Wir können nun jetzt die mitogenetischen Einzeleffekte auf Grund der getroffenen Einteilung studieren.

a) Mitogenetischer Ureffekt (Zunahme der Mitosenzhl) und seine Deutung.

Die Vermehrung der Anzahl der in Mitose bzw. in Sprossung befindlichen Zellen, die der Entdeckung der mitogenetischen Induktion zu Grunde lag, wurde bisher an 3 Objekten (Detektoren): dem Wurzelmeristem, den Hefezellen und dem Kornealepithel nachgewiesen. Die prinzipielle Stellungnahme zu diesen Befunden ist in allen 3 Fällen die gleiche.

Die Zunahme der simultan auftretenden Zellteilungen ist einer zweifachen Auslegung fähig; sie ist nämlich eine Funktion zweier Variabeln: der Dauer der Mitose und der Größe des vollen Turnus, d. h. des Zeitabstandes zwischen zwei aufeinanderfolgenden Mitosen einer Zellinie. Ist erstere = t und letztere = T, so ist die Wahrscheinlichkeit, eine gegebene Zelle im gegebenen Augenblick (z. B. bei der Fixierung) in Mitose anzutreffen,

$$W = \frac{t}{T + t}.$$

Es folgt daraus, daß der mitogenetische Effekt, d. h. die Anzahl der an der induzierten Seite angetroffenen Mitosen, sowohl auf *Abnahme* der T als auf *Zunahme* des t beruhen kann. Es kann sich mit anderen Worten sowohl um Abkürzung des Turnus zwischen zwei aufeinanderfolgenden Zellteilungen als um Verlängerung der Dauer der Mitose handeln. Nur ersterenfalls hätten wir es mit einer stimulierenden Wirkung der Induktion, d. h. mit einem wirklichen positiven „Teilungsfaktor" zu tun. Bei der zweiten Eventualität läge dagegen eine deprimierende Wirkung vor, was unser Interesse am Phänomen natürlich bedeutend herabsetzen würde.

So wenig letztere Eventualität an sich auch hat, so muß sie nicht destoweniger geprüft und womöglich direkt widerlegt werden.

In folgenden Versuchsergebnissen dürfte wohl der Beweis für die positive, stimulierende Wirkung der mitogenetischen Induktion und demnach auch eine Widerlegung der zweiten Eventualität erblickt werden. Werden frisch abgeschnittene Wurzeln sofort induziert, so läßt sich an denselben ein positiver mitogenetischer Effekt nachweisen (von Reiter und Gabor bestätigt), aber *nur* innerhalb 2 Stunden von Beginn der Induktion ab gerechnet.

Tabelle 138. Induktion abgeschnittener Wurzeln. (Beginn der Induktion sofort.)

Versuchsdauer in Stunden	Induzierte Seite	Abgewendete Seite	Differenz in %
	Mitosenzahl		
1	242	230	4,5
1,5	305	303	0,7
1,5	337	338	− 0,3
2	400	360	+ 10
2	503	425	+ 16
2,25	396	293	+ 25
3	460	513	− 10
3	195	260	− 24
3	216	299	− 37
4,25	534	636	− 16
6	285	270	4,5

Werden aber derartige Wurzeln nicht 2 Stunden sondern erst 3 Stunden nach Beginn der Induktion fixiert, so schlägt der ursprüngliche positive Effekt ins Negative um, es ist demnach nunmehr ein Mitosendefizit an der induzierten Seite nachweisbar: Die einzige plausible, ja mögliche Deutung ist wohl folgende. Durch mitogenetische Induktion wurde eine Anzahl von Zellen zur *vorzeitigen* Teilung angeregt, bzw. ihr Turnus abgekürzt, und zwar offenbar um etwa 1 Stunde. Da die Zellen, die erst 3 Stunden nach Beginn des Experimentes sich teilen sollten, sich zum Teil schon um 1 Stunde vorzeitig teilten und in der in seiner Lebensenergie allmählich erlöschenden Wurzel keine neuen Zellen zum Ersatz auftraten, mußte naturgemäß ein Defizit resultieren.

Man braucht sich nur an diesen Fällen die Konsequenzen der zweiten Eventualität — einer deprimierenden Wirkung der mitogenetischen Strahlung auf den Ablauf der Mitosen — durchzudenken, um deren Widersinnigkeit gewahr zu werden.

Es darf natürlich letzterer Satz nicht so verstanden werden, daß eine deprimierende Wirkung mitogenetischer Bestrahlung auf Mitosen ausgeschlossen sei. Wir werden vielmehr noch Gelegenheit haben, auf dieses Phänomen des genaueren einzugehen. Es galt hier nur zu zeigen, daß der *positive* mitogenetische Effekt am Meristem nicht auf depressive sondern auf stimulierende Wirkung zurückgeht.

Eine schöne Serie von Induktionsversuchen mit Zwiebelwurzeln als Detektor und ebensolchen (oder Hyacinthuswurzeln) als Strahler wurde von Borodin (New York) mitgeteilt. Es seien hier 2 Versuchsprotokolle (aus 7 mitgeteilten) angeführt.

Tabelle 139. Homoinduktion (Zwiebelwurzeln) (nach Borodin).

	Anzahl der Mitosen									
Ia) Induzierte Seite	56	62	82	60	28	43	55	40	32	18
b) Abgewendete Seite	33	35	32	25	20	21	28	30	18	15
Effekt in %	69	76	156	140	40	104	96	33	77	20
IIa) Induzierte Seite	62	30	85	63	80	64	59	58	58	
b) Abgewendete Seite	44	28	39	45	50	45	36	41	62	
Effekt in %	41	7	118	40	60	42	64	41	−6	

Einen wichtigen Beitrag zur Beurteilung des Induktionseffektes an der Zwiebelwurzel liefern die Untersuchungen von Loos (unter Noack).

Tabelle 140. Induktion mit Zwiebelsohlenbrei. Auf Querschnitten untersucht (nach Loos).

I	II	III	IV	V	I	II	III	IV	V
880	57	59	−2	−3	10	40	39	1	3
90	62	57	5	9	20	42	37	5	14
900	67	54	13	24	30	38	28	10	36
10	—	—	—	—	40	44	35	9	26
20	54	40	14	35	50	63	40	23	58
30	55	41	14	34	60	33	23	10	4
40	55	42	13	31	70	33	39	−6	−15
50	45	42	3	7	80	43	35	8	23
60	58	42	16	38	90	42	19	23	121
70	51	39	12	31	1100	15	10	5	50
80	—	—	—	—	10	24	15	9	60
90	44	35	9	22	20	13	10	3	30
1000	53	43	10	23	30	6	6	0	0

I Entfernung des betreffenden Schnittes von der Wurzelspitze in μ. II und III Anzahl der Mitosen an der induzierten und abgewendeten Seite. IV Differenz. V Ausschlagdifferenz in Prozent.

Er benutzte als Strahlungsquellen frischen Zwiebelsohlenbrei, Hefe und Gemische aus „Mitotin" und „Mitotase". Die Abzählung der Mitosen erfolgte an Querschnitten durch das Wurzelmeristem. Ein Versuchsprotokoll erster Art ist in der Tab. 140 wiedergegeben.

Außer dieser Wiederholung unserer Grundversuche wurden von Loos auch Dauerinduktionen vorgenommen, die es vor allem bezweckten, nicht das etwaige Übergewicht an der bestrahlten Hälfte sondern die Totalzunahme der Mitosen in der induzierten Wurzel nachzuweisen. Die geprüfte Wurzel wurde stets mit Kontrollwurzeln aus der gleichen Zwiebel zusammengestellt, nachdem Verfasser sich durch Nachprüfung von der Richtigkeit der Angaben von L. GURWITSCH und LAUGHLIN überzeugen konnte, daß gleichzeitig fixierte Wurzeln einer Zwiebel nur unbedeutend voneinander in ihrer Mitosenzahl differieren (Abb. 41).

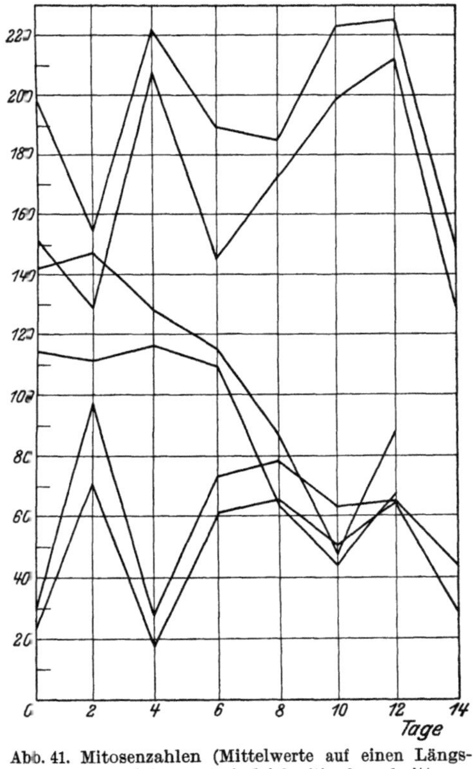

Abb. 41. Mitosenzahlen (Mittelwerte auf einen Längsschnitt bezogen) in je zwei gleichzeitig abgeschnittenen Wurzeln von drei Zwiebeln im Laufe von zwei Wochen, jeden zweiten Tag entnommen. Abszissen: Tage, Ordinaten: Mitosenzahlen (nach L. GURWITSCH).

Für die ersten 2,5 Stunden der Induktionsdauer zeigte sich eine deutliche Zunahme der Meristemlänge, der Mitosensumme im gesamten Meristem und des Mitosenmaximums pro Schnitt (Abb. 42 bis 44. Daß im weiteren eine deutliche Depression (Abnahme all dieser Größen) eintrat, beweist mit Deutlichkeit, daß die ursprüngliche Steigerung der betreffenden Zahlen einer tatsächlichen Stimulation zu verdanken ist.

Eine von unserer Darstellung, der sich auch Loos anschließt, völlig abweichende Auffassung und Darstellung des mitogenetischen Ureffektes an der Zwiebelwurzel verteten Reiter und Gabor.

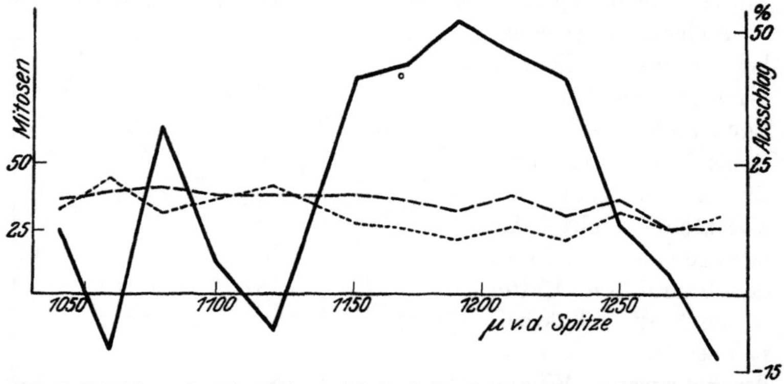

Abb. 42. Induktion mit „Mitotin" und „Mitotase". Der Brei wurde aus exsikkatortrockenem Material hergestellt. Strichlinie = Induktion, Punktlinie = Kontrolle, ausgezogener Strich = Induktionseffekt in % (nach Loos).

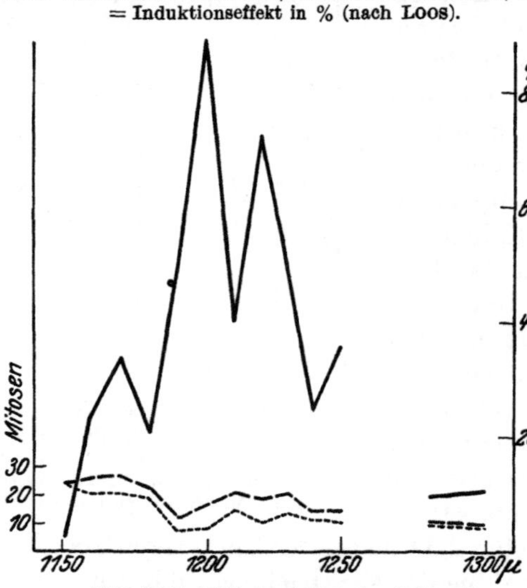

Abb. 43. Induktion mit Hefe (nach Loos).

Sie leiten ihre Darstellung mit der Bemerkung ein, daß „man damit nicht auskommen wird in den Strahlen den ‚Verwirklichungsfaktor' (in Gurwitschs Sinne) zu sehen, denn der von ihnen ausgelöste Effekt greift auch in den Ablauf der ganzen Zellteilungen einer Wachstumszone an anderen Punkten ein . . .". „Es handelt sich um eine Gesamtreaktion zwischen Wurzel und Strahlung".

Die Grundauffassung der Autoren ist folgende:

Die Zellen des Meristems scheiden in seinen proximalen Teilen sporadisch aus dem „Teilungszyklus" aus, indem sie ihren meristematischen Charakter aufgeben und in das Streckungswachstum eintreten. „An jeder Stelle (mit einer bestimmten Ordnungszahl) besteht ein bestimmter mittlerer Zellteilungszyklus. Jede neugeborene Zelle . . . bleibt entweder im Zyklus oder aber sie scheidet aus, um das Streckungswachstum zu beginnen. Mit dem Fort-

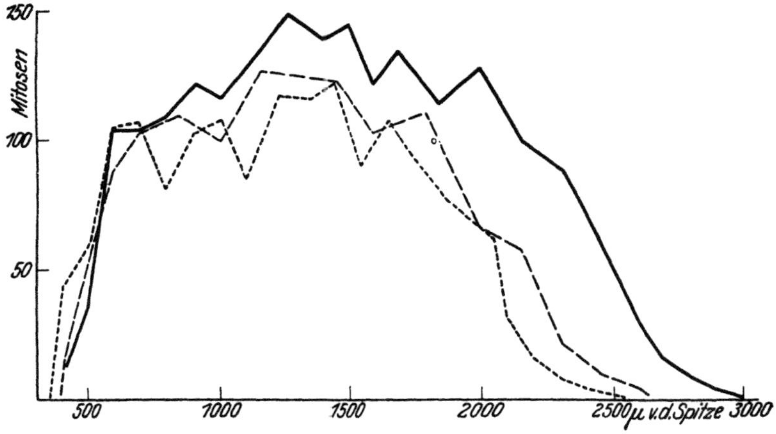

Abb. 44. Teilungstätigkeit des Gesamtmeristems nach $1^1/_2$stündiger Dauerinduktion. ——— Versuch, – – – – Kontrolle 1, ········ Kontrolle 2 (nach Loos).

schreiten proximalwärts wird der relative Anteil der im Zyklus befindlichen Zellen immer kleiner und kleiner und wird schließlich zu Null". Aus dieser Auffassung des Meristems ergibt sich auch diejenige der Induktion: „unter der Einwirkung der Induktion bleiben die während der Versuchszeit voll ausgebildeten neugeborenen Zellen so gut wie sämtlich im Zyklus und entwickeln sich weiter zu reifen (teilungsfähigen G.) Kernen, während normalerweise ein bestimmter Prozentsatz von diesem aus dem Zyklus ausscheiden und das Streckungswachstum beginnen würde. An der abgewendeten Seite dagegen scheiden bedeutend mehr Zellen aus dem Zyklus aus, als normalerweise der Fall wäre . . . Der Ausschlag entsteht hauptsächlich, vielleicht ausschließlich, durch die Änderung des Ausscheidungskoeffizienten". So kurz und präzis der Wortlaut der Definition des Induktionseffektes hier ist, so umständlich und kompliziert ist ihre Beweisführung, die hier nur in ganz knapper, vom mathematischen Apparat völlig entblößter Form gebracht werden kann. Es kommt natürlich vor allem das Kriterium des Nachweises des Induktionseffektes in Betracht.

Die Unterscheidung von „reifen" und in „Rückbildung begriffenen" Kernen im Meristem ist neu und kann wohl beanstandet

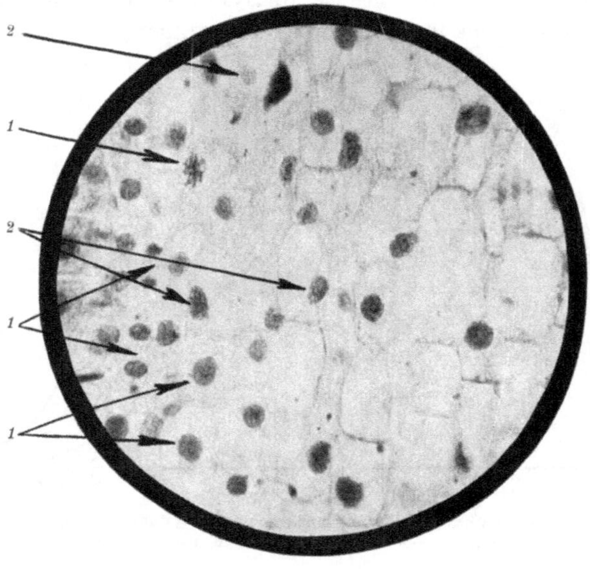

Abb. 45. 1 = „Reife" und sich teilende Kerne, 2 = „Ruhekerne" (nach REITER und GABOR).

werden, was unter anderem auch von LOOS geschehen ist. Daß die Kerne der Streckungszone durch ihre Gestalt und Färbbarkeit von denjenigen des Meristems unterschieden sind und die Grenze zwischen beiden Zonen willkürlich und flüssig ist, mag natürlich ohne weiteres zugegeben werden. Es dürfte auch nicht bezweifelt werden, daß man bei eigens darauf gerichteter Aufmerksamkeit und langer Erfahrung, wie sie die beiden Verfasser sicher besitzen, in den „Ruhekernen" der gewöhnlichen Nomenklatur einige oder zwei Abarten im Sinne der Verfasser unterscheiden kann.

Die Deutung der Unterscheidungsmerkmale bleibt aber trotzdem, wie es scheint, sehr unsicher, ja arbiträr. Indem die Verfasser von ihrer Klassifikation: „Neugeborene, reife Kerne, Mitosen“ und „aus dem Zyklus heraustretende Zellen“ (letztere von 2 Kategorien) ausgehen, werfen sie die schwerwiegende Frage auf: „Stellen alle 4 Stadien Phasen des Zyklus dar, oder ist ein Teil dieser Zellen schon aus dem Zyklus ausgeschieden?“ Sie verwerfen die erste Eventualität, weil sie mit der Annahme gleichlautend wäre, daß „nach der Geburt der Zelle der Kern schrumpft, an die Zellwand heranrückt, die Zelle sich aber eine Weile vergrößert,

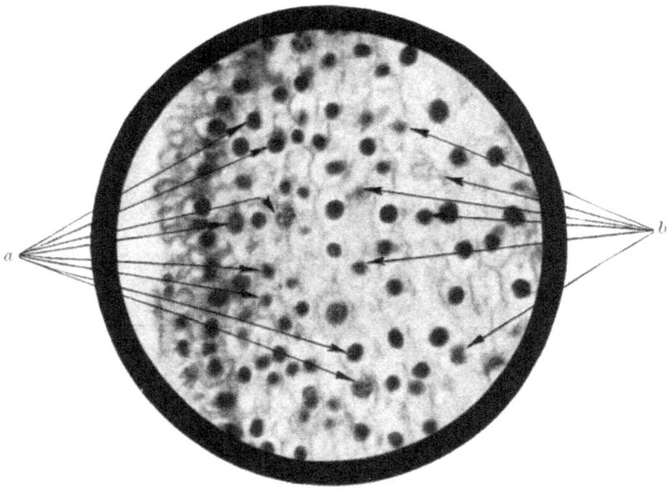

Abb. 46. Teil eines Wurzelquerschnittes. a = Reife Kerne, werden bei der Zählung berücksichtigt, b = Kerne in Rückbildung, werden bei der Zählung nicht berücksichtigt (nach REITER und GABOR).

dann aber wird die Zelle wieder kleiner, während der Kern sich vergrößert und in die Mitte rückt, um sich schließlich zu teilen“. Diese Vorstellung erscheint den Autoren so unwahrscheinlich, daß sie sich für die uns bereits bekannte Alternative entscheiden, laut welcher die Phasen 4 aus dem Zyklus ausscheiden. Streng genommen ist aber nur die eine Annahme wenig wahrscheinlich, nämlich, daß eine Zelle des Meristems wieder kleiner werde. Daß aber die Evolution des Kernes allerverschiedenste Wege einschlagen dürfte, ist durchaus nicht ausgeschlossen. Der Beweis, daß „geschrumpfte Kerne“ stets abnorm langen Zellen angehören, könnte nur auf statistischem Wege an ausgedehntem Material erbracht werden, von dem wir bei den Autoren nichts erfahren. Daß auch sehr lange, bereits in Streckung begriffene Zellen noch in Mitose treten, hatte ich bereits vor Jahren geschildert. Betrachtet man die Photographien der Verfasser, so sieht man, daß die etwaigen Unterschiede jedenfalls zu subtil sind, um in einer derart wichtigen Frage zu entscheiden Wir müssen daher, wie ich glaube, zwischen dem an sich beachtenswerten Gedanken der Autoren, auf dem sie die Auffassung des Induktionseffektes aufbauen und ihrer Beweis-

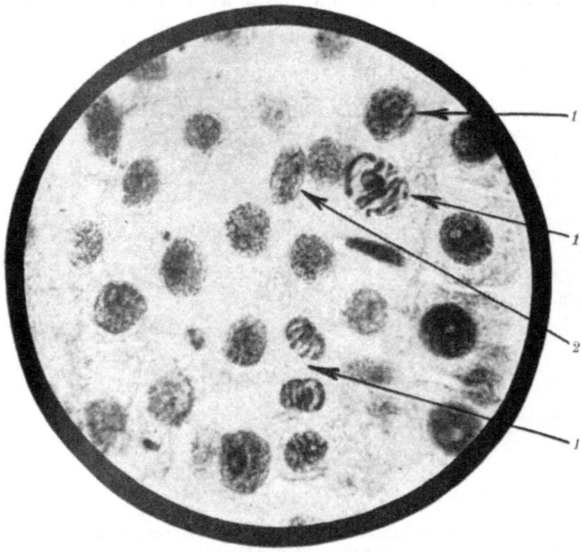

Abb. 47. Teil des Periblems und Dermatogens im Längsschnitte. *1* = Reife und in Teilung begriffene Kerne, *2* = „Ruhekerne“ (nach REITER und GABOR).

führung streng auseinander halten. Das rein histologische Bild, wie es uns von den Verfassern geschildert wird, gibt unseres Erachtens keine Gewähr dafür, daß Zellen, die sonst einer Teilung nicht mehr fähig waren, unter dem Einfluß der mitogenetischen Induktion sich gewissermaßen verjüngen, d. h. in den Zyklus eintreten. Viel schwerer ins Gewicht fallen dagegen gewisse Figuren der Verfasser, vor allem der in Abb. 48 ihrer Arbeit dargestellte Querschnitt. Daß der Ausschlag, der hier aus der Anzahl *aller* Kerne herausgelesen werden kann, direkt in die Augen springt, braucht nicht erst bewiesen zu werden. Die einzige mögliche Deutung des nur einstündigen Versuches ist wohl die von den Verfassern gegebene:

Die Induktion hemmt das Streckungswachstum der Zellen, das an der induzierten Seite ungehemmt vor sich geht. Die Zellen an der induzierten Seite sind daher kürzer als an der abgewendeten, folglich auch ihre Kerne gewissermaßen dichter gesät. Hier hätten wir auf alle Fälle ein sicheres Zählkriterium und daher auch einen sicheren Effekt. Die Verfasser verwickeln sich aber in einen gewissen Widerspruch, indem sie als Regel nicht die *Anzahl* der Kerne auf beiden Schnitthälften schlechtweg, sondern nur sogenannte

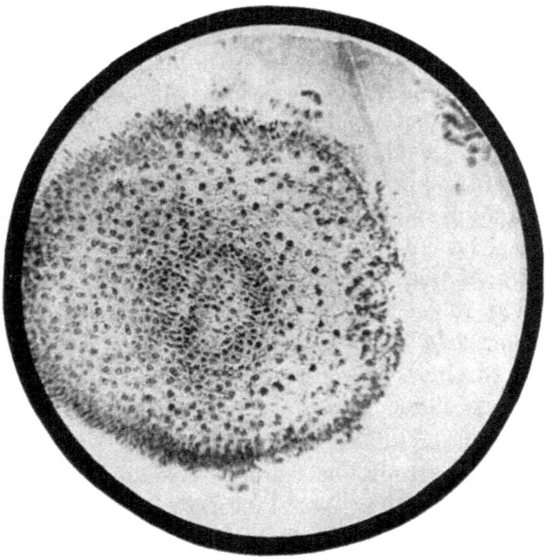

Abb. 48. Vgl. Text.

„reife“ Kerne zählen. Ihre Versuchsprotokolle bergen daher in diesem Punkte eine gewisse Unklarheit.

Ein weiterer wichtiger Punkt ihrer Auffassung des Induktionseffektes ist, daß der „Ausschlag sich zusammensetzt aus Zellteilungsförderung an der zugewendeten und aus einer Zellteilungshemmung an der abgewendeten Seite“.

Die Verfasser stützen sich auf Erfahrungen zweierlei Art.

Erstens auf den sogenannten *Konzentrationseffekt*, der darin bestehen soll, daß der positive Ausschlag bei der Induktion eine viel schmälere Zone des Meristems in Beschlag nimmt als man es auf Grund des anzunehmenden Strahlenganges annehmen könnte.

Wird jedoch der der Induktionsquelle gegenüberliegende Bezirk des Detektors durch Vorschalten eines horizontalen Drahtes abgeschirmt, so findet man zwei kräftige, durch die „Schattenzone" getrennte Ausschläge, als Zeichen dafür, daß die vorangehende Konzentration, d. h. Einengung des Effektes, nicht an der mangelnden Reaktionsfähigkeit des Gewebes des Detektors lag, sondern daß gewissermaßen ein Entweder-oder in dem Sinne vorliegt, daß ein Erfolg an einem Orte den möglichen Erfolg andererorts wettmacht.

Die Verfasser glaubten weiter die bedeutungsvolle Wahrnehmung gemacht zu haben, daß der Ausschlag, also der Unterschied zwischen zu- und abgewendeter Schnitthälfte, sich folgendermaßen zusammensetzt: *Erhöhung* der Zahl der „reifen" Kerne auf der zugewendeten Seite, *Abnahme auf der abgewendeten Seite.* Eine zwanglose Deutung dieser Befunde suchen die Verfasser in folgender Annahme: „Damit die mitogenetischen Strahlen ihre Wirkung hervorrufen können, ist die Einwirkung einer chemischen Substanz auf die Zelle erforderlich. Diese Substanz ist in der Zwiebelwurzel in begrenztem Maße vorhanden, oder sie strömt dem wachsenden Gewebe in begrenztem Maße zu. Das Ausmaß der Wirkung der mitogenetischen Strahlen wird begrenzt durch die zur Verfügung stehende Menge dieser Substanz."

Die Begründung dieses schwerwiegenden, neue Ausblicke eröffnenden Satzes durch die Autoren erscheint mir völlig unzureichend, da die Deutung ihrer Protokolle recht willkürlich ist.

Die Verfasser behaupten, durch Abzählung sämtlicher „im Zyklus" befindlicher Kerne und graphische Darstellung ihrer Summe glatt verlaufende, gegen die Wurzelspitze ansteigende Kurven erhalten zu können, die sie jeweils den tatsächlichen Zahlen einer gegebenen Wurzel interpolieren und ziemlich regelmäßig die Zahlen der nicht induzierten Hälfte als *unterhalb* dieser Kurve gelegen zu finden glauben. Wie wenig ihre tatsächlichen Befunde die Berechtigung zu derartigen Konstruktionen gewähren, möge an einem der von den Verfassern selbst ausgesuchten Beispiele erörtert werden. Wenn wir zunächst das Diagramm des Versuchs (Abb. 49 A) betrachten und die Zahlenreihe bzw. die nachfolgenden Angaben zusammenstellen, so ergibt sich, daß beide gerade an der kritischen Stelle abbrechen. Denn die interpolierte Kurve ist in ihrem höchsten Punkte gerade auf den *singulären* Punkt gerichtet, wo die beiden

Zahlen annähernd übereinstimmen (109 und 98). Im Text heißt es dagegen: „Darauf folgen vier Schnitte mit sehr großen Ausschlägen,

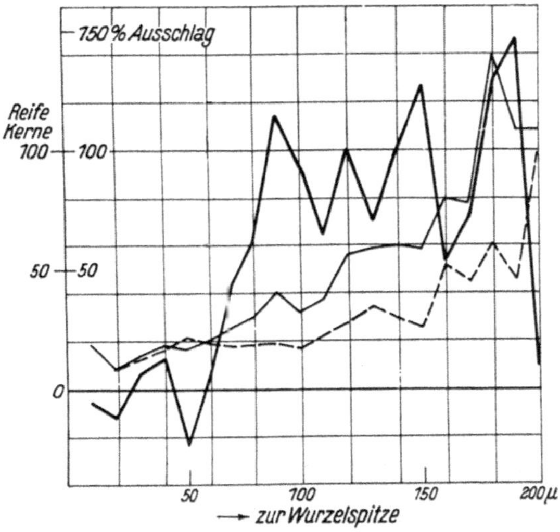

A

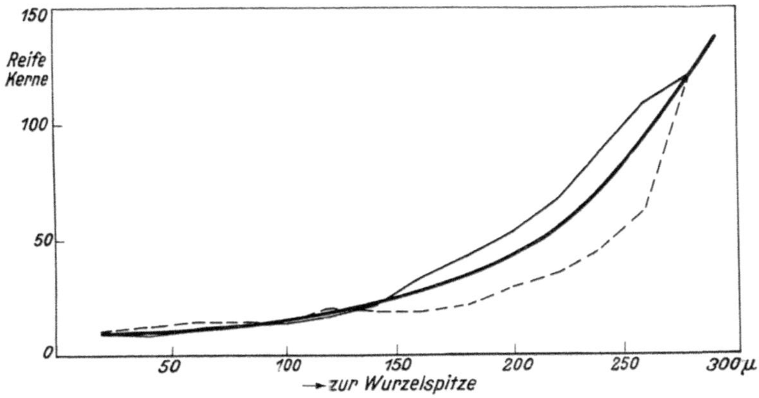

B

Abb. 49. Kurven eines Induktionsversuches (A) und Interpolation der „Wachstumskurve" (B), aus der sich das Defizit an der nichtbestrahlten Seite ergeben soll (nach REITER und GABOR)

dann gleicht sich der Unterschied aus". Eine Interpolation der Kurve ohne Berücksichtigung gerade dieser 4 Schnitte dürfte indessen kaum gestattet sein. Aber auch die Durchsicht der übrigen zahlreichen Diagramme mit deutlichen Ausschlägen gibt meines Erachtens keine Berechtigung, von einem merkbaren Defizit an der nichtbestrahlten Seite im Vergleich zur Norm zu sprechen und daraus die so weitgehende Schlußfolgerung zu ziehen[1].

Die auf Grund unserer Befunde an abgeschnittenen Wurzeln gegebene *Deutung* des mitogenetischen Effektes haben durch die schönen Untersuchungen Barons einen direkten Beweis und sogar eine unmittelbare Evidenz erhalten.

Baron ging von alten, zum völligen Stillstand gekommenen Hefekulturen aus, die er bei hoher Verdünnung (von etwa 8000 bis 10000 Zellen pro Kubikzentimeter) im Hängetropfen der Induktion aussetzte und den Rhythmus der „Wiederbelebung" derselben mit dem Kontrolltropfen verglich. Indem er auf den Zeitpunkt

Tabelle 141. Induktion einer Tropfkultur der *Nadsonia fulvescens*. Sender: eine 10stündige Agarkultur derselben Art (nach Baron).

Zeit in Stunden	Prozentsatz der isolierten Formen in Kontrolle	Prozentsatz der isolierten Formen in induzierten Tropfen	Differenz
0	26	27	−1
5	26	18	8
8	26	14	12
12	20	4	16
16	19	1	18
19	18	2	16
23	16	0,5	15,5
27	15	0,5	14,5

[1] Es wurde schon von Rossmann darauf aufmerksam gemacht und auch von uns gelegentlich hervorgehoben, daß auch in unserem Versuchsmaterial nicht selten die von Reiter und Gabor hervorgehobene Erscheinung eines relativen Defizits der Mitosenzahlen an der abgewendeten Seite im Gebiete des Induktionseffektes auftritt. Aber abgesehen davon, daß es sich um höchstens die Hälfte aller Fälle handelt und schon darum die Erscheinung nicht zum Wesen des Induktionseffektes gehört, scheint eine Erklärung in einem anderen, viel einfacheren Umstande zu liegen. Der Induktionseffekt pflegt auf einige zentrale Schnitte zu fallen, wo das Plerom in voller Breite getroffen wird, und da, wo es vom Periblem scharf abgesetzt war, in vielen Versuchen nicht mitgezählt wurde. In den außerhalb der Induktion gelegenen Bezirken, wo das Plerom gar nicht oder nur in Andeutungen vorliegt, mußte die Wurzel stets optisch vollständig halbiert werden, daher die größere Mitosenzahl im Vergleich zu den vorangehenden Schnitten.

des Auftretens der ersten Sprossungen hier und da achtete, konnte er einen gewaltigen zeitlichen Vorsprung der induzierten Kultur nachweisen, die sich am klarsten aus der Tab. 141 ergibt (vgl. Abb. 50).

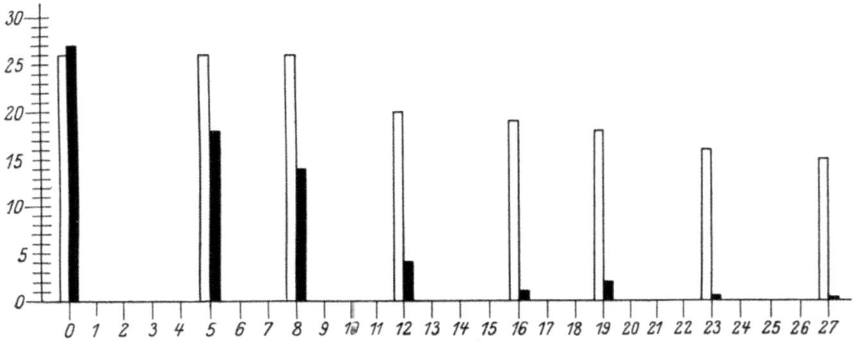

Abb. 50. Kurve zur Tabelle 141.

Dieser initiale Vorsprung akzentuiert sich im Laufe der Weiterentwicklung der beiden Tropfenkulturen immer mehr und führt etwa gegen das Ende des 3. Tages zu einem mit unbewaffnetem Auge konstatierbaren „Makroeffekt".

Tabelle 142. Protokoll eines Versuches dauernder Fremdinduktion einer Tropfenkultur von *Saccharomyces ellipsoideus*. Sender: ein 29stündige Bierwürzekultur der *Nadsonia* (nach BARON).

Zeit in Stunden	Isolierte Formen in Kontrolle	Isolierte Formen in induz. Tropfen	Differenz
0	100	100	0
4	100	100	0
5	98	87	11
8	85	67	18
11	50	38	12

5 Stunden nach Beginn des Versuches, bei Betrachtung beider Tropfen unter geringer Vergrößerung, wurde eine Differenz in der Zellenzahl zugunsten des induzierten Tropfens gefunden. Nach 70 Stunden wird der *Makroeffekt* mit bloßem Auge sichtbar. Das Induktionsfleckchen ist etwa $1^1/_2$mal so groß wie das Kontrollfleckchen. Nach 96 Stunden sind beide Flecke bedeutend dichter geworden.

Die prinzipielle Wichtigkeit der Befunde BARONS veranlaßt uns, eine größere Anzahl seiner photographischen Aufnahmen zu reproduzieren (Abb. 51, 52 und 53).

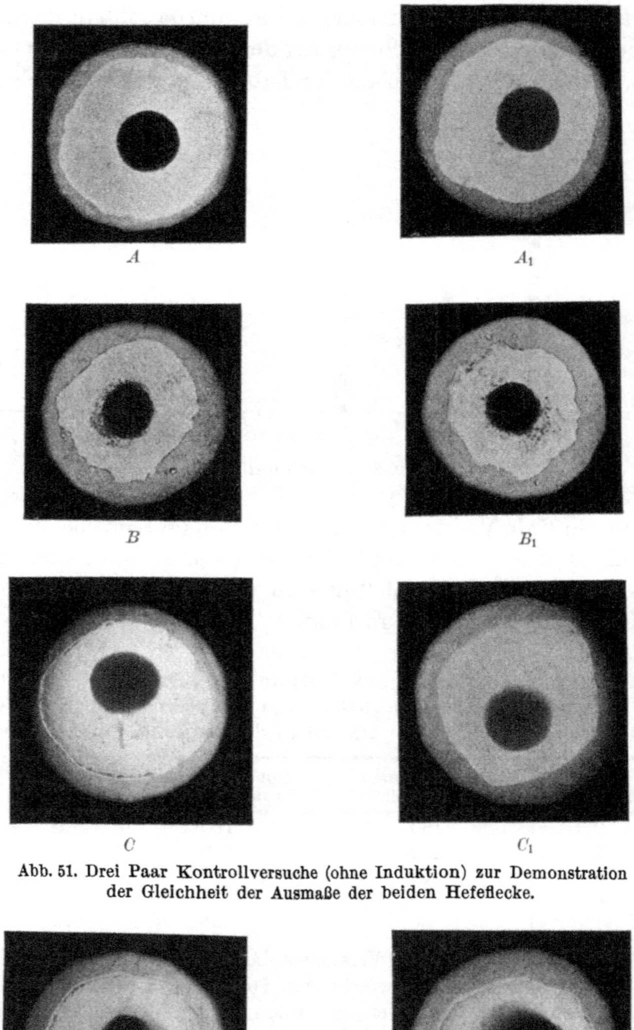

Abb. 51. Drei Paar Kontrollversuche (ohne Induktion) zur Demonstration der Gleichheit der Ausmaße der beiden Hefeflecke.

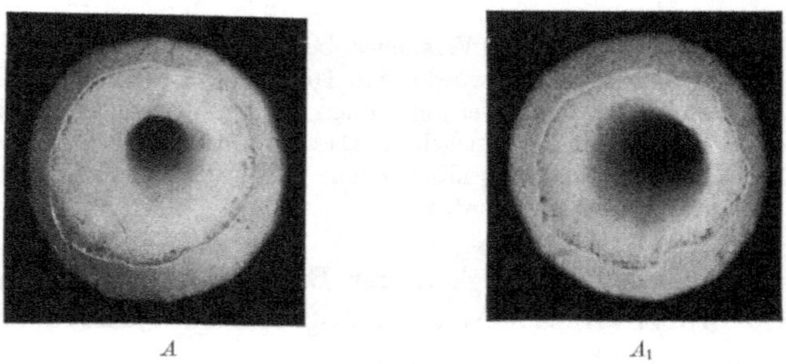

Abb. 52 *A*.

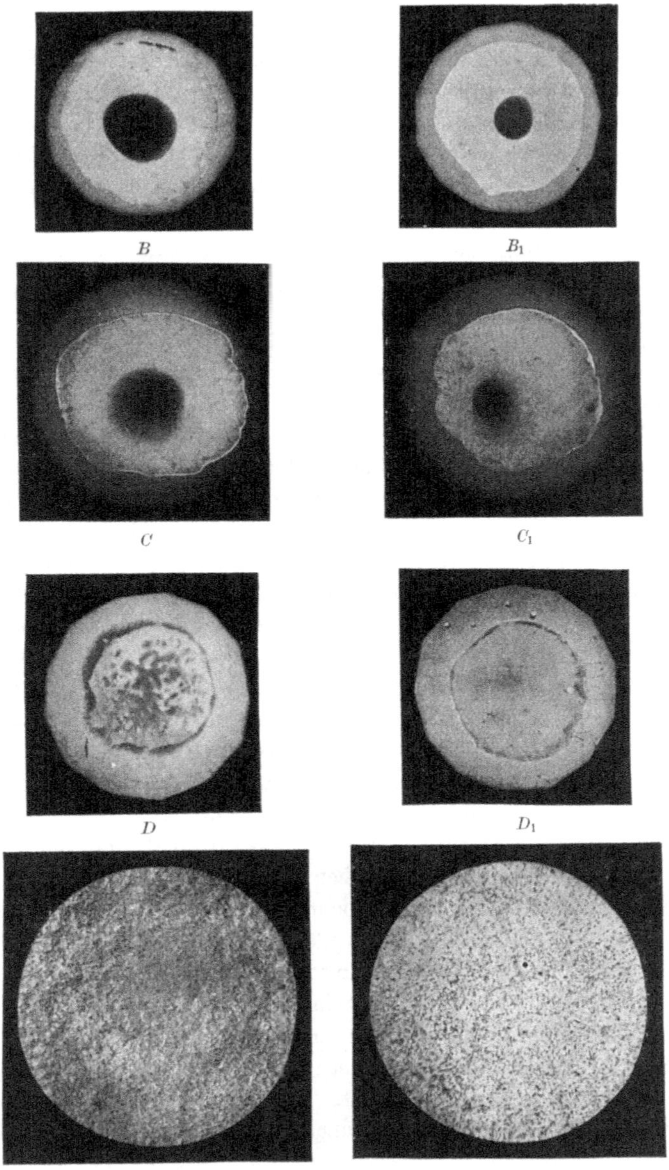

Abb. 52 *B—D*.

Abb. 52. Induktionsversuche; links Induktion, rechts Kontrollen. *a* Zentrale Bezirke von D und D bei starker Vergrößerung.

Man kommt zu analogen Resultaten auch mit Hefekulturen, die bereits in voller Vermehrungstätigkeit begriffen sind. Es wird im weiteren gezeigt werden können, daß unter den üblichen Induktionsverhältnissen, kurze Zeit nach Abschluß des Versuches, der Zunahme der Sprossenzahl, eine solche der Individuenzahl in der Kultur nachfolgt, woraus mit Sicherheit gefolgert werden kann, daß ersteres Phänomen einer tatsächlichen Stimulation der Sprossung (der Teilung) gleichkommt. Durch das durch BRAINESS eingeführte Myzetokritverfahren (S. 16, Abb. 6) gelangt man auch hier zum Makroeffekt.

Anmerkung bei der Korrektur. Dieses Verfahren hat sich indessen derart bewährt, daß es die Zahlungsmethoden immer mehr verdrängt.

Weniger deutlich, aber immerhin positiv können auch Induktionsversuche an ganz kleinen Hefekolonien, aus nur wenigen, einzeln abzählbaren Individuen sein. So wurden z. B. von STRELIN Hefezellen der *Nadsonia fulvescens* auf einem Quarzdeckglas in feuchten Kammern ausgesät, ein Teil der Tropfen wurde durch Agarkulturen der *Nadsonia* induziert. In den induzierten Tropfen, sowie in den Kontrollen wurde der Zuwachs der Zellenzahl in bestimmten gleichen Zeitabschnitten berechnet. Es erwies sich, daß sich die Vermehrung der *Nadsonia* anfangs beschleunigt, später aber wieder ausgleicht. Im ganzen wurden 2094 Zellen in Kontrollen und 1746 in Induktionskulturen beobachtet. Alle Versuche ergaben ein positives Resultat der Induktion. Der Induktionseffekt betrug durchschnittlich 16,5%.

Anmerkung bei der Korrektur. NAKAIDZUMI und SCHREIBER konnten auch bei diesen Versuchen (ebensowenig, wie bei ihren Versuchen mit Mutoinduktion), zu keinem positiven Resultat gelangen. Durch eine vorgefaßte Ansicht geleitet, daß Kulturen im flüssigen Medium (Bierwürze) infolge starker Absorption des kurzen Ultraviolett zur Induktion ungeeignet sind, haben sie Hefezellen auf dünne Agarfilme ausgesät und durch eine Quarzlamelle einige Stunden induziert. Die Abzählung kleiner induzierter und Kontrollgruppen ergab keinen Induktionseffekt. Derartige negative Ergebnisse können natürlich gegen die durchaus eindeutigen schönen Ergebnisse von BARON, denen sich neuerdings die mit dem Myzetokrit von BRAINESS gewonnenen hinzugesellen, keinesfalls aufkommen. Die Gründe des Mißerfolges können natürlich die allerverschiedensten sein. Es sei z. B. nur darauf hingewiesen, daß nach unseren, mehrmals von uns erwähnten Erfahrungen, bei weitem nicht alle Quarzlamellen für die minimalen Intensitäten des biologischen Ultraviolett genügend durchlässig sind. Es ist absolut unerläßlich, jede neue Lamelle einer speziellen *biologischen* Prüfung zu unterwerfen, d. h. mit ihr einen klassischen Induktionsversuch auszuführen. So wurde z. B. die von STRELIN gebrauchte Lamelle von BARON mitogenetisch vorgeprüft. Daß auch noch manche andere Momente störend eingreifen konnten, versteht sich von selbst.

Der mitogenetische Effekt am Kornealepithel, so schön und sicher er an sich auch ist, gab bis vor kurzem keine näheren Anhaltspunkte für einen direkten Beweis, daß es sich um echte Stimulation der Vermehrungsintensität handelt. Es konnte dies mit einem allerdings, wie wir glauben, hohen Wahrscheinlichkeitsgrad erschlossen werden.

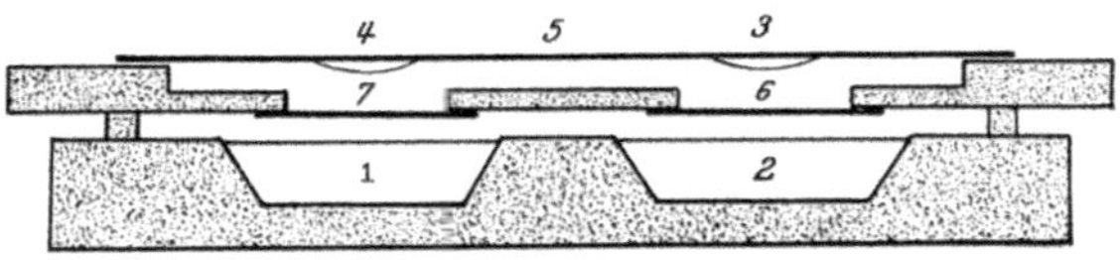

Abb. 53. BARONs Versuchsanordnung. *1* und *2* = *Nadsonia*-Bierwürzekulturen (Strahlungsquellen). *3* und *4* = Zwei Tropfen der Detektorkulturen. *5* = Deckglas. *6* und *7* = Glas und Quarzlamelle

An positiven Effekten liegen hier die Befunde von L. GURWITSCH und ANIKIN vor, denen eine Nachprüfung von A. NAVILLE nachfolgte.

Von den ersteren Autoren wurden Augen von Fröschen, Tritonen und Ratten benutzt. Induziert wurde sowohl mit Spektrallicht (Streifen 2030 Å.) als auch mit Hefekultur, mit Zwischenschaltung einer Quarzplatte. *Triton* und Ratte ergaben stets Übergewichte an der induzierten Kornea, beim Frosch wurden neben sehr bedeutenden, ja enormen Induktionseffekten, auch mehrere Fälle mit einem Defizit an der bestrahlten Seite festgestellt. Die spätere Erfahrung zeigte, daß man es wohl mit dem Übergang zur depressiven Wirkung zu tun hatte, da die Belichtungszeit (4 Minuten, Quelle — Aluminiumfunkenstrecke) offenbar übermäßig war.

Neuere Untersuchungen brachten hier einen wohl eindeutigen Beweis, daß es sich gegebenenfalls um echte Pluseffekte handelt, da man bei längerer Bestrahlung Defizite an der bestrahlten Kornea erhält, die natürlich nur als Depression gedeutet werden können.

Tabelle 143. Induktion der linken Kornea (nach ANIKIN und L. GURWITSCH).

Anzahl der Mitosen		Differenz	in %	Induktionsquelle
Links	Rechts			
		A. Triton.		
54	27	+27	100	Spektrallinie 2030
134	66	+68	100	
130	51	+79	150	
50	30	+20	68	
53	38	+15	40	
74	52	+22	38	
16	23	− 7	−30	
		B. Ratte.		
3086	1944	+1142	78	Spektrallinie 2030
3312	2050	+1162	60	
1644	1187	+ 457	40	
440	196	+ 244	123	Hefekultur
2593	1578	+1015	70	Hefekultur mit Zwischenschaltung einer Quarzplatte
		C. Frosch.		
277	108	+ 169	158	Spektrallinie
3200	2070	+1130	50	
615	333	+ 282	85	
885	221	+ 664	300	
695	205	+ 490	240	
182	89	+ 94	106	
445	169	+ 276	460	

Stellt man sich auf den Standpunkt, daß der mitogenetische Ureffekt, wie er zur bisherigen Darstellung kam, sich darin erschöpft, daß eine bestimmte Anzahl von Zellen zur *vorzeitigen* Teilung schreitet, so gehören auch die Erfahrungen an verschiedenen Seeigelarten, die wir MAXIA (unter CASTALDI) und ZIRPOLO verdanken, ebenfalls in diese Kategorie.

Die Furchung dieser Eier läßt sich durch mitogenetische Induktion hochgradig beschleunigen. Von den 32 Versuchen MAXIAS seien einige in dem vom Verfasser selbst gegebenen Auszuge mitgeteilt (Tabelle 144).

In einem Versuch, den Verfasser selbst als den gelungensten bezeichnet, befand sich in der induzierten Kultur nach 4stündiger Bestrahlung mit Wurzeln von *Vicia faba* 86% der Eier im Zweizellenstadium gegen 0% in Kontrolle, nach weiteren 15 Stunden 100% gegen 12%. Nach 24 Stunden waren die Eier der bestrahlten Kultur im 64-Zellenstadium und mehr und „moltissime gia gas-

Tabelle 144. Induktion der Seeigeleier mit Wurzeln von *Allium*, *Vicia* (nach MAXIA).

Blastomerenzahl	Anzahl der Eier: in induzierter Kultur (J) und Kontrolle (K)					
	J	K	J	K	J	K
Ungefurcht	7	24	5	26	9	26
2 Blastomeren	7	35	4	30	15	30
4 „	28	35	22	40	30	40
8 „	37	7	42	4	35	4
16 „	21	0	27	0	11	0

trule“, während die Mehrzahl der Eier der Kontrolle sich noch im Stadium von acht Blastomeren befanden.

Ähnlich lauten auch die Ergebnisse der Versuche von ZIRPOLO, der mit verschiedenen Seeigeleiarten experimentierte und als Strahlungsquelle verschiedene Arten leuchtender Bakterien und auch eine *Penicillium*-Art benutzte.

Durch Kontrollversuche konnte sich der Verfasser überzeugen, daß sichtbares Licht (sowohl natürliches, wie auch von luminiszierenden Stoffen herrührendes) das Entwicklungstempo, wenn überhaupt, so nur sehr schwach beeinflußt.

Die Empfindlichkeit verschiedener Seeigelarten für mitogenetische Ausstrahlung variiert ziemlich beträchtlich. Am empfindlichsten sind Eier von *Paracentrotus lividus*.

Tabelle 145. Induktionsergebnisse mit Seeigeleiern als Detektor (nach ZIRPOLO).

Eiart: *Paracentrotus lividus*. (Die Zahlen sind berechnet pro Tausend.

Induktion		Ungeteilt	Kontrolle		Ungeteilt	Induktionsquelle
4	2		4	2		
Blastomeren			Blastomeren			
17	875,52	107,47	34 81	139,45	825,74	*Bacillus Pierantonii* (2stündige Kultur).
	647,26	352,74		255,1	744,9	
	651,5	348,5				
6	953,79	40,21		300	700	Junge Kulturen der gleichen Art.
1	946	53				
3,4	813,51	183,22				
117	824,52	58,88				
7,38	963,1	29,52	Kontrolle im Dunkeln			
				22,05	977,95	
9,98	951,48	39,44	Kontrolle im diffusen Licht			*Penicillium*
			39,29	257,29	703,92	
0	831,4	168,6				

Einige Versuchsprotokolle von ZIRPOLO sind im Auszuge in der Tabelle 145 wiedergegeben.

Zu prinzipiell analogen Ergebnissen gelangten auch POTOZKY, SALKIND und ZOGLINA, die an *Saccocirrus*-Eiern experimentierten und als Strahlungsquelle das Froschherz benutzten, welches auf einer Quarzplatte ruhte, die dicht oberhalb der Wasseroberfläche des Behälters aufgestellt wurde.

Tabelle 146. Induktion von *Saccocirrus*-Eiern mit Froschherz. Zustand der Kulturen nach Abschluß des Experimentes. (Die Anzahl der Eier betrug in den meisten Experimenten etwa je 120—150 in der induzierten und in der Kontrollkultur.)

Überschuß der Eier im Stadium höher als 8 Blastomeren im Vergleich zur Kontrolle	Überschuß der überhaupt gefurchten Eier im Vergleich zur Kontrolle	Überschuß der Eier im Stadium höher als 8 Blastomeren im Vergleich zur Kontrolle	Überschuß der überhaupt gefurchten Eier im Vergleich zur Kontrolle
	(Nur Differenzen in % angegeben)		
2,6	27	26	28
4,3	36	—	16
—	12	25	23
1	16	—	17
—	−1	15	19
—	−11	—	9
23	24	32	29
17	6	7	−10
—	6	—	11
26	24	5	−3
—	5	—	3
32	33	11	−7
—	−1	7	6
27	17	—	20
—	12	—	−3
18	22	21	15
—	11	14	19
20	32	—	−3
—	5	1	13
31	31	27	33
—	6	—	15
13	16	9	24
—	16	15	21
14	21	16	17

Die Beurteilung dieser Befunde an den verschiedenen Eiarten kann indessen nur mit einem gewissen Vorbehalt geschehen, sofern es sich möglicherweise nicht nur um Vorzeitigkeit des jeweiligen

Furchungsschrittes, sondern auch um Beschleunigung des Teilungsablaufes selbst handeln könnte, was durch die bisherigen Untersuchungen noch nicht klargelegt werden konnte.

b) Steigerung der Vermehrungsintensität als mitogenetischer Effekt.

Es wurden bereits im vorangehenden die Gründe auseinandergesetzt, warum der in der Überschrift bezeichnete Effekt gesondert für sich, unabhängig von dem mitogenetischen Ureffekt behandelt werden muß. Wir werden uns im nachfolgenden überzeugen, wie sehr diese Unterscheidung notwendig ist.

Die Pionierarbeit im Nachweise der Zunahme der Individuenzahl durch mitogenetische Induktion gehört L. SEWERTZOWA, die ihn an Bakterienkulturen erbrachte. Es wurden verdünnte Bouillonaufschwemmungen verschiedener beweglicher Bakterienarten benutzt, die in kleine Behälter kamen, deren Boden aus kristallinischem Quarz bestand und durch eine Scheidewand in zwei Hälften geteilt wurde. Der Boden der einen Hälfte wurde von außen mit Stanniol beklebt, durch den freiliegenden Quarzbezirk drangen die mitogenetischen Strahlen von verschiedenen, unter dem Behälter befindlichen Strahlungsquellen durch. Als solche wurden Kulturen der Hefeart *Nadsonia*, tetanisierte Froschmuskeln, Froschherzen und Milzen benutzt. Nach entsprechender Exposition wurden die Kulturen während etwa 2 Stunden der Vermehrung überlassen und darauf nach den üblichen Zählmethoden die Zählungen der Individuen in der induzierten und in der Kontrollkultur vorgenommen. Ein Auszug aus den Versuchsprotokollen findet sich in Tabelle **147**. Der Induktionseffekt ist zwar nicht absolut konstant, aber jedenfalls ganz unverkennbar und in vielen Fällen sehr bedeutend.

Tabelle 147. Induktionseffekt bei Bestrahlung der Bakterienkulturen mit der Hefeart *Nadsonia* (*Bac. mesentericus fuscus* und *Bac. lactis aerogenes*) (nach SEWERTZOWA).

Induktionseffekt in %	Induktionseffekt in %
13,3	− 6,1
24,2	25,5
43,3	20,0
28,8	− 12,0
− 7,5	25,3
121,1	25,2
59,8	19,3

Tabelle 148. Induktionseffekte mit Froschmuskeln (nach SEWERTZOWA). Detektor: *Bac. megatherium.*

Muskelart	Expositionsdauer (Min.)	Dauer der Weiterzucht nach Exposition	Induktionseffekt in %
4 Sartorii *	1	6 Std. 30 Min.	40,09
Sartorius	2	2 „	122,1
„	2	2 „	68,6
Triceps	2	2 „ 30 „	52
2 Sartorii	3	2 „	146,6
4 „	3	4 „	77
4 „ **	3	6 „ 30 „	31,36
4 „ * (abgetötet)	1	6 „ 30 „	-1,1
4 Sartorii (abgetötet) **	3	6 „ 30 „	3,9

Mit * bzw. ** sind die gleichen Muskeln bezeichnet.

Induktionseffekte mit Froschherzen. Detektor: *Bac. megatherium.*

3 Herzen *	1	5 Std. 15 Min.	9,8
3 „ *	2	3 „ 15 „	21,6
3 „ **	3	3 „	91,4
3 „ ***	4	8 „	35,8
3 „	6	3 „	24,4
3 „ ***	8	6 „	14,7
3 „ **	10	4 „	42,9
3 „ *	40	4 „ 15 „	4,8
4 „	20	3 „	6,5

Die *, **, *** bezeichnen jeweils den gleichen Induktor.

Induktionseffekte mit Froschmilzen. Detektor: *Bac. megatherium.*

3 Milzen	10	5 Std.	65,8
4 „	15	4 „ 15 Min.	13,1
5 „	10	4 „	28,3
5 „	5	4 „	22,8
5 „	20	2 „ 45 „	-0,9
5 „	7	2 „ 30 „	-4,0

Zu gleichen Ergebnissen gelangte auch ACS. Die Bestimmung der Bakterienzahl wurde von dem Verfasser nach der allgemein üblichen Methode der Aussaat und Abzählung der Einzelkolonien vorgenommen. Als Strahlungsquellen wurden *Saccharomyces cerevisiae*, *Bac. aerogenes lactis*, als Detektoren Bouillonkulturen von *Bac. murimors* und *ratimors* benutzt. Mit *Bac. murimors* wurden auch Mutoinduktionsversuche ausgeführt. Die Ergebnisse sind tabellarisch zusammengestellt.

Tabelle 149 (nach Acs).

Induktion mit Hefe- und Bakterienkulturen.

Detektor: *Bac. murimors* und *ratimors*.

Induktionseffekte: 43%, 42%, 25%, 41%, 49%, 36%, 33%, 19%, 36%, 46%, 42%, 40%.

Mutoinduktion (*Bac. murimors*) alternierend mit *Saccharomyces* als Induktor.

M = Mutoinduktion, S = *Saccharomyces*, P = Paratyphus.

	Induktionseffekt in %		Induktionseffekt in %
I. M	45	IV. M	51
S	22	S	43
II. M	55	V. M	67
S	15	P	16
III. M	26	VI. M	76
S	18	P	60

Die üblichen bakteriologischen Zählmethoden, die von Sewertzowa und Acs benutzt wurden, wurden von Frank durch eine rein optische nephelometrische Methode ersetzt. Die Lichtstreuung eines von einer Lichtpunktlampe ausgehenden Bündels durch die induzierte und die Kontrollkultur wurde mittels Photozellen gemessen und der Ausschlag an einem Saitenelektrometer beobachtet, vgl. S. 17 Abb. 5. Die Ergebnisse stehen in voller Übereinstimmung mit denjenigen der vorangehenden Autoren.

Tabelle 150. **Induktion mit Bakterien als Detektor, nephelometrisch gemessen** (nach Frank).

Strahlungsquelle	Anzahl der Versuche	Induktionseffekt (Mittelwerte) in %
Blut	7	37
Hefe	4	38
Spektralstreifen 2537	11	28

Von besonderem Interesse sind Franks Ermittlungen über den Umschlag des Induktionseffektes bzw. Depression, über die im Abschnitt c berichtet wird.

Es versteht sich von selbst, daß Bakterien für eine nähere Analyse des Herganges der Steigerung der Vermehrungsintensität ungeeignet sind.

Desto bedeutungsvoller sind in dieser Hinsicht die Befunde an Hefekulturen, wie sie namentlich aus den neueren Untersuchungen von Salkind und Potozky und von Salkind hervorgehen.

Durch eine einfache Versuchsmethodik gelingt es, den Induktionseffekt an flüssigen Hefekulturen nicht nur durch Abzählung der Sprossenzahl (Sprossungseffekt), sondern auch der Individuenzahl (Vermehrungseffekt) festzustellen, wobei sich die eigenartige Tatsache ergibt, daß je nach Umständen die beiden Effekte gleichlautend oder auch einander widersprechend sein können.

Die Grundzüge der von den beiden Verfassern ausgearbeiteten Versuchsanordnung sind folgende:

Zwei Tropfen einer Bierwürzehefekultur (*Saccharomyces ellipsoides*) werden in je eine Kapillarkammer eingeführt, die an einer gemeinsamen Achse angebracht sind und während der Exposition in langsame Rotation versetzt werden[1] Abb. 2 (S. 15). Die Konzentration der Kulturen beträgt am zweckmäßigsten etwa 100 000 pro Kubikmillimeter. Nach der Exposition werden mittels Mikropipetten zwei genau abgemessene gleiche Tropfen entnommen und in kleinen, genau abgemessenen Mengen Bierwürze weiter gezüchtet. Nach Verlauf von 1, 2 $^1/_2$ und 5 Stunden werden Proben entnommen, mit gleichen Volumina 20%iger H_2SO_4 versetzt und in der THOMA-ZEISSschen Kammer die Individuenzahl gemessen. Die Versuchsfehler der Methodik betragen etwa 4—6%.

Ein Teil des Inhaltes der Kapillarkammern wird darin noch 1 Stunde belassen und dann in üblicher Weise zu einem Ausstrichpräparat verwertet, um den gewöhnlichen „Induktionseffekt" (Zunahme bzw. Abnahme der Sprossenzahl) mit den Zählungsergebnissen der Individuenzahl vergleichen zu können.

Je nach der Art der Strahlungsquelle und nach der gewählten Expositionszeit gelangt man dabei zu folgenden Resultaten:

1. Positiver Sprossungseffekt, Vermehrungseffekt = 0.
2. Beide Effekte positiv.
3. Sprossungseffekt negativ, Vermehrungseffekt positiv (scheinbare Depression).
4. Beide Effekte negativ (echte Depression).

Der letzte Ausgang soll im nächsten Abschnitt abgehandelt werden. Die Zusammenstellung der drei ersten Eventualitäten eröffnet uns interessante Ausblicke auf das Wesen des mitogenetischen Effektes.

[1] Es erwies sich nachträglich, daß die Rotation für die meisten Zwecke entbehrlich ist.

Tabelle 151. **Sprossungseffekte und Vermehrungseffekte an gleichen Detektoren** (nach SALKIND).

A. Rattenblut

Induktionsdauer	Sprossungseffekt in %	Vermehrungseffekt in %	Induktionsdauer	Sprossungseffekt in %	Vermehrungseffekt in %
7″	3	—		—	+46
	3	—		—	+50
15″	+23	+12		—	+123
	+41	+1	5′	−25	—
	+30	+7		−28	—
	—	+13		−23	—
30″	+17	+69		−20	+22
	+28	+47		−28	+43
	+30	—		−24	+22
	+35	—		−18	+109
	+20	—		−24	+40
1′ 30″	+5			−33	+120
	+9		10′	−35	+73
	+13			−35	—
2′ 30″	−41	+74		−30	—
	−31	+57		−33	—
	—	+69	20′	−52	—

B. Flimmerepithel (Kiemen von *Anodonta*)

Induktionsdauer	Sprossungseffekt in %	Vermehrungseffekt in %
10′	−26	+49 −8*
	−43	+32 −5*
	−26	+35 −1*

C. Kaninchenauge

Induktionsdauer	Sprossungseffekt in %	Vermehrungseffekt in %	Induktionsdauer	Sprossungseffekt in %	Vermehrungseffekt in %
15″	+34	+10			+6, −23*
		+3			+5, −28*
20″	—	+44			+1, −16*
		+2	3′		7
30″		+17			−4
		+23			−8
1′ 30″	−46	+6, −18*			−5
		−32*			−14
		−15*	4′		2
		+8, −16*			5
2′		−20*			

Mit * sind Probeentnahmen nach mehreren Stunden (über 5) bezeichnet.

Die erste Kombination ist verschiedener Auslegung fähig.

Es ließe sich denken, daß bei zu geringer Reizmenge die vorzeitig gebildeten Knospen zum Teil wenigstens abortieren und es demnach zu keiner echten Vermehrung, resp. Abknospung herangereifter Tochterzellen kommt. Für eine derartige Annahme liegt indessen keine genügende Veranlassung vor. Die scheinbare Diskrepanz findet eine viel ungezwungenere Erklärung in folgenden Erwägungen.

Der Sprossungseffekt wird als Quotient $\frac{J-K}{K}$ berechnet, wo J Sprossenzahl der induzierten, K der Kontrollkultur ist. Bei $J = 13\%$ und $K = 10\%$ wird z. B. der Induktionseffekt auf 30% berechnet. Sollte aus jeder überzähligen Knospe ein Individuum und zur richtigen Zeit die Individuenzahl abgezählt werden, so hätten wir aber nur 3% Übergewicht zu verzeichnen, was ja noch innerhalb der Variationsbreite liegt. Man sollte daher glauben, daß der Sprossungseffekt an sich überhaupt nie zu einem sicheren „Vermehrungseffekt“ führen könne, was aber wiederum nicht zutreffend wäre, und zwar aus folgenden Gründen: Der „Sprossungseffekt“ in dem von uns angewendeten Umfange (d. h. Abzählung von Knospen innerhalb gewisser, konventionell festgesetzter Intervalle) entspricht einer Zeitspanne, die man auf etwa 15—20 Minuten bemessen kann. Es ist nun die Frage, wie lange dieser Induktionseffekt währt bzw. nachgewiesen werden kann. Sollte es sich ergeben, daß man innerhalb eines längeren Zeitraumes, der ein Vielfaches von 20 Minuten beträgt, noch immer einen annähernd konstanten „Sprossungseffekt“ vorfindet, so hieße es ja, daß etwa alle 20 Minuten der Bestand an induktiv beeinflußten Zellen ein neuer wird und das Globalergebnis der Induktion nur aus einer Art Integration der im beliebig gewählten Augenblicke der Fixierung des Präparates erhaltenen Effekte gewonnen werden kann. Um hier Klarheit zu gewinnen, muß zur Konstruktion der „Zeitkurve“ des Induktionseffektes geschritten werden, was in einigen Orientierungsversuchen für die Zwiebelwurzel und in einer umfangreichen, sorgfältig durchgeführten Versuchsserie von Kurajeff an Hefekulturen geschehen ist.

Für die Zwiebelwurzeln ergibt sich das Abklingen des Induktionseffektes aus folgender kleiner Tabelle.

Tabelle 152. Nachwirkung nach Induktion.

5 Stunden nach Aufheben der Induktion . .	Induktionseffekt	= 30%
5 „ „ „ „ „ . .	„	= 39%
5 „ „ „ „ „ . .	„	= 20%
7 „ „ „ „ „ . .	„	= 4%
12 „ „ „ „ „ . .	„	= 0,5%

Fast ebenso in die Länge gezogen ist auch der mitogenetische Effekt der Hefekultur.

Tabelle 153. Induktion mit Blut (nach KURAJEFF). (Expositionsdauer 8 Minuten.) Vgl. Abb. 54.

Zeitpunkt der Probeentnahme	% an der induz. Kultur	% an der Kontrolle	Effekt in %
1. Serie: 30 Minuten	12,5	9,8	27,5
1 Stunde	15,6	9,4	66
1 „ 30 Min.	16,2	9,6	69
2 Stunden	18,0	9,0	100
2 „ 30 „	10,3	8,2	25
2. Serie: 30 Minuten	12,4	10,8	15
1 Stunde	12,2	9,1	34
1 „ 30 Min.	13,7	9,8	42
2 Stunden	13,8	9,5	44
2 „ 30 „	10,4	8,6	21
3. Serie: 20 Minuten	8,0	8,4	-6
1 Stunde	11,4	8,2	39
1 „ 30 Min.	15,6	10,0	56
2 Stunden 10 „	19,7	11,0	79
2 „ 30 „	10,2	9,6	63
4. Serie: 30 Minuten	9,0	7,7	17
1 Stunde 10 Min.	10,4	7,9	31,6
1 „ 30 „	11,3	8,2	28
2 Stunden	9,1	7,7	18
2 „ 30 „	7,6	6,9	10

Aus KURAJEFFs Tabellen ersehen wir, daß der volle „Sprossungseffekt" der Hefe in der Tat zum mindesten 2 Stunden währt. Setzen wir den mittleren Momentaneffekt auf etwa 30%, so wäre der Integraleffekt auf etwa 250% einzuschätzen. Reduzieren wir diese Zahl nach der oben angegebenen Formel Effekt $= \frac{J - K}{K}$, wo K auf 10% gesetzt wird, so erhalten wir aus dem „Sprossungseffekt" von 250% einen „Vermehrungseffekt" von etwa 25%, der sich bereits in zuverlässiger Weise registrieren ließe.

Ein richtiger „Sprossungseffekt" muß demnach, sofern man die unwahrscheinliche Annahme von abortiven überzähligen Sprossungen fallen läßt, stets auch zu einem „Vermehrungseffekte" führen, der aber erst viel später als ersterer auftreten dürfte.

Es sind aber auch andere Versuchsbedingungen denkbar, die die zweite Eventualität zur Verwirklichung bringen können, d. h.

das gleichzeitige Auftreten beider Effekte gewährleisten. Sollte schon etwa 1 Stunde nach Abschluß der Induktion ein bedeutender „Vermehrungseffekt“ (gleichzeitig mit „Sprossungseffekt“) vor-

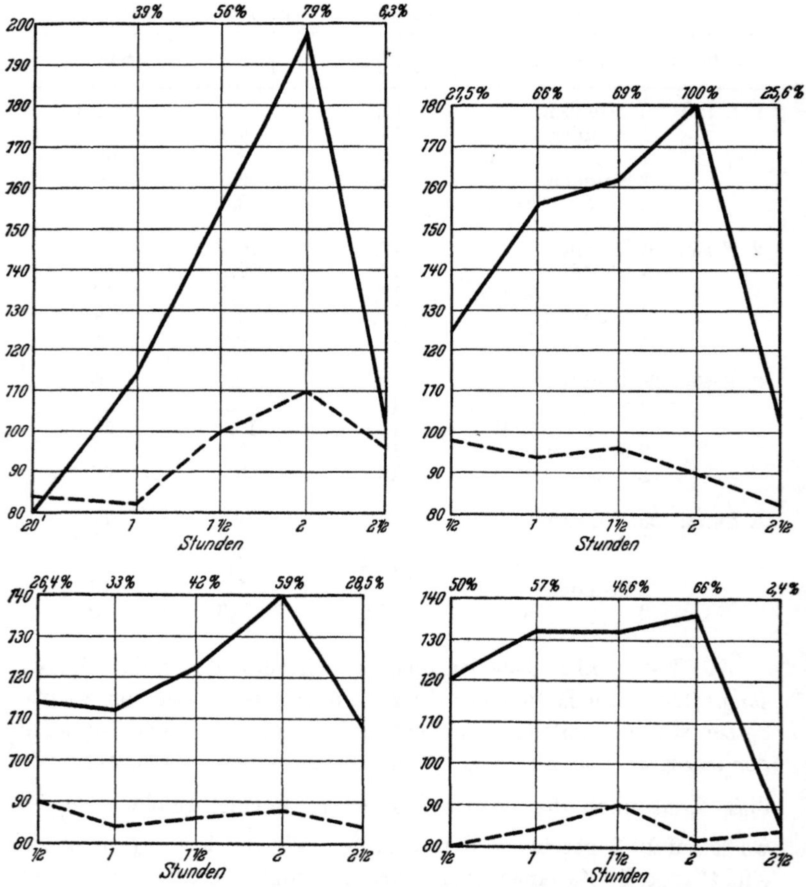

Abb. 54. Graphische Darstellung einiger Versuchsprotokolle. Ausgezogen: Induktion, Strichlinie: Kontrolle (nach KURAJEFF).

liegen, so muß gefolgert werden, daß die mitogenetische Induktion neben *vorzeitiger* Sprossung auch eine *Beschleunigung* der bereits im Gange befindlichen Sprossungen bewirkt bzw. bewirken kann.

Diese Eventualität pflegt indessen erst bei etwas längerer Bestrahlung als im ersten Falle aufzutreten, die Reizschwelle für die

Beschleunigung liegt demnach höher als für den bloßen Sprossungseffekt.

Denken wir uns die Bestrahlung noch mehr protrahiert, so wäre ein neues Verhältnis zwischen beiden Komponenten des Effektes möglich. Die übermäßige Sprossung kann versagen, ohne daß das gleiche für die Beschleunigung des Teilungstempos gilt, oder es kann auch letztere einfach überhand nehmen. Es ist leicht einzusehen, daß die Beschleunigung des Teilungsrhythmus, namentlich sofern sie sich auf die jungen Sprossungsstadien bezieht, einen Rückschlag auf den Sprossungseffekt im negativen Sinne haben, d. h. die Zahl simultan feststellbarer junger Knospen herabsetzen muß. Man käme dann zur dritten, oben angeführten Kombination, die wir als „scheinbare Depression" bezeichneten.

Für alle drei Eventualitäten lassen sich Belege in den bisherigen Versuchsergebnissen anführen.

Der schönste und unmittelbarste Beweis des Vermehrungseffektes wurde unbestreitbar durch Barons Versuche mit dem *Makroeffekt* geliefert.

Es wurden diese Versuche bereits in einem anderen Zusammenhange besprochen.

Die Vermehrung der Individuenzahl läßt sich auch an Pflanzenkeimlingen nachweisen. In diesem Sinne lassen sich eventuell wohl die Befunde von Reiter und Gabor deuten (Abb. 48).

Die Autoren nehmen an, daß unter dem Einflusse der mitogenetischen Induktion Zellen, die bereits im Begriffe waren, aus dem meristematischen Zustande herauszutreten und ihr Strekkungswachstum zu beginnen, letzteres unterlassen und noch eine Teilung durchmachen. Sie werden daher in ihrer Länge im Vergleich zu den Zellen der unbelichteten Seite zurückbleiben, was einen Rückschlag auf das Bild des Querschnittes haben muß, wo an der nicht belichteten Seite weit weniger Kerne getroffen werden, da die Zellen hier länger als die induzierten sind.

Ein direkter Beweis des echten Vermehrungseffektes scheint in den Versuchen von Zirpolo an verschiedenen Pflanzenkeimlingen vorzuliegen, die durch leuchtende Bakterien induziert wurden.

Durch die Liebenswürdigkeit des Verfassers ist uns die Möglichkeit geboten, die etwas knapp gehaltenen summarischen Angaben über seine Ergebnisse, die bisher veröffentlicht wurden, durch ausführlichere Auszüge aus seinen reichhaltigen Protokollen zu ersetzen. Die Versuche wurden stets in Serien von etwa 50 sorgfältig auserlesenen Samen (sowohl für Induktion als Kontrolle) vorgenommen. Das gesamte Versuchsmaterial ist demnach sehr bedeutend (beträgt z. B. bei *Eruca sativa* an 1000 Individuen).

Tabelle 154. Mittlere Längen der Keimlinge (Serien von je 50 Individuen).

Induktion mit leuchtenden Bakterien	Kontrollen	Induktion mit *Penicillium*
	Eruca sativa	
14,6	(im Dunkeln)	14,2
14,7	10,7	16,1
14,6	11,0	14,1
14,9	10,3	14,0
14,2	9,7	14,0
14,7	9,3	Mittel 14,4
14,6	Mittel 10,2	
14,2		
14,4	(bei diffusem Licht)	
14,3	8,3	
Mittel 14,52	7,9	
	8,0	
	8,0	
	8,1	
	Mittel 8,0	
	Cychorium intybus	
22,4	(im Dunkeln)	
22,9	14,2	
21,8	14,2	
Mittel 22,3	(bei diffusem Licht)	
	11,0	
	10,0	
	Brassica rapa	
21,0	(Im Dunkeln)	Bestrahlung mit phosphoreszierenden Substanzen)
21,5	12,6	
21,5	12,9	
19,8	(im Licht)	12,0
	15,9	12,1
	17,3	

Diese Ergebnisse gehören zu den schönsten mitogenetischen Effekten und dürften eine wichtige Grundlage für weitere Untersuchungen und Analyse bilden.

Auch für tierische Keime liegen Beispiele eines echten Vermehrungseffektes vor. Sie wurden in den Versuchen von J. und M. MAGROU und MAGROU und RIESS und CHOUCROUN erbracht. Werden Eier von Seeigelarten längere Zeit mit verschiedenen Strahlungsquellen bestrahlt, so erfolgt eine ausgesprochene Mesenchymwucherung in den Pluteistadien. Die Gesamtzahl der gebildeten Mesenchymzellen übertrifft dabei um ein Mehrfaches die Norm und scheint die vorwiegende oder möglicherweise auch einzige Ursache der gleichzeitigen schweren Mißbildungen zu sein.

Als echter Vermehrungseffekt darf schließlich auch die Stimulation des embryonalen Wachstums durch Steigerung des mitogenetischen Feldes gelten, wie sie in einem interessanten Falle von BLACHER und seinen Mitarbeitern (WORONZOWA, LIOSNER, SAMARAJEW) nachgewiesen wurde.

Es wurde von den Verfassern die rechte Extremität der Kaulquappen bestrahlt, die dabei durch ein Loch im Operkulum vorzeitig entbunden wurde. Die Länge der vierten Zehe wurde dabei mit derjenigen der anderen Extremität als Test verglichen. Die Tiere wurden in kleinen Behältern mit Quarz- bzw. mit Glasboden gehalten, wobei sie von unten durch Schwanz- bzw. Darmgewebe

Tabelle 155. Differenzen zwischen rechter und linker Zehe in Glas- und Quarzgefäßen (in Prozent).

Glasgefäße		Quarzgefäße	
− 8,0	− 7,7	− 3,4	− 2,2
0,0	− 4,0	− 7,4	0,0
−18,2	− 6,5	+12,5	− 3,0
− 3,7	− 8,9	+ 2,9	+10,4
−12,5	− 5,9	0,0	+23,0
− 7,7	− 7,9	0,0	+ 6,7
− 3,8	0,0	+10,3	0,0
− 6,7	−10,2	+10,0	+ 2,4
− 7,7	− 2,9	+ 8,0	+ 5,3
− 3,2	− 4,0	0,0	+ 5,3
0,0	− 8,1	− 5,7	0,0
		+ 4,2	0,0
Mittel = −6,5% ±0,8%		0,0	0,0
		− 3,4	0,0
		+ 3,0	11,1
		+ 3,0	3,4
		+ 7,7	+18,2
		+ 2,6	
		Mittel = 4,1% ∓ 1,1%	

von Kaulquappen in Metamorphose bestrahlt wurden. Eine Serie von 21 Tieren zeigt zunächst, daß die künstliche Entbindung an sich nicht fördernd, sondern eher etwas nachteilig auf die Entwicklung der Extremität wirkt (—6,5% ± 0,8%). Die Tiere in der Quarzkammer zeigten dagegen ein Überwiegen der entbundenen Extremität (4,1% ± 1,1%). Die Differenz zwischen den Versuchs- und Kontrollkaulquappen beträgt demnach 10,6% ± 1,4%, dürfte daher wohl kaum bezweifelt werden.

Die histologische Analyse des Resultates steht noch aus und dürfte auch schwerlich zu eindeutigen Ergebnissen führen. Man ist daher auf den Wahrscheinlichkeitsschluß angewiesen, daß es sich um Anregung der Zellvermehrung handelt.

c) Mitogenetische Depression.

Wir hatten schon im vorangehenden auf die Unterscheidung zwischen scheinbarer und echter Depression hingewiesen. Als echte mitogenetische Depression kann demnach eine tatsächliche Abnahme der Vermehrungsintensität der Zellen bei Bestrahlung bezeichnet werden, die in sicherer Weise eigentlich nur durch direkte Abzählung der Zellenzahl im Vergleich zur Kontrolle nachgewiesen, in manchen Fällen indessen mit großer Wahrscheinlichkeit auch erschlossen werden kann.

Bei echter Depression kann auch zwischen primärem und sekundärem Auftreten unterschieden werden. Letzterenfalls geht der Depression eine vorübergehende Steigerung der Vermehrungsintensität voraus, letzterenfalls bleibt eine solche überhaupt aus.

Sofern wir uns an physiologische Intensitäten der Bestrahlung halten, bei Benutzung spektraler Quellen übrigens auch das physiologische Maß bedeutend überschreiten, können wir im allgemeinen den Satz vertreten, daß die Depression nicht als Folge übermäßiger Intensitäten der Bestrahlung, sondern nur übermäßiger Reizmengen auftritt und sich offenbar bei geeigneter Versuchsanordnung durch die meisten biologischen Strahlungsquellen erzielen läßt. Es muß allerding der merkwürdige Umstand schon jetzt hervorgehoben werden, daß das Verhalten verschiedener Strahlungsquellen in dieser Hinsicht weit auseinander geht und bei manchen ein Umschlag aus dem positiven Effekt zur Depression sehr leicht und unvermittelt auftritt, bei anderen dagegen nur sehr schwer und unsicher zu erreichen ist.

Es mögen einige Beispiele von sekundärer und primärer Erschöpfung der Hefekulturen angeführt werden.

Tabelle 156. Induktion einer flüssigen Hefekultur mit Blut (fraktioniert) im Dunkeln (nach A. POTOZKY). (Abzählung der Individuen.) Sekundäre Depression.

Induktionsdauer in Min.	Zeitpunkt der Abzählung nach Abschluß der Exposition (Induktionseffekt in Prozent) in $2^1/_2$ Stunden	in 5 Stunden
10	− 56 (echte Depression) (primär?)	
2	+100	—
2	+ 48	−24
2	+ 50	−28

Primäre Depression (Strahlungsquelle Kaninchenauge) nach SALKIND.

Induktionsdauer	Zeitpunkt der Abzählung nach Abschluß der Exposition (Induktionseffekt in Prozent) 1 Stunde	3 Stunden
1′ 30″	6	−32
2′	6	−23
2′	5	−28

In sehr ausgesprochener Weise tritt auch die Depression an Bakterienkulturen nach den Erfahrungen von FRANK zutage.

Tabelle 157. Induktion der Bazillenkulturen (nach FRANK). (Nephelometrisch bestimmt.)

Strahlungsquelle	Induktionsdauer in Minuten	Induktionseffekt in Prozent
Froschherz I	1	50
	1	23
	3	−12
	12	−10
„ II	1	32
	3	13
	12	− 8
„ III	1	25
	4	26
	15	−19

Spektralstreifen 2537 in konventionellen Intensitätseinheiten	Induktionseffekt in Prozent
1 bis 10	+30 (Mittelwert aus 11 Versuchen)
60	−30 (Mittelwerte)
100	−40 „
300	−50 „
600	−75 „

Der Umschlag läßt sich sehr leicht sowohl bei Induktion mit dem Froschherz als auch spektral erzielen.

Von großem Interesse ist der weitere Verlauf des mitogenetischen Effektes, wenn man die Bestrahlungszeit über das für das Zustandekommen der Depression nötige Maß ausdehnt. Es wurde sowohl von FRANK an Bakterienkulturen, wie namentlich von SALKIND an Hefekulturen ein eigentümlicher Rückgang der Depression festgestellt, der bei weiterer Bestrahlung gleicher Intentität zum erneuten Auftreten eines Pluseffektes und dann eventuell zum zweiten Mal eines Minuseffektes führen kann (SALKIND).

Tabelle 158. Induktionseffekte bei Bestrahlung mit Spektralstreifen 2530, mäßige Intensität (Vermehrungseffekt).

Bestrahlungsdauer	Anzahl der Versuche	Mittelwerte in %
12 Sek.	2	+22
20 „	4	+28
30 „	4	−25
60 „	1	−27
2 Min.	2	−22
4 „	4	− 1
6 „	5	+28
8 „	1	+51
10 „	2	−25 und −12

Die Deutung dieser auffallenden Periodizität kann erst im weiteren versucht werden (Kap. XII).

Es läßt sich zur Zeit nicht sagen, ob die durch relativ hohe Spektralintensitäten erreichbaren negativen Effekte den Depressionszuständen nach Bestrahlung mit biologischen Quellen zur Seite gestellt werden können, und ob hier nicht schon Schädigungen der Zellen vorliegen, die natürlich auch bei biologischer Bestrahlung nicht völlig ausgeschlossen werden können, jedoch an sich wenig wahrscheinlich sind.

Wieweit diese an Hefe- und Bakterienkulturen abgeleiteten Verhältnisse eine allgemeine Geltung beanspruchen dürfen, bleibt noch abzuwarten. Die älteren Erfahrungen SUSSMANOWITSCHs an Zwiebelwurzeln dürften prinzipiell mit denselben übereinstimmen. Gewisse Eigenheiten dieses Objektes lassen sich indessen nicht verkennen.

SUSSMANOWITSCH ging in ihren Versuchen an Zwiebelwurzeln von folgenden Erwägungen aus:

Nimmt man mit A. und L. GURWITSCH an, daß durch mitogenetische Bestrahlung nicht nur die bedingt reifen, sondern auch die nicht reifen Zellen zur Reaktion veranlaßt werden, wobei diejenige der letzteren Klasse sich nicht in einer vorzeitigen Mitose, sondern in einer anderen Art von Energieverbauch (Sekundärstrahlung) äußert, so muß früher oder später der Zeitpunkt kommen, wo eine geringere Anzahl von Zellen, als normal, teilungsbereit sind und infolgedessen ein Defizit an Mitosen an der dauernd bestrahlten Seite auftreten muß. Daß ein derartiger eventueller Zustand tatsächlich als *Erschöpfung* angesprochen werden müßte, kann wohl nicht bezweifelt werden.

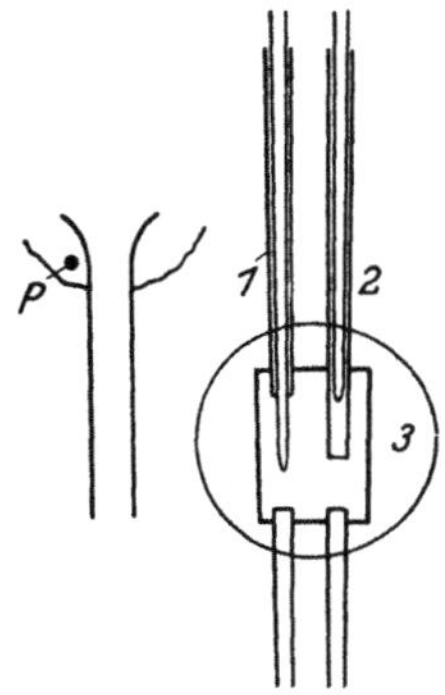

Abb. 55. Versuchsanordnung von SUSSMANOWITSCH (vgl. Text). *1* Ununterbrochen induzierte Wurzel. *2* Kontrollwurzel. *3* Heizbare Kammer mit Strahlungsquelle mit viereckigem Quarzfenster. Links Fragment der Zwiebelsohle, *P* durchgestochener Platindraht.

Diese Voraussetzungen trafen in der Tat zu. Bei Dauerinduktion von über 12 Stunden der Wurzeln mit Agarhefe trat ein Defizit an Mitosen an der bestrahlten Seite auf. Die Versuchsanordnung war die folgende:

Zwei Wurzeln einer gemeinsamen Zwiebel wurden in zwei parallele, unterbrochene Induktionsröhren eingeführt, wobei die eine (die Kontrollwurzel) durch eine einfache Vorrichtung der Induktion erst 2,5 Stunden vor Abschluß des Versuches ausgesetzt und bis dahin durch die Glasröhre geschützt blieb. Die induzierende Hefe-Agarkultur befand sich in einer völlig abgeschlossenen heizbaren Kammer mit Quarzfenster (vgl. Abb. 55) und wurde während des Versuchs einige Male erneuert. Die Wurzeln wurden besonders intensiv berieselt, um jede Wirkung der Erwärmung infolge der Nähe der heizbaren Kammer zu vereiteln.

Es zeigte sich in drei Versuchen, daß 12—26 Stunden Induktion zum Defizit der Mitosenzahlen an der induzierten Seite der Wurzel führen, was als „Erschöpfung“ aufgefaßt werden kann.

Tabelle 159. Dauerinduktion von Zwiebelwurzeln mit Hefekulturen (nach H. SUSSMANOWITSCH).

Induktionsdauer	a	b	Effekt in %
1. 14 Stunden	588	582	1
Kontrolle (2,5 Std.)	455	350	+30
2. 12 Stunden	686	862	−25
Kontrolle (3 Std.)	280	214	+22,5
3. 26 Stunden	364	446	−25,5
Kontrolle (2,5 Std.)	627	530	+18,3

Es zeigt sich aber, daß mit einer unvergleichlich stärkeren Quelle (Spektralstreifen 2030) schon nach ein paar Minuten bei der gleichen Reizdosis, die in den Versuchen POTOZKYs und ZOGLINAs Sekundärstrahlung aus dem Meristem ergab (vgl. Kap. XI), im selben bereits Erschöpfung (im Sinne eines Defizits der Mitosen) auftritt.

Tabelle 160. Erschöpfung durch Induktion mit Spektralstreifen 2030 (nach H. SUSSMANOWITSCH).

Zeitliche Verteilung des Reizes	Gesamtreizdosis	Versuchsdauer	Mitosenzahlen		Effekt in %
Alle 3 Min. je 2 Sek.	1 Min.	1 Std. 30 Min.	323	366	−11
„ 3 „ „ 2 „	1 „ 20 Sek.	2 „ 30 „	190	217	−12,4
„ 3 „ „ 2 „	2 „	3 „	460	513	−10
„ 3 „ „ 2 „	2 „	3 „	591	693	−14,7
„ 15 „ „ 4 „	3 „ 30 „	10 „	278	369	−29,1
„ 30 „ „ 30 „	10 „	10 „	458	570	−24

Die relativ schnell erfolgende Erschöpfung des Wurzelmeristems spricht, wie SUSSMANOWITSCH ausführte, dafür, daß die Zellen arm an energieliefernden (oder plastischen?) Stoffen und auf ständige Zufuhr derselben aus der Zwiebel angewiesen sind. Es durfte daher der Versuch gewagt werden, durch entsprechende Beeinflussung des Metabolismus im Ursprungsbezirke der Wurzel die Mobilisation bzw. den Zufluß dieser Stoffe zu erhöhen, um dadurch die erschöpfende Wirkung der protrahierten Induktion zu bekämpfen. Die Methodik der Versuche, die zum erwünschten Ziele führten, war einfach.

Seitlich, aber möglichst dicht am Wurzelschaft, in unmittelbarer Nähe des Wurzeltrichters in der Zwiebelsohle, wurde ein feiner Platindraht durchgestochen und in die elektrische Stromleitung eingeschaltet. Durch einen Rheostaten wurde die Temperatur des Drahtes auf etwa 52° gebracht, was sich während des Versuches durch Berührung des Drahtes mit kleinen Stückchen Paraffin verschiedener Schmelzpunkte kontrollieren ließ. Die richtige Führung des Drahtes wurde natürlich in jedem einzelnen Falle nach Abschluß des Versuches kontrolliert.

Es werden für diese Versuche ausnahmslos lange Wurzeln von 7—8 cm Länge benutzt.

Es wurde zunächst in einigen Vorversuchen die fördernde Wirkung dieser lokalen Erwärmung an nicht induzierten Wurzeln nachgewiesen.

Tabelle 161. Verteilung der Mitosen an der beeinflußten und unbeeinflußten (B und U) Seite der Wurzel (nach H. SUSSMANOWITSCH).

Erwärmungs-dauer	B	U	Differenz in %
4,5 Std.	1224	931	31
4,5 „	873	703	21
37 „	848	708	20

Das gleiche Verfahren, mit an sich erschöpfender Spektralbelichtung kombiniert, konnte in der Tat deren nachteilige Wirkung aufheben.

Tabelle 162. Kombination von Vorwärmung und Erwärmung des Wurzelursprunges mit Erschöpfungsinduktion mit Spektrallinie 2030 (nach H. SUSSMANOWITSCH).

Die auf 3 Stunden verteilte Gesamtdauer der Induktion	Gesamtdauer der Erwärmung	Mitosenzahl		Effekt in %
		J	K	
1 Min. 30 Sek.	5 Std.	508	506	0,2
1 „ 40 „	5 „ 30 Min.	205	204	0,4
2 „	5 „	901	833	8
2 „	6 „	496	435	11

Eine weitere Einsicht in die Erscheinungen der Erschöpfung des Meristems nach protrahierter Induktion brachten die Untersuchungen von LOOS.

An Zwiebelwurzeln, die mit häufig erneutem Zwiebelsohlenbrei von 1,5 bis 9,5 Stunden induziert wurden, hat er folgende Werte bestimmt und mit denjenigen von gleichzeitig der gleichen Zwiebel entnommenen Kontrollwurzeln verglichen: Meristemlänge, Mitosensummen im gesamten Meristem, Maximum der Mitosen pro Schnitt und Längenzuwachs. Einen Überblick über die Ergebnisse liefern das Diagramm und die Tabelle. Die betreffenden Werte für die verschiedenen Parameter sind hier auf diejenigen der Kontrollen, die jeweils als 100 genommen werden, bezogen.

Tabelle 163. Wirkung der Dauerinduktion auf die Zwiebelwurze (nach Loos).

Induktionsdauer in Stunden	Meristemlänge	Mitosensumme im gesamten Meristem	Maximum der Mitosen pro Schnitt	Zuwachs
1,5	115,5	141	121	76
2,25	116,5	97	105	100
3,75	103	75	80	72
5,5	45	30	58	73
7,5	87	74	87	39
9,5	114	96	96	116

Es zeigt sich somit mit aller Deutlichkeit, daß nach einer bedeutenden Steigerung der ersten drei Werte innerhalb der ersten 2 Stunden sich bei längerer Induktion eine Erschöpfung geltend macht, die bei $5^1/_2$stündiger Versuchsdauer ihr Maximum erreicht. Bemerkenswert ist dabei, daß bei Fortsetzung der Beanspruchung die Pflanze durch eine Art Selbststeuerung sich den neuen Verhältnissen gewissermaßen anpaßt und zu normalen Verhältnissen wiederkehrt.

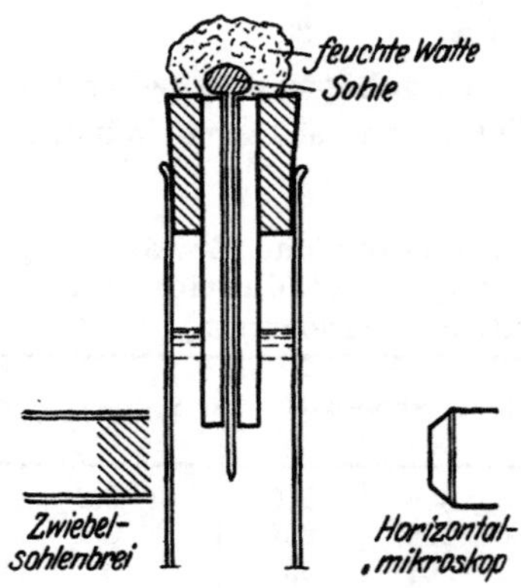

Abb. 56. Versuchsanordnung bei Dauerinduktionsversuchen (nach Loos). Probierröhre aus Quarz.

Diese Versuche sind an sich eindeutig. Sie sind aber am wenigsten geeignet, das Problem der mitogenetischen Erschöpfung in ihrer Allgemeinheit, namentlich in Anwendung auf tierische Objekte zu lösen.

Wir können aus ihnen vorderhand nur folgern, daß die Versorgung des Wurzelmeristems mit den für die Zellvermehrung notwendigen Stoffen in relativ spärlicher und nicht autoregulierbarer Weise erfolgt. Diesem Umstande ist ja streng genommen die Möglichkeit des experimentellen mitogenetischen Effektes zu verdanken.

Es kann indessen auf Grund dieser Erfahrungen eine allgemeine

Frage von großer Tragweite aufgeworfen werden. Sie lautet: Ist eine dauernde, ununterbrochene mitogenetische Bestrahlung, man kann auch sagen, ein mitogenetisches Regime von physiologischer Intensität auf die Dauer überhaupt ungestraft vertragbar?

Wir stellten diese Frage schon einmal bei der Prüfung der mitogenetischen Strahlung des Karzinoms und wollen uns nunmehr etwas näher mit ihr befassen.

Wir kommen bei der Analyse wieder auf die Beziehungen zwischen autochthonen und fremden (experimentellen) Strahlungsquellen zurück.

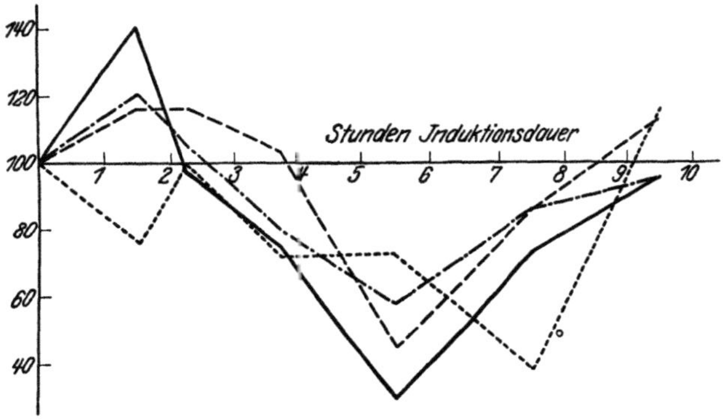

Abb. 57. Wirkung von Dauerinduktion—Relativwerte für die Versuchswurzeln, wobei die Werte der Kontrollen = 100 gesetzt sind. ——— Mitosensumme im Gesamtmeristem, – – – – Meristemlänge, –·–·–· Maximalzahl der Mitosen pro Querschnitt, ········ Zuwachs (nach Loos).

Das physiologische mitogenetische Regime der meisten Zellkomplexe und Gewebe enthält, wie wir wissen, in den meisten Fällen eine Außenkomponente (z. B. vom Blute), ist demnach, streng genommen, zum Teil ebenfalls Fremdinduktion, die prinzipiell von einer solchen mit biologischen Quellen nicht unterschieden ist. Es zeigt sich jedoch eine gewisse Anpassung oder Harmonie zwischen der Intensität dieser rein physiologischen Strahlung und dem Reaktionsvermögen der Zellen des bestrahlten Komplexes, die ein längeres oder sogar dauerndes Einhalten eines bestimmten Teilungsrhythmus ohne jedes Anzeichen einer Teilungsdepression oder Erschöpfung gewährleistet.

Wir können den Grund dafür darin erblicken, daß das betreffende Verhältnis nie auf ein Maximum getrieben wird, was daraus gefolgert werden kann, daß, soweit die bisherige Erfahrung reicht, alle in Vermehrung begriffenen pflanzlichen und tierischen Substrate (Meristeme) sich induzieren lassen, d. h. zu einer regeren Vermehrung befähigt sind, als eine solche normalerweise stattfindet.

Unsere Frage bezieht sich demnach naturgemäß nur auf Bestrahlungen, deren Intensität das für das betreffende Substrat geltende physiologische Maß überschreitet. Es braucht sich aber dabei durchaus nicht um künstliche experimentelle Eingriffe in das Getriebe des Organismus zu handeln, da uns ja bereits aus dem ersten Teile bekannt ist, daß verschiedene physiologische Strahlungsquellen durch ihre Intensität offenbar unterschieden sind und daher sehr wohl der Fall denkbar wäre, daß eine starke Strahlungsquelle in die Nähe eines für sie nicht ganz adäquaten Substrates gelangt und hier ein übermäßiges mitogenetisches Regime erzeugt, was z. B. bei pathologischen Wucherungen der Fall sein kann.

Geeignete experimentelle Möglichkeiten liegen bisher leider nur sehr spärlich vor. Als günstiges Objekt kommt in tierischen Organismen wohl nur das Kornealepithel in Betracht, welches selbst ein mächtiger Eigenstrahler ist, mithin einem beständigen mitogenetischen Regime unterworfen ist. Wir wissen aber andererseits, daß es auch ein ausgezeichneter Detektor ist, d. h., daß sein Eigenregime das mögliche Maximum nicht erreicht.

Es zeigt sich nun, daß durch eine relativ kurze Bestrahlung mit biologischen Intensitäten auch an diesem Objekte eine ausgesprochene „Depression“ auftritt. Sie läßt sich an diesem Objekte in zweifacher Form nachweisen: als *Abnahme* der Mitosenzahl an der induzierten Kornea bei Prüfung nach etwa 1,5 Stunden, und als *Zunahme* bei Abzählung sofort nach Abschluß der etwa 10 Minuten währenden Bestrahlung.

Tabelle 164. Induktionseffekte an der Froschkornea (Bestrahlung mit Hefekulturen, 4—10 Minuten, fraktioniert).

Fixierung 1,2—2 Std. nach Bestrahlung. Mitosenzahlen			Fixierung 10 Min. nach Beginn der Bestrahl. Mitosenzahlen		
Induktion	Kontrolle	Effekt in %	Induktion	Kontrolle	Effekt in %
	Winterfrösche			Sommerfrösche	
12	41	−70	423	275	+53
11	82	−90	186	145	+27
16	31	−50	883	539	+64
	Sommerfrosch		381	341	+11
121	227	−46,6			

Diese auf den ersten Blick eigenartigen Ergebnisse lassen sich wohl nur so deuten, daß durch Bestrahlung (die als eine übermäßige zu betrachten ist) der Ablauf der Mitose bedeutend verlangsamt wird und infolgedessen mehr Teilungsfiguren im Präparat simultan angetroffen werden. Der gleiche Vorgang kann schon an sich eine Rückwirkung auch auf die weiteren Verhältnisse haben, obwohl das Defizit nach 1,5 Stunden wohl am ehesten darauf zurückzuführen ist, daß auch die Häufigkeit der Zellvermehrung eine Einbuße erleidet.

Die ungemein wichtige Frage nach der Wirksamkeit des dauernden übermäßigen mitogenetischen Regimes auf das Substrat bleibt aber trotz dieser Befunde in ihrer Allgemeinheit noch völlig ungeklärt.

d) Beeinflussung des Zellmetabolismus und Begünstigung der Embryonalentwicklung.

Die unter den Rubriken D und E zusammengefaßten mitogenetischen Effekte werden am zweckmäßigsten gemeinsam geschildert.

Wir verdanken GESENIUS den wichtigen Nachweis, daß die starke Beeinflussung des Metabolismus der Hefezellen und der Seeigeleier durch mitogenetische Bestrahlung auch auf chemischem Wege gezeigt werden kann. Es wurde bei der Hefe sowohl die Atmung als die Gärung geprüft.

Der Ausgangspunkt seiner Arbeiten entspringt der richtigen Überlegung, die er folgendermaßen formuliert:

„Vermochte die mitogenetische Strahlung tatsächlich das Wachstum zu beschleunigen, so war zu vermuten, daß der Einfluß der Strahlen auf die Detektorzelle sich auch durch Veränderungen des Stoffwechsels dieser Zelle bemerkbar machen würde.“

Von diesen Erwägungen ausgehend, hat GESENIUS an einem reichen Material den Gaswechsel der Hefezelle nach mitogenetischer Induktion geprüft und ist zu sehr bemerkenswerten Resultaten gelangt, die uns des näheren beschäftigen müssen.

Mit der WARBURGschen Apparatur wurde der Gärungs- und der Atmungsstoffwechsel gemessen. Es ergab sich eine unbedeutende Zunahme der anaeroben Gärung (in $N_2 + CO_2$ — Atmosphäre) (durchschnittlich etwa 8%, 102 Versuche), eine Hemmung der Atmung unter Ausschluß der Gärung (O_2 = Atmosphäre) (durchschnittlich 12%, 54 Versuche) und eine Hemmung sowohl der Gärung als Atmung unter aeroben Verhältnissen (Atmungshemmung von durchschnittlich 23,8%).

Tabelle 165. Beeinflussung des Gaswechsels der Hefe durch Induktion. Versuche unter aeroben Bedingungen (mittlere Bestrahlungszeit = 5 Stunden) (nach GESENIUS).

Atmungsänderung in %	Gärungsänderung in %	Atmungsänderung in %	Gärungsänderung in %
− 8	0	−20	− 1
0	3,5	−23,9	− 9,3
−20,4	− 0,4	−27,7	− 4,7
−33,9	− 2,7	−25,4	− 5,3
−22,7	− 3,5	−23,9	−11
−38,7	− 8	−17,4	− 1,9
−23,2	− 6	−26	−11,7
−23,2	− 5	−25,1	0
−27	−10		

Wir werden uns im weiteren davon überzeugen können, daß die auf den ersten Blick paradoxen Ergebnisse von GESENIUS eine offenbar ungezwungene Erklärung erfahren können, wenn man von den innerhalb der Kulturen herrschenden Verhältnissen der *Sekundärstrahlung* ausgeht. Es dürfte sich primär wohl um eine *positive* Beeinflussung des Metabolismus der Hefezellen durch Bestrahlung gehandelt haben, die aber unter den gegebenen Versuchsbedingungen von einer Depression gefolgt werden mußte, wobei die Messungen von GESENIUS offenbar in diese zweite, negative Phase fallen.

Wenn wir demnach die schönen Ergebnisse von GESENIUS dahin interpretieren müssen, daß, wie wir es übrigens auf Grund ganz anderer Erwägungen annahmen, die mitogenetische Beeinflussung des Metabolismus vorwiegend den Charakter eines stürmischen, schnell ablaufenden initialen Stoffzerfalls trägt, so muß andererseits auf Grund der neueren Ermittelungen gefolgert werden, daß auch noch eine weitere und möglicherweise tiefere Wirkung auf den gesamten Stoffwechsel der Zellen, sowohl während der Teilung als auch möglicherweise bei manchen Abläufen anderer Art vorliegt. Es war schon die beschleunigende Wirkung des mitogenetischen Feldes innerhalb der Hefekultur auf den Teilungsvorgang, die zu dieser Annahme drängte.

Noch bedeutungsvoller scheinen uns die bereits in anderem Zusammenhange erwähnten Befunde von MAXIA und von POTOZKY, SALKIND und ZOGLINA zu sein. Es geht namentlich aus dem Versuchsmaterial der letzteren Autoren mit aller Deutlichkeit hervor, daß der Prozentsatz der überhaupt ungefurchten Eier in den Kulturen von *Saccocirrus* bei Bestrahlung bedeutend abnahm. Es handelt sich mit anderen Worten, wie Verfasser treffend hervorheben, um eine bedeutende *Aufbesserung* der Kultur unter der Einwirkung der Induktion: Gewisse Eier, die normalerweise überhaupt ungeteilt geblieben wären, werden demnach erst durch Induktion entwicklungsfähig (vgl. Tab. 146, S. 206).

Im gleichen Sinne dürfen mit großer Wahrscheinlichkeit auch die Versuche von FRANK und KUREPINA an Seeigeleiern gedeutet werden, die allerdings nicht eigentliche Induktionsversuche im strengen Sinne des Wortes darstellen. Indem die Verfasser die Bedeutung der Mutoinduktion der Eier für ihre Entwicklung einer Prüfung unterwerfen wollten, haben sie Kulturen in Hängetropfen in einer gemeinsamen feuchten Kammer mit verschiedener Eierzahl (1—2 Eier bis 10—20 Eier im Tropfen) angesetzt. Es zeigte sich, daß die Verhältnisse der Entwicklung sich am günstigsten in den Tropfen mit größerer Eierzahl gestalten, und daß die gegenseitige günstige Beeinflussung der Eier sich in Kulturen unter nicht optimalen Bedingungen (unzureichende Abkühlung — arktische Art!) am stärksten merkbar macht. Es geht dieses aus der Zusammenstellung der Tabelle 166 hervor.

Tab. 166. Entwicklung der Seeigeleier (nach FRANK und KUREPINA).

Normale Verhältnisse.

Anzahl der Eier im Tropfen: 1 bis 2, 9 Tropfen	3 bis 6, 6 Tropfen	10 bis 20, 4 Tropfen
40 Stunden nach Befruchtung. Kriterium: Bewegung.		
31% abwesend	6% abwesend	17% abwesend
23% schwach	34% schwach	9% schwach
46% deutlich	40% deutlich	28% deutlich
	20% lebhaft	46% lebhaft

Ungenügende Abkühlung.

Anzahl der Eier im Tropfen: 1 bis 2	3 bis 6	10 bis 20
42 Std. 15 Min. nach Befruchtung Kriterium: Bewegung und Gastrulation.		
75% abwesend	26% schwach	4% schwach
25% schwach	40% deutlich	12% deutlich
10% deutlich	34% lebhaft	60% lebhaft
Keine Gastrula	Keine Gastrula	16% Beginn der Gastrulation
		8% gute Gastrula

Diese Feststellungen haben trotz ihrer Tragweite oder, richtiger, infolge derselben, etwas in hohem Grade Unbefriedigendes. Ein physikalisch und biologisch wohldefinierter Faktor büßt plötzlich seine Schärfe ein und wird zu einem verschwommenen Etwas, das sich scheinbar jeder tieferen Analyse entzieht. Man klammert sich daher unwillkürlich an den Gedanken, die Aufbesserung oder „Sanierung", wie sich FRANK ausdrückt, der Eikulturen als unmittelbare oder mittelbare Folge einer gewissermaßen elementaren Wirkung der mitogenetischen Bestrahlung deuten zu können.

Ein (befruchtetes) Ei, welches teilungsfähig ist, aber sich trotzdem nicht teilt, und dennoch durch Bestrahlung zur Teilung angeregt werden kann, unterscheidet sich offenbar von einem „lebenskräftigeren" Nachbarei durch Abschwächung oder Fortfall eines zwar maßgebenden, aber möglicherweise elementaren Faktors. Die Ergebnisse von FRANK und KUREPINA können mit Wahrscheinlichkeit so aufgefaßt werden, daß es sich wohl um den oder einen strahlungserzeugenden Faktor handelt[1].

e) Sekundärwirkungen mitogenetischer Strahlen.

Es versteht sich von selbst, daß die eingreifende Beeinflussung des Zellmetabolismus durch mitogenetische Bestrahlung, die wir im vorangehenden studierten, an sich unübersehbare Folgen haben könnte oder, richtiger, daß solche Folgen denkbar sind. Allein unsere Kenntnisse auf diesem Gebiete sind zur Zeit gleich Null. Es ist natürlich ebensowohl möglich, daß alle diese Abweichungen vom normalen Metabolismus in kurzer Zeit ausgeglichen werden und die bestrahlten Zellen in ihre früheren Lebensbahnen einlenken. Die grundlegende Frage, ob durch Steigerung der Intensität oder der Reizmenge der mitogenetischen Strahlen über alle nötigen und förderlichen Grenzen hinaus neue Effekte und Folgen nicht deletärer Art erzielt werden können, wurde bisher in systematischer Weise noch kaum in Angriff genommen. Es mögen aber einige Erfahrungen angeführt werden, die immerhin eine Handhabe zu manchen weiteren Problemstellungen geben.

---

[1] Anhangsweise sei noch erwähnt, daß es DORFMANN und SARAFANOW gelungen ist, durch mitogenetische Bestrahlung unbefruchteter Seeigeleier bei ihnen das Auftreten der Befruchtungsmembran nachzuweisen. (Mündliche Mitteilung.)

Es können durch Bestrahlung Sekundärwirkungen von weittragender Bedeutung entstehen, die nur schwerlich als direkte Folgen des „mitogenetischen Eingriffes" gedeutet werden dürften.

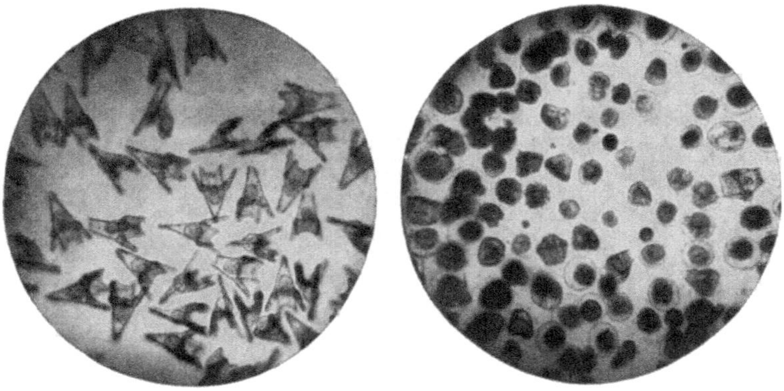

A B

Abb. 58. A Normale Plutei von *Paracentrotus liv.* (Kontrolle). B Material der gleichen Herkunft und Alter bei Exposition durch Quarz mit Glykose + $KaMnO_4$ (nach J. und M. MAGROU).

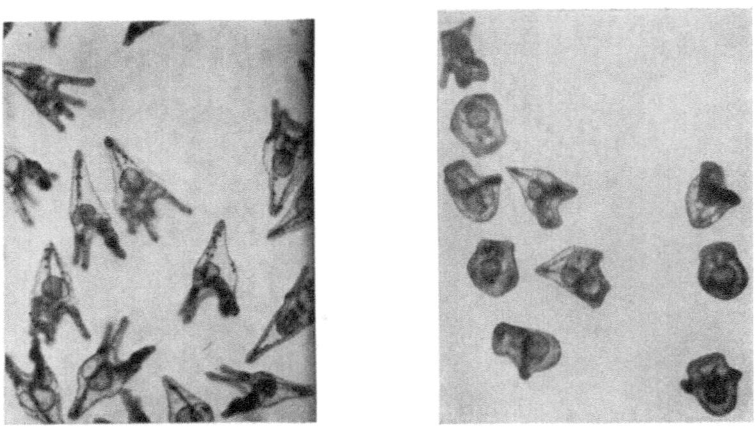

A B

Abb. 59. A Normale Plutei von *Paracentrotus* (Kontrolle). B Plutei vom gleichen Material nach Induktion (durch Quarz) mit *Bac. Tumefaciens* (nach J. und M. MAGROU).

Wir haben hier speziell die interessanten Ergebnisse von J. und M. MAGROU und von CHOUCROUN im Auge.

Die Verfasser untersuchten in wiederholten Serien von Versuchen die Einwirkung mitogenetischer Strahlung auf Seeigeleier.

Die Strahlungsquellen waren die allerverschiedensten: *Bacillus tumefaciens*, *Staphylococcus*, *Saccharomyces* und *Debaryomyces* und schließlich eine Reihe von Oxydationsmodellen.

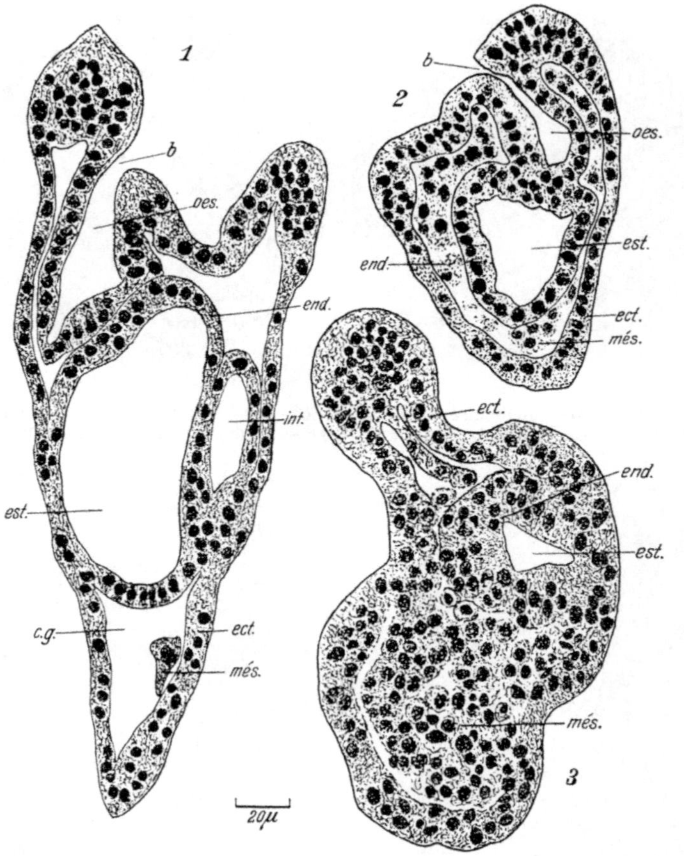

Abb. 60. Schnitte durch einen normalen Pluteus (*1*) und zwei aberrante Formen mit Mesenchymanhäufung (*mes.*). *ect.* Ektoderm, *b* Mund, *oes.* Ösophagus, *est.* Magen, *int.* Darm, *mes.* Mesenchym (nach J. und M. MAGROU).

Die Aufzucht der Eier geschah in kleinen Gefäßen aus geschmolzenem Quarz, wobei in einer Reihe von Versuchsserien für hermetischen Abschluß der Versuchskulturen gesorgt wurde. Die Kontrollen befanden sich natürlich in ebensolchen Quarzgefäßen. Das Versuchsmaterial, welches aus mehreren an verschiedenen Orten angestellten Versuchsserien stammt, ist sehr bedeutend (152 Kontrollkulturen und 123 induzierte Kulturen).

Das ausnahmslos normale Aussehen und die Entwicklung der Kontrollkulturen zeugt von der Zweckmäßigkeit der Versuchsanordnung. Die Induktionsergebnisse sind indessen sehr eigenartig und waren auch für die Verfasser ganz unerwartet.

Nach längerer, etwa 24—48stündiger Exposition zeigten die induzierten Kulturen in 83% der Fälle aberrante Pluteusformen, die mehr oder weniger deutlich von den Kontrollen abstechen und eine

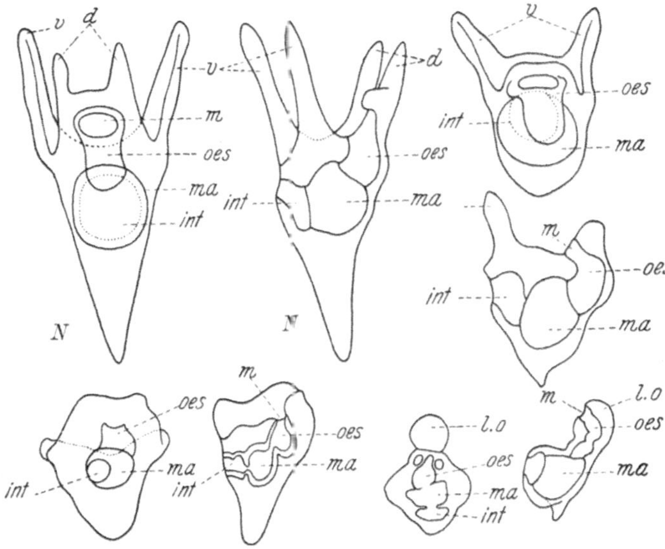

Abb. 60 A. Normale (*N*) Plutei aus Kontrollen und verschiedene aberrierende Formen aus Induktionskulturen. *v* Arme *oes* Ösophagus, *ma* Magen, *int* Darm (nach J. und M. MAGROU).

weitgehende Skala von Deformationen aufweisen, die in den Figuren deutlich zum Vorschein kommen. Die Verfasser machen speziell darauf aufmerksam, daß es sich auch bei den Zwergformen der Abb. 60 A nicht etwa um Stillstand der Entwicklung, sondern um eine ausgesprochene Deviation derselben handelt, da auch diese formlosen Larven einen dreigegliederten Darm und ein Kalkskelett, aber von ganz monströser Form, besitzen.

Diese Anomalien scheinen nach der Ansicht der Verfasser durch enorme Überproduktion des Mesenchyms bedingt zu sein und ließen sich daher als Sekundärwirkung des gewöhnlichen mitogenetischen Effektes, d. h. Stimulation der Zellvermehrung, erkennen.

Obwohl letztere Tatsache durch sehr überzeugende Bilder veranschaulicht wird und sicher von großer Bedeutung sein dürfte, ist aus den Ergebnissen der Autoren nicht ohne weiteres einzusehen, daß die Gesamtheit der geschilderten Abweichungen sich auf das eine Moment der übermäßigen Mesenchymentwicklung zurückführen ließe. Denn die ausgesprochenen Zwergformen der Abb. 60 A zwingen ja den Schluß auf, daß die übrigen Gewebe, speziell das Ektoderm und das Entoderm, auch eine bedeutende Einbuße an Zellenzahl im Vergleich zur Norm, also eine Hemmung ihrer Entwicklung, erfahren haben mußten. Daß auch die äußere Morphologie der induzierten Kulturen nicht einfach als „aberrante“ Formen und der Entwicklungsgang nicht schlechtweg als „Deviation“, sondern auch als echte *Hemmung* der Entwicklung angesehen werden muß, dürfte wohl schwer zu bezweifeln sein.

Es wäre indessen noch zu entscheiden, ob hier eine rein korrelative, aus inneren embryonalen Gesetzlichkeiten entspringende Hemmung bestimmter Entwicklungsabläufe oder eine echte Hemmung der Zellvermehrung als direkte Folge übermäßiger mitogenetischer Bestrahlung vorliegt. Für weitere Forschungen liegt hier ein weites Feld vor.

Es sei schließlich der interessanten, aber nur in kurzer Form mitgeteilten Ergebnisse STRELINs gedacht, die eine echte Wachstumsstimulation der mitogenetischen Bestrahlung ergeben.

Sporen von *Rhizopus nigricans* (Schimmelpilz) wurden in hängenden Tropfen des Nährsubstrates in einer feuchten Kammer auf Deckgläsern aus Quarz ausgesät, ein Teil der Tropfen wurde der Induktionswirkung von Agarkulturen der Hefe ausgesetzt, der andere diente als Kontrolle. Während des Wachstums wurde die Länge der Schößlinge mittels eines Zeichenapparates und Kurvenmessers bestimmt und die mittlere Länge für jede Phase ausgerechnet. Unter dem Einflusse der Induktion waren die Schößlinge um etwa 25—35% größer als bei Kontrollen. Im ganzen wurden bei 7 Versuchen 1391 Längenmessungen ausgeführt, jeder einzelne Versuch ergab ein positives Resultat. Es wäre sehr interessant, diese schönen Ergebnisse noch durch eine genauere zytologische Prüfung der Kernverhältnisse zu vervollständigen.

Man könnte dadurch die gewiß wichtige Frage beantworten, ob es sich primär um Steigerung der Kernvermehrung und dadurch bedingt, nach dem Prinzip der Kernplasmarelation, erst sekundär um forciertes Längenwachstum handelt, oder ob letzteres ein primärer Effekt der Bestrahlung sein kann[1].

X. Die allgemeinen Gesetze mitogenetischer Erregung.

Für jede Art physiologischen Reizes gelten gewisse Beziehungen zwischen der quantitativen und qualitativen Eigenart des betreffenden Reizfaktors und dem Reizeffekt. Die verwickelten Verhältnisse der mitogenetischen Strahlung gestalten die Formulierung dieser allgemeinen Beziehungen zu einer besonders schwierigen Aufgabe. Es lassen sich aber immerhin schon jetzt einige fundamentale Sätze allgemeiner Art formulieren:

Es zeigt sich in erster Linie, daß man stets unter Benutzung des gleichen Detektors (ganz vorwiegend der Agarhefe) je nach der Wahl der Strahlungsquelle zu mitogenetischen Effekten gelangt, die sich nicht in eine einzige Reihe (oder einfache Mannigfaltigkeit) einreihen lassen.

Es hat sich vielmehr ergeben, daß die vollständige Charakteristik einer Reizquelle mindestens fünf unabhängige Parameter voraussetzt, und zwar bei einer in allen Fällen und für alle Quellen gleichen Darreichungsweise bzw. Versuchsanordnung. Diese Parameter mögen zunächst einfach aufgezählt werden.

1. *Zeitschwellenwert* = minimale, noch wirksame Dauer der Bestrahlung.

2. *Induktionsgrad* = der mit der betreffenden Quelle unter optimalen Bedingungen überhaupt erreichbare maximale Induktionseffekt (in Prozenten im Vergleich zur Kontrolle ausgedrückt).

---

[1] Ganz abseits von den geschilderten mitogenetischen Effekten stehen die in kurzer Form mitgeteilten, außerordentlich bedeutungsvollen Ermittelungen von J. und M. MAGROU. Es wurden von ihnen mit biologischen Strahlungsquellen sowohl unbefruchtete Seeigeleier, als Seeigelsperma bestrahlt und daraufhin erstere mit normalem Sperma besamt, letzteres zur Befruchtung normaler Eier benutzt. In beiden Fällen waren stark aberrante Larven die Folge. Die Kontrollen waren selbstverständlich normal. Die theoretische Auswertung dieser wichtigen Befunde erscheint noch verfrüht und wurde auch von den Autoren unterlassen.

3. *Steilheitscharakteristik* = Zeitgradient der Zunahme des Effektes als Funktion der Reizdauer.

4. *Umschlagscharakteristik.* Für viele Strahlungsquellen ist das Effektmaximum zugleich auch ein Optimum, das bei protrahierter Exposition zunächst abnimmt und im weiteren ins Negative umschlägt, d. h. zu einer Depression des Detektors führt.

5. *Entfernungscharakteristik.* Ebenso wie für jede Quelle ein Zeitschwellenwert, besteht auch eine Entfernungsschwelle, die nicht überschritten werden darf.

Die Mannigfaltigkeit der Effekte wird in zweiter Linie durch die *Darreichungsweise* der Bestrahlung beeinflußt oder streng genommen beherrscht.

Wir können in der Schilderung letzterer Verhältnisse im vollen Maße nach dem Vorbilde der klassischen Physiologie verfahren, indem wir nicht nur die Reizintensität sondern auch den Zeitparameter der Darreichungsweise in Betracht ziehen. Wenn wir die Gesamtheit der daraufhin überhaupt geprüften pflanzlichen und tierischen Reaktionssysteme überblicken, so dürfte sich folgende einfache Zweiteilung derselben empfehlen:

Wir können, je nach der wirksamen Zeitfunktion, „*Talbot*"-Systeme und „*tetanische*" Systeme unterscheiden. Für erstere finden wir Beispiele in verschiedenen pflanzlichen Tropismen und der tierischen Netzhaut, das klassische Beispiel der tetanischen Systeme liefert das Nerven-Muskelsystem.

Die „Talbot"-Systeme sind dadurch charakterisiert, daß der Reizeffekt (natürlich innerhalb bestimmter Grenzen) eine gleichsinnige Funktion der Reizintensität ist und der konstante Reiz die adäquateste Reizform darstellt. Verfügt man mit anderen Worten über eine bestimmte Reizmenge M der Intensität J, $M = J.T.$ (T = Zeit), so wird der Effekt (E) sein Maximum bei T-Minimum erreichen. Letzteres besagt, daß, falls die gleiche Reizmenge M auf eine größere Zeitspanne verteilt wird, indem bei der ursprünglichen Intensität neben ausgefüllten Zeitintervallen, deren Gesamtsumme $J.T.$ beträgt, noch leere Intervalle (Abschirmungen) von der Gesamtdauer T' eingeschaltet werden, sich die Größe des erreichten Effektes (E') nach der Minusrichtung in einem einfachen Verhältnisse zu $\frac{T}{T+T'}$ verschieben wird. Gibt man mit anderen Worten intermittierende Reize, so verhält sich der Effekt so, als ob dieselben durch einen konstanten Reiz von herabgesetzter Intensität (arithmetisches Mittel) ersetzt wären.

Graphisch ausgedrückt ist demnach die optimale Ausnutzung einer bestimmten Reizintensität gegebenenfalls ein Plateau. Werden aus demselben einzelne Zacken herausgeschnitten, so sinkt entsprechenddie Effektivität. Von extremen Werten (Ermüdung, Erschöpfung usw.) abgesehen, wird dabei das Plateau in seiner Gesamtdauer in gleicher Weise ausgenützt. Denken wir uns den Effekt als eine Summe oder Integral aus Elementareffekten (z. B. als Menge eines chemischen Stoffumsatzes), so wächst er allgemein (innerhalb bestimmter Größen) proportional der Dauer des Plateaus.

Die „tetanischen" Systeme sind als Funktion von 3 Parametern charakterisiert; 1. der erreichten maximalen Intensität. 2. des Intensitätsanstieges dJ/dt und 3. der Nutzzeit (Chronaxie). Dementsprechend kann der zweite Faktor (dJ/dt) bei gegebener maximaler Intensität den Effekt sowohl enorm steigern als herabsetzen, bzw. völlig vereiteln. Ersteres wird durch steilen Anstieg bzw. Intermittenz der Reizgaben, letzteres durch sogenanntes Einschleichen des Reizes erreicht.

Wenn wir von der (allerdings wie sich später zeigt, fiktiven) Annahme ausgehen, daß wir biologische Strahlungsquellen von konstanter Intensität besitzen, führt der Versuch, das Detektorsystem (Hefe) dem einen oder anderen der beiden soeben charakterisierten Reaktionssysteme einzuordnen, zu eigenartigen Verhältnissen. Es erweist sich, daß der erreichbare Effekt manches im Sinne der Talbotsysteme zeigt, andererseits sich den für die tetanischen Systeme geltenden Gesetzlichkeiten fügt.

Wir finden nämlich, daß der anscheinend konstante Reiz wirksam ist und der Effekt innerhalb bestimmter Grenzen mit der Dauer des Plateaus anwächst, daß aber andererseits die Grundsätze der tetanischen Systeme in vollem Maße ihre Verwirklichung finden, indem die Steilheit des Anstieges und namentlich die Intermittenz des Reizes hochgradig förderlich sind, dagegen durch „Einschleichen" der Reiz seine Wirksamkeit einbüßt.

Es ergibt sich aus dem vorangehenden, daß eine erschöpfende Schilderung der mitogenetischen Erregungsgesetze von zwei unterschiedlichen Gesichtspunkten erfolgen muß. Es werden zunächst die Variationen der Effekte je nach der Eigenart der angewandten Reizquelle unter stets gleichbleibenden Darreichungsbedingungen geschildert. Wir betreten hier ein Gebiet, für welches vollständige Analogien in anderen reaktiven Systemen schwerlich gefunden werden könnten.

In zweiter Linie kommen wir dann zum Studium der Erregungsgesetze im Sinne der klassischen Physiologie, indem wir den Effekt als Funktion der Darreichungsweise einer bestimmten Reizart prüfen. Es wird sich dann in der theoretischen Analyse ergeben, daß die Mannigfaltigkeit der Effekte offenbar eng mit der Darreichungsweise zusammenhängt.

Bevor wir an diese Aufgaben herantreten, muß indessen ein anderes grundlegendes Problem erledigt werden, welches ebenfalls für die mitogenetische Forschung spezifisch ist.

Der physiologischen Charakteristik der verschiedenen Effekte oder richtiger ihrer Parameter muß nämlich die physikalische Charakteristik der Reizquellen entgegengehalten werden, indem man es naturgemäß als Postulat hinstellt, eindeutige Beziehungen zwischen Eigenart des Reizes und des resultierenden Effektes herzustellen.

a) Die physikalische Charakteristik der Strahlungsquellen.

Rein physikalisch betrachtet, können die Strahlungsquellen nach dreierlei Richtungen charakterisiert werden: ihrer *Intensität*, *Qualität* (spektralen Zusammensetzung) und *Darreichungsweise.*

In der Beurteilung der Intensität bewegen wir uns bis auf weiteres in einem Zirkel (sofern wir von physikalischen Quellen absehen). Da bisher nur für einige wenige biologische Quellen der rein physikalische Nachweis gelungen ist, und von genauen Messungen ihrer Intensität vorläufig nicht die Rede sein kann, könnte es sich nur darum handeln, die Erfahrungen an Spektrallinien aus physikalischen Quellen zu extrapolieren, indem man aus den leicht ableitbaren Beziehungen zwischen Intensität und Effekt einer Spektrallinie eine allgemeine Gesetzlichkeit für mitogenetische Strahlen jeder Herkunft abzuleiten versucht.

Man überzeugt sich aber dabei, daß diese Beziehungen nur innerhalb gewisser enger Grenzen gelten, die am wenigsten durch die innere Konstitution des Detektors gesteckt werden. Denn die Steigerung des Induktionseffektes als Funktion der Intensitätszunahme der Bestrahlung pflegt viel eher zu sistieren, als das für die Hefekultur überhaupt mögliche Maximum erreicht ist. So finden wir z. B. für die intensivste, beliebig abstufbare Quelle (ein Spektralstreifen) das überhaupt erreichkare Induktionsmaximum von nur mittlerem Grade (z. B. von etwa 35%), obwohl die Hefe an sich viel stärkerer Effekte (z. B. bis zu Mittelwerten von etwa 60%) fähig ist. Wir kommen mit anderen Worten zum wichtigen Schluß, daß *das überhaupt erreichbare, durch die Konstitution des Detektors begrenzte Maximum des Induktionseffektes nicht durch die energetisch bemessene maximale Intensität der Strahlung bedingt wird und folglich die Intensität des erreichten Effektes als Kriterium derjenigen der Strahlungsquelle untauglich ist.*

Aber der physikalisch eindeutige Begriff der Strahlungsintensität kann unter Umständen im Sinne der Effektivität der betreffenden Strahlungsquelle an sich mehrdeutig werden, sobald wir in die Lage kommen, die Quantennatur, d. h. den diskontinuierlichen Charakter der Strahlung, berücksichtigen zu müssen. Die äußerst geringen Intensitäten biologischer Strahlungsquellen zwingen uns aber diese Betrachtungsweise direkt auf.

Wenn wir von einer Mehrdeutigkeit der üblichen Definition der Strahlungsintensität in Quantensprache sprechen, so ist damit folgendes gemeint: die Angabe, die Intensität der Quelle betrage N Quanten/sek. qcm., kann vom Standpunkte des Detektors, wenn man sich so ausdrücken darf, von unbeschränkter Mannigfaltigkeit sein, je nachdem die Quanten maximal dispers sind oder nicht. Denken wir uns z. B. als Strahlungsquelle eine Quecksilberdampflampe, wo die einzelnen Molekel des Quecksilberdampfes je ein Lichtquant aussenden, so hätten wir unter gewöhnlichen Bedingungen eine Verteilung der auf die Detektoroberfläche auftreffenden Quanten nach den statistischen Zufallsgesetzen. Eine summarische Aussage von N Quanten pro sek./Quadratzentimeter wäre gleichlautend damit, daß pro 1/n sek. durchschnittlich N/n Quant entfallen, oder pro qmm/sek. N/100 Quant usw. Wir wollen in diesen Fällen von molekulär-dispersen Strahlungsquellen sprechen.

Nehmen wir jetzt in einem denkbar schroffsten Gegensatze dazu eine „punktförmige" Lichtquelle, z. B. *eine* Zelle, die den Quantenstrom gewissermaßen in einzelnen Ladungen oder Paketen, in gewissen kurzen Zeitabständen aussendet, und zwar in unmittelbarer Nähe der Detektoroberfläche, die ein paar Quadratzentimeter Fläche beträgt. Es leuchtet ein, daß die Angabe der Intensität von N Quanten/sek. qcm hier gar nicht sinngemäß parzelliert werden kann. Es würde mit anderen Worten keinen Sinn haben, für kleine Bruchteile von Sekunden oder für kleine Flächenelemente von Bruchteilen von Millimetern Angaben über die lokale Intensität, d. h. über Quantenzahlen, zu machen, da man hier bei gleicher Globalintensität die allerverschiedensten zeitlich-räumlichen elementaren Verhältnisse gewärtigen müßte.

Das gleiche gilt natürlich im Prinzip auch für Strahlungsquellen, die aus mehreren diskret leuchtenden Elementarstrahlern (Punkten) bestehen, deren jeder z. B. nur einmal kurz aufleuchtet. Wir wollen solche Strahlungsquellen im Gegensatz zu einer solchen vom Typus der Quecksilberdampflampe als „grobdisperse" bezeichnen.

Die Verschiedenheiten der zeitlich-räumlichen Quantenverteilung hier und da werden einen Rückschlag auch bei Versuchen der Abschwächung der ursprünglichen Intensität haben, was aus folgenden elementaren Betrachtungen hervorgeht.

Handelt es sich um eine molekulardisperse Quelle, so wird jeder beliebige Modus ihrer Abschwächung auf dasselbe hinauslaufen: es ist einerlei, ob wir den Strahlungskörper fortrücken oder einen Filter dazwischenschalten, der einen Teil der Quanten absorbiert, oder die Strahlungsquelle verdünnen, es wird sich stets um eine statistisch maximal gleichmäßige zeitlich-räumliche Verteilung der Treffpunkte der einzelnen Quanta auf die Detektoroberfläche handeln. Es werden m. a. W. stets die mittleren zeitlichen und räumlichen Abstände zwischen den einzelnen aus der Oberfläche ausgesandten Lichtquanten eine eindeutige Funktion der Verdünnung sein. Je stärker die Verdünnung, desto seltener und in größeren Abständen die einzelnen zur Strahlung angeregten Molekel der Quelle. Die Verteilungskurve derselben wird jedoch bei jeder Konzentration die gleiche bleiben, selbstverständlich unter Variation ihrer Parameter.

Die Gleichmäßigkeit wird hier besagen, daß die Treffpunkte der einzelnen Quanten auf der Detektoroberfläche sich in ihren gegenleitigen Abständen der Gaussschen Normalkurve fügen werden. die dichter der Quantenstrom, desto höher wird das Präzisionsmaß der Verteilung sein, desto weniger werden mit anderen Worten die Elementarbezirke der Detektoroberfläche (die auf je 1 Quant entfallen) prozentual voneinander an Größe differieren.

Wesentlich anders werden naturgemäß die Verhältnisse bei

grobdispersen Strahlungsquellen sein, als deren Vertreter wir eine Hefesuspension im flüssigen Substrate wählen können.

Auch hier wird das GAUSSsche Verteilungsgesetz innerhalb der Strahlungsquelle seine Geltung bei jeder Verdünnung beanspruchen, da die Verteilung der simultan strahlenden Zellen innerhalb einer in Schwebe erhaltenen (z. B. in Rotation versetzten Suspension) sich naturgemäß den Zufallsgesetzen fügen wird. Es wird sich indessen nicht mehr um eine zufallsmäßige Verteilung von einzelnen Quanten auf der Detektoroberfläche handeln, da jede strahlende Zelle, soweit wir beurteilen können (vgl. Kap. XI und XII) ein ganzes Strahlenbündel aussendet.

Es werden daraus bei jeder Abstufung bzw. Abschwächungsweise der Intensität verschiedene und zum Teil komplizierte und schwer übersehbare Verhältnisse der zeitlich-räumlichen Verteilung der Treffpunkte der Quanten auf der Detektoroberfläche resultieren.

In erster Linie wird die Verteilung der Treffpunkte eine Funktion der Entfernung zwischen Strahlungsquelle und Detektoroberfläche sein.

Ist sie groß im Vergleich zum mittleren Abstande zwischen den einzelnen elementaren Strahlern, so dürfte auch hier die Verteilung der Treffpunkte auf der Detektoroberfläche eine im allgemeinen gleichmäßige sein und sich etwa so verhalten, als ob die Quanten nicht aus einzelnen Strahlungsherden, sondern jedes vereinzelt, d. h. aus einer angeregten Molekel, wie im amorphen Medium, stammte.

Ist dagegen die Entfernung zwischen Detektor und Strahlungsquelle annähernd von der Größe der mittleren Abstände zwischen den einzelnen Strahlern und ist jeder derartige Strahlungsherd von der Mächtigkeit eines ganzen Quantenstromes, der sich selbstredend nach Zufallsgesetzen allseitig ausbreitet, so wird die Verteilung der Treffpunkte gewissermaßen eine verschwommene Abbildung derjenigen der Strahler selbst liefern, indem Bezirke von relativ dichter Anordnung mit solchen von sehr spärlichen Punkten wechseln werden.

Gehen wir nun von dieser „Naheverteilung“ aus und versuchen es mit einem anderen Abschwächungsverfahren, so wird dieses Mal das Ergebnis ein wesentlich anderes als bei moleculardispersen Strahlungsquellen sein.

Verdünnen wir einfach eine derartige Suspension, so werden die Häufungsbezirke an der Detektoroberfläche, jeder für sich genommen, ohne jede Änderung bleiben, ihre Anzahl dagegen abnehmen und im ganzen also die Verteilung der Treffpunkte eine noch unregelmäßigere werden oder richtiger noch schärfere lokale und zeitliche Gradiente besitzen.

Wird dagegen die Abschwächung der Strahlung durch Vorsetzen eines absorbierenden Mediums durchgeführt, so haben wir folgende Verhältnisse: die Anzahl der Strahlungsherde wird die gleiche bleiben, dagegen die Intensität eines jeden von ihnen abnehmen, da ein Teil der Quanten jedes Quantenbündels absorbiert wird. Es werden dadurch die Gegensätze zwischen lokalen Maxima (Häufungspunkten) und Minima abgeschwächt, die zeitlichen Gradiente aber wesentlich die gleichen bleiben.

Wenn wir alle diese Überlegungen zusammenstellen, so ergibt sich ein eigenartiges Verhältnis.

Wenn wir eine Quelle nur nach ihrer Intensität im physikalischen Sinne (Quantenzahl pro cm^2/Sekunde) bewerten, so ist damit unter Berücksichtigung der niederen absoluten Intensitätswerte noch nichts über die zeitliche und räumliche Verteilung der einzelnen Quanten ausgesagt. Da es aber sehr wohl eben auf diese Parameter für die physiologische Wirkung ankommen kann, kommen wir zum wichtigen Satz:

Das Verhältnis zwischen Intensität einer als konstant geltenden Strahlungsquelle und ihrer mitogenetischen Wirkung kann nicht eindeutig festgesetzt werden, oder, anders ausgedrückt: *zwei physikalisch konstante Quellen gleicher Intensität und Qualität aber verschiedener Provenienz können physiologisch sehr verschieden sein.* Unter diesem Gesichtspunkte ist es von besonderem Werte, die physikalischen mit den biologischen Quellen zusammenzustellen.

Die Funkenstrecke scheint hier ganz abseits zu stehen und keine Anhaltspunkte für Vergleiche mit biologischen Quellen zu bieten, da es sich um relativ mäßige Periodenzahlen (etwa 100 pro Sekunde) handelt, deren jede von der Größenordnung von 0,00001 bis 0,000001″ sein dürfte. Es handelt sich demnach um sehr kurze und außerordentlich intensive Quantenströme, mithin um denkbar steile Zeitgradiente der Bestrahlung. Sie werden aber nur bei sehr starker Abschwächung physiologisch adäquat.

Wir sahen bereits, daß die Quecksilberdampflampe als Prototyp einer molekulardispersen Strahlungsquelle betrachtet werden darf. Auch verschiedene anorganische Strahlungsmodelle (Oxydationsmodelle) dürften wohl als molekulardispers aufgefaßt werden.

Was die biologischen Strahlungsquellen betrifft, so dürften wir wohl kaum einen Fall von reiner molekularer Dispersität besitzen, möglicherweise mit Ausnahme des vollständig hämolysierten Blutes, wie es durch Wässerung von eingetrockneten Blutflecken gewonnen wird.

Es kann hier mit einem gewissen Wahrscheinlichkeitsgrad angenommen werden, daß das glykolytische Ferment in Lösung übergeht und die Glykolyse ein molekulardisperser Vorgang ist. Vollständige Sicherheit besteht freilich auch hier nicht, da ja natürlich zahlreiche Schatten von Erythrozyten stets untermengt sind und es sich um ein kolloidales Medium mit schwer übersehbaren Verhältnissen handelt. Ebensowenig eindeutig sind auch die Verhältnisse des zellfreien, aber opaleszierenden Zentrifugates aus dem Karzinombrei (Kisliak-Statkewitsch).

Abgesehen von diesen der näheren Prüfung noch bedürftigen Fällen haben wir es in den biologischen Strahlern wohl meist mit sehr grob dispersen Systemen zu tun. Wir haben hier alle Veranlassung zur Annahme, daß die elementaren Strahlungsherde hier nicht etwa vereinzelte Quanta, sondern wirkliche, wenn auch natürlich absolut genommen schwache Quantenströme aussenden. Für echte Gewebe und Zellaggregate, die Strahler sind (Kornealepithel, Hefezellen usw.), dürfte es ziemlich sicher sein, daß nur eine relativ geringe Minderzahl der Elemente, zumal simultan, strahlen, und daß jede strahlende Zelle ein nennenswertes Strahlenbündel aussendet. Die zeitliche Fraktionierung dürfte dabei physiologisch noch weit mehr ins Gewicht fallen als die räumliche. Denken wir an die für die stärkeren Quellen angegebene Zahl von der Größenordnung von 1000 Quant/sek/qcm von einem strahlenden Gewebe, wie etwa die Kornea ausgehend, und lassen wir jede Zelle nur etwa 10 Quanten bei ihrer Entladung aussenden (was eher zu tief gegriffen ist), so hätten wir schon ganz beträchtliche freie Zeitintervalle von durchschnittlich 0,01 Sekunde. Derartige Quellen dürfen nicht mehr als konstante, sondern höchstens als stationäre, aber wesentlich intermittierend gelten.

Wir sehen demnach, daß die beiden Parameter — physiologische Intensität und Darreichungsweise (Dispersitätsgrad bzw. Intermittenz) — der mitogenetisch effektiven Strahlungsquellen innig miteinander zusammenhängen und praktisch schwerlich gesondert behandelt werden können.

Dieser Umstand ist natürlich von grundlegender Bedeutung bei der Behandlung des Zusammenhanges zwischen Reizintensität und Art des resultierenden Effektes.

Diese Erkenntnis läßt wohl Zweifel an der Berechtigung des Anschlusses der Detektoren an die Talbotsysteme entstehen, die eine praktische Konstanz der Reizquellen voraussetzen. Wir werden darauf noch im weiteren zurückkommen.

1. Zeitschwellenwerte.

Die bisher bekannt gewordenen Zeitschwellenwerte (für Agarhefe als Detektor) weisen sehr große Amplituden — zwischen wenigen Sekunden und etwa 30 Minuten auf. Die wichtigsten Fälle sind in Tabelle 167 zusammengestellt.

Tabelle 167. Zeitschwellenwerte des Induktionseffektes für verschiedene Strahlungsquellen.

Quelle	Expositionszeit	Induktionseffekt in %	
Spektralstreifen 2500 Å	3 Sekunden	20	
„ 2420 Å	5 „	35	
Blut von Kaulquappen in Metamorphose (BLACHER und LIOSNER)	5 „	40,9	Schwellenwert nicht erreicht.
Desgl. von thyreoidierten Axolotln (BLACHER)	5 „	21,2	Schwellenwert nicht erreicht.
Muskeltetanus (FRANK)	10 „	34	Schwellenwert nicht erreicht.
Adenokarzinom der Maus	10 „	37	Schwellenwert nicht erreicht.
Blut (POTOZKY und ZOGLINA) mit $MgSO_4$ versetzt	(3mal à 15 Sek.) 45 „	38	(Schwellenwert nicht erreicht.)
Das gleiche, hämolysiert	1 Minute	30	
Kornealepithel vom Kaninchenauge	zwischen 30 Sek. (8%) und 1 Min. (50%)		
Kaulquappenschwanz in Metamorphose (BLACHER und HOLZMANN)	2 Minuten	28,2	
Agarhefe	zwischen 6 – 8 Minuten		
Gärende Hefe in der Bierwürze	1,5 – 2 „		
Blut vom Axolotl (normale Tiere)	etwa 20 „		
Emulsion aus Geweben von *Hydra*	zwischen 30 Min. (17,2%) und 40 Min. (23,7%)		

Es läßt sich sehr leicht der Nachweis erbringen, daß der Zeitschwellenwert jedenfalls nicht gleichen Schritt mit der Intensität der Strahlung hält, namentlich wo es sich um bedeutende Intensitäten wie bei spektralen Quellen handelt.

Die Intensität der angewandten Spektralstreifen ist jedenfalls mehrere Millionen mal größer als diejenige der biologischen Strahlungsquellen. Daß der Zeitschwellenwert sich nicht reziprok verhält, d. h. daß es sich nicht um Werte von millionstel Sekunden handelt, braucht uns natürlich nicht zu überraschen. Bemerkenswert ist aber jedenfalls, daß bei mäßigen Abstufungen dieser noch immerhin enormen Intensitäten keine Spur von Proportionalität zwischen jeweiliger Intensität und dem reziproken Schwellenwert gefunden werden kann. Die kürzeste bisher nachgewiesene effektive Induktionszeit beträgt 1 Sekunde. Sie wurde von FRANK mit der Zwiebelwurzel als Detektor und Funkenstrecke (Streifen 2030) mäßiger Intensität erzielt (Induktionseffekte 20% und 39%). Da es sich um einen Rhythmus von etwa 100 Perioden pro Sekunde handelt und jedes Aufleuchten von der Größenordnung von etwa 10^{-5} Sekunden betrug, handelt es sich effektiv um Bruchteile von Sekunden. Wir können daraus folgern, daß der Detektor unter speziellen Umständen jedenfalls auf eine Reizdauer von 1 Sekunde (und darunter) bereits reagieren kann. Stellen wir jetzt die Schwellenwerte der stärksten biologischen Quellen mit denjenigen der Millionen Male intensiveren Spektralquellen zusammen, so kommen wir zu dem überraschenden Ergebnis, daß sie ziemlich genau übereinstimmen, und daß letztere, sofern es sich um *konstante* Strah-

Tabelle 168. Induktion mit Spektralstreifen 2420 (Kohlenbogen) (maximale Intensität auf $^1/_{30}$ reduziert).

Expositionszeit in Sekunden	Induktionseffekt in %	Expositionszeit in Sekunden	Induktionseffekt in %
1	−10	5	35
1	4	10	24
5	20	10	50

Derselbe Streifen, volle Intensität

Expositionszeit in Sekunden	Induktionseffekt in %
$^1/_3$	0
1	6 und 4
3	6, 8, 0 und −10

lung handelt, das für den Detektor überhaupt mögliche Zeitminimum gar nicht erreichen (Tab. 167).

Bei voller Intensität versagt der Effekt bei der gewöhnlichen Darreichungsweise vollständig.

Die Diskrepanz der Schwellenwerte für die Spektrallinien von konstanter Quelle (Kohlenbogen mit Gleichstrom gespeist) und der Funkenstrecke (siehe oben FRANK) bei annähernd gleicher, das notwendige Maß millionenfach übersteigender Intensität, leitet uns zum erstenmal auf den Gedanken, daß der Zeitschwellenwert in erster Linie mit der Darreichungsweise des Reizes zusammenhängt, was in der nachfolgenden Darstellung auf weitester Grundlage bestätigt wird.

Die Spektralquellen lassen sich demnach in ihren Schwellenwerten mit biologischen Quellen nicht in Parallele bringen. Über die Ursachen dieser wichtigen Tatsache sind wir zur Zeit ganz ungenügend unterrichtet. Es kann auf dieses Problem nur in der weiteren theoretischen Diskussion eingegangen werden.

Prüfen wir aber die entsprechenden Verhältnisse innerhalb biologischer Strahlungsquellen, so bewegen wir uns in einem Zirkel. Physikalische Intensitätsbestimmungen der meisten Strahlungsquellen stehen noch aus und dürften wohl nur der Größenordnung nach genau sein. Wenn wir aber auf Grund der Schwellenwerte auf die Intensität der betreffenden Strahlung schließen, so ist es natürlich eine petitio principii. Es bliebe nur als einzige experimentelle Möglichkeit, die Strahlungsquellen in kontrollierbarer Weise abzuschwächen. Derartige Versuche stehen noch aus, wir sahen aber, daß auch der Begriff der „Abschwächung“ hier zu einem mehrdeutigen werden kann, da es auf die Kenntnis der Konstitution, d. h. des Dispersitätsgrades der befreffenden Quelle, ankommt.

Es liegen indessen einige Fälle vor, wo die Beurteilung der Strahlungsintensität nach dem Schwellenwerte sich ohne weiteres aufdrängt, obwohl, wie wir sehen werden, auch hier der scheinbar so einfachen Konzeption sich bedeutende Schwierigkeiten entgegensetzen.

Der klarste derartige Fall scheint in den bereits zitierten Versuchen von BLACHER und LIOSNER vorzuliegen, wo auffallende Unterschiede der Zeitschwellenwerte (etwa wie 1 : 300) gefunden wurden. Die betreffenden Zahlenangaben seien nochmals in der Tabelle reproduziert.

Tabelle 169. Induktion mit dem Blute von Kaulquappen verschiedener Metamorphosestadien (nach BLACHER und LIOSNER).

Stadium der Metamorphose	Expositionszeit	Mittlerer Induktionseffekt in %	Anzahl der Versuche
II	1 Min.	5,6	2
	2 „	0,5	4
	5 „	32	4
IIIa	1 „	– 2,2	1
	2 „	– 3,3	1
	5 „	– 12,2	1
	10 „	5,1	4
	20 „	17,7	1
	30 „	31,3	1
IIIb	5 Sek.	40,9	2
	15 „	59,5	1
	30 „	18,2	2
	1 Min.	27,4	4
	2 „	34,2	2

Wollen wir diese enorme Amplitude der extremen Werte auf reine Unterschiede der Strahlungsintensität zurückführen, so müssen wir natürlich zu einigen Hilfsannahmen greifen oder gewisse Konsequenzen voraussetzen.

An eine Proportionalität zwischen Intensität und Reizeffekt (d. h. gegebenenfalls den der Zeitschwelle reziproken Wert) darf natürlich nicht ernstlich gedacht werden, da dermaßen gewaltige Unterschiede der Intensität chemischer Abläufe (die doch der Strahlung zugrunde liegen) kaum vorliegen dürften. Auch eine parabolische (quadratische) Beziehung zwischen Reizintensität und Effekt führt schon zu einem Verhältnis wie etwa 1 : 18. Wie ist aber hier überhaupt das Zustandekommen verschiedener Intensitäten zu denken?

Um dieser Frage auch nur einigermaßen gerecht zu werden, muß auf die Konstitution der Strahlungsquelle eingegangen werden, wie sie mit einiger Wahrscheinlichkeit erschlossen werden kann.

Da es sich um nichthämolysiertes Blut handelt, dürfen wir damit rechnen, daß wir es mit einer grobdispersen Strahlungsquelle zu tun haben: Es wäre z. B. denkbar, daß die geformten Blutelemente (möglicherweise sogar nur manche von ihnen) als kleine Fermentzentren und folglich auch als elementare Strahlungsquellen auftreten usw. Unter diesem Gesichtspunkte bleibt es ganz unbestimmt und unklar, wie wir uns die Verschiedenheiten der „Intensitäten" zu denken hätten. Es könnte sich sowohl darum handeln, daß die Anzahl der Elementarstrahler abnimmt, d. h. daß die Dispersität zunimmt, als auch, daß die Intensität eines jeden von ihnen (d. h. die ausgestrahlte „Ladung") geringer wird. Es hätte sich mit anderen Worten wiederum um Verschiedenheiten der räumlich-zeitlichen Verteilung der Quantenladungen gehandelt, die sich dem scheinbar einfachen Begriffe der Intensität überlagern und die Frage nach dem Zusammenhange zwischen Intensität der Strahlung und dem Effekt (Zeitschwellenwert) bedeutend verdunkeln.

2. Gradparameter.

Es lassen sich einige Belege dafür anführen, daß die überhaupt erreichbaren Induktionsmaxima für verschiedene Strahlungsquellen (bzw. Versuchsbedingungen) spezifisch sind.

In der Untersuchung von Blacher und Holzmann finden wir eine Zusammenstellung der Induktionseffekte mit dem zu Brei verriebenen Schwanz der Kaulquappen in verschiedenen Metamorphosestadien. Von jedem der vier untersuchten Stadien wurden Serienexperimente mit verschiedenen Expositionszeiten durchgeführt. Wir wollen drei derartige Maxima tabellarisch zusammenstellen.

Tabelle 170. Induktionseffekte verschiedener Metamorphosestadien (nach Blacher und Holzmann). (Maxima.)

	Stadium IV	Va	Vb
	44,2%	34,3%	68,3%
	46,1 „	45,9 „	58,2 „
	57,7 „	33,3 „	72,2 „
Mittel	49,3%	37,8%	66,1%

Eine bedeutende Erhöhung der Induktionseffektes wurde von A. Potozky durch gesteigerte Belichtung der Hefekulturen bei Mutoinduktion erzielt. Es muß dabei hervorgehoben werden, daß es sich nicht etwa um fördernde Wirkung des sichtbaren Lichtes auf die Hefesprossung handelt, da die in gleicher Weise belichteten Kontrollen keinen Vorsprung vor den halbbeschatteten Kontrollen hatten.

In einer Serie von fünf Versuchen, wo die Mutoinduktion bei diffusem Tageslicht + starke Glühlampe vorgenommen wurde, betrug der Induktionseffekt im Mittel für beide Partner 63 bzw. 64%. Bei einseitiger Belichtung des einen Partners waren die Unterschiede im Induktionseffekte besonders auffallend und konstant.

Tabelle 171. Mutoinduktion unter einseitiger Belichtung mit einer Glühlampe (nach POTOZKY).

a) belichtete Kultur in %	b) unbelichtete Kultur (diffuses Tageslicht) in %
53	27
40	20
60	24
40	23

Bei einer vergleichenden Prüfung der Strahlung verschiedener Bestandteile des Mäusekarzinoms gelangte KISLIAK-STATKEWITSCH zu einer weit divergierenden Skala verschiedener Induktionswerte.

Tabelle 172. Mittelwerte aus Serien von verschiedenen Bestandteilen des Mäusekarzinoms (nach KISLIAK-STATKEWITSCH).

Art der Quelle	Anzahl der Versuche	Mittlerer Induktionseffekt in %
Frisches Karzinomgewebe	7	55,7
Nekrotische Bezirke, zentrifugiert, zellfreie Flüssigkeit	6	15,5
Nekrotische Bezirke, zentrifugiert, zellfreie Flüssigkeit	6	39,5
Wie 2. nach 24 Stunden Aufbewahrung	6	30,3
„ 3. „ 24 „ „	6	15,3

3. Steilheitscharakteristik.

Der Zeitfaktor, d. h. die Dauer der Exposition, ist für verschiedene Strahlungsquellen von sehr verschiedener Bedeutung. So finden wir z. B. wiederum in dem reichhaltigen Versuchsmaterial von BLACHER und seinen Mitarbeitern Strahlungsquellen, bei denen das Maximum mit dem Schwellenwert annähernd zusammenfällt (der Zeitschwellenwert wurde hier, streng genommen, nicht erreicht).

Dies trifft z. B. für das Blut der Kaulquappen in gewissen Metamorphosestadien sowie für das Blut thyreoidisierter Axolotl zu.

Tabelle 173. Induktion mit dem Blute von Kaulquappen im Metamorphosestadium IIIb (nach BLACHER und LIOSNER).

Zeitwert	Induktionseffekt in %	Anzahl der Experimente
5 Sek.	40,9	2
15 „	59,5	1
30 „	18,2	2
1 Min.	27,4	4
2 „	34,2	2

Tabelle 174. Induktionseffekt mit dem Blute thyreoidisierter Axolotl.

Zeitwert	Induktionseffekt in %	Anzahl der Experimente
5 Sek.	21,2	1
30 „	29,9	3
1 Min.	27,9	3
2 „	38,6	1

Noch eigentümlicher sind in dieser Hinsicht vielleicht die Verhältnisse der Muskelstrahlung (FRANK).

Die Induktionseffekte bleiben sich nahe bei den extremen Werten von 10 Sekunden und 10 Minuten Tetanus (Sartorius). (Tabelle 175.)

Tabelle 175. Induktion mit Sartorius in Tetanus.

Reizdauer	Effekt in %
10 Min.	52
10 „	44
3 „	38
6 „	40
6 „	45
20 Sek.	39
10 „	34

Den denkbar schroffsten Gegensatz zu dieser offensichtlichen Indifferenz des Zeitfaktors finden wir in den Induktionsergebnissen mit dem Schwanzgewebe der Kaulquappen in Metamorphose.

Tabelle 176. Induktion mit Schwanzgewebe des Metamorphosestadiums Vb.

	1/4 Minute, in %	1 Minute, in %	2 Minuten, in %	5 Minuten, in %	18 Minuten, in %
	4,2	31,3	68,3	72,2	23,9
	1,0	55,2	58,2	50,6	35,9
		28	72,2	69,6	14,4
					33,3
					20,2
					40,5
Mittel	2,6	38,2	66,2	64,1	28

(Nach BLACHER und HOLZMANN.) Vgl. Abb. 61.

Sie sind in mehrfacher Hinsicht von hoher Bedeutung, namentlich wenn man sie mit den Verhältnissen der Muskelstrahlung zusammenstellt.

Nach dem Zeitschwellenwert bemessen, ist das Schwanzgewebe eine viel schwächere Strahlungsquelle als der Muskel in Tetanus. Und trotzdem wird schon nach 2 Minuten ein Induktionseffekt erreicht, der bis mindestens zur 5. Minute dauert und den Muskeleffekt offenbar bedeutend übertrifft. Dieses Maximum ist aber gegebenenfalls auch ein Optimum, da wir wohl durch Interpolierung schließen dürfen, daß bei 10 Minuten Induktion der Induktionseffekt schon bedeutend heruntergeht, wofür für den Muskel absolut keine Anzeichen vorliegen.

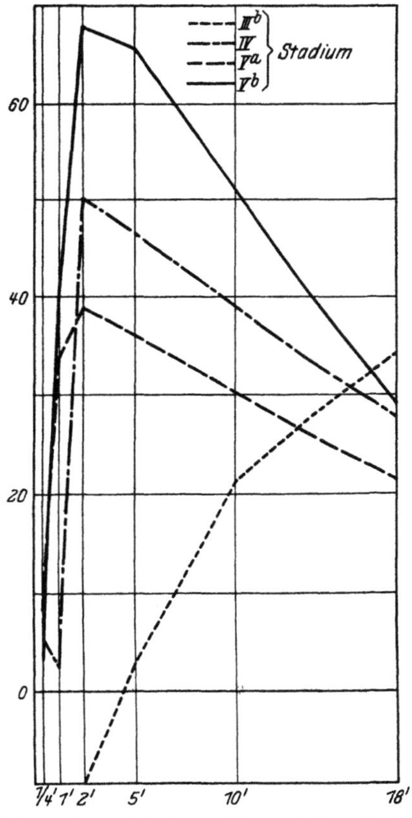

Abb. 61. Intensität des Induktionseffektes als (*f*) der Induktionsdauer (Schwanzgewebe der Kaulquappe). Ordinaten: Effekt in %. Abszissen: Dauer der Exposition (nach BLACHER und HOLZMANN).

Der Abfall des Induktionseffektes, wie er bei Induktion mit Schwanzgewebe vorliegt, bildet einen Übergang zu einem weiteren Typus der Zeitkurven der Induktion, die uns zur Aufstellung einer weiteren Kategorie — der Umschlagscharakteristik — veranlaßte.

4. Umschlagscharakteristik.

Die Induktionsversuche mit dem schlagenden Froschherz führten zum ersten Male zu dem ganz unerwarteten Resultate einer relativ sehr frühzeitig auftretenden Depression (Abnahme der Mitosenzahl der Zwiebelwurzel bzw. der Sprossenzahl der Hefe). Es ist sehr eigenartig, daß dieser Umschlag unter normalen Induktionsverhältnissen bei den übrigen daraufhin geprüften Strahlungsquellen nur nach längerer, mehrstündiger Exposition auftritt, und als Erschöpfung [SUSSMANOWITSCH] aufgefaßt wurde, sich aber sehr leicht, und wohl mit allen Quellen, durch einen kleinen Kunstgriff — Fraktionierung der Reizgabe — erreichen läßt.

Von nichtbiologischen Strahlungsquellen läßt sich allerdings eine Depression bereits durch sehr kurze Exposition erzielen. Wenn wir sie bei Anwendung des Spektrallichtes auf die relativ enormen Intensitäten der Quellen zurückführen durften, so liegt in einem anderen hierher gehörigen Falle — einem anorganischen Oxydationsmodell — bisher keine genügende Veranlassung dazu vor.

Es handelt sich um die von A. POTOZKY studierte Reaktion[1]

$$K_2Cr_2O_7 + 6FeSO_4 + 3H_2SO_4$$
$$= 2KaHSO_4 + Cr(SO_4)_3 + 3Fe_2(SO_4)_2 + 7H_2O.$$

Von besonderem Interesse ist dabei, daß der Umschlag nicht nur an dem Sprossungseffekt, sondern auch an dem Vermehrungseffekt nachgewiesen wurde.

Tabelle 177. Induktion mit $K_2Cr_2O_7 + FeSO_4 + H_2SO_4$ (nach BRAUNSTEIN und POTOZKY).

Expositionszeit	Induktionseffekte: Sprossungseffekt in %	Vermehrungseffekt in %
5 Sek.	—	+20,1
10 „		+51,5
25 „	—	+70,5 u. 54,5
30 „	−28,5	+21,6
1 Min.	− 6	−31,9
1,5 „	−26,4	−34,7
3 „	−21	−21,4
5 „	−17 u. −25,6	−27,5 u. −48,5

Obwohl die Zeitschwelle hier nicht bestimmt wurde, läßt sich doch mit Wahrscheinlichkeit (auf Grund des relativ schwachen Effektes bei 5″) schließen, daß er in der Nähe dieses Wertes liegt, somit nicht wesentlich etwa von demjenigen des Blutes der Thyreoidalaxolotl verschieden ist. Der Umschlag von einem deutlich positiven zu einem ebenso ausgesprochen negativen Effekte zwischen 30 Sekunden und 1 Minute kommt um so überraschender,

[1] Im Druck.

da ja in letzteren Objekten noch bei 2 Minuten keine Andeutung des Dekrementes vorliegt.

Es erscheint daher ganz unabweisbar, das Umschlagsphänomen als eine Eigenart nur einiger weniger Strahlungsquellen aufzufassen. Es liegt dabei am wenigsten Veranlassung zur Annahme vor, daß wir es mit einem unmittelbaren Ausfluß der bedeutenden Intensität der betreffenden Quellen zu tun haben.

Die Eigenart ihres Verhaltens muß in ganz anderen Momenten gesucht werden, die noch nicht geklärt sind.

5. Abstandscharakteristik.

Diese Bezeichnung soll der Tatsache gerecht werden, daß für die Strahlungsquellen unter „normalen", d. h. einfachsten Versuchsbedingungen ein gewisser maximaler Abstand zwischen Quelle und Detektor besteht, der nicht überschritten werden darf. Es versteht sich von selbst, daß dabei die Abnahme der Intensität vermieden wird und das negative Resultat in diesen Fällen nicht auf dieses Moment zurückführbar ist.

Am klarsten liegen die Verhältnisse bei Hefeagarkulturen.

Wenn wir von ihnen als gleichmäßig leuchtenden Flächen ausgehen, so darf angenommen werden, daß bei Einhalten eines konstanten Verhältnisses zwischen Flächengröße und Abstand zwischen Quelle und Detektor auch die Intensität auf konstantem Niveau bleibt, d. h. z. B. eine Strahlungsquelle von 1 cm Durchmesser auf Entfernung von 1 cm von gleicher Intensität wie eine solche von N cm auf Entfernung von N cm ist. Es erweist sich jedoch, daß dieses durchaus nicht der Fall ist. Stellt man Hefeagarblöcke in Mutoinduktionsstellung auf und hält das Proportionalitätsverhältnis ein, so gelangt man zu dem eigenartigen Ergebnis, daß der Effekt bei Agarblöcken von 4 cm Kantenlänge auf 4 cm Abstand völlig versagt.

Tabelle 178. Mutoinduktion mit Hefeagarblöcken von verschiedener Größe und auf verschiedenen Abständen.

Größe / Abstand	40 × 40 mm / 10 mm	10 × 10 mm / 10 mm	6 × 6 mm / 6 mm	3 × 3 mm / 3 mm
	Induktionseffekt in %			
1.	3	14	22	60
2.	3	–	–	45
3.	–1	–	–	30
4.	3	–	–	30

(In den Versuchen mit 6, bzw. 3 mm wurden große Agarblöcke genommen, von deren Oberfläche der Hefebelag bis auf eine quadratische Fläche von 3 bzw. 6 mm² abgeschabt wurde.)

Zu gleichen Ergebnissen mit hämolysiertem Blut gelangt Frau BILLIG. Läßt man das Blut in einer Schale von 5 cm Durchmesser auf einen Hefeagarblock auf einer Entfernung von 5 cm einwirken, so bleibt jeder Effekt regelmäßig aus, während er mit dem gleichen Blute auf etwa 6—10 mm Abstand und entsprechend kleinerer Oberfläche der Strahlungsquelle regelmäßig ausgelöst werden konnte.

Tabelle 179. Induktion mit hämolysiertem Blute auf verschiedenen Abständen (nach BILLIG)

Durchmesser der strahlenden Oberfläche und Abstand	I in %	II in %	III in %
Schale, 5 cm Durchmesser Abstand 5 cm	8	16	0
Flacher Bluttropfen, 1 cm² Abstand 8 mm	35	60	41
Kapillarkammer, etwa 6 mm² Abstand 3 – 4 mm	19	67	25

b) Die mitogenetischen Effekte als Funktion der Darreichungsweise der mitogenetischen Strahlung.

Durch passend gewählte künstlich abgeänderte Darreichungsweise der Strahlung lassen sich einige der eben geschilderten Parameter in eingreifender Weise beeinflussen.

1. Versuche mit intermittierenden Reizen.

Dieser Versuche wurde in kurzer Form schon mehrmals im vorangehenden gedacht. Der Leitgedanke, der zu ihrer Aufstellung führte, entsprang der Erwägung, daß der Organismus, der infolge der mitogenetischen Strahlung des Blutes in einer ständigen „ultravioletten“ Umwelt lebt, möglicherweise für mitogenetische Reize von konstanter Intensität abgestumpft sein könnte und infolgedessen ganz allgemein eine konstante mitogenetische Bestrahlung von geringer Wirksamkeit sein dürfte und es nur auf steile Gradiente oder Schwankungen der Intensität ankäme. Das einfachste Verfahren der Fraktionierung der Reizgaben besteht in der Vorschaltung einer Drehscheibe mit Sektorialausschnitten.

Da dieses Verfahren in unserem Laboratorium gegenwärtig in unaufhörlichem Gebrauche steht und unser Material sich auf Tausende Fälle bezieht, mögen hier nur diejenigen Versuche etwas näher besprochen werden, die zu einer tieferen Einsicht in das Phänomen beitragen.

Die Fraktionierung wird in unseren Versuchen mittels eines Elektromotors ausgeführt, der nominell 3000 Touren pro Minute, bei Vorschaltung eines Widerstandes etwa 2000 Touren macht. Genaue Bestimmungen der Umdrehungszahl konnten bisher nicht vorgenommen werden, unsere Zeitangaben, soweit es auf die einzelnen Perioden ankommt, haben infolgedessen einen nur bedingten Wert. Indem wir immerhin von der Zahl 3000 ausgehen, wollen wir annehmen, daß die größte uns zur Verfügung stehende Periode $^1/_{50}$ Sekunde beträgt (Drehscheibe mit einem Ausschnitt). Wir können nun sagen, daß die Fraktionierung in diesem Rhythmus nicht die allergünstigsten Resultate gibt, da die Gesamtexpositionszeit, die zur Erzielung eines positiven Effektes benötigt wird, durch weitere Fraktionierung noch herabgesetzt werden kann. Es genügt indessen, soweit aus unserem Material ersichtlich ist, daß wir die Periode nur noch um die Hälfte verkleinern, um einen definitiven Effekt zu erreichen, der bei den meisten Versuchsbedingungen durch weiteres Fraktionieren nicht mehr überboten werden kann.

Die Beeinflussung der Fraktionierung erstreckt sich fast ausschließlich auf den *Zeitschwellenwert*, Tabelle 180 was natürlich auch einen bedeutenden Rückschlag auf die Steilheits- und Umschlagscharakteristik bedingt. In mächtiger Weise wird auch die Abstandscharakteristik beeinflußt. Vollständig unbeeinflußt bleibt dagegen der Gradparameter des Effektes, der, wie wir noch sehen werden, von ganz anderen Momenten abzuhängen scheint.

Die grundlegenden Feststellungen über den Effekt der Fraktionierung wurden an Hefeagarkulturen (Mutoinduktion) angestellt, über deren Ergebnisse die Tabelle 180 im Auszuge Aufschluß gibt. Es ist dabei zu berücksichtigen, daß der Zeitschwellenwert bei gewöhnlicher kontinuierlicher gegenseitiger Bestrahlung zwischen 6—8 Minuten liegt. Die nötige Expositionszeit wird demnach bei maximaler Wirkung auf etwa $^1/_{40}$—$^1/_{50}$ der ursprünglichen reduziert.

Man kann aber andererseits durch Verlangsamung des Rhythmus der Intermittenz allmählich den fördernden Effekt herunterschrauben und dadurch erst recht die Bedeutung des Prinzips der Fraktionierung ins rechte Licht setzen. Derartige Versuche wurden

Tabelle 180.

Anzahl der Ausschnitte	Winkel in °	Zeit des Vorbeilaufens	Gesamtexpositionszeit in Sekunden	Effekt in %
2	20	0,001	20	50
2	20	0,001	13	23
2	20	0,001	13	22
2	20	0,001	13	27
8	10	0,0005	12,5	51
8	10	0,0005	12,5	40
16	2,5	0,00028	13	37
16	2,5	0,00014	13	50
16	2,5	0,00014	10	1,0 5 –1
16	2,5	0,00028	6,5	10 8,0
1	10	0,0007	13	42
1	10	0,0007	16	1 2
1	10	0,0007	30	27 28
1	7,5	0,0005	15	– 1 2
1	10	0,0007	30	29 26

von Zoglina ausgeführt. Es wurde an eine relativ langsam rotierende Achse (etwa 10 Umdrehungen pro Sekunde) eine Drehscheibe mit einem Sektorialausschnitt von 180° angebracht, so daß die Agarblöcke bei Mutoinduktion je $^1/_{20}$ Sekunde abgeschirmt und ebensolange freigegeben blieben. Die fördernde Wirkung dieser relativ mäßigen Fraktionierung (die etwa $^1/_5$ der vorangehenden üblichen beträgt) ist dementsprechend etwa fünfmal geringer. Der Schwellenwert liegt hier in der Tat bei 60 Sekunden, bei der üblichen Rotation (50 Perioden pro Sekunde) dagegen, wie wir sahen, bei etwa 12 Sekunden.

Tabelle 181. Mutoinduktion von Agarhefe bei mäßiger Intermittenz des Reizes (etwa $^1/_{20}$ Sekunden-Periode) (nach Zoglina).

	Expositionszeit	
	60 Sekunden	50 Sekunden
Induktionseffekt in %	28	– 7
	56	–15
	64	—
	28	– 5
	36	4

Dieses Prinzip der „partiellen“ Fraktionierung scheint sich auch im Falle einer natürlichen Intermittenz der Strahlungsquelle zu bewähren, der eine experimentelle, stärkere noch superponiert wird. Der Effekt der letzteren ist hier viel geringer, als er sich beim Übergang aus einer stetigen Quelle zur Intermittenz zeigt. Wir sahen ja, daß der Schwellenwert bei der Hefe von etwa 6—8 Minuten bei konstanter Exposition auf etwa 10—12 Sekunden bei maximaler Intermittenz, also etwa auf $^1/_{50}$ sinkt. Für die Flimmerzellen, deren Strahlung, wie S. 159ff. ausgeführt wurde, offenbar intermittent ist und mit jeder Erregungsperiode der Flimmerwelle zusammenhängt und etwa 12—15 Schläge pro Sekunde beträgt, ist eine Abkürzung des Zeitschwellenwertes nur auf $^1/_5$ des ursprünglichen erreichbar.

Die Untersuchungen von ZOGLINA ergeben in der Tat folgendes:

Tabelle 182. Induktion mit dem Flimmerepithel von *Anodonta*-Kiemen.

A. Ohne experimentelle Fraktionierung

	Expositionszeit	
	50 Sekunden	45 Sekunden
Induktionseffekt in %	13	−9
	43	−3
	26	−7
	12	6
	10	

B. Fraktionierung mittels Drehscheibe

	Reine Expositionszeit	
	10 Sekunden	8 Sekunden
Induktionseffekt in %	20	−8
	17	−4
	57	6
	44	1,5
	32	1,4
	21	5
	41	—
	47	—

All diese Erfahrungen ergeben zur Evidenz, daß innerhalb bestimmter Grenzen die Einzelschläge (Elementarerregungen bei jedem Vorbeilaufen der Spalte) sich einfach zu einem liminalen Effekte addieren und daß es hauptsächlich auf die Anzahl dieser Elementarschläge ankommt.

Die Fraktionierung der Reizgaben leistet indessen noch weit mehr, als wir es bisher gesehen hatten. Es lassen sich Versuchsbedingungen anführen, wo nur vermöge dieses Prinzips ein mitogenetischer Effekt überhaupt erreicht werden kann. Wir kennen bisher solche von zweifacher Art.

In erster Linie sind es übermäßige Strahlungsintensitäten, die nur vermöge der Fraktionierung zu einem mitogenetisch wirksamen Faktor werden.

Die volle Intensität der wirksamen Spektrallinien (z. B. 2540 des Kohlenbogens) eines mittelgroßen Quarzspektrographen überschreitet bei der gewöhnlichen Darreichungsweise, d. h. als konstante Quelle, das physiologische Wirkungsmaximum. Ein positiver mitogenetischer Effekt im üblichen Sinne des Wortes (Zunahme der Sprossungszahl) läßt sich mit anderen Worten mit einer solchen unter keinen Umständen erreichen. Es geht aber unter ganz speziellen Bedingungen der Fraktionierung. Eine zu häufige Alternanz der Einzelschläge bzw. die sonst gebräuchliche Dauer derselben führt hier indessen nicht zum Ziele. Wir hatten bisher positive Ergebnisse nur bei Schlägen mit Zeitintervallen von etwa $^1/_{50}$ Sekunde (eine Umdrehung), deren Dauer etwa $^1/_{3600}$ Sekunde (5^0) nicht überschreiten durfte.

Tabelle 183. Induktion mit Spektrallicht maximaler Intensität.

A. Ununterbrochen (Gleichstrom).

Wellenlänge	Dauer in Sek.	Effekt in %	Wellenlänge	Dauer in Sek.	Effekt in %
2320	1	2	—	3	6
2420	3	-10	—	3	10
2420	$^1/_3$	0	2540	$^1/_{12}$	6
—	$^1/_2$	3	—	$^1/_5$	5
—	1	0	—	1	3
—	1	4	—	3	18
—	1	6	—	5	3

B. Fraktioniert (Streifen – 2540 Å).

Winkel des Ausschnittes in Grad	Reine Expositionszeit in Sek.	Effekt der Induktion in %	Winkel des Ausschnittes in Grad	Reine Expositionszeit in Sek.	Effekt der Induktion in %
1	0,17	– 5	3	0,75	20
1	0,28	–10	3	0,75	– 3
1	0,28	– 7	6	0,5	26
1	0,5	38	6	0,5	8
1	0,5	35	12	0,5	1,5
1	0,66	35	12	0,5	6
3	0,5	30	12	0,9	3
3	0,5	17			

Im Zusammenhange mit der gewaltigen Verschiebung des Zeitschwellenwertes durch Fraktionierung steht auch die Beeinflussung der Umschlagscharakteristik.

Das Phänomen des scheinbaren oder echten Umschlages tritt, wie wir sahen, unter gewöhnlichen Versuchsverhältnissen nur bei sehr wenigen biologischen Quellen (möglicherweise nur bei Herz und Flimmerepithel, die beide schon intermittent sind) und bei einigen Oxydationsmodellen auf.

Bei Anwendung fraktionierter Reizgaben wird es zu einem ganz banalen Resultat, das in unerwünschter Weise schon bei geringer Überbietung des nötigen Reizmaßes eintritt. So führen schon Reizgaben von etwa 50—60 Sekunden reiner Expositionszeit bei Mutoinduktion der Hefe zu einem Umschlag, d. h. Defizit der Sprossungsintensität im Vergleich zur Kontrolle. Blut als Strahlungsquelle führt nach SALKINDS Erfahrungen zu gleichen Ergebnissen nach einer Expositionszeit von 2,5 Minuten. Es handelt sich allerdings in all diesen Fällen um Scheindepression, die noch mit positivem Vermehrungseffekte einhergeht.

Ganz eigenartig ist das Verhalten des Kornealepithels des Kaninchenauges, das echte Umschläge (Depressionen sowohl des Sprossungs- als des Vermehrungseffektes) schon nach relativ sehr kurzer Exposition ergibt.

Es sei als Beispiel eine Zusammenstellung der Ergebnisse der Spektralaufnahmen der Augenstrahlung bei verschiedener Expositionszeit mitgeteilt. Das Spektrum bei 5 Minuten Exposition liefert ein getreues Negativ zu den Ergebnissen der kürzeren (1 Minute) Exposition.

Tabelle 184. Induktionseffekte mit Kaninchenauge, spektral zerlegt, bei verschiedenen Expositionszeiten.

Spektralgebiet	Induktionszeit 5 Min. in %	Induktionszeit 1 Min. in %
1900—1940	−24	+23
1940—2000	−17	+58
2000—2080	− 3	0
2080—2160	7	− 2,6
2160—2260	−20	+33
2260—2390	4	0

Aber schon nach 1,5 Minuten reiner Expositionszeit schlägt hier nach SALKIND auch der Vermehrungseffekt ins Negative um. Diese Erscheinung ist um so eigentümlicher, als mit Blut als Strahlungsquelle wohl ein Umschlag zur Scheindepression (Herabsetzung der Sprossenzahlen), nicht aber zur echten Depression erzielt werden kann. Noch nach 20 Minuten Exposition wurden von SALKIND regelmäßig positive Induktionseffekte erhalten.

Wenn wir demnach durch Fraktionierung eine gewisse Nivellierung der Zeitschwellenwerte verschiedener Strahlungsquellen erreichen können, so bleibt doch die schwer erklärliche Eigenart des leichten oder schwer erreichbaren Umschlages erhalten. Am mächtigsten, ja wunderbarsten ist die Beherrschung der Abstandscharakteristik durch das Verfahren der Fraktionierung.

Wir sahen bereits, daß Mutoinduktion schon bei Abständen von etwa 3 cm bei beliebiger Größe der strahlenden Flächen versagt. Bei Einschaltung der Drehscheibe und Benutzung von Hefeagarblöcken von nur 1 qcm Fläche kommt man noch bei 15 cm Abstand zu sehr guten Induktionseffekten.

Tabelle 185. Mutoinduktion auf Entfernung von 15 cm, Einschaltung der Drehscheibe (Fraktionierung).

Reine Expositionszeit	Induktionseffekte an beiden Partnern
1 Minute	40% und 40%
2,5 Minuten	50% und 52%

Beachtet man den gewaltigen Einfluß der Fraktionierung, so entsteht naturgemäß die Frage, ob nur die Intermittenz im weitesten Sinne des Wortes oder der Rhythmus der Fraktionierung für den Erfolg maßgebend sei?

Es erweist sich, daß diese Frage bejaht werden muß: Alles scheint auf eine gewisse Rhythmizität der Intermittenz anzukommen. Denn gelingt es, den Reiz hochgradig, aber unter möglichem Ausschluß der Rhythmizität zu fraktionieren, so bleibt jede Förderung des Effektes aus.

Es werden zu diesem Zwecke große Drehscheiben mit möglichst regellos angebrachten Sektorialausschnitten verschiedener Winkelöffnungen benutzt. So wurde z. B. für die Versuche der Tabelle 186 eine solche mit je einem Ausschnitte von 30°, von 15°, vier zu 5° und vier zu 2,5° benutzt, die in verschiedenen Abständen angebracht wurden. Parallel zu jedem derartigen Versuch wurde mit dem gleichen Detektor und gleicher Strahlungsquelle stets eine Bestrahlung durch eine Drehscheibe mit regelmäßig angebrachten Sektorialschnitten mit gleicher Totalsumme (75°) ausgeführt. Die Ergebnisse sind in Tabelle 186 zusammengestellt.

Tabelle 186. Induktionsversuche mit Fraktionierung unter Erhaltung eines Rhythmus und bei Arhythmie.

Rhythmus		*Arhythmie*
Reine Bestrahlungszeit	Induktionseffekt in %	Induktionseffekt in %
1. 6 Sekunden	−8	–
12 „	33	7
24 „	–	−9
2. 12 „	27	0
24 „	20	8
3. 12 „	20	0,5
24 „	40	1
48 „	–	−8

Das Ergebnis ist um so eigentümlicher, als wir es ja streng genommen nicht mit eigentlicher Arhythmie, sondern mit einem sehr komplizierten Rhythmus zu tun haben, der bei jeder vollen Umdrehung (also in etwa $^1/_{50}$ Sekunde) wiederkehrt.

Wir werden uns übrigens zu überzeugen haben, daß die Verhältnisse hier noch viel komplizierter sind, als es den Anschein hat: bei der äußerst geringen Quantenzahl, die hier in Betracht kommt, dürften auch bei strenger äußerer Periodizität in Wirklichkeit mehrere Ausschnitte der Drehscheibe leer ausfallen und daher ein strenger Rhythmus gar nicht erreichbar sein. Wie man sich in dieser Sachlage abfinden kann, kann erst im weiteren erörtert werden.

Nachdem die experimentelle Fragmentierung der Reizgaben ihre enorme Wirksamkeit auf den Zeitschwellenwert erwiesen hat, gewinnen unsere vorangehenden Erörterungen über die Dispersität der verschiedenen Strahlungsquellen naturgemäß ein erhöhtes Interesse. Es muß jedenfalls erwogen werden, ob die auffallenden Differenzen der Werte für die einzelnen Quellen nicht zum Teil wenigstens auf diesen Umstand zurückgeführt werden könnten.

Die Frage der eventuellen groben Dispersität des nichthämolysierten Blutes wurde bereits, und zwar ohne konkrete Ergebnisse, diskutiert. Viel greifbarer dürften dagegen die Verhältnisse für einige der wichtigsten Strahlungsquellen sein, vor allem, wo es sich um reine Zellkomplexe handelt.

Wir müssen hier wahrscheinlich zwei diskrete Fälle unterscheiden:

Handelt es sich um Zellkomplexe normaler Beschaffenheit, die in reger Vermehrung begriffen sind, so haben wir bis auf weiteres

Veranlassung, ihr Strahlungsvermögen eben mit dem Vermehrungsakt zu verknüpfen, indem wir ein relativ kurzes Aufleuchten jeder Zelle *vor* jeder fälligen Teilung annehmen. Diese Frage wurde übrigens schon im vorangehenden diskutiert.

Stellen wir uns auf den Boden dieser Hypothese, so hätten wir sogar einige nähere Anhaltspunkte für die Berechnung des Dispersitätsgrades, die einmal noch des genaueren durchgeführt werden könnte.

Wenn wir uns unter diesem Gesichtspunkte die Verhältnisse des Kornealepithels vergegenwärtigen, so kämen wir zu etwa folgenden Ergebnissen.

Wir pflegen bei gut genährten Tieren etwa 0,5% der Gesamtzellenzahl in Mitose vorzufinden. Die verschiedenen mitgezählten Teilungsstadien füllen einen Zeitintervall von mindestens 1 Stunde aus. Denken wir dagegen das „mitogenetische Aufleuchten" jeder Zelle im Verlaufe ihres Zyklus von nur wenigen Sekunden Dauer, so kämen wir auf ganz geringe Zahlen. Es befänden sich z. B. in der Rattenkornea mit ihren 2000—3000 Zellen in Simultanmitose etwa nur ein Paar Zehner von Zellen in annähernd simultaner Strahlung. Für das Kaninchenauge wären es etwa ein Paar Hundert strahlende Zellen pro Sekunde. Sollte es sich gar um ein Aufleuchten von der Größenordnung der Sekundärstrahlung (etwa Hundertstel bis Tausendstel von Sekunden) handeln, so könnte es sich nur um ganz vereinzelte simultane Strahler handeln. Sollte sich eine nennenswerte Intensität der Gesamtstrahlung ergeben, so müßten demnach sehr beträchtliche Intensitäten jedes derartigen elementaren Strahlers in Betracht kommen. Wir hätten hier mit der Möglichkeit einer sehr groben Dispersität der Strahlung, d. h. mit Aussenden von relativ mächtigen Quantenladungen in sehr seltenen Zeitintervallen zu rechnen.

Liegen dagegen der Strahlung nicht eine bestimmte, eng umschriebene Etappe des Lebenszyklus einer Zelle, sondern ständige Abbauvorgänge, z. B. mächtige Glykolyse zugrunde, so wäre ein derartiger Zellkomplex in allen seinen Elementen ein Strahler. Die resultierende Strahlung trüge den Charakter einer relativ hochgradigen Dispersität.

Es ist durchaus nicht ausgeschlossen, daß die glykolytische Strahlung des Karzinoms, und zwar im Gegensatze zu derjenigen der Kornea, von letzterem Charakter ist.

Bei dem heutigen Stande unseres Wissens sind wir hier auf bloße Vermutungen angewiesen, die hier etwas ausführlich entwickelt wurden, um einen Leitgedanken für die spätere etwaige Erklärung der auffallenden Unterschiede im Verhalten der einzelnen Quellen zu liefern.

2. Einschleichen des mitogenetischen Reizes.

Die Erfolge der Fraktionierung der Reizgaben lehrten uns bereits, wie mächtig die Darreichungsweise des Reizes auf den Erfolg mitwirkt. Der denkbar schroffste Gegensatz zu diesem Verfahren ist die Einführung eines Reizes mittels stetig und langsam anwachsender Intensitätssteigerung, die man in der Nervenphysiologie als *Einschleichen* zu bezeichnen pflegt. Ähnlich wie hier, so versagt auch in unseren Fällen jede direkt nachweisbare Reaktion des Detektors, der mitogenetische Effekt bleibt mit anderen Worten völlig aus.

Das Verfahren zur Erzielung des Einschleichens ist sehr einfach. Es wird der eine der Partner — der Sender oder der Detektor — auf eine langsam und stetig bewegliche Unterlage montiert und langsam dem anderen unbeweglichen genähert. Als Ausgangspunkt wird eine sicher unterschwellige Entfernung gewählt. Im Falle der Mutoinduktion genügt die Entfernung von 5—6 cm für den Erfolg. Zur Ausführung der langsamen Bewegung eignet sich z. B. ein Mikroskopkreuztisch. Durch vorsichtige Handhabung der Schraube läßt sich die Strecke von 5 cm in einem ziemlich regelmäßigen Tempo in etwa 5—8 Minuten durchlaufen. Nachdem die beiden Partner in ihre definitive Nahestellung gebracht sind, werden

Tabelle 187. Einschleichen des mitogenetischen Reizes (ursprünglicher Abstand in allen Versuchen = 5 cm).

Strahlungsquelle	Induktionseffekt in %
Hefe-Einschleichen	3
Mutoinduktion mit gleicher Hefe ohne Einschleichen	47
Hefe-Einschleichen	−10
Mutoinduktion mit gleicher Hefe ohne Einschleichen	40
Karzinombrei-Einschleichen	−10
Induktion mit gleichem Brei ohne Einschleichen	38
Blut-Einschleichen	− 1

sie noch eine Zeit lang in derselben belassen, mit der Berechnung, daß die Gesamtreizmenge zum mindesten der optimalen normalen gleichkommt. Der Nulleffekt ist konstant. An Stelle der Mutoinduktion kann auch die Induktion mit einem beliebigen anderen Induktor — Blut, Karzinom — vorgenommen werden (Tab. 188).

Es kommt für den Erfolg des Einschleichens natürlich vor allem auf die Allmählichkeit des Anwachsens bzw. auf die Gesamtdauer des Durchlaufens der von dem unterschwelligen Fernpunkt ausgehenden Strecke an. So zeigten die Versuche von M. KISLIAK-STATKEWITSCH, daß schon bei der Zeitspanne von 3 Minuten (statt 5 Minuten) das Phänomen des Einschleichens bereits versagt bzw. der gewöhnliche Induktionseffekt resultiert.

Tabelle 188. Induktion bei Durchlaufen der Strecke von 5 cm in 3 Minuten (nach Versuchen von KISLIAK-STATKEWITSCH).

Strahlungsquelle	Induktionseffekt in %
Hefe	20,2.
Mutoinduktion mit gleicher Hefe ohne Einschleichen	33,3
Karzinombrei	30,1
„ ohne Einschleichen	32
Karzinombrei	20,4
„ ohne Einschleichen	15,9

Dem eben geschilderten Einschleichen, das wir als „Makroeinschleichen“ bezeichnen wollen, müssen wir ein weiteres Phänomen gegenüberstellen, das als „Mikroeinschleichen“ bezeichnet werden mag und sich folgendermaßen erzeugen läßt:

Für unsere gewöhnlichen Fraktionierungsversuche werden Sektorialspalten gebraucht. Indem ein Spalt bei der Rotation der Scheibe an dem gegenüberstehenden Sender und Detektor vorbeiläuft, muß naturgemäß nach Maßgabe der allmählichen Aufdeckung bzw. Abschirmung der beiden Flächen die Intensität der gegenseitigen Belichtung mit einem bestimmten Inkrement ansteigen, bei voller Aufdeckung der Flächen ihr Maximum erreichen, um dann im gleichen Rhythmus abzuklingen. Ein voller Belichtungseffekt ist natürlich nur bei einer Spaltbreite erreichbar, die zum mindesten dem Durchmesser der Agarblöcke gleichkommt. Obwohl ein gewisses Anwachsen der Reizintensität demnach auch hier besteht, ist die Steilheit des Anstieges offenbar ausreichend, um den adäquaten Reiz zu liefern. Es läßt sich indessen bei Rotation ein sanfterer Rhythmus des Anstieges erreichen, bei dem bereits jeder Effekt der Induktion ausbleibt und folglich von einem „Mikroeinschleichen“ gesprochen werden darf. Es geschieht dieses z. B. durch Anwendung einer *elliptischen* Scheibe, die die beiden Partner abwechselnd zur Deckung bringt oder völlig freigibt. Der Übergang zwischen diesen beiden Extremzuständen ist natürlich der denkbar stetigste und allmähliche. Die Reizmenge übertrifft dabei wie leicht ersichtlich, diejenige bei erfolgreicher Reizung mit der mit zwei Ausschnitten versehenen Kreisscheibe (bei gleicher Versuchszeit) ganz bedeutend. Der Induktionseffekt blieb aber dabei bei einer Rotationszeit bis etwa 3 Minuten regelmäßig aus, bei längerer Exposition trat unvermittelt die sogenannte Depression, d. h. ein Defizit an Sprossungen auf.

Tabelle 189. **Mutoinduktion mit Fraktionierung mittels elliptischer Drehscheibe.**

Expositionszeit	Induktionseffekt in %	Expositionszeit	Induktionseffekt in %
30 Sekunden	−7	2 Minuten	− 6
30 „	16,6	3 „	− 7
1 Minute	+3, −3	5 „	− 6
1 „	0,7	5 „	−38
2 Minuten	+5	5 „	−40

Die Analogie dieses „Mikroeinschleichens“ mit dem „Makroeinschleichen“ ist wohl eine rein äußerliche.

Die Schwierigkeiten, die der Erklärung dieses eigenartigen Verhaltens anhaften, dürfen keinesfalls verkannt werden. Um eine solche überhaupt zu wagen, muß vor allem ein tieferer Einblick in den durch ein einzelnes Quant erzeugten Effekt gewonnen werden, was erst im folgenden geschehen kann. Wir wollen jedoch zunächst einige Versuche besprechen, die gewissermaßen ein Gegenstück zum Einschleichen liefern.

3. Refraktärzustand des Detektors und seine Analyse.

Greift man zu einzelnen, schnell aufeinanderfolgenden kurzen Reizschlägen, wie in unseren Fraktionierungsversuchen, so kommt natürlich dem Zeitabstande zwischen den einzelnen Schlägen eine gewisse Bedeutung zu. Die Reizphysiologie kennt für intermittierende Reize den Begriff des Refraktärzustandes, oder Unempfindlichkeit des Reizobjektes für einen zweiten Reiz, falls er in zu kurzer Zeitspanne dem ersten nachfolgt. Es wird ein absolutes und ein relatives Refraktärstadium unterschieden, wobei als ersteres die „Zeit nach dem Ablaufe einer Erregung verstanden wird, innerhalb deren sich Reize als wirkungslos erweisen. An dieses absolute schließt sich zeitlich das relative Refraktärstadium an, innerhalb dessen schwächere Reize noch unwirksam, starke aber bereits wieder wirksam sind“ (Brücke).

Aus dieser Definition scheint zu folgen, daß an einen Zustand des Systems gedacht wird, wo dasselbe auf einen Reiz jeder beliebigen physiologischen Intensität versagt, vorausgesetzt, daß er zu früh dem ersten Reizschlag nachfolgt.

Die Refraktivität kann auch in unseren Objekten nachgewiesen werden, was schon im Vorangehenden erwähnt wurde. Werden die Sektorialspalten immer breiter genommen, bis die Zähne zwischen ihnen auf etwa 7° zusammenschrumpfen, so hört jeder Effekt der Fraktionierung bereits auf — die Reizgabe wird als eine ununterbrochene, stationäre aufgenommen. Es ist aber noch eine Frage, ob der sich daraus ergebende Zeitwert von etwa 0,0005 Sekunden (oder ein beliebig noch kürzerer) dem Zustande einer absoluten Refraktivität entspricht.

Der Versuch ergibt, daß es nicht der Fall ist, und daß die Refraktivität nur einem zu früh nachfolgenden Reiz von gleicher Intensität gilt. Wird dagegen ein *stetiger aber steil anwachsender* Reiz angewandt, so ist er in seiner Wirksamkeit prinzipiell von einem intermittierenden Reiz nicht zu unterscheiden, obwohl er begrifflich als aus einzelnen unendlich nahe aneinander gerückten Einzelschlägen bestehend aufgefaßt werden kann.

Die Versuchsanordnung ist die folgende:

An zwei glatt polierten Führungsstangen von 15 cm Länge wird ein kleiner Schlitten angebracht, der durch ein passend angebrachtes arretiertes Gewicht, sobald es durch eine Feder losgelassen ist, in beschleunigte Bewegung gebracht wird. Die Unvollkommenheit der technischen Ausführung brachte es mit sich, daß die Bahn von dem Gleitschlitten in etwa $^1/_4$ Sekunde zurückgelegt wurde. Auf dem Schlitten ruht der Detektor (Hefeagarblock). Die Bahn wird in die Richtung des Strahlenganges eines ultravioletten Spektralstreifens eingestellt und die Bewegung proximalwärts gerichtet. Der Spektralstreifen wird nach seinem Austritt aus dem Spalt des

Spektrographen durch eine Quarzlinse fokussiert, um eine große Divergenz distalwärts vom Fokalbilde des Streifens zu erzielen. Der Fernpunkt der Bahn liegt etwa 70 cm, der Nahepunkt 55 cm, das Verhältnis der betreffenden Intensitäten ist wie 1:16. Es wird mit andern Worten ein sehr steiles Anwachsen der Intensität während der zentripetalen Bewegung des Schlittens erreicht. Das Fallgewicht, das an einer Hängeschnur angebracht ist, ist so berechnet, daß es im Augenblicke des Eintreffens des Blockes in den proximalen Endpunkt der Bahn den Detektor abschirmt. Es wird auch dafür gesorgt, daß der Detektor der Belichtung im Fernpunkt nur gleichzeitig mit dem Ablassen der Sperrfeder, d. h. dem Beginn der Gleitbewegung, freigegeben wird.

Es wurden nun zunächst die Schwellenwerte für den mitogenetischen Effekt im proximalsten, im mittleren und im distalsten Punkte der Bahn bei gleichbleibender Intensität bestimmt. Sie ergaben sich zu mehreren Sekunden für Mittelstellungen. Demgegenüber wurde der positive Effekt bei steil anwachsender Intensität (Gleitbewegung) schon bei $^1/_4$ Sekunde erreicht. Wird nun für den Mittelpunkt der Bahn der Schwellenwert bei fraktionierter Reizgabe bestimmt, so ergibt sich eine sehr befriedigende Übereinstimmung mit dem bei der Gleitbewegung erreichten.

Tabelle 190. Induktionsversuche mit dem Fallapparat (Gesamtexpositionsdauer etwa $^1/_4$ Sekunde. Strahlungsquelle: Spektralstreifen 2540).

Induktions-effekte in %	Nahestellung = 11 cm von dem Brennpunkt der Quarzlinse Fernstellung = 26 cm
28	
20	
75	
45	
–10	

Induktion mit dem Spektralstreifen in der Mittelstellung der Fallbahn = 18 cm vom Brennpunkt.

Induktionszeit	Induktions-effekte in %	Induktionszeit	Induktions-effekte in %
1 Sek.	3,5	5 Sek.	11
	11	6 „	6
	– 1		8
	– 4		

Ein *absolutes* Refraktärstadium in der oben gegebenen Definition der Physiologie scheint demnach für unser System — die Hefekultur — nicht zu bestehen. Ein steiles Anwachsen der Reizintensität vermag vielmehr nicht nur das durch langsam anwachsenden Reiz hervorgebrachte „Einschleichen" zu überwinden, sondern ist an sich außerordentlich fördernd im Vergleich zu einem stationären Reiz von maximaler erreichter Intensität.

4. Beeinflußbarkeit der Gradintensität des Effektes.

Die Feststellung einer spezifischen Gradintensität des Effektes für die eine oder andere Strahlungsquelle läßt sich viel weniger genau wie die Bestimmung des Zeitschwellenwertes durchführen.

Aus den ausgedehnten Untersuchungen von Blacher und seinen Mitarbeitern scheint hervorzugehen, daß der Zeitfaktor der Exposition in mächtiger, möglicherweise maßgebender Weise den Grad des Induktionseffektes mitbedingt. Es wäre die Möglichkeit eines folgenden Zusammenhanges zu erwägen: Ein prozentual hoher Induktionseffekt kann nur von denjenigen Strahlungsquellen gewonnen werden, die bei relativ langer Exposition noch zu keiner Depression führen, oder allgemeiner und möglicherweise besser: *Ein hoher Induktionseffekt kann (unter den üblichen Versuchsbedingungen) nur durch lange Expositionszeit erreicht werden. Es sind daher nicht etwa die intensivsten Quellen, die die stärksten Effekte zustandebringen.*

Von großem Interesse ist die Frage, ob die Höhe des erreichbaren Effektes von der *Qualität* der Strahlungsquelle, d. h. der spektralen Zusammensetzung abhängt. Diese grundlegende Frage ist indessen gegenwärtig nur in ganz ungenügendem Maße geklärt.

Die bisherigen Ermittelungen beschränken sich auf folgendes:

Vergleicht man die Zeitschwellenwerte der biologischen Strahlungsquellen im natürlichen Zustande mit denjenigen ihrer einzelnen Spektralbezirke (von 40—100 Å Umfang), so stellt man ihre prinzipielle Übereinstimmung fest.

2. Die einzelnen wirksamen Spektralstreifen der biologischen Strahlungsquellen stehen in ihrer Gradintensität (bei gleicher Expositionszeit) derjenigen der unzerlegten Quellen nicht nach.

Tabelle 191. Induktionseffekte bei Bestrahlung mit einzelnen Spektralstreifen und der Gesamtstrahlung des Kaninchenauges Drehscheibe mit 180° reiner Bestrahlungszeit (6 Spalten à 30°). Abstand zwischen Auge und Kollimator bzw. Hefedetektor = 5 cm.

Spektralstreifen Reine Bestrahlungszeit	1900—1940	1940—2000	Gesamtstrahlung
1 Min.	76	64	30
30 Sek.	–	–	15
15 „	36	36	24 u. 31
7 „	6,6		–
5 „	5		1

Monochromatische Bestrahlung.
(Kollimatorspalt = 0,2 mm, Spalt des Monochromators 1960 – 1970 Å).
2 Minuten 46% * und 46% **
2 „ 0% * 15% **
(* – Probeentnahme dicht vor dem monochromatischen Spalt,
** – 3 mm seitwärts)

Zur Bewertung dieser Ergebnisse ist eine genaue Berücksichtigung der Umstände und Grundbedingungen der spektralen Zerlegung unerläßlich.

Die Strahlungsquelle (z. B. das lebende Kaninchenauge, Karzinom, Blut) wird in einer Entfernung von 5—6 cm vom Kollimator des Spektrographen aufgestellt, die Detektorblöcke befinden sich in der Fokalebene des Spektrographen. Es wird dabei bei der Berechnung des Strahlenganges schematisch von dem Kollimator als dem Ort der Strahlungsquelle ausgegangen. Da der Spalt in der Fokalebene des Spektrographen abgebildet wird, ist der Intensitätsverlust am Orte des Bildes nur durch Absorption der Strahlung durch die Medien—Luft und hauptsächlich Quarzoptik (Prisma und zwei Linsen) und durch Verteilung auf mehrere Streifen bedingt. Die Absorption kurzer ultravioletter Strahlen durch Quarz ist nicht unbedeutend und kann bei einem Spektrographen mittlerer Größe auf etwa 30% geschätzt werden. Es folgt daraus, daß da die einzelnen wirksamen Spektralstreifen bei bedeutend (zum mindesten auf die Hälfte) herabgesetzter Intensität, den Zeitschwellenwert und den Wirkungsgrad der nichtzerlegten Strahlungsquelle beibehalten, ihr Wirkungskoeffizient ein viel höherer als derjenige der nichtzersetzten mitogenetischen Strahlung ist. Es kann daraus mit bedeutender Wahrscheinlichkeit abgeleitet werden, daß die Effektivität der mitogenetischen Quelle (ihr Wirkungsgrad) in gewisser

Abhängigkeit von deren spektralen Zusammensetzung (Qualität) steht und ein gewisser Grad von Monochromasie ein günstiges Moment darstellt.

Letztere Schlußfolgerung muß indessen mit großer Vorsicht gezogen werden, da man sich dabei in scheinbare (oder auch tatsächliche) Widersprüche mit den anderweitigen Erfahrungen der Spektralanalyse verwickelt.

Die ausgedehnte Versuchsserie mit physikalischer Spektralquelle (Streifen 2020 der Alluminiumfunkenstrecke) von CHARITON,

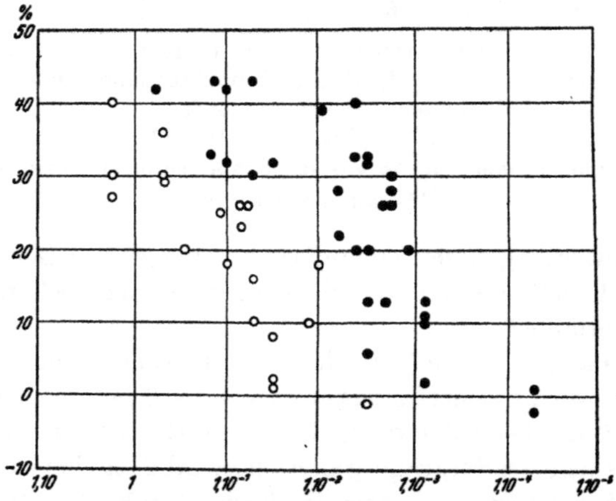

Abb. 62. Induktionseffekte bei strenger Monochromasie (helle Kreise) und mäßiger Monochromasie (schwarze Scheiben). Abszissen: Intensitäten in konventionellen Einheiten (nach FRANK, CHARITON und KANNEGIESSER).

FRANK und KANNEGIESSER ergab nämlich, daß strenge Monochromasie (doppelte Spektralzerlegung) im Vergleich zur Bestrahlung mit einem etwa 100 Å messenden Streifen um 2020 herum relativ sehr ungünstige Resultate gibt.

Die Gründe dieser Diskrepanz dürften die allermannigfachsten sein und lassen sich zur Zeit weder übersehen noch bewerten.

Es zeigt sich auch, daß zumal die Hefe als Detektor durchaus nicht monochromatisch oder exklusiv abgestimmt ist. Es scheinen z. B., soweit die bisherigen Erfahrungen reichen (KANNEGIESSER), die spektrale Zusammensetzung der oxydativen und der glykolytischen Quellen sich direkt auszuschließen (da sie kein gemeinsames Spektralgebiet besitzen) und dennoch in ihrer Zeit- und Wirkungsgradcharakteristik jedenfalls nahe zu kommen. Es muß indessen noch des näheren geprüft werden, wie weit die ebenerwähnte Übereinstimmung tatsächlich reicht.

Die Beziehung zwischen Wellenlänge und Wirkungsgrad und vor allem Wirkungsweise ist indessen ein weites Gebiet, dessen Erforschung noch in ihrem Anfange steht.

Es kann gegenwärtig als gesichert gelten, daß die mitogenetische Rezeptivität unserer Detektoren viel weiter als die von den Organismen produzierte Skala der mitogenetischen Strahlen nach der langwelligen Seite hin reicht. Über den Umfang der mitogenetisch wirksamen Bereiche des ultravioletten Spektrums gehen indessen zur Zeit die Ansichten weit auseinander.

Als äußerste bisher nachgewiesene langwellige Grenze biologischer Spektren muß die „Oxydationslinie" von 2300—2340 Å (KANNEGIESSER) gelten[1]. Gute Induktionseffekte konnten, wie bereits im Kapitel II berichtet wurde, von CHARITON, FRANK und KANNEGIESSER mit Spektralstreifen bis 2650 Å erzielt werden, was in unserem Laboratiorium durch tägliche Erfahrung bestätigt wird. Das von REITER und GABOR beanspruchte langwellige Gebiet erwies sich in unseren Versuchen als mitogenetisch unwirksam. Offen bleibt indessen die Frage, ob Strahlen verschiedener Wellenlängen als Antagonisten oder eventuell auch als Synergeten auftreten können?

REITER und GABOR stehen auf dem Standpunkte, daß die Wellenlängen zwischen 2900 und 3200 Å, die an sich keinen Induktionseffekt auf die Zwiebelwurzel ausüben, die Wirkung der Wellenlängen 3400 schwächen bzw. aufheben, d. h. antagonistisch wirken. Doch handelt es sich, wie wir sahen, um einen Effekt, der unserem mitogenetischen Effekt im engeren Sinne des Wortes nicht ohne weiteres zur Seite gestellt werden kann.

Uns liegen zur Zeit keine direkten Erfahrungen über die Kombinationswirkung verschiedener Wellenlängen vor, wenn man von der ziemlich weitgehenden Zusammensetzung der natürlichen mitogenetischen Spektren absieht, die, wie wir soeben sahen, möglicherweise weniger günstig als einzelne isolierte schmälere Gebiete wirken. Die Frage kann indessen allgemeiner gestellt werden, indem man die Zusammenwirkung des natürlichen mitogenetischen Gebietes mit weit abgelegenen Wellenlängen, speziell dem sichtbaren Licht, bzw. dem infraroten Gebiet prüft.

---

[1] *Anmerkung bei der Revision.* Die neuesten Erfahrungen (Spektrum der Zerlegung der Nukleinsäure) ergaben Spektralstreifen bis etwa 2500 Å.

Über die Beeinflussung des mitogenetischen Effektes an Hefekulturen durch sichtbares Licht liegt eine umfangreiche Untersuchung von A. POTOZKY vor.

Es zeigte sich vor allem, daß Kulturen von *Saccharomyces ellipsoides* (in Bierwürze) unter völligem Lichtabschluß in ihrer Entwicklung im Vergleich zur belichteten Kontrolle etwas zurückbleiben (etwa 20% Defizit der Zellenzahl nach Verlauf von 5 Stunden Dunkelaufenthalt). Werden dagegen an Ausstrichpräparaten Hell- und Dunkelkulturen auf die Sprossungsintensität abgezählt, so lassen sich keine Differenzen zwischen beiden nachweisen, woraus gefolgert werden muß, daß es sich im wesentlichen um Verzögerung des Teilungsrhythmus bei Lichtabschluß handelt[1].

Es versteht sich von selbst, daß das Problem der Lichtwirkung auf die Hefebiologie nur vom Standpunkte der Beziehung zur mitogenetischen Strahlung bzw. des mitogenetischen Effektes in Betracht kam. Derartige Beziehungen sehr eingreifender und eigentümlicher Art ließen sich in der Tat feststellen und haben zur Klärung einer Anzahl wichtiger Fragen wesentlich beigetragen.

Es zeigte sich in erster Linie, daß Hefeagarkulturen bei völligem Lichtabschluß (Dunkelkulturen = DK, Hellkulturen = HK) ihr Vermögen auf mitogenetische Bestrahlung zu reagieren in deutlich *abgeschwächter* Form beibehalten.

Tabelle 192. Dunkelversuch (nach POTOZKY).
Quelle: Froschherz, Detektor: Agarhefe.

Induktionseffekt in %		
22		
39		
33		
a) 25	b) 60	b) = zwei Versuche mit gleicher
a) 42	b) 70	Hefe und gleichem Herzen wie
		a) aber bei Tageslicht

Als Strahlungsquellen *versagen sie scheinbar vollständig*. Es gilt dies indessen nur für Hefeagarkulturen der *Nadsonia*. Kulturen von obergäriger *Nadsonia*-Hefe auf flüssigem Substrat (Bierwürze) bewähren sich auch als DK als Strahler.

[1] Ist eine solche in allen ihren Etappen proportional, so wird natürlich der Prozentsatz der Sprossen von bestimmter Große auch bei verändertem Tempo in früherer Größe erhalten.

Tabelle 193. Dunkelversuche mit flüssiger Hefekultur als Strahlungsquelle. Detektor: Hefeagarkulturen.

Induktionseffekt in %	25,	22,	17,	13,	30,	28.

Die wichtige auf Grund einer Kombination von Versuchen gelungene Erklärung dieses auf den ersten Blick paradoxen Verhaltens hat wesentlich zur Klärung des Problems der Sekundärstrahlung beigetragen und wird daher im Kap. XI des näheren besprochen. An dieser Stelle interessiert uns allein die Art des näheren Zusammenhanges der mitogenetischen Bestrahlung mit gleichzeitigem Lichtgenuß. Die Versuche von POTOZKY brachten hier einige entscheidende Aufschlüsse. Der wichtigste Satz läßt sich in folgende einfache Form bringen:

Die synergetische Wirkung des sichtbaren Lichtes auf die mitogenetischen Erscheinungen ist weder mit einer nachweisbaren Latenzperiode noch mit einer solchen Nachwirkung behaftet. Wenn wir die DK ohne jede Voraussetzung als „torpid", die HK als „angeregt" bezeichnen, so erfolgt die Anregung momentan, d. h. innerhalb einer bisher unmeßbaren Zeit und ist die Wiederkehr zum torpiden Zustande ebenso momentan. Dieses auf den ersten Blick sonderbare Phänomen wird durch eine Reihe von Versuchen zur Gewißheit erhoben. Die Versuchsanordnung beruht stets auf einem sehr einfachen, aber mannigfaltig variiierbaren Prinzip.

In einem völlig verdunkelten Zimmer werden zwei Hefeagarblöcke in der bereits mehrfach geschilderten Mutoinduktionsstellung aufgestellt. Zwischen denselben wird in Schrägstellung eine matte schwarze Scheibe mit verschieden angebrachten Ausschnitten angebracht, die an der Achse eines kleinen Elektromotors sitzt. Mittels eines Systems von Linsen und Diaphragmen wird ein eng umgrenztes Strahlenbündel einer kleinen in einem Gehäuse montierten Lampe auf einen der Agarblöcke projiziert (Abb. 63a). Die Belichtung geschieht indessen nur durch die vorbeieilenden Ausschnitte der Scheibe. Der andere Block wird durch speziellen Schutz in voller Dunkelheit erhalten. Durch einen oder mehrere weitere Ausschnitte in der Drehscheibe werden dann die Blöcke der Mutoinduktion ausgesetzt. Wir werden am besten in die Sachlage eingeführt, indem wir von zwei Extremfällen ausgehen, die in der Abb. 63 veranschaulicht sind.

Wird eine Drehscheibe mit zwei diametral zueinander gelegenen Ausschnitten zur Mutoinduktion benutzt und das Lichtbündel die ganze Zeit bis allein auf den Augenblick der Mutoinduktion, wo es durch die zwei Zähne abgeschirmt wird, gegeben (Abb. 63 A) so ist das Ergebnis der Mutoinduktion glatt negativ.

Tabelle 194. Mutoinduktion und Belichtung bei Einschaltung der Drehscheibe A.

HK in %	DK in %
−9	5
−5	0
−2	2

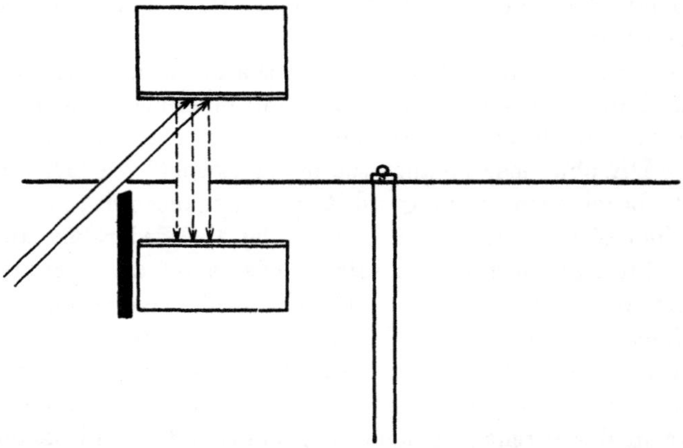

Abb. 63 a. Versuchsanordnung zur Mutoinduktion im Dunkeln und intermittierter Belichtung des einen Blocks (vgl. Text) (nach POTOZKY).

Wird dagegen bei Gebrauch der Scheibe B das Lichtbündel während der ganzen Umdrehung abgeschirmt und nur streng synchron mit der Mutoinduktion freigegeben, so ist der Induktionserfolg an der HK stets positiv, an der DK stets Null. (Tab. 195.)

Tabelle 195. Mutoinduktion und Belichtung bei Einschaltung der Drehscheibe B.

HK in %	DK in %	HK in %	DK in %
29	−5	39	4
23	−5	29	−8
25	11	21	−4
21	−3	20	−7
66	12	20	3
35	−9		

Der negative Ausfall der Kombination A wird auch durch Versuche mit einer Scheibe reproduziert, wo die Winkelabstände der beiden Ausschnitte je 90° betragen.

HK: 1,3% DK: 2,4% (Mittelwerte aus je 7 Versuchen).

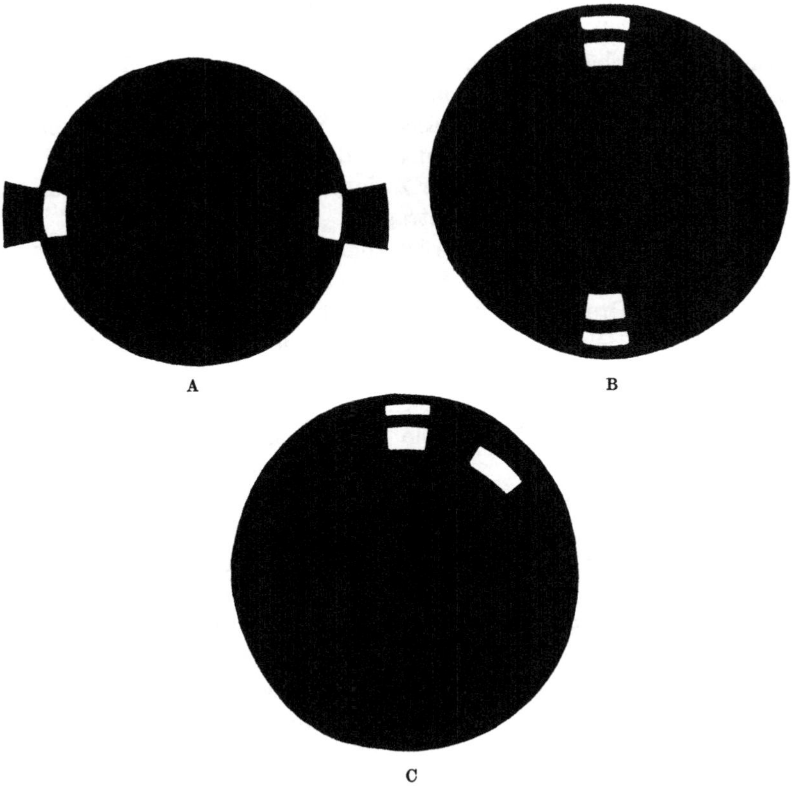

Abb. 63. Verschiedene Kombinationen von fraktionierter Mutoinduktion im Dunkeln und fraktionierter Belichtung eines Blocks (nach POTOZKY).

Der oben aufgestellte Satz von der momentanen hysteresisfreien Wirkung der Belichtung ist durch diese Erfahrungen vollständig gesichert. Es kommt indessen noch ein Umstand hinzu, der bei gewöhnlichen Versuchen mit HK und DK der Aufmerksamkeit entgeht.

Nur die HK gibt einen Induktionseffekt, nicht aber die DK. Es folgt daraus, daß die DK als Strahler doch nicht völlig versagt;

der Detektor ist es, dessen Torpidität als DK den Nulleffekt verschuldet, mit andern Worten: die Strahlung der DK ist für die DK unterschwellig.

Auffallend scheint auf den ersten Blick zu sein, daß die HK durch Belichtung zwar als Detektor, nicht aber als Strahler angeregt wird, d. h. daß ihre Strahlung für die DK unterschwellig zu bleiben scheint. Es verhält sich indessen in Wirklichkeit anders. Auch die Strahlung der HK wird in momontaner und hysteresisfreier Weise angeregt, es handelt sich indessen um Sekundärstrahlung, deren Latenzperiode und Wirkungsdauer meßbar sind und nach den Angaben von ANNA GURWITSCH für Zwiebelwurzeln in Winkelgrößen ausgedrückt etwa 20° bis 30° betragen.

Unter Berücksichtigung dieser Angaben wurden von POTOZKY Versuche angestellt, die zum erwarteten Ergebnisse führten.

Wird eine Drehscheibe vom Typus C benutzt, bei der die Mutoinduktion die Belichtung um etwa 30° überdauert, so ist der Pluseffekt an beiden Agarblöcken nachweisbar.

Tabelle 196. Mutoinduktion und Belichtung mit Benutzung der Scheibe D (nach POTOZKY).

HK in %	DK in %
21	18
21	38
44	28

Die ohne meßbare Latenzperiode und ohne nachweisbare Nachwirkung erfolgende Anregung der Hefekulturen im Sinne ihrer größeren Rezeptivität für mitogenetische Strahlen läßt die Lichtstrahlen als echte Synergete der letzteren erscheinen. Wie diese Unterstützung im speziellen gedacht werden muß, läßt sich zur Zeit wohl kaum des genaueren präzisieren. Physikalische Analogien ließen sich hier in ungezwungener Weise anführen. Von maßgebender Bedeutung für etwaige Konstruktionen dürfte die Berücksichtigung des Umstandes sein, daß der durch sichtbare Strahlen der Hefe zugeführte bedeutende Energiebetrag mit der äußerst schwachen mitogenetischen Strahlung gar nicht kommensurabel ist und daß der fördernde Effekt der Belichtung innerhalb ziemlich weiter Grenzen gleichsinnig mit Steigerung der Belichtung zunimmt.

Wird die Mutoinduktion bei gesteigerter Beleuchtung (diffuses Tageslicht + starke Glühlampe in etwa 60 cm Entfernung [unter Vorschalten einer Wasserschicht]) vorgenommen, so ergibt sich eine sehr bedeutende und konstante Steigerung des Induktionseffektes. Es handelt sich offenbar wesentlich um Steigerung der Rezeptivität für mitogenetische Strahlen, nicht um eine solche des Emissionsvermögens. Denn bei *einseitiger* Belichtung nur des einen Partners ist eine Steigerung des Induktionseffektes nur hier, nicht aber an dem unbelichteten, vom ersten induzierten Block wahrzunehmen.

Tabelle 197. Mutoinduktion bei Tageslicht und unter gesteigerter Beleuchtung.

	Tageslicht (Fenster) in %		Tageslicht (Fenster, starke Glühlampe) in %
	35	30	60
	30	25	37
	24	29	70
	20	23	78
	20	20	70
	22	45	55
	23	25	50
	28	36	70
	40	23	66
	55	26	78
	18	32	
	27	24	
Mittel	29%	28%	63,4%

Mutoinduktion unter einseitiger Belichtung mit Glühlampe.

a) Belichtete Kultur in %	53	40	60	40
b) Unbelichtete Kultur (Tageslicht) in %	27	20	24	23

Wird die Belichtung eines Partners noch weiter gesteigert (Liliputlampe auf 1,5 m Entfernung, Vorschaltung eines mit Wasser gefüllten Kolbens), so macht sich ein eigenartiges Verhalten des belichteten Detektors geltend, das wohl nicht anders als eine *Hypersensibilität* desselben bezeichnet werden kann. Sie macht sich in zweifacher Weise geltend: erstens durch scheinbar depressive Wirkung der gewöhnlichen, sonst förderlichen mitogenetischen Bestrahlung durch den anderen Partner. Zweitens durch erhöhte Empfindlichkeit für ganz bestimmte Rhythmen der Reizverabreichung.

Es zeigt sich nämlich folgendes Verhalten: 1. Nulleffekte bei gewöhnlicher ununterbrochener Mutoinduktion; 2. *Minuseffekt* (sogenannte Depression) bei sehr hohen Graden der Fraktionierung

(18 Perioden pro Umdrehung) und 3. Pluseffekt bei weniger frequenter Intermittenz (bei gleicher Reizmenge).

Tabelle 198. Mutoinduktion bei einseitiger sehr intensiver Belichtung. Fraktionierung mittels 18 Sektorialspalten à 5 Grad (reine Zeit = 15 Sekunden) (nach POTOZKY).

a) belichtet in %	b) beschattet in %	a) belichtet in %	b) beschattet in %
−19	22	−13	27
−14	22	−17	19
−27	19	−19	24
−23	24		

Desgleichen, Fraktionierung mit 9 Ausschnitten à 10 Grad (reine Zeit = 15 Sekunden) (nach POTOZKY).

a) belichtet in %	b) beschattet in %	a) belichtet in %	b) beschattet in %
12	20	21	41
35	26	47	30
40	30	40	10
24	30	21	30

Eine theoretische Deutung dieser wichtigen Befunde ist zur Zeit schwer zu geben.

Der Wirkungsgrad des mitogenetischen Effektes wird noch sehr hochgradig durch eine weitere Eigenart der Bestrahlung beeinflußt, die man vorderhand als *Inzidenzrichtung* auffassen muß. Der hier vorliegende, vielfach noch wenig geklärte Erscheinungskomplex wird von großer Bedeutung für unsere theoretischen Erläuterungen werden. Rein deskriptiv handelt es sich um folgendes Phänomen:

Wird ein größerer Hefeagarblock in einem streng zirkumskripten Bezirke bestrahlt und außerhalb desselben total abgeschirmt, so zeigt es sich, daß der Induktionseffekt sich weit über das primär bestrahlte Gebiet hinaus ausbreitet und, was für uns an dieser Stelle von besonderem Interesse ist, daß innerhalb des Bezirkes der fortgeleiteten Erregung (etwa 3 mm vom Rande des primär bestrahlten Gebietes) der Grad des Induktionseffektes bedeutend höher als am Orte der Primärbestrahlung ist.

Diese eigenartigen, durch spezielle Versuchsanordnung geschaffenen Beziehungen lassen sich nur schwerlich auf die Verhältnisse wie sie bei gewöhnlicher Belichtung mit diffusen Quellen herrschen, übertragen und kommen folglich für unsere jetzige Fragestellung nicht direkt in Betracht.

XI. Sekundärstrahlung und Fortleitung des mitogenetischen Erregungszustandes.

Eine Reihe von Beobachtungen und Erwägungen, die schon in die erste Periode der mitogenetischen Forschung fallen, ließen die Annahme aufkommen, daß der mitogenetische Erregungszustand sich so oder anders über die Grenzen des unmittelbar betroffenen Bezirkes des Detektors hinaus fortpflanzen müsse. Es waren insbesondere Erfahrungen an der Zwiebelwurzel, die zu diesem Schlusse drängten.

In der Tat, wenn man den Durchmesser des von der Wurzelspitze ausgesandten Strahlenbündels nach den Induktionsresiduen der *Quere* nach beurteilt (was etwa 60—70 μ gleichkommt) und den Induktionseffekt auf Längsschnitten durch die Wurzeln über eine Stecke von etwa 1 mm hinaus wiederfindet, so steht man vor folgender Alternative: entweder ist das Längenwachstum der Detektorwurzel während der Expositionszeit ein derartiges, daß das Meristem an der unbeweglichen strahlenden Spitze des Senders gewissermaßen vorbeizieht, so daß die Strahlung des letzteren eine Spur in der Art eines Striches hinterläßt. Oder aber, die Ausbreitung des mitogenetischen Effektes über den engen Bezirk der direkten Bestrahlung hinaus findet durch einen eigenartigen Fortpflanzungsvorgang eines Erregungszustandes längs des Meristems statt.

Es zeigte sich nun bald, daß erstere Eventualität, wenn überhaupt, so nur ausnahmsweise zutreffen kann, da eine genaue katetometrische Beobachtung mehrerer Versuche nur in den seltensten Fällen ein nennenswertes Wachstum der Detektorwurzel während des Versuches ergab.

Die postulierte Fortpflanzung eines zur forcierten Teilung führenden Erregungszustandes dem Meristem entlang konnte dagegen experimentell nachgewiesen werden.

Es wurden zunächst einige Versuche angestellt, bei denen nur ein enger, etwa 1 mm betragender Spalt in der, die Detektorwurzel fassenden Röhre nur die konische Spitze der Wurzel der Exposition freigab. Es wurden daraufhin die Mitosen an Längsschnitten separat sowohl im Bezirke der induzierten Spitze als des nichtinduzierten Meristems abgezählt. Es ergaben sich in 3 Versuchen folgende Zahlen:

Mitosen an der bestrahlten Spitze			Mitosen an dem unbestrahlten Meristem.		
Induzierte Seite	Nichtinduzierte Seite	Differenz in %	Induzierte Seite	Nicht induzierte Seite	Differenz in %
68	85	−20	147	102	44
192	180	6,5	302	207	46
81	81	0	153	112	39

Es ergab aber andererseits eine ebenso zirkumskripte Induktion hoch oben in der Streckungszone in der Mehrzahl der Fälle einen deutlichen Effekt im nichtinduzierten Meristem (Perepelkina).

Es besteht demnach kein Zweifel, daß eine Fortleitung eines eigenartigen Erregungszustandes, der von einem primär belichteten Bezirke ausgeht, tatsächlich besteht. Über die Natur dieses Erregungszustandes lassen sich verschiedene Vermutungen anstellen, z. B. auch daß es sich um Sekundärstrahlung seitens der primär betroffenen Zellen handelt, und daß in derselben nicht nur der Grund des am entlegenen Orte entstehenden mitogenetischen Effektes, sondern auch das Fortleitungsprinzip selbst erblickt werden darf, was nicht ohne weiteres indentifiziert werden kann.

Es liegt in der Tat folgender Tatbestand vor: eine primär induzierte Zelle A möge (neben oder auch ohne Mitose) durch Sekundärstrahlung reagieren, aber gleichzeitig auch einen eigenartigen Erregungszustand einer benachbarten Zelle B mitteilen, die diesen Reiz wiederum durch Teilung, oder Sekundärstrahlung (oder beides) beantworten kann. Gesetzt, es sei die Fortleitung der Reaktion (auch in Form von Sekundärstrahlung) bewiesen. Da die Strahlung als Reiz adäquat ist, d. h. als Fortleitungsprinzip in Betracht kommen *kann*, so ist die Frage, ob sie es (als Sekundärstrahlung) tatsächlich *tut*. Es muß mit anderen Worten geprüft werden, ob neben der Fortleitung der Sekundärstrahlung dem Meristem entlang noch ein weiterer, eigenartiger Erregungszustand läuft, oder tatsächlich jede strahlende Zelle A die benachbarte Zelle B eben durch ihre Strahlung zur Reaktion (Sekundärstrahlung) anregt.

Nachdem das Problem dermaßen formuliert wurde, mußte geprüft werden, ob tatsächlich Sekundärstrahlung nachweisbar sei.

Der Nachweis gelingt in der Tat in mannigfaltigster Weise. Es genügt schon die primitivste Anordnungsweise, um aus einer ihrer Spitze beraubten Wurzel eine deutliche Strahlung zu erzeugen.

Tabelle 199. Induktion mit Wurzelstümpfen.

Ohne Primärbestrahlung			Primär bestrahlt		
Mitosenzahl an der induzierten Seite	Mitosenzahl an der nicht-induzierten Seite	Differenz in %	Mitosenzahl an der induzierten Seite	Mitosenzahl an der nicht-induzierten Seite	Differenz in %
362	380	−4	882	703	25
347	360	−3,4	948	730	32
435	425	2	482	372	30
			441	350	26

In modifizierter Form wurde dann das Phänomen der Sekundärstrahlung von Potozky und Zoglina studiert, die nicht mit an der Zwiebel gebliebenen Wurzelstümpfen, sondern mit abgeschnittenen Wurzeln arbeiteten. Die Primärbelichtung geschah hier mit Spektrallicht (Streifen 2020 Å einer Aluminiumfunkenstrecke). Es wurde entweder die Streckungszone oder das Meristem der Wurzeln (etwa 3—4 Stück parallel übereinander geschichtet) von einer Seite mit direkter, von der anderen mit gespiegelter Strahlung bestrahlt. Als Detektor wurde wiederum eine Wurzel benutzt. Es zeigte sich, daß die Streckungszone viel günstigere Resultate als das Meristem ergibt und daß letzteres nur bei fraktionierter Primärbestrahlung zum positiven Ergebnis führt.

Tabelle 200. Sekundärstrahlung aus den Wurzelspitzen bei gleichzeitiger Bestrahlung der Streckungszone abgeschnittener Zwiebelwurzeln (nach Potozky und Zoglina).

Mitosen an der bestrahlten Seite	Mitosen an der abgewendeten Seite	Induktionseffekt in %
328	258	30
195	142	37
784	687	15
468	342	36
527	398	29
589	489	20
362	276	35
534	393	28

Sekundärstrahlung aus den Wurzelspitzen bei Primärbestrahlung des Meristems abgeschnittener Wurzeln.

Dauer der Bestrahlung	Mitosenzahl an der bestrahlten Seite	Mitosenzahl an der abgewendeten Seite	Induktionseffekt in %
30 Sekunden	286	283	1,0
1 Minute	836	840	−0,5
1 „	833	827	0,8

Tabelle 200 (Fortsetzung).

Dauer der Bestrahlung	Mitosenzahl an der bestrahlten Seite	Mitosenzahl an der abgewendeten Seite	Induktionseffekt in %
1 Minute	650	654	−0,6
5 Minuten	475	474	0,25
5 „	474	472	0,5
5 „	603	605	−0,3
5 „	258	251	3,5
Dasselbe, fraktionierte Primärbestrahlung (Gesamtdauer 1 Minute, in drei Portionen von je 20 Sekunden in Abständen von je 10 Minuten).			
	623	499	24
	812	698	16
	517	415	24
	701	583	21

Es war mit diesen Versuchen auch gleichzeitig bewiesen, daß dasjenige, was von dem primär betroffenen Bezirke aus fortgeleitet wird, nicht nur zum mitogenetischen Effekt im engeren Sinne des Wortes (das Mitosenübergewicht an einer Seite), sondern zur Entstehung von Sekundärstrahlung aus einem weit entlegenen Bezirke führt, da auch bei Belichtung der Streckungszone, etwa 1 cm weit von der Wurzelspittze, die Ausstrahlung aus letzterer nachgewiesen wurde.

Erst jetzt läßt sich demnach die zweite Hälfte der Frage in Angriff nehmen: wird *nur* Sekundärstrahlung oder noch ein eigener, die Sekundärstrahlung in jeder neuen Zelle erst erzeugender Erregungszustand fortgeleitet? Maßgebend für die Klärung der Sachlage sind hier die zeitlichen Verhältnisse der Entstehung und der Fortpflanzung der Sekundärstrahlung. Schon in den ersten Etappen der Erforschung des Problems mußte die Frage aufgeworfen werden, ob die Sekundärstrahlung streng simultan mit der Primärbelichtung entstehe oder ihr zeitlich nachfolge, d. h. ein gewisses Latenzstadium beanspruche. Es war dieses vor allem auch von Interesse, um die Möglichkeit einer Art von Fluoreszenz, die keine meßbare Nachwirkung kennt, auszuschließen.

Abgesehen von einigen primitiven Versuchen, die eine merkbare Persistenz der Sekundärstrahlung nach Sistierung der Primärbelichtung nachzuweisen schienen, konnte die Frage in exakter Weise durch Anwendung intermittierender Reize in Angriff genommen werden.

Es kommen hier rotierende Scheiben mit Sektorialspalten zur Anwendung, die sich in zweifacher Weise anwenden lassen: erstens um den Nachweis der Sekundärstrahlung aus dem Orte selbst der Primärbestrahlung zu erbringen, zweitens um die Fortleitung derselben zu studieren.

Die allgemeine Methodik besteht darin, daß man den primären Reiz (Bestrahlung) durch einen Sektorialspalt zuführt und den Bezirk, dessen sekundäre Strahlung nachgewiesen werden soll, von dem betreffenden Detektor durch die gleiche Scheibe abschirmt und

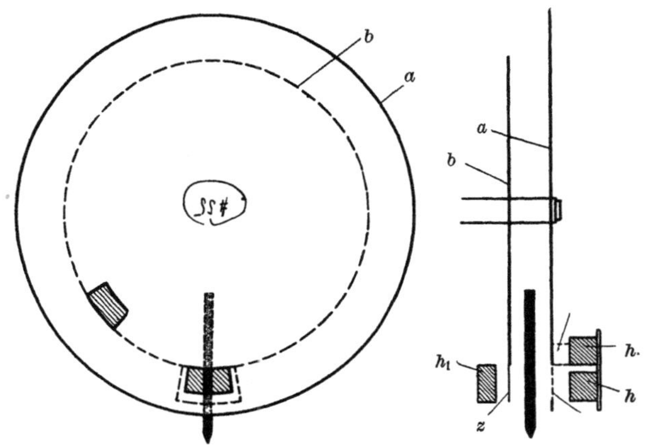

Abb. 64. Schema der Versuchsanordnung zum Nachweis der Sekundärstrahlung (vgl. auch Abb. 68). Vordere Scheibe (*a*) mit zwei Ausschnitten, denen je ein Hefeagarblock (*h*) vorgesetzt wird. Hintere Scheibe (*b*) mit einem Zahn (*z*). h_1 Hefeagarblock zur Prüfung des Übertrittes der Sekundärstrahlung auf die Hinterfläche der Wurzel.

nur während des Vorbeilaufens eines anderen Spaltes für kurze Zeit freigibt. Indem man für beide Sektorialspalte verschiedene gegenseitige Winkelstellungen wählt, überzeugt man sich, daß nur bei bestimmten unter ihnen Sekundärstrahlung nachgewiesen werden kann, bei anderen wiederum regelmäßig versagt. Durch diese Ergebnisse wird erwiesen, daß kurze, aber meßbare Zeit nach jedem Schlag der Primärbelichtung ein Aufleuchten der Sekundärstrahlung nachfolgt und daß letzteres von sehr kurzer Dauer ist. In konkreter Fassung waren die ersten Versuche folgende:

Primäre Belichtung (spektral) des Meristems, Prüfung der Strahlung aus der Wurzelspitze. Es werden 4—5 abgeschnittene in einer Lage übereinandergeschichtete Wurzeln innerhalb einer kleinen rotierenden, von einer Seite offenen Trommel montiert. Ein rechteckiger Schlitz in der Seitenwand der Trommel gewährt den Zutritt den primären Strahlen (Spektralgebiet um 2020 Å). Ein Sektorialausschnitt in der Vorderwand der Trommel dient zum Austritt der eventuellen Sekundärstrahlung aus den Wurzelspitzen. Als Detektor wurde ein Hefeagarblock aufgestellt, an dem mittels eines feinen eingestochenen Glasfadens die Projektion der Wurzelspitzen markiert wurde. Der Sektorialspalt (bzw. die Vorderwand der Trommel) ist drehbar und kann daher in jede beliebigen Stellung zum Eintrittsspalt in der Seitenwand gebracht werden.

Da es sich zunächst nur um prinzipielle Klärung der Sachlage handelte, wurden nur zwei Winkelstellungen benutzt: 10 und 180° in der Richtung der Drehung[1]. Es zeigte sich, daß ersterenfalls die Induktion in allen Fällen ausblieb, letzterenfalls alle Fälle positiv ausfielen. Es wurde daraufhin auch das Verhalten der Seitenfläche der Wurzel geprüft, da ja vorauszusetzen war, daß die Sekundärstrahlung sich am stärksten in derjenigen Zellage fortpflanze, die primär bestrahlt wurde. Auch hier blieb der Erfolg nicht aus, wobei gleichzeitig geprüft werden konnte, ob die Sekundärstrahlung sich auch der Quere nach fortpflanze. Letzteres geschah in folgender Weise:

An die Motorachse wurden zwei Papierscheiben in einem Abstande von etwa 1,5 cm angebracht (Abb. 64).[2] Die vordere Scheibe trug zwei Sektorialausschnitte von etwa 15° mit Winkelabständen von 10° oder, in anderen Versuchen, von 180°. Die Abstände vom Zentrum der Drehscheibe wurden dabei so gewählt, daß der distale Rand des einen Ausschnittes im gleichen Kreise mit dem proximalen Rande des anderen lag. Der eine Ausschnitt wurde zur Aufnahme der Primärstrahlung auf die Streckungszone, der zweite zum Austritt der Sekundärstrahlung aus dem Meristem benutzt. Dicht vor den Spalten wurde als Detektor ein Hefeagarblock aufgestellt. Die hintere Drehscheibe fiel in ihrem Durchmesser mit dem proximalen Rande der distalen Spalte der ersten Scheibe zusammen, mit der Berechnung, daß die Hinterfläche des Meristems die ganze Zeit der Umdrehung mit alleiniger Ausnahme des Vorbeilaufens des Spaltes der Vorderscheibe frei blieb bzw.

[1] Die Tourenzahl des Motors ließ sich leider nicht feststellen, es lassen sich daher keine zuverlässigen Zeitwerte den Winkelgrößen substituieren.

[2] Vgl. auch Abb. 68 S. 312.

den hier aufgestellten Detektor beeinflussen könnte. Die soeben erwähnte kurze Abdeckung geschah mittels eines etwa 20° breiten sektorialen Zahnes (vgl. Abb. 64). Die Wurzeln wurden zwischen den beiden Scheiben, das Meristem nach außen, aufgestellt.

Es ergaben sich wiederum bei der Winkelstellung von 10° Nulleffekte, bei 180° positive Effekte auf den Hefeagarblock von der primär bestrahlten Seite der Wurzel und Nulleffekte von der gegenüberliegenden Wurzelseite.

Tabelle 201. Induktionseffekt von der Seitenfläche der Wurzeln mit der Doppelscheibe.
Strahlungsquelle: Spektralstreifen (oder Hefeagar).

10 Grad Winkelabstand		180 Grad Winkelabstand	
Vordere Scheibe in %	Hintere Scheibe in %	Vordere Scheibe in %	Hintere Scheibe in %
6	5	51	0
6	–	44	–10
1	–8	–	–
–	–	40	–
1	6	18	–6
–1	4	–	–
–10	15	70	–
Mittel 0,5	Mittel 3,5	31	–4
		35	–11
		40	15
		25	15
		40	–5
		Mittel 39,4	Mittel –5

Die Grundvoraussetzung, daß es sich bei der Sekundärstrahlung tatsächlich um ein kurzes, unmittelbar nach Primärbestrahlung einsetzendes Aufleuchten handelt, ist durch diese Versuche bewiesen. Der negative Ausfall der Prüfung der Sekundärstrahlung der Hinterfläche kommt indessen überraschend, wenn man sich überlegt, daß, da die Hinterfläche ja von einer Hefekultur bestrahlt wird und von jedem Orte der Bestrahlung Sekundärstrahlung ausgelöst werden kann, man eigentlich einen positiven Effekt erwarten müßte, der nicht durch Fortleitung der Quere nach, sondern an Ort und Stelle, d. h. von der Hinterfläche selbst, entstehen müßte. Daß dem nicht so ist, kann nur auf den Umstand zurückgeführt werden, daß die fast ununterbrochene Bestrahlung der Hinterfläche der Wurzeln durch den Hefeblock, die nur durch den vorspringenden Zahn von 20° einmal pro Umdrehung unterbrochen wird, nicht als adäquater Reiz, der zur Sekundärstrahlung anregen könnte, in Betracht kommt. Diese Schlußfolgerung findet, wie wir noch im weiteren sehen werden, eine volle Bestätigung in analogen Versuchen über Sekundärstrahlung und Fortleitung des mitogenetischen Erregungszustandes im Nerven.

Die genauere zeitliche Umgrenzung des Aufleuchtens der Sekundärstrahlung stößt indessen auf große technische Schwierigkeiten, die nur mit vollkommenen technischen Mitteln im vollen Maße überwunden werden können. Es kommt vor allem auf einen sehr gleichmäßigen Gang des Motors an, abgesehen davon, daß die Umdrehungszahl genau feststellbar sein muß. Es konnten daher leider die zwei großen Untersuchungsserien, die bisher an Zwiebelwurzeln mit verschiedenen Motoren und zu verschiedener Zeit durchgeführt wurden, nicht in Einklang miteinander gebracht werden. Während wir das sekundäre Aufleuchten primär bestrahlter Zwiebelwurzeln mit dem Winkelabstande von etwa 180° verknüpfen müssen, kam ANNA GURWITSCH auf Grund einer ausgedehnten Versuchsserie, über die nun berichtet werden soll, zu anderen Werten — von etwa 40—50°. Die Differenzen der Umdrehungsgeschwindigkeit der in beiden Fällen verschiedenen Motore können allerdings für diese auffallende Diskrepanz an sich keinesfalls ausreichen. Es ist dagegen ein Punkt zu erwägen, der an sich nicht genügend geklärt ist: wir hatten nämlich in unserer Versuchsserie die „absteigende" Fortleitung des mitogenetischen Erregungszustandes (primäre Bestrahlung der Streckungszone, sekundäre Strahlung aus dem Meristem), ANNA GURWITSCH dagegen den „aufsteigenden" Prozeß geprüft. Gewisse Differenzen in der Geschwindigkeit der Fortleitung erscheinen unter diesen Umständen nicht ausgeschlossen.

In den Versuchen von ANNA GURWITSCH gelang es jedenfalls, die zeitlichen Grenzen der Sekundärstrahlung bedeutend einzuengen. Es wird dabei die gleichzeitige Komponente der Fortleitung ausgeschaltet, indem die Sekundärstrahlung aus dem primär beleuchteten Bezirke selbst gewonnen wird. Das Verfahren war folgendes: es wurden an der Drehscheibe zwei Sektorialspalten innerhalb eines gegebenen Kreises von verschiedenen Winkelabständen angebracht und das Meristem von mehreren übereinandergeschichteten Wurzeln beim Vorbeilaufen der Spalte der Mutoinduktion mit einem Hefeagarblock ausgesetzt.

Es findet mit anderen Worten eine Bestrahlung des Meristems seitens der Hefe statt und nach einer näher zu bestimmenden Zeit eine solche der Hefe seitens des Meristems. Die Schwierigkeit der genauen Zeitabgrenzung liegt u. a. auch in folgendem Umstande. Die Winkelöffnungen der Spalte durften nicht wesentlich unter 20° genommen werden (da sonst die nötige Expositionszeit über das zulässige Maß hinausgezogen werden müßte). Der Begriff des Winkelabstandes zwischen den Spalten wird unter diesen Umständen rein konventionell. Es zeigt sich nämlich, daß eine untere Grenze nicht gefunden werden konnte, d. h. bei einer Abschirmungsbrücke zwischen beiden Spalten von nur 5° bereits der Effekt der Sekundärstrahlung auftrat. Es läßt sich natürlich daraus absolut nicht ableiten, ob er nicht bereits noch während der Primärbelichtung (d. h. des Vorbeilaufens des ersten Spaltes) bestand. Die obere Zeitgrenze des Sekundäreffektes lag dabei bei einem Winkelabstande von etwa 15°. Die Gesamtdauer des Aufleuchtens des Meristems bei Primärbelichtung konnte daher auf etwa 20° bewertet werden, was bei einer Umdrehungszahl von 3000/Min. etwa $^1/_{900}$ Sek. gleichkommt.

Dieser Wert ließ sich indessen in zweifacher Hinsicht genauer umgrenzen und präzisieren, indem man auch die Fortleitung des Erregungszustandes berücksichtigte.

A. Gurwitsch ging zunächst von der Feststellung aus, daß die Fortleitung des Erregungszustandes, die prinzipiell schon durch die vorangehenden Untersuchungen von Potozky und Zoglina nachgewiesen wurde, ohne nachweisbares Dekrement auch auf Strecken von 5 cm (also wohl auch der ganzen Wurzel entlang) fortbesteht. Es wurde nun in zwei größeren Versuchsserien die Zeitbegrenzung des Induktionseffektes der Sekundärstrahlung in zwei Bezirken des Wurzelschaftes — in 2,5 cm und in 5 cm Abstand von der Wurzelspitze — durchgeführt (Primärbestrahlung des Wurzelmeristems) und daraus die Fortpflanzungsgeschwindigkeit des Erregungszustandes berechnet. Da die zeitliche Verschiebung des Effektes beim Übergang von 2,5 cm zu 5 cm Abstand in Graden gemessen etwa 20° betrug, was etwa $^1/_{900}$ Sekunden gleichkommt, kann die Geschwindigkeit in annähernder Weise zu 20 Meter/sek. berechnet werden.

Da in diesen Versuchsserien sowohl die obere als die untere Grenze bestimmbar waren, konnte die vermutungsweise in den ersten Versuchen abgeleitete Dauer des Aufleuchtens der Sekundärstrahlung mit 20° direkt bewiesen werden.

Tabelle 202. Sekundärstrahlung aus der Streckungszone der Zwiebelwurzeln in Abhängigkeit von der durchlaufenen Strecke zwischen Bestrahlung und Sekundärstrahlung (nach ANNA GURWITSCH).

Winkelabstände in Grad	20	25	30	35	40	45	50	55	60	65	75
	Induktionseffekte in %										
1. Ohne Fortleitung		31,2	24	5,6	2,8						
2. Fortleitung auf 2,5 cm	6,6	23	31		32		11,8	−4,5			2,3
3. Fortleitung auf 5 cm			4,8		21			26,8		22,8	7,3

Es muß bei diesen Zahlenangaben (neben ihrer nur relativen Genauigkeit) auch berücksichtigt werden, daß sie sich auf ein Gruppengeschehen beziehen und aus ihnen keine unmittelbaren Daten für die Dauer des sekundären Aufleuchtens und die Latenzzeit einer Einzelzelle abgeleitet werden können. Die direkte Ermittelung beider Werte dürfte wohl auf sehr große technische Schwierigkeiten stoßen. Für die Bestimmung der Latenzzeit der individuellen Sekundärstrahlung lassen sich indessen einige Anhaltspunkte gewinnen, wenn man des genaueren auf den Hergang der Erregungsleitung eingeht und vor bestimmten Annahmen nicht zurückscheut.

Unmittelbar nach dem ersten Nachweise der Fortleitung des mitogenetischen Erregungszustandes bzw. der Sekundärstrahlung, tauchten mehrere Fragen auf, die nur zum Teil eine experimentelle Lösung erfahren konnten. Sie lassen sich in zwei Punkte zusammenfassen: 1. sind alle Zellen des Wurzelgewebes potentielle Sekundärstrahler? und 2. beruht die Erregungsleitung auf Sekundärstrahlung?

Daß ein Sekundärstrahler zum mindesten seine Nachbarzellen mitogenetisch anregen kann, ist ja auf Grund der Gesamtheit der Erfahrungen als selbstverständlich hinzunehmen. Sollten daher alle (oder die meisten) Zellen des Meristems zur Sekundärstrahlung befähigt sein, so wäre die Konsequenz nicht zu umgehen, daß der mitogenetische Effekt sich schrankenlos über das ganze Meristem ausbreiten müßte und von einem zirkumskripten Übergewicht an Mitosen, wie er tatsächlich nachgewiesen wurde, nicht gut die Rede sein könnte. Wollten wir aber andererseits Sekundärstrahler im

Meristem nur in einer geringen Minderzahl annehmen, so stünden wir wiederum vor einer unglaubwürdigen Annahme, da es ja schwer faßbar wäre, daß von ganz vereinzelten Zellen eine mitogenetische Strahlung von oberschwelliger Gesamtintensität ausgehen könnte. Man müßte auch dabei auf die gewiß an sich plausible Annahme verzichten, daß die mitogenetische Erregungsleitung eben auf Sekundärstrahlung beruht und nicht etwa noch ein anderes verborgenes Leitungsprinzip ihr zugrunde liegt.

Der einzige Ausweg aus diesen Schwierigkeiten lag in einem Kompromiß, der von uns wie folgt formuliert wurde.

Die Sekundärstrahler sind im Meristem und im anliegenden Bezirke der Streckungszone in einer Anzahl und Verteilung vertreten, die eine ungestörte Weiterleitung eines lokal gesetzten Erregungszustandes durch Sekundärstrahlung der Wurzelachse entlang gewährleistet. Spezielle Umstände verhindern dabei den gleichen Vorgang in der Querachse.

Die Prämissen für diese Formulierung wären etwa folgende:

1. Leuchtet ein Sekundärstrahler infolge Bestrahlung von außen sekundär auf, so pflanzt sich die mitogenetische Strahlung relativ ungehindert, d. h. mit einem unbedeutenden Absorptions- und Streuungskoeffizienten, der Wurzelachse entlang fort, weil die Zellquerwände von den Strahlen normal getroffen werden und außerdem, weil es sich um relativ junge und infolgedessen mitogenetisch durchsichtige Lamellen handelt. Es wäre daher auf Grund der Erfahrungen über die Absorption mitogenetischer Strahlen im Querdurchmesser der Wurzel durchaus nicht ungereimt, die Reichweite der von einem Sekundärstrahler ausgehenden Strahlen in der Längsrichtung auf etwa 10 Zellen zu setzen. Lassen wir daher innerhalb der Längssäulen des Meristems etwa jede zehnte Zelle als potentiellen Sekundärstrahler gelten, so wäre die Fortleitung des lokal gesetzten Erregungszustandes auf weite Strecken der Längsachse gesichert. Wir könnten dabei gewissermaßen von Transformatoren oder Relais des ursprünglichen Reizes sprechen.

Die Verhältnisse in der Querrichtung dürften dabei wesentlich andere sein. Es darf in erster Linie angenommen werden, daß die Längswände der Zellen viel weniger durchlässig für mitogenetische Strahlen als die Querwände sind, da es sich ja um relativ alte und nicht immerfort durch Teilungen erneuerte Formationen handelt. Wir wollen z. B. das Penetrationsvermögen in der Querrichtung willkürlich auf etwa 5 Zellschichten setzen. Es wird aber dabei, wie vorher für die Längsrichtung, das Auftreffen der Strahlen in Normalrichtung zur Zellwand vorausgesetzt. Bei schräger Inzidenz nimmt natürlich die Streuung usw. zu und die Penetration wird minimal. Damit von einem Sekundärstrahler ein anderer potentieller Sekundärstrahler angeregt wird, muß er wesentlich in einer Querebene zum ersten liegen, bei Schrägstellung müßte der Effekt versagen.

Es läßt sich nun leicht berechnen, daß bei dem angenommenen Prozentsatz der Sekundärstrahler (1:10) ein derartiges Zusammentreffen von sehr geringer Wahrscheinlichkeit wird und daher auch die Fortpflanzung der Sekundärstrahlung in der Querrichtung der Wurzel mit einem sehr starken Dekrement behaftet und sehr bald erlöschen muß.

In Anlehnung an diesen Gedankengang wurde von ANNA GURWITSCH auf Grund ihrer Ergebnisse die ungefähre Latenzzeit der Sekundärstrahlung berechnet. Die Fortpflanzung des Erregungszustandes auf einer Strecke von 2,5 cm beansprucht eine Zeit von rund 0,001 Sekunde. Es entfallen auf diese Strecke etwa 100 bis 120 Zellen (die hier die Länge von über 200 μ besitzen). Nimmt man auch hier die von A. und L. GURWITSCH schematisch gesetzte Zahl von einem Sekundärstrahler auf je 10 Zellen, so käme man für die Latenzperiode des jedesmaligen Sekundäraufleuchtens auf etwa 0,0001 Sekunde (da es ja selbstverständlich ist, daß die Fortpflanzung der Strahlung selbst ohne Zeitverlust erfolgt). Dieser Wert muß als ein maximaler angesehen werden, da die Anzahl der Sekundärstrahler hier natürlich sehr tief gesetzt wurde. Es leuchtet jedoch ein, daß bei derartigen Berechnungen es nur auf die Größenordnung oder höchstens grobe Näherungswerte ankommt.

Diese, von dem Wurzelgewebe abgeleiteten Verhältnisse haben ihr Gegenstück im Verhalten der Hefekulturen, die uns in mancher Hinsicht noch weiter führen.

Wir müssen hier flüssige und Agarkulturen auseinanderhalten: bei ersteren sind die Zellen verschiedener Lebenslagen durcheinandergemengt, bei Agarkulturen ist eine Schichtung unverkennbar. Wir wollen von letzteren ausgehen.

Es ist schon a priori sehr wahrscheinlich, daß in unseren Arbeitskulturen, die schätzungsweise aus etwa 20—30 Zellagen bestehen, die oberflächlichen, vom Nährsubstrat völlig abgelösten, in ihren Eigenschaften von den tieferen weitgehend abweichen. Es kann bewiesen werden, daß die Oberfläche von etwa 12stündigen Kulturen ausschließlich Sekundärstrahler enthält, d. h. primär strahlende Zellen hier fehlen.

Dieser wichtige Satz wurde durch folgende Experimente von POTOZKY erwiesen. Bei völligem Lichtabschluß versagte die Mutoinduktion mit Hefeagarblöcken regelmäßig und vollständig. Wird aber Agarhefe nur als Detektor, nicht auch als Strahlungsquelle benutzt, so wird der positive Induktionseffekt, wenn auch geschwächt, auch in Dunkelheit erzielt. Besonders auffallend ist dabei, daß als passende Strahlungsquelle auch Hefe, aber in flüssiger Kultur (lamellose obergärige Hefeart *Nadsonia*), benutzt werden kann. Es besteht demnach ein durchgreifender Unterschied zwischen fester und flüssiger Hefe, der am plausibelsten auf den Umstand zurückgeführt werden darf, daß letzterenfalls alle Zellen der dünnen Lamelle im unmittelbaren Kontakt mit dem Nährsubstrate stehen, ersterenfalls dagegen die oberflächlichsten, bei der Ausstrahlung wohl ganz vorwiegend in Betracht kommenden Zellen schon längst jede Beziehung zum Nährsubstrat gelöst hatten. Es ließ sich nun zeigen, daß *diese* Zellschicht an reaktionsfähigen Zellen nur Sekundärstrahler enthält. Die Versuchsanordnung war folgende:

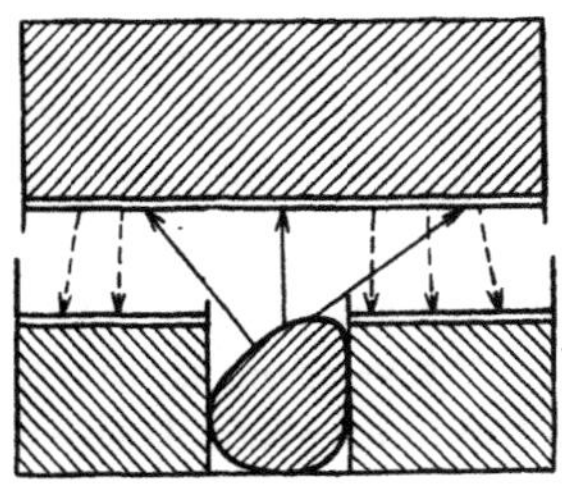

Abb. 65. Erklärung vgl. Text.

In einer Schale mit Hefeagarkultur wurde in der Mitte ein Loch ausgespart und ein schlagendes Froschherz darin aufgestellt (Abb. 65). Durch etwas überragende Glaslamellen wurde die Hefeoberfläche vor direkter Induktion durch das Herz geschützt. Über diese Schale wurde eine ähnliche zweite Hefeagarkultur mit dem Hefebelag nach unten aufgesetzt, die dadurch der Bestrahlung durch das Froschherz ausgesetzt wurde. Eine etwaige aus ihr emittierte Sekundärstrahlung konnte unter diesen Verhältnissen durch die erste Kultur als Detektor aufgefangen werden. Die Versuchsergebnisse entsprachen der Erwartung und waren stets eindeutig positiv.

Tabelle 203. Dunkelversuche (Versuchsanordnung vgl. Abb. 65) (nach POTOZKY).

a) Strahlungsquelle: Herz, Detektor: obere Hefekultur in %.

50	60	47	32	37

b) Strahler: primär durch das Herz bestrahlte obere Kultur, Detektor: untere Kultur in %.

20	22	20	25	40

Es erscheint in hohem Grade wahrscheinlich, daß in den tieferen Lagen der Kultur die Anzahl der Sekundärstrahler allmählich abnimmt, indem sie immer mehr durch jüngere teilungsfähige Zellen ersetzt werden. Es tritt auch hier das gleiche Verhältnis auf, das uns bereits bei der Zwiebelwurzel beschäftigte: es sind zur Sekundärstrahlung Zellen verschiedener physiologischer Dignität befähigt: Sekundärstrahler im eigentlichen Sinne des Wortes, d. h. Zellen der Streckungszone des Meristems und der oberflächlichsten Lagen einer etwa 12stündigen Hefeagarkultur, die aus dem Teilungszyklus schon längst herausgetreten sind und sich offenbar nur zu *einmaliger* sekundärer Ausstrahlung eignen, da ein progressiver Stoffwechsel in ihnen nach der Gesamtheit der Umstände nicht vermutet werden kann. Unabhängig von dieser Zellklasse reagieren offenbar durch Strahlung (also als Sekundärstrahler) teilungsfähige Zellen sowohl des Wurzelmeristems als der Hefekulturen. Die Verhältnisse dürften hier recht mannigfacher Art, je nach der Intensität und der Dauer der Bestrahlung des Detektors, sein. Es erscheint nämlich, wie des näheren noch ausgeführt werden soll, sehr wahrscheinlich , daß eine Anzahl noch nicht herangereifter Zellen zur Sekundärstrahlung angeregt werden und ihren Energievorrat „verstrahlen", um gleichzeitig aus dem Teilungszyklus (sei es für immer oder nur zeitweilig) herauszutreten.

Man dürfte indessen auch mit einer anderen Klasse von Sekundärstrahlern rechnen, deren Existenz mit großer Wahrscheinlichkeit abgeleitet werden kann: die teilungsreifen Zellen, die durch Bestrahlung des Detektors zur vorzeitigen Teilung angeregt werden, d. h. den eigentlichen Bestand des mitogenetischen Effektes bilden, dürften wohl *vor* der Teilung ebenfalls mitogenetisch „aufleuchten".

Eine derartige Annahme, die zum notwendigen Bestande der Anschauung von der Unentbehrlichkeit der mitogenetischen Strahlung für jede Zellteilung gehört, ist, wie wir wissen, empirisch wohl begründet, da ja z. B. für Seeigeleier von FRANK und SALKIND der Nachweis erbracht wurde, daß befruchtete Seeigeleier *vor* der normalen Teilung jedesmal mitogenetische Strahlung emittierten.

Ein derartiges Aufleuchten dürfte in mancher Hinsicht von der Sekundärstrahlung im engeren, im vorangehenden geschilderten Sinne verschieden sein. Ob es sich auch um Verschiedenheiten der Intensität handelt, kann erst im weiteren diskutiert werden. Ein durchgreifender Unterschied dürfte wohl in den Zeitverhältnsisen hier und da liegen. Wir sahen, daß die Sekundärstrahlung echter Art nach einer nur schwer meßbaren Latenzzeit auftritt, haben aber gleichzeitig Veranlassung zur Annahme, daß die der Teilung

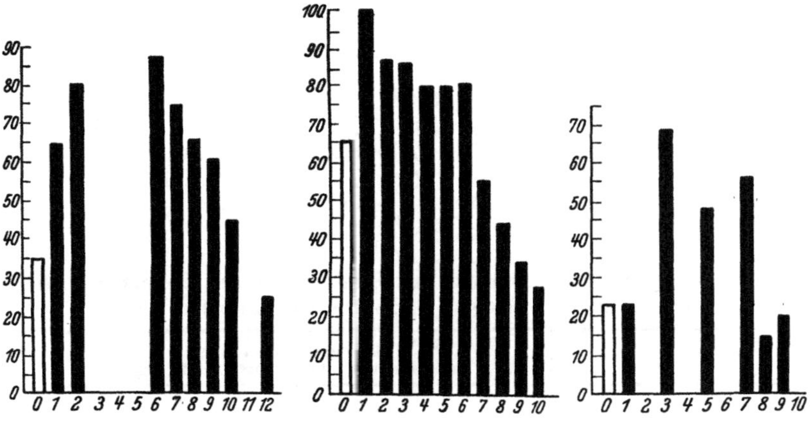

Abb. 66. Ausbreitung des Induktionseffektes über den Bezirk der direkten Bestrahlung (weißer Stab) hinaus. A Vorsatzspalt 5 mm, B 0,1 mm (spektrale Bestrahlung), C Vorsatzspalt 3 mm (Blutstrahlung).

vorangehende Ausstrahlung erst längere Zeit nach der Anregung zur Teilung (also z. B. Bestrahlung von außen) und relativ kurze Zeit vor dem Beginn der Teilung selbst auftritt.

Diese Vorstellung leitet sich aus den Verhältnissen der Ausbreitung des Induktionseffektes innerhalb der Hefeagarkultur ab, die auch im weiteren von großer Bedeutung für die Theorie werden soll.

Wird ein großer Hefeagarblock durch einen engen Vorsatzspalt mitogenetisch belichtet, wobei für einen annähernd parallelen Strahlengang gesorgt wird, so breitet sich der Induktionseffekt weit über den unmittelbar bestrahlten Bezirk der Kultur aus.

Es wurde mit einem optischen Spalt von etwa 0,1 mm und von

5 mm Breite und mit einer runden Öffnung von 1 mm Durchmesser gearbeitet.

Ein sehr bedeutender Induktionseffekt ließ sich unter diesen Umständen bis auf 10—12 mm Abstand von dem Rande des Belichtungsspaltes nachweisen. Die Zusammenstellung der Ergebnisse mit sehr verschiedenen Größen der Belichtungsbezirke ergibt jedenfalls, daß eine Proportionalität zwischen denselben und dem Ausbreitungsareal des Effektes nicht besteht.

Tabelle 204. Induktion eines großen Agarblocks durch Vorsatzspalte (Quelle: Spektralstreifen).

Breite des Vorsatzspaltes		Ort der Probeentnahme[1] (Abstand vom Belichtungsrande in mm)												
	mm	0	1	2	3	4	5	6	7	8	9	10	11	12
0,1 mm	in %	65	100	87	86	79	80	80	55	43	33	25	—	—
	mm	0	2	6	7	8	9	10	12	14				
5 mm	in %	34	89,5	87	73,6	65,5	60	44,5	25	—				
	mm	1	2	5	7	10	11	12						
Runde Öffnung, 1 mm im Durchmesser	in %	4	62	45	55	32	32	4						

Vorsatzspalt 3 mm, Drehscheibe. Strahlungsquelle: Pferdeblut, Abstand 10 cm, zweiter Vorsatzspalt dicht vor dem Detektor.

		Ort der Probeentnahme (Abstand vom Belichtungsrande in mm)							
	mm	0	1	3	5	7	8	9	10
Effekt	in %	22,4	22,4	68	47,6	55	15	20	0

Wir haben hier ein eklatantes Beispiel der Fortleitung der mitogenetischen Erregung. Daß es sich hier nur um eine solche durch Sekundärstrahlung handeln kann, erscheint in hohem Grade plausibel, obwohl uns allerdings eine nähere Diskussion der anderen Möglichkeiten nicht erspart werden kann.

Da es sich hier im Gegensatz zu Zwiebelwurzeln nicht um ein echtes Gewebe handelt und folglich an eine protoplasmatische Fortleitung eines speziellen Erregungszustandes, der in den mitogenetisch nicht direkt betroffenen Zellen den mitogenetischen Effekt erzeugen sollte, nicht gut gedacht werden kann, stünden wir vor folgender Alternative: Die Fortpflanzung des Erregungszustandes wird entweder durch Sekundärstrahlung immer neuer mitogenetisch

[1] Es werden feine, parallele Streifen mittels der Mikromampulaturglasnadel entnommen.

betroffener Elemente oder durch Diffusion eines Stoffes von dem primär belichteten Bezirke aus vermittelt. Es müßte letzterenfalls angenommen werden, daß mitogenetisch bestrahlte Zellen einen Stoff ausscheiden, der sich durch Diffusion ausbreitet und in benachbarten Zellen den mitogenetischen Effekt erzeugt, d. h. sie zur vorzeitigen Teilung anregt. Wir wissen aus den vorangehenden Versuchen, daß letztere Möglichkeit für die Fortleitung des Erregungszustandes in der Wurzel ausgeschlossen ist, da, abgesehen von allem anderen, die enorme Fortpflanzungsgeschwindigkeit mit Diffusion absolut unverträglich ist. Es wird dadurch naturgemäß eine Schwierigkeit für einen derartigen Deutungsversuch für den Hefedetektor geschaffen. Die Sachlage muß aber nichtdestoweniger in objektiver Weise geprüft werden, und hier taucht sofort ein Umstand auf, der auf den ersten Blick schwer zu deuten ist.

Die Ausbreitung des mitogenetischen Effektes über die Grenzen der primären Belichtung hinaus erfolgt nämlich in der Agarhefekultur in einem Tempo, das gar keine Analogien zu den Verhältnissen der Zwiebelwurzel bietet und an sich sehr wohl mit einem Diffusionsvorgang verträglich wäre. Werden nämlich nach einem Belichtungsversuch durch einen scharf umschriebenen Spalt Proben schon 30 Minuten nach Abschluß der Belichtung von verschiedenen Bezirken des Hefeagarblocks entnommen, so reicht der Ausbreitungseffekt nur auf etwa 2—3 mm innerhalb der abgeschirmten Zone. Prüft man dagegen die Verhältnisse wie gewöhnlich etwa 1 Stunde nach Abschluß der Induktion, so werden schon die definitiven Grenzen der Ausbreitung des Effektes — etwa 9—12 mm — erreicht. Dieses Ergebnis ist auf den ersten Blick verblüffend und scheint mit dem Prinzip der Ausbreitung der Erregung durch Sekundärstrahlung ganz unverträglich zu sein.

Tabelle 205. Ausbreitungseffekt der Induktion durch einen Spalt von 5 mm nach 30 Min. und nach 60 Min. Probeentnahme.

Ort der Probeentnahme	Zeit	
	30 Minuten %	60 Minuten %
0 mm	36	40
2 „	12	50
5 „	0	33
7 „	- 2	36
9 „	4	26
10 „	0	3

In einem auffallenden Gegensatze zu diesen Befunden stehen die Erfahrungen mit flüssigen Hefekulturen. Es ließ sich zeigen (KANNEGIESSER), daß die Ausbreitung des Induktionseffektes über den Ort der direkten Bestrahlung hinaus sich hier ohne nachweisbaren Zeitverlust vollzieht. Die Versuchsanordnung erhellt aus der Abb. 67.

Hefesuspension in Bierwürzeagar wird in eine große Kapillarkammer, deren Dach und Boden aus Zelluloid besteht, eingeführt. Im Dache ist eine runde Öffnung von 2 mm im Durchmesser ausgespart und durch dieselbe in senkrechter Stellung eine Kapillare eingeführt, die eine Säule von etwa 6—7 mm Höhe der Suspension in sich aufnimmt. Diese Portion der Hefe ist demnach durch die Glaswand vor jeder direkten Bestrahlung geschützt, und eine eventuelle mitogenetische Induktion könnte sich hier nur auf dem Wege der Sekundärstrahlung (oder der Diffusion eines durch Bestrahlung in der Kammer entstandenen Stoffes) geltend machen.

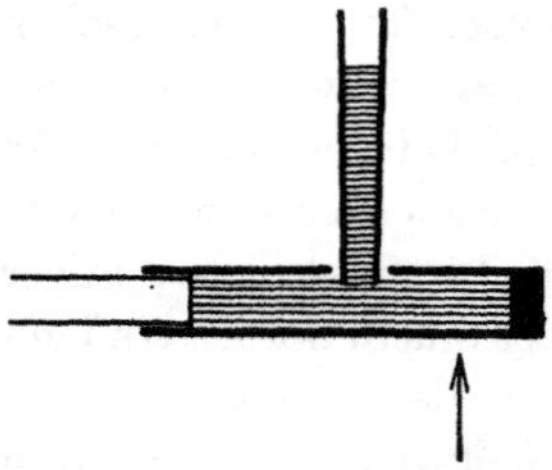

Abb. 67. Erklärung vgl. Text. Pfeil gibt den Ort der Induktion (senkrecht zur Ebene der Zeichnung) an (nach KANNEGIESSER).

Unmittelbar nach der Exposition, die nur 2 Minuten (fraktionierte Gabe) währt, wird die Kapillarröhre von der Kammer getrennt und das in ihr enthaltene Zellmaterial in gewöhnlicher Weise auf die beiden mitogenetischen Effekte (Sprossungseffekt und Vermehrungseffekt) geprüft. Ein kräftiger Induktionseffekt ist konstant und kann in Anbetracht der sehr kurzen Zeitspanne, die die Induktion beanspruchte und während der die Verbindung zwischen den Inhalten der Kammer und der Kapillare bestand, nur auf Sekundärstrahlung (nicht auf Diffusion) zurückgeführt werden.

Tabelle 206. Fortleitung des Induktionseffektes in flüssigen Hefekulturen. Ausstrahlungszeit = 2 Minuten.

Art des Induktionseffektes	Induktionseffekt am Orte der Bestrahlung	Fortgeleitet (in der Röhre)
Vermehrungseffekt	25	23
	45	47
	20	12
	25	52
	22	30
Sprossungseffekt	27	49

Es ist zu beachten, daß auch im flüssigen Medium die Fortleitung ohne Dekrement, eher mit einer Tendenz zum Anwachsen einhergeht.

Diesen Befunden kommt eine ganz besondere Bedeutung zu, da sie den bündigen Beweis erbringen, daß die sehr starke Absorption des Ultravioletts durch die Bierwürze vermöge der Sekundärstrahlung überwunden wird. Bei der in Betracht kommenden Dichte der Hefesuspension beträgt der mittlere Abstand zwischen benachbarten Hefezellen etwa 5 Zelldurchmesser. Es werden demnach praktisch vielfach auch dicht benachbarte Zellen vorkommen, deren Sekundärstrahlung die nur einige μ betragende Bierwürzeschicht überwinden kann. Der Erfolg setzt demnach eine ausreichende Dichte der Suspension oder einen Bodensatz, wie bei BARON voraus[1].

Eine nähere Analyse der hier waltenden sehr komplizierten Verhältnisse kann nur bei der allgemeinen theoretischen Diskussion des Zustandekommens des mitogenetischen Effektes gegeben werden. Es genügt, wenn wir vorläufig darauf hinweisen, daß die langsame Ausbreitung des Effektes auf den Umstand zurückgeführt wird, daß an derselben nicht nur die momentan reagierenden echten Sekundärstrahler, sondern auch die erst spät, wohl unmittelbar vor der Teilung aufleuchtenden teilungsfähigen Zellen beteiligt sind.

Die Sekundärstrahlung läßt sich aus allerverschiedensten Zellen und Geweben, ohne unmittelbaren Zusammenhang mit dem Vermögen zur primären mitogenetischen Strahlung und zum eigentlichen mitogenetischen Effekt, nachweisen. Wir wollen alle bisher bekannt gewordenen Fälle einzeln durchnehmen.

Bei der allgemeinen Diskussion des Problems gehen wir am besten von den Ergebnissen von POTOZKY und ZOGLINA an ab-

[1] *Anmerkung bei der Korrektur.* Diese Befunde erweisen mit besonderer Deutlichkeit die vollständige Haltlosigkeit des skeptischen Verhaltens von NAKAIDZUMI und SCHREIBER (Biochem. Zeitschr. Bd. 237, S. 368), die bei der Wiederholung der Versuche BARONS mit dem Makroeffekt (vgl. dieses Buch, Abb. 52, S. 200) an Stelle flüssiger Nährböden sich für feste entschlossen, „weil schon dünnste Schichten der Bierwürze bzw. Hefezellen ultraviolette Strahlen der Wellenlänge von 200 $\mu\mu$ .... vollkommen absorbieren“. Das Verhalten der beiden Autoren den durchaus eindeutigen und objektiven, durch zahlreiche Photos belegten Befunden BARONS gegenüber beruht offenbar auf dem Prinzip „um so schlimmer für die Tatsachen“.

geschnittenen Wurzeln aus. Es zeigt sich, daß das Vermögen zur Sekundärstrahlung an abgeschnittenen Wurzeln schon sehr frühzeitig, noch ehe der mitogenetische Effekt geschwunden ist, erlischt, und daß es durch Beanspruchung (Primärbestrahlung) sehr bald erschöpft wird.

Tabelle 207. Induktion mit abgeschnittenen Wurzeln bei Primärbestrahlung der Streckungzone (nach POTOZKY und ZOGLINA).

	Mitosenzahl an der induzierten Wurzelhälfte	Mitosenzahl an der abgewendeten Wurzelhälfte	Differenz in %
Beginn des Versuches 30 Min. nach Abtragung der Wurzel (Detektor-Wurzel)			
	714	595	+13
	528	461	+15
	319	241	+32
nach 40—45 Minuten			
	522	519	0,6
	761	771	– 0,7
	527	531	– 0,4
Induktion mit frisch abgeschnittener Wurzel während 5 Minuten Primärbestrahlung.			
1.	468	342	+36
2.	527	398	+29
3.	589	483	+20
4.	362	276	+35
5.	534	393	+28
Induktionsversuche mit den gleichen Wurzeln nach vorangehender Bestrahlung während 10 Minuten und fortgesetzter Weiterbestrahlung während des Versuches.			
1.	534	522	2,5
2.	157	153	3 (mangelhafte Serie, einige Schnitte ausgefallen)
3.	679	681	–0,3
4.	298	293	0,6
5.	604	602	0,3

Es dürfte angesichts dieser Erfahrungen gewiß berechtigt sein, die Sekundärstrahlung auf die Gegenwart eines durch ultraviolette Strahlen intensiv zersetzbaren Stoffes zurückzuführen, der in nur beschränktem Vorrate in den Strahlungszellen vertreten ist und im Lebensprozesse schnell aufgebraucht wird.

Das zweite Glied der Schlußkette — daß es sich um ein Kohlehydrat (Stärke oder Glykose?) handle, erscheint dagegen an sich recht gewagt und mußte experimentell begründet werden, wobei die ursprüngliche Bezugnahme auf die Verhältnisse des Karzinoms sich als unbegründet und irreführend erwies. Gleich der erste darauf gerichtete Versuch von SALKIND brachte aber dafür eine gewichtige Stütze. Werden Breie aus der Leber verschieden genährter Tiere primär bestrahlt, so erweist sich als Sekundärstrahler nur die Glykogenleber, vgl. S. 63.

Ein anderes schönes Beispiel dieser Art bietet die Sekundärstrahlung der Infusorien (ZOGLINA, S. 64).

Eine entschiedene Wendung in dieser schwierigen Frage brachte erst die Möglichkeit einer Spektralanalyse der Sekundärstrahlung. Soweit die bisherige Erfahrung auf diesem Gebiete reicht, scheint die Annahme, daß es sich um Aufspaltung von Kohlehydraten als energetische Quelle der Sekundärstrahlung handelt, in vollem Maße zu bestätigen. Besonders eindrucksvoll sind die Verhältnisse bei Zwiebelwurzeln, die schon im Kap. III besprochen wurden. Hier ist die primäre Quelle (Zwiebelsohle) oxydativer Art, die Sekundärstrahlung aus abgeschnittenen (und auch intakten Wurzeln) dagegen glykolytischer Herkunft.

Von großer Wichtigkeit ist ferner die Frage, ob sämtliche Zellen eines zur Sekundärstrahlung befähigten Gewebes sich an derselben beteiligen, d. h. potentielle Sekundärstrahler sind.

Von besonderem Interesse sind hier diejenigen Zellkomplexe bzw. Gewebe, bei denen neben teilungsfähigen Zellen auch solche die es nicht mehr sind, auftreten, sei es, daß sie räumlich voneinander geschieden, oder durcheinandergemengt sind. Von ersterer Art ist das Wurzelgewebe, das uns auch hier einen interessanten Einblick in die Verhältnisse gewährt. In den Versuchen von POTOZKY und ZOGLINA trat ein eigenartiger Gegensatz zwischen dem Verhalten der Streckungszone und des Meristems, und zwar zugunsten der ersteren, hervor. Ein positives Ergebnis aus der Streckungszone ließ sich ausnahmslos auch bei ununterbrochener Belichtung erzielen, das Meristem versagte unter diesen Umständen und führte zu positiven Ergebnissen nur bei fraktionierter Primärbestrahlung (je 20 Sekunden in Zeitabständen von je 10 Minuten). Auf die Deutung dieses eigenartigen Ergebnisses kommen wir noch im weiteren zurück, es sei nur noch erwähnt, daß bei unserem jetzigen Verfahren der intermittierenden Reize, die die Wirkung der Primärreize in jeder Hinsicht bedeutend steigern, das Meristem stets die erwünschte Wirkung gibt.

Nun entsteht die folgende Frage: Ist die Reaktivität des Meristems im Sinne der Sekundärstrahlung geringer als diejenige der Streckungszone, weil nur einige Zellkategorien desselben Sekundärstrahler sind, die Elemente der Streckungszone dagegen alle gleichmäßig durch Sekundärstrahlung reagieren? Oder aber ist das Verhalten so, daß nur ein geringerer Teil der durch Primärbestrahlung entbundenen Energie im Meristem „verstrahlt", der übrige für die positive mitogenetische Reaktion, d. h. für die Teilung, verwertet wird? Die Frage läßt sich über die speziellen Verhältnisse der Wurzel hinaus folgendermaßen zuspitzen: Ist eine teilungsfähige Zelle auch ein potentieller Sekundärstrahler?

Auf Grund der oben geschilderten Verhältnisse ist die Frage offenbar zu bejahen, sofern man im Meristem wohl kaum in nennenswerter Zahl Zellen vorfinden dürfte, die nach der Nomenklatur von Reiter und Gabor aus dem „Zyklus ausgeschieden" waren. Die relative Torpidität des Meristems ließe sich aber daraus ableiten, daß das Vermögen zur Sekundärstrahlung nur einer gewissen, ganz kurzen Etappe des Evolutionszyklus der Meristemzellen zukommt, die in gewisse Analogie zum relativen Dauerzustande der Streckungszellen gebracht werden könnte. Diese Etappe muß naturgemäß irgendwie in die „Heranreifungsperiode" der Zellen fallen. Ist es so, so muß die Primärbestrahlung des Meristems neben der positiven Induktionskomponente auch eine „Erschöpfungskomponente" mit sich tragen, die unter bestimmten Versuchsbedingungen zum Vorschein kommen müßte. Die „mitogenetische Erschöpfung" wurde in der Tat, wie wir sahen, von Sussmanowitsch nachgewiesen.

Wir können uns auf Grund dieser Erfahrungen mit einiger Berechtigung folgendes Bild ausmalen: Wird ein meristematischer Zellkomplex von mitogenetischer Strahlung betroffen, so ist die Reaktion der Zellen eine verschiedene, je nach ihrer Entwicklungsetappe. Die bedingt reifen Zellen beantworten (wie wir dieses schon im Vorangehenden ausführten) den Reiz durch vorzeitige Teilung, die noch nicht herangereiften „verstrahlen" in Form der Sekundärstrahlung ihre noch ungenügenden Vorräte an dem energieliefernden Stoff. Die gewaltigen Zeitunterschiede zwischen dem

Auftreten der „Erschöpfung" nach Belichtung mit Hefe bzw. mit Spektralstreifen deuten darauf, daß der Prozentsatz der durch Sekundärstrahlung reagierenden Zellen in einem geraden Verhältnis zur Intensität der Belichtungsquelle wächst.

Es zeigte sich nun, daß auch unter sonst normalen Verhältnissen (bei Tageslicht) das Vermögen der Agarhefe zur Sekundärstrahlung durch mitogenetische Primärbestrahlung sehr leicht erschöpft wird. Setzt man nämlich einen Hefeagarblock der üblichen Induktion durch eine biologische Quelle (z. B. Mutoinduktion) aus und prüft ihn daraufhin als Strahler, indem man ihm einen frischen Block entgegensetzt, so kommt man regelmäßig zu negativen Ergebnissen. Wir finden hier demnach eine weitgehende Parallele zu den Befunden an den Wurzelzellen.

Die volle Versuchsanordnung war folgende: Zwei Agarblöcke werden in Mutoinduktionsstellung aufgestellt und aus dem Induktionseffekt gefolgert, daß die betreffende Kultur sich als Strahler und als Detektor bewährt. Es wurde gleichzeitig ein anderer Block aus der gleichen Kulturschale 1—2 Minuten spektral bestrahlt und daraufhin in Mutoinduktionsstellung mit einem weiteren frischen Block aus derselben Kultur aufgestellt. Das Ergebnis war stets folgendes:

Bei deutlich ausgesprochenem positiven Induktionseffekt sowohl des ersten Mutoinduktionspaares als des vorbestrahlten Blocks, ein Nulleffekt auf denjenigen Block, der als Detektor dem vorhin bestrahlten gegenüberstand. *Der spektral bestrahlte Block, der sich spektral induzieren ließ, büßte gleichzeitig und vollständig sein Ausstrahlungsvermögen ein.*

Tabelle 208.

Effekt der Mutoinduktion in %	Effekt der Spektralbestrahlung in %	Effekt der Induktion durch den vorher spektral bestrahlten Block in %
51	62	0,1
44	43	−0,1
32	51	9

Zum gleichen Ergebnis führt auch die Bestrahlung durch Hefe selbst, d. h. die Mutoinduktion. Hefeagarblöcke, die etwa 15 Minuten in Mutoinduktionsstellung standen, versagen daraufhin als Strahlungsquellen, wobei, soweit ersichtlich, keine Erholung eintritt.

Tabelle 209. **Induktionseffekte bei Mutoinduktion und nachträglicher Vorsetzung frischer Agarblöcke nach verschiedener Erholungszeit** (es wurden für Mutoinduktion vier Agarblöcke benutzt, die dann als Strahlungsquellen je einmal nach verschiedener Erholungszeit gebraucht wurden).

1. Effekt der Mutoinduktion	37%
2. Induktionseffekt ohne Erholung	2%
3. Induktion nach 15 Minuten Erholung	0%
4. Induktionseffekt nach 30 Minuten Erholung . .	1,8%

Wir sehen demnach, daß in der Hefe, genau so wie in den Wurzelzellen, die Sekundärstrahlung die Zellen, aus denen sie stammt, hochgradig erschöpft. Es könnte wohl auch kaum anders sein, da es sich ja um eine relativ enorme Energieproduktion handelt, die so oder anders ersetzt werden muß. Stehen die Kulturen unter günstigen Ernährungsverhältnissen, so wird diese Extraausgabe wahrscheinlich durch forcierte Assimilation leicht ausgeglichen. Anders dagegen, sofern es sich um Nahrungsmangel oder sonstige ungünstige Faktoren handelt. Es kann wohl kaum bezweifelt werden, daß die oberflächlichen Zellagen der Agarkulturen in ihren Ernährungsverhältnissen Hungerzellen nahe kommen und daher in irreversibler Weise durch Bestrahlung lahm gelegt werden. In noch eindrucksvollerer Weise tritt diese Erscheinung an echten Hungerhefen zu Tage. Ein ausführliches Versuchsprotokoll mag das Gesagte erläutern:

Agarhefe wird 10 Minuten in Wasser gewaschen und sofort als Induktor benutzt. Induktionseffekt 22%. Sofort darauf wird derselbe Tropfen 5 Minuten spektral bestrahlt und währenddessen wiederum als Induktor benutzt. Induktionseffekt gestiegen (36%), der Tropfen selbst zeigt aber, 1 Stunde darauf auf die Sprossungszahl seiner Zellen geprüft, ein Defizit an Knospen im Vergleich zur Kontrolle (— 18%). Mit einer frischen Portion derselben Wasserkultur wurde dann der Versuch nach 30 Minuten wiederholt. Als spontaner Strahler versagte er dabei vollständig (0%). Wurde er aber spektral bestrahlt, so ergab er einen starken Induktionseffekt als Sekundärstrahler (40%), zeigte aber 1 Stunde darauf auf sein Sprossungsvermögen geprüft, eine sehr bedeutende Erschöpfung (d. h. Defizit an Sprossen im Vergleich zur Kontrolle [41%]).

Diese Ergebnisse können am ehesten so gedeutet werden, daß bei fehlendem Ersatz an verbrauchten Stoffen, die intensive Primärbestrahlung, die in vielen Zellen das Zustandekommen der Sekundärstrahlung bewirkte, sie gleichzeitig von der sonst fälligen Teilung ablenkte.

Wir sehen daraus, daß neben Zellen, die *nur* Sekundärstrahler sein können (wie es nachweisbar die Streckungszellen des Meristems und wahrscheinlich auch die oberflächlichste Lage der Hefeagarkultur ist), sich auch andere Zellen vorfinden, für die ein *Entweder-Oder* gilt, d. h. eine Zelle, die sich sonst zur Teilung angeschickt hätte, ihren energetischen Vorrat unter Einfluß der Bestrahlung „verstrahlt".

In ein neues Licht rückte die Frage über Zusammenhang zwischen Sekundärstrahlung und Stoffwechsel der Hefezellen nach den bedeutungsvollen Untersuchungen von Gesenius.

Bei Betrachtung der Versuchsanordnung von Gesenius und seiner Ergebnisse drängt sich als einzige mögliche folgende Deutung auf. Es fand während der Versuchszeit infolge der Induktion eine bedeutende Sekundärstrahlung innerhalb der bestrahlten Kultur statt, die zu einer Erschöpfung ihres Stoffwechsels, d. h. zu einer negativen Gaswechselbilanz führen mußte. Es braucht natürlich nicht *nur* Sekundärstrahlung gewesen zu sein, die auf Bestrahlung auftrat. Auch ein echter positiver mitogenetischer Effekt (Zellvermehrung) wäre nicht auszuschließen, wenn auch auf Grund der Gesamtheit der Umstände von nur mäßigem Grade. Von Wichtigkeit ist indessen die allgemeine Erwägung, daß eine positive Gaswechselbilanz während der Bestrahlung wohl nur bei Berücksichtigung der allerersten Augenblicke der Zellreaktion registriert werden könnte, da sie eben in diese, und wohl *nur* in diese Etappe, fällt. Es ließe sich aber sehr wohl denken, daß auch im Falle eines positiven mitogenetischen Effektes (Zellvermehrung) der Zellmetabolismus nach initialer stürmischer Förderung eine Depression erfährt.

Die Messungen von Gesenius fallen eben meines Erachtens in diese zweite Phase des Stoffwechsels, der initiale Anstieg des Gaswechsels kam der Registrierung gar nicht zugute.

Zur Begründung dieser Interpretation der Ergebnisse von Gesenius müssen wir auf seine Methodik eingehen.

Als Detektor wurden Hefekulturen in einer Nährlösung angesetzt, die etwa 12 Stunden (am Vorabend des Versuchstages) geimpft waren, und etwa 7—10 Millionen Zellen pro Kubikmillimeter enthielten. Diese Kultur wurde in einem kleinen geschlossenen

Schälchen mit Quarzboden von unten mit einer Hefeagarkultur oder mit Blut (durch $MgSO_4$ vor Gerinnung geschützt) induziert. Die Induktionszeit betrug 2,5 bis 5—7 Stunden. Die bestrahlte Kultur wurde dann in die WARBURGschen Atmungskästchen übertragen und nach etwa 30—40 Minuten die Ablesung vorgenommen. Mehrere Punkte bleiben dabei unklar, vor allem, ob eine nennenswerte Vermehrung der Zellen in dermaßen dichten Suspensionen während der Versuchszeit überhaupt stattfinden konnte. Soweit man hier den Vergleich mit BARONs Kulturen heranziehen kann, spricht alles eher dagegen. Letzterer Autor zieht zum Vergleich „verdünnte" und „dichte" Kulturen der Hefeart *Nadsonia* heran wobei erstere etwa 8000—10000 Zellen pro Kubikmillimeter, letztere etwa das Zehnfache davon enthalten, also im Vergleich zu den Konzentrationen von GESENIUS noch immerhin hochgradig verdünnt sind. Es zeigt sich indessen, daß schon bei der „dichten Aussaat" schon verhältnismäßig frühzeitig der intensive Wuchs zur Erschöpfung des Substrates und zur Anhäufung der Produkte des regressiven Stoffwechsels führt. Es treten mit anderen Worten nach dem Kulminationspunkte des Gedeihens der Kultur wieder nichtsprossende Einzelformen auf, die im vorangehenden Stadium fehlten. Wir können daher mit einem hohen Wahrscheinlichkeitsgrad annehmen, daß in den ungemein dichten Kulturen von GESENIUS die Zellvermehrung wesentlich lahmgelegt wurde und folglich, was aus der Gesamtheit der vorangehenden Erfahrungen entspringt, auch die Mutoinduktion auf ein Minimum reduziert war. Wir dürfen ja in der Tat mit gutem Rechte schließen, daß die Mutoinduktion, die ein Inbegriff der Primärstrahlung der beteiligten Zellen ist, an eine rege Vermehrung der Zellen geknüpft ist, da letztere als kurzes „Aufleuchten" während des Lebenszyklus der Zellen zwischen zwei Teilungsschritten auftritt.

Die Fremdinduktion mußte unter diesen Umständen recht eigentümliche Folgen nach sich ziehen. Befanden sich die Zellen nicht in der gehörigen Teilungsverfassung, so konnten sie immerhin, wie im Vorangehenden ausgeführt wurde, die Fremdinduktion durch gesteigerte Sekundärstrahlung beantwortet haben und daher im Vergleich zur Kontrollkultur ohne nennenswerte Steigerung der Vermehrungstätigkeit einem Zustand hochgradiger Erschöpfung des Stoffwechsels verfallen. Diese Deutung der Versuche von GESENIUS mag arbiträr vorkommen. Wir glauben indessen, daß sie einzig mit den Tatsachen verträglich ist und erblicken daher in seinen Ergebnissen den schönsten Beleg der schon anderweitig dargestellten erschöpfenden Folgen der Sekundärstrahlung.

Wir kommen damit auf eine weitere wichtige Frage: ist die Primärstrahlung der Zellen mit ihrer eventuellen Sekundärstrahlung ohne weiteres vergleichbar bzw. identifizierbar, was Intensität und Folgen für die Zelle betrifft?

Man dürfte dies auf Grund einer Reihe von Erwägungen und Erfahrungen mit Recht bezweifeln.

Die Primärstrahlung aus teilungsfähigen Zellen, wie sie uns in reiner Form eigentlich nur an einigen bisher geprüften Eierarten (Seeigel, eine Würmerart, Frank, Salkind, Potozky, Zoglina) entgegentritt, aber natürlich auch in zahlreichen anderen Zellarten und namentlich Protisten und Hefen angenommen werden muß, verdankt ihre Entstehung unbestreitbar fermentativen Vorgängen. Ein Beispiel davon finden wir in dem Mitotin-Mitotase-Prozeß. An den Seeigeleiern tritt mit besonderer Klarheit der Umstand zutage, daß die Strahlung in einen ganz bestimmten, offenbar zeitlich eng umgrenzten Abschnitt der Entwicklungsbahn fällt. Es läßt sich dabei wohl kaum anders denken, als daß hier eine inaktive Vorstufe des Fermentes aktiviert wird. Wenn es in den Eiern auch auf äußere Veranlassung (Befruchtung, Anregung zur künstlichen Parthenogenese) geschehen mag, so reagieren darauf jedenfalls nur absolut reife Zellen. Bei anderen Zellarten dürfte der Vorgang rein endogen bedingt sein. Die Primärstrahlung wird mit anderen Worten den Zellen nicht aufgezwungen und dürfte sich innerhalb physiologischer Grenzen halten.

Die Sekundärstrahlung ist dagegen vom zellulären Standpunkte gewissermaßen durchaus unphysiologisch. Die Zusammenstellung der Versuchsergebnisse mit starken und schwachen Primärquellen der Bestrahlung lehren uns ohne weiteres, daß je nach ihrer Intensität größere oder kleinere Gruppen von nichtreifen Zellen gewaltsam in den Prozeß mithineingezogen und zur „Verstrahlung" gezwungen werden. Aber auch abgesehen von der Verschiedenheit der zeitlichen Verhältnisse hier und dort, könnten sehr wohl tiefgehende weitere Unterschiede in dem Zustandekommen der Primär- und Sekundärstrahlung vorliegen. Die fermentative Anregung bei der Primärstrahlung wird beim Zustandekommen der Sekundärstrahlung durch strahlende Energie ersetzt. Daß ein derartiger

Ersatz überhaupt möglich ist, ist an sich eine höchst bemerkenswerte, der näheren Analyse bedürftige Tatsache. Es ist aber außerdem nicht ohne weiteres ersichtlich, daß das Substrat der Ferment- und der Strahlenwirkung, d. h. die strahlenerzeugende Reaktion in beiden Fällen die gleiche sein muß. Es müssen erst empirische Belege gesammelt werden, die es dartun könnten. Solche scheinen aber in der Tat bereits, wenn auch in bescheidenem Umfange, vorzuliegen.

Bis zu einem gewissen Grade waren sie schon in den Ergebnissen der Versuche SALKINDS mit dem Glykogenleberbrei enthalten, sofern man sie mit den Erfahrungen über Blutstrahlung zusammenstellt. Eine zum Brei verriebene Glykogenleber, die im Gegensatz zur Hungerleber zur Sekundärstrahlung befähigt ist, kann als Strahlungsstoff wohl ausschließlich ihre Glykosevorräte bieten. Es handelt sich demnach bei Strahlenerzeugung durch Belichtung und bei der Strahlung des Blutes bei Fermentwirkung ganz offenbar um das gleiche Substrat, und zwar um Glykose. Eine Frage für sich ist allerdings, ob die bei fermentativer Blutstrahlung stattfindende Glykolyse auch für die durch Primärbestrahlung bewirkte Sekundärstrahlung in Betracht kommt, da es natürlich durchaus nicht ausgeschlossen ist, daß ultraviolette Strahlen auch anderweitige Spaltungen der Glykose veranlassen könnten. Noch durchsichtiger als in dem soeben angeführten Beispiele scheinen die Verhältnisse in den Versuchen von ZOGLINA an zwei Infusorienarten zu liegen. Opalina und Paramäzium versagen beide in gewöhnlichen Wasserkulturen als Strahler. Bei Zusatz von Glykose tritt indessen schon nach kurzer Zeit Strahlung auf. Es läßt sich dabei der Nachweis erbringen, daß die Verwertung der Glykose eine endozelluläre ist, da die Strahlung noch eine Zeitlang persistiert, nachdem die Tiere aus dem glykosehaltigen Medium wieder in reines Wasser übertragen wurden.

An Stelle der Primärstrahlung bei Glykosezusatz tritt aber Sekundärstrahlung auf, falls man die Tiere in Wasser einer Primärbestrahlung unterwirft.

Überlegt man sich die hier vorliegenden Zusammenhänge, so dürfte wohl die folgende Interpretation die plausibelste sein.

Die Infusorien enthalten ein glykolytisches Ferment, dessen Wirkungsgrad für die geringen, normalerweise im Organismus enthaltenen Kohlehydratreserven nicht ausreicht. Wird der Bestand an letzteren durch Glykosegaben angereichert, so kann nach dem Massenwirkungsgesetz das Ferment seine Wirkung entfalten. Es kann aber andererseits das „unterschwellige" Ferment auch eine Unterstützung durch ultraviolette Bestrahlung erhalten, die sich gewissermaßen hinzuaddiert. Man käme damit auf den gewiß schwerwiegenden Schluß, daß Fermentwirkung und ultraviolette Strahlung sich innerhalb bestimmter Grenzen gegenseitig vertreten können. Es ist aber sehr wohl denkbar, daß bei Ersatz der Fermentwirkung durch ultraviolette Bestrahlung, der *geordnete* und sich innerhalb bestimmter Grenzen haltende Umfang der Umsätze in grober Weise verletzt wird, d. h. viel mehr von energieliefernden Stoffen zersetzt wird, als es mit dem weiteren normalen Getriebe der Zelle verträglich ist. Es ist daher sehr wohl möglich, daß die Sekundärstrahlung im allgemeinen, möglicherweise von speziellen Fällen abgesehen, ein irreversibler Vorgang ist oder wenigstens sein kann. Von großer Bedeutung sind die weiteren, mit der Sekundärstrahlung verknüpften Fragen: Wie groß ist im allgemeinen ihre Intensität im Vergleiche zur Primärstrahlung derselben Zellart und wie verhalten sich die relativen Intensitäten der Primärstrahlung, die zur Erzeugung des mitogenetischen Effektes und der Sekundärstrahlung notwendig sind.

Diese Fragen können erst in weiteren Kapiteln erörtert werden.

Die Sekundärstrahlung ist, wie wir sahen, Folge und gleichzeitig ein Anzeichen dafür, daß in den betreffenden Gewebselementen stürmische energieliefernde Stoffumsätze stattfinden. Es muß aber auch erwogen werden, ob sie nicht auch zu einem möglicherweise maßgebenden Faktor der Reizübertragung und Erregungsleitung wird. Indem ein primär bestrahltes Element durch Sekundärstrahlung reagiert, d. h. seinerseits benachbarte Elemente zur gleichen Reaktion anregt, pflanzt sich der einmal in Gang gesetzte Erregungszustand über den primären Bereich der Reizgabe fort und sein endgültiger Ausbreitungsbereich steht einzig in Abhängigkeit von der Verteilung und dem Zustande der potentiellen Sekundärstrahler und nicht der Intensität oder Ausbreitung des primären Reizes.

Es leuchtet ein, daß die mitogenetische Bestrahlung nur durch das wohl allen reaktionsfähigen Geweben zukommende Vermögen der zur Sekundärstrahlung zu einem biologischen Faktor von wirklicher Bedeutung werden kann, da ja der sehr hohe Absorptionskoeffizient kurzwelliger ultravioletter Strahlen für die meisten organischen Medien ein nennenswertes Vordringen der Bestrahlung (und namentlich der äußerst geringen Intensitäten der biologischen Strahlungsquellen) zu einem Ding der Unmöglichkeit gemacht hätten. Die Aufdeckung des Vermögens zur Sekundärstrahlung gehört demnach zu den wichtigsten Etappen des mitogenetischen Forschungsganges. Wir werden indessen der ganzen Tragweite der sich hier eröffnenden Ausblicke erst bewußt, falls wir die mitogenetische (d. h. teilungsfördernde) Bedeutung der Strahlung außer Acht lassen und unsere Aufmerksamkeit der offenbar sehr weitgehenden Beeinflussung des Zellmetabolismus mit allen daran geknüpften Konsequenzen zuwenden.

Sofern die Physiologie jeden Erregungszustand mit einer gewissen Ablenkung des im erregten Substrate bis dahin herrschenden Metabolismus verknüpft (ob dieser Standpunkt eine ganz allgemeine Geltung beanspruchen darf, soll hier nicht geprüft werden) läßt sich angesichts der eben erörterten Fortleitung der Sekundärstrahlung mit ihren Konsequenzen für den Metabolismus der Gedanke nicht unterdrücken, es könne sich sehr wohl um ein ziemlich allgemeines Prinzip der Erregungsleitung handeln, wie sie sowohl in pflanzlichen als in tierischen Organismen für manche Systeme maßgebend ist.

Diese an sich sehr gewagte Hypothese darf nur ausgesprochen werden, weil sie bereits Veranlassung zu erfolgreichen und vielversprechenden Versuchen gab, also jedenfalls einen heuristischen Wert beanspruchen darf.

Die Sonderstellung, die der Muskel und Nerv im Vergleich zu den meisten anderen Geweben einnehmen, indem sie bei spezifischer Erregung zu Strahlern werden, gab Veranlassung zu Experimenten, die, obwohl nicht abgeschlossen, schon jetzt zu weitgehenden Erwartungen berechtigen.

Nachdem von Frank der Beweis erbracht wurde, daß die Muskelstrahlung zeitlich mit der Erregung der Muskelfaser (dem Latenzstadium des Reizes) zusammenfällt, wurde von ihm auch geprüft, ob der ruhende Muskel durch Primärbestrahlung nicht zur Sekundärstrahlung angeregt werden könnte.

Es ergab sich, daß dies wirklich der Fall ist, und daß die Sekundärstrahlung auch an einem weitabstehenden Orte des lokal bestrahlten Muskels nachweisbar ist und folglich eine Fortleitung eines eigenartigen Erregungszustandes längs des Muskels stattfindet. Die Versuchsanordnung und die Ergebnisse erhellen aus Tab. 211.

Tabelle 210. Sekundärstrahlung aus einem primär bestrahlten Froschsartorius (nach FRANK).

Strahlungsquelle und Bestrahlungszeit in Sek.		Ort der Entnahme der Sekundärstrahlung (Abstand vom Bestrahlungsort)	Effekt in %	Detektor
Spektralstreifen 2950	10	5 mm	48	Hefe
	2	5 „	34	„
Froschherz	10	a) 20 „	70	Bakterien
		10 „	14	„
		b) 20 „	50	
		10 „	25	
		c) 20 „	32	
		10 „	−4	
		d) 20 „	35	
		10 „	3	

Auch der lawinenartige Anstieg des Effektes dem Muskel entlang ist unverkennbar. Es fehlen leider zur Zeit noch Angaben über Dauer und Fortpflanzungsgeschwindigkeit der Sekundärstrahlung, die jedenfalls eine notwendige Vorbedingung zur Inangriffnahme des wichtigen Problems, ob und wieweit die Sekundärstrahlung mit der Fortpflanzung des spezifischen Erregungszustandes des Muskels zusammenhängt, sind. In voller Parallele zu FRANKs Versuchen über die Sekundärstrahlung des Muskels stehen unsere Ermittelungen am Nerven (N. Ischiadicus des Frosches).

Nachdem von KALENDAROFF festgestellt wurde, daß der ruhende d. h. schonend in seiner ganzen Länge herauspräparierte Nerv keine nachweisbare mitogenetische Strahlung aussendet, konnte geprüft werden, ob er durch Bestrahlung zur Emission der Sekundärstrahlung angeregt werden kann. Die Versuchsmethodik lag schon in den Versuchen von ANNA GURWITSCH an Zwiebelwurzeln ausgearbeitet vor und wurde in allen wesentlichen Zügen eingehalten. Die Versuche brachten eine weitgehende Bestätigung der Erwartungen.

Wird der ruhende Nerv durch einen Hefeagarblock bestrahlt (oder was das gleiche ist, der Block als Detektor für die etwaige Nervenstrahlung benutzt), so blieb in den bisher erprobten Versuchsbedingungen (Drehscheibe mit 6 Ausschnitten à 30°) jeder Effekt aus. Es kann dieses in verschiedener Weise interpretiert werden: erstens als Fehlen der Sekundärstrahlung am Orte der direkten Bestrahlung, zweitens als Folge der Abschirmung der Sekundärstrahlung durch die Zähne der Drehscheibe. Es zeigt sich, daß letzteres der Fall ist und daß durch geeignete Wahl des Rhythmus der Fraktionierung Sekundärstrahlung aus dem Nerven am Orte der Bestrahlung ausgelöst werden kann. Es eignen sich dazu die von ANNA GURWITSCH für Wurzeln benutzten Winkelstellungen: zwei Spalten à 20° mit einem Abschirmungsbezirk von 15°. Bei einer Umdrehungszeit von 3 Minuten ist der Effekt von ruhenden, sorgfältig samt Lendenmark und Unterschenkeln herauspräparierten Froschischiadici konstant.

Tabelle 211. Induktionseffekt bei zwei Spalten à 20° mit Abschirmungsbezirk à 15°.

38%	29%	24%
38%	24%	

Auch die Fortleitung des mitogenetischen Erregungszustandes ließ sich, und zwar ebenfalls nach dem Vorbilde der Wurzelversuche von A. GURWITSCH, erweisen. Es wurde eine Scheibe mit zwei Ausschnitten von 20°, einem Winkelabstande von 25° und Radialabstande von 2 cm benutzt.

Es ist natürlich zu erwarten, daß die Erregung doppelsinnig ist, d. h. sich nach beiden Seiten von beiden Erregungsorten fortpflanzt. Das Verhältnis ist nur insofern asymmetrisch, als der vor dem voraneilenden Spalt aufgestellte Hefeblock die etwaige Sekundärstrahlung erst nach 335°, der dem nachfolgenden Spalt vorgesetzte nach 25° (oder in Zeiteinheiten umgerechnet — nach etwa $^1/_{54}$ Sekunde bzw. nach $^1/_{720}$ Sekunde) empfangen kann. Es zeigte sich nun regelmäßig bei richtiger Versuchsanordnung, d. h. bei gehöriger Schonung der Nerven, daß nur der dem nachfolgenden Spalte vorgesetzte Block induziert wird, der andere dagegen nicht.

Tabelle 212. Sekundärstrahlung aus dem ruhenden N. ischiadicus.

	Induktionseffekt am voraneilenden Spalt in %	Induktionseffekt am nachfolgenden Spalt in %
I.	4	29
II.	−3	33
III.	−5	38

Mit diesen Versuchsergebnissen ist eine Reihe von Tatsachen festgestellt: erstens, daß der Nerv durch Primärbestrahlung zur Emission der Sekundärstrahlung angeregt wird, zweitens, daß bei kurzer Belichtung auch die Sekundärstrahlung als kurzes Aufleuchten von etwa $^1/_{60}$ Sekunde Dauer auftritt, drittens, daß die untere Grenze der Fortpflanzungsgeschwindigkeit des mitogenetischen Erregungszustandes jedenfalls auf etwa 15 Meter/Sekunden gesetzt werden muß. Durch geeignete Kombinationen der Sektorialschnitte wird sich wohl auch die obere Grenze, ähnlich wie in den Versuchen mit den Zwiebelwurzeln, feststellen lassen und dadurch der Zusammenhang des strahlungsgebenden Erregungszustandes mit dem Grundprinzip der Nervenleitung klären.

Es ließ sich des weiteren der Nachweis erbringen, daß die Sekundärstrahlung sich auch in der Querrichtung des Nerven fortpflanzt, was ja eigentlich kaum anders zu erwarten wäre, da man sich schwer mit dem Gedanken befreunden könnte, daß die einzelnen Segmente der Nervenfaser, etwa analog den Zellen der Wurzel, sich in einer individuell verschiedenen Verfassung befänden.

Der Nachweis der Fortleitung der Sekundärstrahlung auf die nichtbestrahlte Rückseite des Nerven wurde mittels Anwendung von zwei Scheiben erbracht, deren jede einen einzigen Sektorialausschnitt von 20° trug, die in einem Winkelabstande zueinander von 25° standen. Jeder Drehscheibe wurde ein Hefeagarblock vorgesetzt. Für den einen Block betrug demnach der Gangunterschied der beiden Sektorialausschnitte 335°, für den zweiten 25°. Es zeigte sich genau so, wie in den vorangehenden Versuchen, daß nur der Block der ersten Kombination einen Induktionseffekt aufwies.

Tabelle 213. Sekundärstrahlung des Nerven aus der unbestrahlten Seite.

	Induktionseffekt an dem voraneilenden Spalt (335° Gangunterschied) in %	Induktionseffekt an dem nachfolgenden Spalt (25° Gangunterschied) in %
a)	−0,2	40
b)	−3	55
c)	5	56

Mehrere Punkte bleiben dabei allerdings noch zu klären, vor allem, ob durch ununterbrochene Bestrahlung auch eine dauernde stetige Sekundärstrahlung erzielt werden kann. Es zeigt sich jedenfalls, daß bei nur einer kurzdauernden Unterbrechung der Bestrahlung pro Umdrehung (wie sie in Abb. 68 veranschaulicht wird) die Mutoinduktion zwischen Nerv und Hefeblock während einer Exposition von 3 Minuten zur Depression des Effektes führt bzw. ein positiver Effekt nur bei 30 Sekunden Expositionszeit erreicht werden kann. Es spricht dieses jedenfalls dafür, daß die durch Mutoinduktion angeregte Sekundärstrahlung des Nerven an sich nicht in

Abb. 68. Vgl. Text. Die *N. ischiadici* blieben im Zusammenhang mit der Wirbelsäule und werden ohne jede Dehnung aufgespannt. Während der Exposition werden sie mit physiologischer Lösung berieselt.

Form eines sehr kurzen Aufleuchtens auftritt, da sie sonst, wie die gleichzeitige Bestrahlung der Vorderseite des gleichen Nerven, die ja ebenfalls 3 Minuten währt, auch zu einem positiven Induktionseffekte führen müßte.

XII. Theorie des mitogenetischen Effektes.

Dasjenige, was man als eine oder die Theorie eines einigermaßen umgrenzten, empirisch erschlossenen Gebietes zu bezeichnen pflegt, beruht in letzter Instanz stets auf einer Konvention, da ja der Sinn den man mit dem Worte „Theorie“ verknüpft, an sich ein vollständig vager und vieldeutiger ist.

Unsere Theorie des mitogenetischen Effektes soll von der Erwägung geleitet werden, daß der *experimentelle* mitogenetische Effekt nur als Abglanz einer inneren, *physiologischen Induktion* der Elemente des Detektors durch den Organismus selbst aufzufassen ist. In manchen Detektoren, wie verschiedenen Meristemen höher organisierter pflanzlicher und tierischer Organismen mag es sich stets um Induktion von außen (z. B. Leptombündel, Blut) handeln. Wählen wir dagegen als Detektor einen Komplex von gleichartigen Individuen, wie etwa Eier oder Protistenkolonien, so kann es sich nur um echte Mutoinduktion, d. h. um gegenseitige Anstrahlung der Individuen handeln.

Die bisherige Erfahrung hat in vollem Maße die ursprüngliche reservierte, man könnte wohl sagen, resignierte, Auffassung bestätigt, daß der experimentelle Induktionseffekt sich nur an Meristemen, d. h. an Zellkomplexen, auslösen läßt, die schon ohne dieses in Zellvermehrung begriffen sind. Wir wollen es daher als gesichert annehmen und für unseren Hauptdetektor — dic Hefekulturen — ist es eine exprimentell erhärtete Tatsache, daß der Detektor gleichzeitig auch seinerseits Strahler ist, oder anders ausgedrückt, daß ein *mitogenetisches Eigenfeld des Detektors besteht*, welchem das experimentelle Induktionsfeld nur überlagert wird.

Die erste und vornehmste Aufgabe einer Gesamttheorie des mitogenetischen Effektes besteht demnach in der Aufklärung der Eigengesetzlichkeit dieses Eigenfeldes. Als Mittel zur Analyse steht uns allerdings nur dessen experimentelle Beeinflussung — die sogenannte Induktion — zur Verfügung. Es hat sich gezeigt, daß die Beziehungen zwischen Art und Intensität der Bestrahlung und dem resultierenden mitogenetischen Effekt sich in eine Anzahl „Erregungsgesetze" formulieren lassen, deren Zusammenhang nicht ohne weiteres einsichtig ist, d. h. das verknüpfende Band erst gefunden werden muß. Wie die definitive Formulierung dieser Zusammenhänge auch ausfallen mag, das eine muß postuliert werden: die definitiven Erregungsgesetze müssen nicht nur der experimentellen Induktion gelten; es muß dieselbe vielmehr als ein Sonderfall der physiologisch bestehenden Induktion, als präsumptive Ätiologie jeder Zellteilung aufgefaßt werden.

Die Bewältigung dieser Aufgabe wird durch zwei Umstände besonders erschwert: Es sind dieses die Notwendigkeit der Berücksichtigung der Quantenverhältnisse der Strahlung und der statistische Charakter unserer Aussagen über den mitogenetischen Effekt, der aber an sich eine rein zelluläre Angelegenheit ist, d. h. in letzter Instanz in reiner Zellsprache ausgedrückt werden sollte.

Die bisher ausgeführten approximativen Messungen und Schätzungen der Intensität biologischer Quellen führten, wie bereits im vorangehenden ausgeführt, zu sehr niedrigen Werten, etwa von der Größenordnung von 1000 Quant/qcm/sek. Es ergibt sich unter diesen Verhältnissen die Notwendigkeit, bei allen Konstruktionen die Diskontinuität, Unstetigkeit der Reizquelle zu berücksichtigen. Es wird sich nun im folgenden zeigen, daß dabei für die meisten beobachteten Erscheinungen eine sehr einfache, widerspruchsfreie und plausible einheitliche Unterlage geschaffen werden kann, die sich auch von großem heuristischen Werte erwies. Es liegen aber auch einige empirisch völlig gesicherte Erfahrungen vor, die große Schwierigkeiten vom Standpunkte der Quantenauffassung bereiten — es müßten denn hier ganz grobe Täuschungen in den Angaben der Größenordnung der Intensitätsbestimmung der mitogenetischen Strahlung vorliegen, was ja kaum angenommen werden darf.

Wir werden freimütig bekennen müssen, daß hier so manche Schwierigkeit der Auffassung und Deutung noch nicht behoben werden konnte.

a) Das mitogenetische Feld des Detektors.

1. Die allgemeine Architektur des Feldes.

Wir erwähnten bereits, daß dieses Zwischenglied der theoretischen Konstruktion aus der Eigenart der bis dahin zugänglichen Detektoren entspringt. Wir hatten es in der Tat stets mit Kollektivgegenständen als Detektoren zu tun und unsere Aussagen über den mitogenetischen Effekt waren auch stets rein statistischer Art. Es blieb uns daher versagt, eine direkte eindeutige Beziehung zwischen dem Strahlungsfelde des Induktors und den Verhältnissen der unmittelbaren mitogenetischen Bestrahlung einer reaktionsfähigen Zelle zu konstruieren. In dem reichen angehäuften empirischen Material ist keine einzige Angabe etwa der Art zu finden, daß eine (teilungsfähige) Zelle in Teilung tritt, falls sie durch mitogenetische Strahlen von einer bestimmten, angegebenen Intensität und Reizdauer angestrahlt wird. Ein derartiger Satz, der ja selbstverständlich für alles weitere grundlegend wäre, muß erst abgeleitet werden und diese Ableitung kann nur durch Vermittlung der Analyse des mitogenetischen Feldes des Detektors geschehen und dürfte immerhin problematisch bleiben. Wenn wir dieses Unternehmen als ein „theoretisches" den vorangehenden Ermittelungen, denen wir dadurch den Stempel der vorwiegend „empirischen" aufdrücken, entgegenstellen, so ist es im Grunde genommen rein willkürlich. Die Berechtigung dazu wird indessen aus dem Umstande geschöpft, daß hier der Hauptanteil der rein gedanklichen Verarbeitung des empirischen Materials zufällt und daß erst die daraus entsprungenen Spekulationen Veranlassung zu neuen empirischen Fragestellungen und Ermittelungen gaben.

Bevor wir uns an die Analyse des mitogenetischen Feldes des Detektors machen, soll die naheliegende und auch praktisch wichtige Frage erörtert werden, ob man sich besonders einfache und günstige Verhältnisse denken oder auch verwirklichen könnte, unter denen die postulierten direkten eindeutigen Beziehungen zwischen dem Felde der Strahlungsquelle und dem jede Einzelzelle treffenden mitogenetischen Reiz in unmittelbarer Weise, ohne ein Eigenfeld des Detektors konstruiert werden könnten?

Der Anschein spricht entschieden dafür, eine tiefere Einsicht dagegen. Man könnte zur Verwirklichung dieses Vorhabens als Detektor z. B. völlig gleichwertige, in einem übereinstimmenden Zustande befindliche, im Bezug auf die Strahlungsquelle völlig symmetrische Zellen wählen und dann aus den rein räumlichen Verhältnissen der Strahlungsquelle und der Elemente des Detektors den auf jede Zelle entfallenden Anteil der Bestrahlung eindeutig ableiten. Es ließen sich solche Zellen unschwer finden — vor allem etwa Seeigeleier, einschichtig ausgebreitet und mitogenetisch durch eine gleichmäßige Quelle von sehr bedeutender Flächenausdehnung bestrahlt. Noch eher zum Ziele dürfte uns scheinbar das Arbeiten mit vereinzelten isolierten Zellen von größerem Umfange (etwa große einzellige Pflanzenzellen oder wiederum Eier) führen, die ja nach der von Tschachotin ausgearbeiteten Methodik der ultravioletten Mikropunktur leicht unmittelbar und sogar am bestimmten Orte mitogenetisch gereizt werden könnten.

Die hier vorschwebende außerordentliche Gunst der Verhältnisse wäre indessen ein bloßer Schein. Der Umstand oder Faktor, der diese Hoffnungen vereitelt, ist dieses Mal in der Eigenart des

Strahlungsfeldes des Induktors gelegen, die durch die Intensitätsverhältnisse bedingt wird.

Wir wissen bereits aus dem Vorangehenden, daß nicht nur die biologischen Strahlungsquellen von sehr geringer Intensität sind, sondern daß auch die physikalisch erzeugte mitogenetische Strahlung bei Überschreitung eines gewissen Intensitätsgrades bereits mitogenetisch unwirksam wird. Soweit man aus den bereits vorliegenden Messungen von RAJEWSKY und FRANK und RODIONOW und einer Reihe von Berechnungen schließen darf, ist die Strahlungsintensität biologischer Quellen von einer Größenordnung, bei der der Begriff einer homogenen stetigen, konstanten Strahlung bereits versagt und die in Quanten angegebene und charakterisierte Intensität der Quelle selbst den Charakter einer statistischen Größe erhält. Es ist aber die Eigenart jeder statistischen Größe, daß die für sie abgeleiteten Gesetzlichkeiten sich nur auf große Zahlen beziehen und nicht innerhalb beliebiger tieferer Größenordnungen gelten.

In Anwendung auf unsere grundlegenden Fragestellungen gestalten sich demnach die Verhältnisse folgendermaßen:

Die aus der physikalischen Prüfung der biologischen Quellen abgeleitete Charakteristik der Intensität der Strahlung wird naturgemäß in Quantenzahlen pro Zentimeter/Sekunde ausgedrückt. Es kann mit anderen Worten ausgesagt werden, daß unter den experimentell geltenden Verhältnissen etwa 1000 Quanten/Sekunden auf 1 qcm der Detektoroberfläche entfallen. Diese rein statistische und ihrerseits bereits aus einer größeren statistischen Menge abgeleitete Angabe läßt sich indessen unter keinen Umständen sinngemäß parzellieren. Es wäre mit anderen Worten ganz ungereimt zahlenmäßige Angaben über die auf eine einzelne Zelle innerhalb einer geringen Zeiteinheit entfallende Quantenzahl zu machen. Die Erfahrung lehrt aber, daß es für den Induktionseffekt auf eine gegebene Zelle eben nur auf sehr kurze Zeitabschnitte von etwa ein Tausendstel Sek. ankommt.

Es wäre daher ganz illusorisch für einen vorher gedachten Detektor aus einer gleichmäßig ausgebreiteten Menge identischer Seeigeleier direkte eindeutige Beziehungen zwischen Intensität der Strahlungsquelle und der unmittelbaren Bestrahlung eines Einzeleies ableiten zu wollen, da sie ja gar nicht bestehen und sogar benachbarte Eier nach reinen Zufallsgesetzen sowohl von einem oder mehreren Quanten getroffen oder ganz leer (innerhalb einiger Sekunden) ausgehen könnten. Erfolgt aber die Bestrahlung aller Eier nicht streng simultan und nicht mit gleicher Quantenzahl, so dürften die allerkompliziertesten wechselseitigen Beeinflussungen zwischen den einzelnen Eiern resultieren, da ja das eine oder andere von ihnen sich als Sekundärstrahler betätigen und folglich ihre nicht primär bestrahlten Nachbarn beeinflussen könnte.

Es würde mit anderen Worten auch bei dieser denkbar einfachsten Struktur eines mehrzelligen Detektors ein kompliziert gestaltetes mitogenetisches Innenfeld resultieren und dieses allein für das Regime jeder einzelnen Zelle maßgebend werden.

In etwas anderer Form müßte eine ähnliche Schwierigkeit auch bei lokalisierter Bestrahlung einer einzelnen Zelle entstehen. Der Begriff einer strengen Lokalisation versagt naturgemäß in den hier in Betracht kommenden Größenordnungen. Es wird mit anderen Worten ganz unbestimmt bleiben müssen, welcher nähere Bezirk der Zelloberfläche von den paar Quanten getroffen wird, die hier in Betracht (soweit man von der Globalberechnung pro Quadratzentimeter ausgeht) kommen[1].

Die Eigenart und Struktur des mitogenetischen Innenfeldes des Detektors (der praktisch bis auf weiteres ein Kollektivgegenstand bleibt) gibt demnach den einzigen Schlüssel zum Verständnis und näherer Analyse des mitogenetischen Effektes.

Es versteht sich von selbst, daß unsere Analyse von dem einzigen allseitig erforschten Detektor — der Agarhefe[2] — ausgehen wird. Wir wollen dabei von einigen empirisch gut begründeten Sätzen über die innere Konstitution desselben ausgehen.

Das geeignetste Stadium des Detektors entspricht einer Schichtdicke von schätzungsweise 25—30 Zellagen. Es dürfte wohl kaum bezweifelt werden, daß die Gesamtheit der biologischen Eigenschaften der Zellen, bzw. der Zellagen als Funktion ihres Abstandes vom Nährsubstrat variiert. Man könnte hier an einen Gradient denken, der gewisse Analogien zu einem solchen längs der Wurzelachse im Gebiete des Meristems, in der Richtung gegen die Streckungszone bietet.

---

[1] In TSCHACHOTINS Mikropunkturen liegen ja die Verhältnisse anders, da es sich um sehr hohe Intensitäten der Strahlung handelt.

[2] Es werden übrigens für viele Fälle auch flüssige Hefekulturen klärend sein.

Wir dürfen mit Sicherheit annehmen, daß ein paar Basallagen, die in unmittelbarem Kontakt mit dem Nährsubstrat stehen, im wesentlichen aus jungen, in reger Vermehrung befindlichen Zellen bestehen. Wir können von einer „Keimzone" sprechen. Auf Grund der Analogie mit dem auf der Bierwürze ausgebreiteten Häutchen der *Nadsonia* in flüssigen Kulturen kann zuversichtlich gefolgert werden, daß die Zellen der Keimzone im allgemeinen „Strahler" sind und daß es sich um Primärstrahlung handelt. Es sei noch einmal daran erinnert, daß wir als Primärstrahlung diejenige Produktion mitogenetischer Strahlen bezeichnen, die mit einer bestimmten (vorläufig nicht näher definierten) Etappe des Lebenszyklus der sich teilenden Zelle zusammenhängt, d. h. aus *innerer* Veranlassung bzw. der Gesamtheit der intrazellulären Abläufe entspringt. Die gewisse Autonomie der Primärstrahlung findet unter anderem darin ihren Ausdruck, daß sie auch in voller Dunkelheit anhält, wogegen die Sekundärstrahlung (der Hefe) einer Anregung durch sichtbares Licht bedarf.

Auf die Analogie mit der Strahlung der Seeigeleier (vgl. S. 97) gestützt, wollen wir des weiteren annehmen, daß auch in den Hefezellen die Primärstrahlung den Charakter eines „Aufleuchtens" von relativ kurzer Dauer trägt.

Die von der Keimzone abrückenden Zellen dürften in ihren Weiterschicksalen verschiedene Wege einschlagen. Es stehen hier naturgemäß verschiedene Möglichkeiten offen, die wir allerdings nur rein hypothetisch konstruieren können. Es kann daran gedacht werden, daß der Zyklus zwischen zwei Teilungen allmählich zunimmt, daß manche Zellen sogar völlig „aus dem Zyklus ausscheiden" usw. Kurz, wir hätten uns etwa Verhältnisse in der Art des distalen Abschnittes des Meristems bzw. dessen Überganges in die Streckungszone zu denken. Das eine läßt sich jedenfalls mit aller Sicherheit behaupten: die Zellen der Mittellagen befinden sich nicht in optimalen Ernährungsverhältnissen und sind einer spontanen Entfaltung der maximalen Vermehrungsenergie, die der Keimzone eigen ist, nicht mehr fähig. Indem wir immer weiter von der Keimzone fortrücken, müssen sich diese Verhältnisse immer mehr zum Schlimmeren wenden, und man dürfte wiederum nicht fehlgehen, wenn man eine nennenswerte Vermehrungstätigkeit oder Fähigkeit der oberflächlichsten Schichten des Detektors überhaupt leugnet. Es dürfte sich mit anderen Worten um alternde, aus dem Zyklus herausgetretene Zellen handeln, die wiederum in volle Parallele zu den Elementen der distalen, dem Meristem sich unmittelbar anschließenden Streckungszone der Wurzel gestellt werden können. Es muß indessen beachtet werden, daß die Zellen der oberflächlichen (oder auch der oberflächlichsten) Lage der als Detektor noch tauglichen Kultur in der Mehrzahl keinesfalls als echte Dauer- oder Ruheformen der Hefezellen angesprochen werden dürfen. Sie werden zu solchen erst in älteren (etwa 18—24 stündigen) Kulturen, die dementsprechend sowohl als Detektoren wie auch als Strahlungsquellen versagen[1].

Indem wir von der Annahme eines derartigen Gradienten in der Detektorkultur ausgehen, müssen wir vor allem im Auge behalten, daß sie gleichzeitig auch als Strahlungsquelle (Sender) in Betracht kommt und stehen dementsprechend vor einer zweifachen Aufgabe: das Zustandekommen sowohl der Ausstrahlung als des Vermögens, auf fremde Bestrahlung zu reagieren in möglichst erschöpfender Weise darzustellen.

Die Analyse des Eigenfeldes einer derartigen Kultur ist eine gemeinsame Vorbedingung für beide Hälften des Problems.

Zur Beurteilung der hier herrschenden Verhältnisse stehen uns folgende Erfahrungen zur Verfügung: 1. die Ausstrahlung des Detektors und 2. die Alteration der Hefekulturen durch völligen Lichtentzug.

Wir wollen zunächst von letzterem Tatsachenkomplex ausgehen.

Es konnte gezeigt werden (POTOZKY), daß die Vermehrungstätigkeit der Hefe (Saccharomyces ellipsoides) bei völligem Lichtentzug zwar fortdauert, aber an Intensität merklich einbüßt. Nach Analogie mit den flüssigen (Bierwürze-) Kulturen dürfen wir auch folgern, daß das Strahlungsvermögen der Keimzone auch bei Lichtabschluß nicht erlischt. Es dürfte indessen recht plausibel erscheinen, daß auch dessen Intensität unter diesen Verhältnissen abnimmt.

Die Rückwirkung dieses Tatbestandes auf das Gesamtverhalten der Dunkelkultur der Agarhefe ist, wie wir wissen, eine sehr eingreifende: ihr Detektorvermögen nimmt merkbar ab, ihr Ausstrah-

[1] Wir sahen aus den Versuchen von POTOZKY, daß sie auch als Sekundärstrahler nicht mehr reagieren.

lungsvermögen wird sogar unterschwellig[1]. Wir wissen aber andererseits, daß das Vermögen der Sekundärstrahlung (wenn auch möglicherweise in geschwächter Form) dabei erhalten bleibt (vgl. S. 270ff.) und daß die Ausstrahlung aus der Hefeagarkultur überhaupt eine solche sekundärer Art ist. Das Erlahmen der Ausstrahlung einer Dunkelkultur läßt sich demnach am einfachsten erklären, indem man die Strahlungsverhältnisse innerhalb derselben etwa folgendermaßen verteilt.

Die Primärstrahler der tiefsten Lagen (namentlich der Keimzone) regen sowohl zur Teilung als auch zur Sekundärstrahlung die Elemente der mittleren Zellagen an, diese wiederum diejenigen der oberflächlichen Lagen, wobei der Satz bestehen bleibt, daß der Prozentsatz der teilungsfähigen Zellen gegen die Oberfläche zu ständig abnimmt und die oberflächlichen Lagen im wesentlichen nur noch aus Sekundärstrahlern bestehen.

Sinkt nun (was empirisch nachgewiesen ist) die Vermehrungsintensität der Keimzone und gilt die Annahme, daß auch deren Strahlungsvermögen entsprechend abnimmt, so ist die Rückwirkung auf das Verhalten der oberflächlichen Lagen bzw. auf die Einbuße des Ausstrahlungsvermögens evident. Wir können schon auf Grund dieser Überlegungen ein befriedigendes Gesamtbild des Eigenfeldes einer unbeeinflußten Agarkultur entwerfen. Es muß indessen noch weiter ausgebaut werden, indem wir nicht nur die allein nach außen gerichtete (die Ausstrahlung aus der Oberfläche bedingende), sondern auch die resultierende reziproke Komponente berücksichtigen. Abgesehen davon, daß, wie wir sahen, die zur Teilung angeregten Zellen mitogenetisch „aufleuchten", muß die Erregung der Sekundärstrahler entschieden eine Rückwirkung auf das Innenfeld selbst ausüben, da es ja selbstverständlich ist, daß die resultierende Sekundärstrahlung sich allseitig ausbreitet und folglich die Ausstrahlung nach außen nur einen Teil der gesamten Sekundärstrahlung der Kultur ausmacht. Wenn wir unter diesem Gesichtspunkte das Regime der *mittleren* Zellagen der Kultur zu konstruieren versuchen, so entstünde etwa folgendes Gesamtbild. Das Strahlungsfeld setzt sich hier aus folgenden Komponenten zusammen: 1. aus dem Aufleuchten der hier noch sicher vertretenen „Spontanstrahler" (vollwertiger, aus innerem Antrieb sich ver-

[1] Es wurde sogar dasselbe auf Grund der ersten Versuchsserie vollständig geleugnet (POTOZKY).

mehrender Zellen); 2. Bestrahlung aus den tieferen Schichten (der Keimzone); 3. Sekundärstrahlung, die sowohl den eingestreuten Sekundärstrahlern der mittleren Lagen selbst, als namentlich denjenigen der oberflächlichen Lagen der Kultur entstammt. Diese Sekundärstrahlung ist, wie wir sahen, eine Antwortsreaktion der Sekundärstrahler, die durch benachbarte Zellen verschiedener Art — sowohl Primärstrahler als andere Sekundärstrahler — angeregt wurden.

Für eine weitere Einsicht in die Struktur des Innenfeldes ist natürlich die örtliche Verteilung der Intensitäten von maßgebender Bedeutung, und hier kommt in erster Linie die Frage nach der Intensität der Sekundärstrahlung in Betracht. Sie muß daher in besonders genauer Weise behandelt werden.

2. Die Intensität der Sekundärstrahlung.

Es wurde schon mehrmals auf Grund der Erfahrungen über Sekundärstrahlung der Zwiebelwurzeln darauf hingewiesen, daß ihre Intensität, soweit sie nach dem Zeitschwellenwert beurteilt werden kann, eine recht große sein muß. Es muß dabei nicht so das Globalergebnis, als hauptsächlich der Umstand in Betracht gezogen werden, daß die Sekundärstrahler innerhalb des reagierenden Gewebes (sei es Streckungszone oder Meristem) nur relativ spärlich verteilt sein dürften und daher dem relativ starken Gesamteffekt sehr intensive Elementarherde zugrunde liegen müssen. Ein Urteil über entsprechende Verhältnisse der Hefeagarkultur kann nur auf einem Wege gewonnen werden, den wir jetzt einschlagen wollen. Es muß jedoch ein wichtiger Umstand vorweggenommen werden, der sich auf die Natur der Sekundärstrahler bezieht.

Es wurde ja von vornherein angenommen, daß der Sekundärstrahlung eine gewaltsame, der Zelle aufgezwungene Entladung der gespeicherten Energie, d. h. Zersetzung gewisser energieliefernder Stoffe, zugrunde liegt. Es kann wohl nicht bezweifelt werden, daß unter den in den Hefeagarkulturen obwaltenden Verhältnissen, die durch Sekundärstrahlung sich manifestierende Entladung einer Zelle nur einmalig sein kann und die erschöpfte Zelle für das Weitere nicht mehr in Betracht kommt. Es ist ja in der Tat nicht wohl daran zu denken, daß eine vom Nährsubstrat durch mehrere Lagen abgeschiedene Zelle neue energieliefernde Stoffe aufspeichern könnte, um so mehr, als sie durch Zuwachs der tieferen Schichten vom Nährsubstrat immer weiter abrücken muß.

Es versteht sich von selbst, daß diese Überlegung, die nur für Agarkulturen aufgestellt wird, am wenigsten verallgemeinert werden darf. Für dieses Objekt ist sie indessen von maßgebender Bedeutung, weil sie allein den Schlüssel zum Verständnisse des Weiteren gibt.

Da wir es mit etwa 10stündigen Kulturen als Detektoren (und auch als Strahlern) zu tun haben und eine mehrstündige ununterbrochene Sekundärstrahlung hinter ihnen liegt und das Strahlungsvermögen der Kultur nach weiteren 3—4 Stunden erlischt, muß unbedingt angenommen werden, daß, zumal in den obersten, d. h. ältesten Lagen, noch nicht „entladene" potentielle Sekundärstrahler nur in einer Minderzahl vertreten sind und dazwischen in der Mehrzahl sich Zellen vorfinden, die ihre Rolle schon ausgespielt hatten und zu einer aktiven Reaktion nicht mehr befähigt sind.

Diese Erwägung ist von maßgebender Bedeutung in so mancher Hinsicht. Sie läßt uns vor allem begreifen, wie trotz der im vorangehenden postulierten mannigfaltigen gegenseitigen Bestrahlung der Zellen innerhalb der Kultur letztere in ihrem Eigenfelde nicht „gesättigt" ist, d. h. die Feldintensität durch Fremdinduktion noch in förderlicher Weise gesteigert werden kann. Es müssen die Strahler (sowohl die Primär- als die Sekundärstrahler) relativ spärlich innerhalb der zeitweilig oder definitiv inerten Zellmasse vertreten sein, und es dürfte ein ganz häufiges Vorkommnis sein, daß ein von einer bestimmten Zelle ausgehendes mitogenetisches „Aufleuchten" durch die Umgebung absorbiert wird, ohne einen reaktionsfähigen Sekundärstrahler anzutreffen, der die Anregung weiter fortleiten könnte.

Indem wir diese Verhältnisse im Auge behalten, wollen wir uns die Zustände an der ausstrahlenden Oberfläche der Hefekultur vergegenwärtigen. Wir gehen dabei von der Erwägung aus, daß die meßbare Ausstrahlung nach außen uns einen gewissen Einblick in die entsprechenden Verhältnisse innerhalb der oberflächlichen Schichten der Kultur gewähren kann.

Wenn wir einen typischen Fall einer Mutoinduktion nehmen, wo zwei Hefeagarblöcke von je 1 qcm Oberfläche auf einer Entfernung von 1 cm voneinander aufgestellt wurden, so wollen wir in rein schematischer Weise auf Grund vorliegender Angaben von physikalischer Seite von einer Ausstrahlung von 1000 Quanten/qcm/sek. ausgehen, die auf die Detektoroberfläche entfallen. Diese Zahl (Intensität) wird nur einen Bruchteil der pro Zeiteinheit tatsächlich emittierten Strahlung aus der Oberfläche der Kultur ausmachen, wobei wir von folgenden elementaren Überlegungen ausgehen können. Es entladen sich pro Zeiteinheit N Sekundärstrahler der Oberfläche, die ihre Lichtquanten unterschiedslos nach allen Richtungen des Raumes aussenden. Statistisch betrachtet dürfte daher die Hälfte der Strahlung nach außen ausgestrahlt, die andere gegen die inneren Lagen der Kultur gerichtet sein bzw. zum Innenfelde derselben beitragen. Von der ausgestrahlten Quantenmenge wird nur ein Bruchteil vom Detektor aufgefangen, der sich zur ausgestrahlten Gesamtmenge unter den gegebenen Versuchsbedingungen wie etwa 1:6 verhält[1]. Die Gesamtausstrahlung wird demnach bei unserer schematischen Berechnung etwa 6000 Quanten/qcm/sek. betragen, und ebensoviel natürlich auch die „Einstrahlung" von der Oberfläche nach innen. Diese Größe wäre demnach der ungefähre Ausdruck des Beitrages der (von innen angeregten) Sekundärstrahlung der Außenschichten der Kultur zu ihrem Eigenfelde. Dieser Beitrag würde durch Fremdbestrahlung (gegebenenfalls durch Mutoinduktion) also etwa um $^1/_6$ gesteigert werden, und diese Steigerung wäre es, die den mitogenetischen Effekt ergibt.

Nun ist die folgende Frage zu erwägen: Stammen die 1000 Quanten von ebenso vielen Strahlern oder sendet jeder Strahler einen Quantenstrom aus?

Sollte ersteres zutreffen, so hätten wir wiederum verschiedene Eventualitäten zu berücksichtigen. Es wäre denkbar, daß jeder Strahler (Sekundärstrahler) im allgemeinen nur je ein Quant aussendet und folglich auf 1000 Strahler, deren Strahlung vom Detektor abgefangen wird, etwa 6000 entfallen, die nach innen strahlen. Es dürfte aber auch angenommen werden, daß jeder Strahler eine Mehrheit von Quanten aussendet, die sich nach den Wahrscheinlichkeitsgesetzen auf die Außen- und Innenstrahlung verteilen und daß folglich auch der nach außen entfallende Bruchteil derselben noch einen ansehnlichen Quantenstrom liefert.

[1] Die Wahrscheinlichkeit des Auftreffens eines ausgesandten Lichtquants auf die quadratische Oberfläche der Hefekultur ist proportional dem Verhältnisse der letzteren $= r^2$ zur Halbkugelfläche $= 2\pi r^2$.

Die Entscheidung in dieser wichtigen Frage ist nicht so aussichtslos, wie es auf den ersten Blick scheinen mag. Es lassen sich mehrere Tatsachen anführen, die mit der ersten Vorstellung — der Beschränkung der elementaren Sekundärstrahlung auf je ein Quant — absolut unverträglich erscheinen.

Es muß sich vielmehr ganz allgemein um einen Quantenstrom handeln. Wir wollen in der Beweisführung dieses wichtigen Satzes schrittweise vorgehen.

Als Ausgangspunkt wird uns dabei die im S. 253 ohne jede Deutung besprochene Erscheinung der „Entfernungscharakteristik“ dienen, die wir jetzt genauer vornehmen werden.

Wir wollen zunächst folgende einfache Betrachtung anstellen. Gesetzt, wir variieren die Abstände zwischen den beiden in Mutoinduktionsstellung befindlichen Agarblöcken proportional ihren Abmessungen, am einfachsten etwa so, daß Abstand und Kantenlänge der quadratischen Blöcke sich einander gleich bleiben, also bei 3 mm Abstand die Blöcke die Abmessung 3 × 3 mm, bei 10 mm diejenige von 10 × 10 mm usw. besitzen. Unter welchen Voraussetzungen dürfen wir hier einen Unterschied in der Verteilungsweise der Treffpunkte der Quanten auf den Detektoroberflächen erwarten?

Läßt man die Gesamtheit der in Betracht kommenden Quanten (z. B. 1000 pro Meter/Sekunde) von ebenso vielen Einzelstrahlern der Oberfläche der Strahlungsquelle kommen, so bliebe die Verteilung der Treffpunkte der Detektoroberfläche statistisch betrachtet die gleiche bei jeder der von uns gewählten Entfernungen. Die Sachlage wird indessen eine wesentlich andere, falls die Gesamtstrahlung auf eine Anzahl von Strahlern zurückgeht, die nur einen Bruchteil der ausgestrahlten Quanten bilden bzw. jeder von ihnen eine Mehrzahl von solchen aussendet. Die Verteilung der Treffpunkte über die Detektoroberfläche kann hier eine wesentlich gleichmäßige nur unter der Voraussetzung sein, daß der Abstand zwischen Strahlungsquelle und Detektoroberfläche ein Mehrfaches der mittleren Abstände zwischen den einzelnen leuchtenden Punkten, deren jeder einen divergenten Quantenstrom aussendet, beträgt. Kommen sich aber beide Parameter annähernd gleich, so wird die Verteilung der Treffpunkte auf der Detektoroberfläche zu einem, allerdings verschwommenen, Abbild derjenigen der leuchtenden Punkte der Strahlungsquelle. Es wird demnach zu einer Anzahl lokaler Maxima, d. h. dichtesten Verteilung der Treffpunkte der Quanten mit dazwischenliegenden Minima kommen.

Es folgt aus dieser einfachen Überlegung, daß bei der fingierten Versuchsanordnung eine Verschiedenheit des Induktionseffektes je nach dem Abstande zwischen den Agarblöcken bei ersterer Eventualität, d. h. Aussenden von einzelnen Quanten aus ebenso vielen diskreten Punkten des Senders, nicht erwartet werden darf, da eine statistische Übereinstimmung sowohl in der Anzahl der Treffpunkte (Intensität der Strahlung) als in der Verteilungsweise (statistische Gleichmäßigkeit derselben) herrschen muß. Sollte indessen der Versuch ergeben, daß der Induktionseffekt verschieden, je nach der gewählten Entfernung zwischen den Blöcken, ausfällt, so könnte, unter Ausschluß sonstiger Möglichkeiten (wie etwa Einfluß der Luftschicht usw.) nur daran gedacht werden, daß die Verteilungsweise der Treffpunkte als Funktion von der Entfernung variiert und daß sie von Belang ist.

Von dieser einfachen Erwägung ausgehend, wurden, wie bereits S. 253—254 mitgeteilt, mit Hefeagarkulturen gleicher Provenienz (d.h. aus einer Schale) je drei Versuche mit Mutoinduktion aufgestellt. Quadratische Blöcke von 40 mm, 10 mm und 3 mm Kantenlänge wurden in gegenseitigen Entfernungen von bzw. 40 mm, 10 mm und 3 mm, also unter präsumptiv gleichen Belichtungsverhältnissen, aufgestellt.

Tabelle 214. Mutoinduktion mit Hefeagarblöcken verschiedener Größen und auf verschiedene Abstände.

Größe Abstand	40 × 40 mm 40 mm	10 × 10 mm 10 mm	6 × 6 mm 6 mm	3 × 3 mm 3 mm
	Induktionseffekt in %			
1	3	14	22	60
2	3	—	—	45
3	−1	—	—	30
4	3	—	—	30

(In den Versuchen mit 6×6 bzw. 3×3 mm wurden relativ große Blöcke genommen, von deren Oberfläche der Agarbelag bis auf die kleine quadratische Facette abgeschabt wurde.)

Die Versuchsergebnisse waren unter diesen Verhältnissen stets folgende: Nulleffekte bei 40 mm Abstand, schwache positive Effekte bei 10 mm und gute Effekte bei 3 mm Abstand. Es sieht mit anderen Worten so aus, als ob die Reichweite der Hefestrahlung auf eine bestimmte Grenze angewiesen wäre, die nicht überschritten werden kann, eine Schlußfolgerung, die physikalisch jedenfalls sonderbar erscheinen muß und auch tatsächlich nicht zutrifft. Es läßt sich nämlich bei einer modifizierten Art der Mutoinduktion ein deutlich positiver Effekt noch bei 150 mm Entfernung erreichen (Intermittenz der Reizgabe, vgl. S. 260).

Warum bei statistisch gleichmäßiger Verteilung der Treffpunkte ein nachweisbarer Effekt ausbleibt und steile lokale Gradiente förderlich sind, kann erst im weiteren diskutiert werden. Wichtig ist für uns an dieser Stelle nur das eine — daß grundlegende Differenzen zwischen beiden Stellungen offenbar bestehen und daß diese wiederum wohl nur mit der Annahme verträglich sind, daß jeder leuchtende Punkt der Senderoberfläche eine Mehrzahl von Quanten aussendet. Da das Optimum der Induktionswirkung für die Agarhefe bei etwa 3 mm Abstand zu liegen scheint, dürfte schon die Annahme von etwa 100 Strahlern (wobei etwa 10 Quanten pro Strahler entfallen) ausreichend sein, da es sich dabei um einen mittleren Abstand von etwa 1,0 mm zwischen ihnen gehandelt hätte.

Ein weiterer, weit überzeugenderer Hinweis auf die bedeutende Mächtigkeit der elementaren (d. h. von je einer Zelle stammenden) Sekundärstrahlung ist in den Erscheinungen der Ausbreitung des mitogenetischen Effektes über die Grenzen der unmittelbaren Ausstrahlung hinaus enthalten, die wir schon in einem der vorangehenden Kapitel studierten (S. 293).

Die Tatsache, daß diese Ausbreitung zunächst sogar mit bedeutender Intensitätszunahme des Effektes einhergeht und in ihrer Ausdehnung, wenn überhaupt, so jedenfalls nur in sehr unbedeutendem Maße von der Größe der unmittelbar belichteten Fläche abhängt, gibt einen besonders überzeugenden Beweis dafür, daß die Gesamtcharakteristik (Intensität und Ausdehnung) des Induktionseffektes in weit geringerem Maße mit dem Gesamtbetrage der dem Detektor von außen zugeführten Energie, als der Entbindung der Energie innerhalb des Detektors selbst, auf dem Wege der Sekundärbestrahlung zusammenhängt. Eine derartige Mächtigkeit der Sekundärstrahlung ist indessen nur mit der Annahme verträglich, daß jeder elementare Sekundärstrahler eine größere Quantenladung entbindet. Es wäre anderenfalls das bedeutende und konstante Inkrement des Effektes innerhalb der abgeschirmten Zone schlechterdings unerklärlich. Die Schlußfolgerung, daß der angeregte Sekundärstrahler durch Emission einer Mehrzahl von Quanten reagiert, drängt sich auch aus der Erwägung auf, daß die Sekundärstrahler nur spärlich auf der Detektoroberfläche verteilt sein müssen und es daher bei der Gesamtreizmenge von ein paar Tausend Quanten (bei Fraktionierung) nur wenige „Treffer“ sein können. Der Wirkungsbereich jedes angeregten Sekundärstrahlers kann daher nicht gering sein. Es muß sich um eine ansehnliche emittierte Quantenmenge handeln.

b) Die Anregung der Zellen als Funktion des Feldzustandes.

1. Die Beeinflussung der Mikrostruktur des Feldes (die Ausgleichs- und Erregungskomponente der Anregung).

Das mitogenetische „Aufleuchten“, welches wir jeder Zelle im Laufe ihres Vermehrungszyklus zuschreiben und vermutungsweise von kurzer Dauer sein lassen und die durch dasselbe angeregte Sekundärstrahlung liefern die beiden Komponenten, die das Regime des mitogenetischen Eigenfeldes des Detektors bilden. Die Vorstellung über die allgemeine Architektonik des Feldes, die wir uns im vorangehenden bildeten, muß jetzt durch eine entsprechende Analyse seiner Mikrostruktur vervollständigt werden. Daß lokale Gradienten der Feldintensität für das Zustandekommen der mitogenetischen Anregung von maßgebender Bedeutung sein dürften, wird erst aus dem Weiteren ersichtlich. Es gilt zunächst den Nachweis zu erbringen, daß solche Mikrogradienten tatsächlich bestehen und daher von einer *Mikrostruktur* des Feldes gesprochen werden darf.

Es ist naheliegend, daß ein Aufschluß über die innere Mikrostruktur des Feldes nur durch seine experimentelle Beeinflussung gewonnen werden kann.

Sofern wir von Hefeagarkulturen ausgehen, können als das eigentliche „Reizperzeptionsorgan“ der Kultur als Ganzes nur die oberflächlichsten Zellagen in Betracht kommen, die, wie wir sahen, an reaktionsfähigen Zellen nur Sekundärstrahler enthalten dürften. Die Reizempfindlichkeit der Detektorkultur wird demnach nur durch die Zahl (und Verfassung) ihrer oberflächlichen Sekundärstrahler bestimmt.

Wie gering deren Vorrat ist und wie bald er erschöpft wird, zeigen die bereits vorhin erwähnten Erfahrungen mit Erschöpfung des Strahlungsvermögens der Hefeagarkultur durch etwa 10 Minuten lange biologische Bestrahlung. Auch das Alter der Kultur ist für ihr Reizperzeptionsvermögen maßgebend. Die oberflächliche Schicht von etwa 24stündigen Kulturen hat schon ihr Vermögen zur Sekundärstrahlung eingebüßt, was sich experimentell erweisen ließ, und gleichzeitig ist auch ihre Empfänglichkeit für jede Bestrahlung von außen geschwunden.

Wenn wir die oberflächlichen Zellagen mit dem Reizperzeptionsorgan der Hefekultur vergleichen, so heben wir damit nur eine Seite des wirklichen Tatbestandes hervor. Das Bild wird erst vollständig, falls wir die Sekundärstrahler auch als Transformatoren oder Relais charakterisieren. Sie verdienen eine solche Bezeichnung, da sie, offenbar durch je *ein* Quant aufgenommener Energie, zur Aussendung einer größeren Quantenmenge angeregt werden. Die Energieentbindung innerhalb der von außen bestrahlten Kultur darf demnach nicht nach der Intensität der Strahlungsquelle allein, sondern und vor allem nach der Anzahl der zur Sekundärstrahlung tauglichen Zellen der oberflächlichen Lagen bewertet werden.

Der Satz, daß die Sekundärstrahler schon durch *ein* Quant der mitogenetischen Strahlung angeregt werden, drängt sich in der Tat bei Berücksichtigung der absoluten Intensität der wirksamen mitogenetischen Strahlung auf. Wenn wir von 1000 Quant/qcm/sek. ausgehen und die wirksame Gesamtdosis auf etwa 2—3 Minuten bewerten (was sogar für relativ schwache Quellen genügt), so hätten wir mit etwa 200000 Quanten Gesamtreizmenge zu rechnen, die auf die oberflächliche Zellage der Kultur verteilt werden. Da die Oberfläche einer Hefezelle auf höchstens 10 qμ bewertet werden kann und sie demnach einen 10^{-7} Teil der Oberfläche des Detektors bildet, ist die Wahrscheinlichkeit, daß eine und dieselbe Zelle von mehr als einem Quant getroffen wird, schon an sich gering ($= {}^1/_{50}$). Bei fraktionierter Reizgabe wird sie noch auf etwa ${}^1/_{50}$ des ursprünglichen Wertes heruntergebracht, beträgt demnach im ganzen etwa ${}^1/_{2500}$. Es muß demnach unbedingt damit gerechnet werden, daß die Anregung eines Sekundärstrahlers als *Norm* durch *ein* Quant erfolgt.

Es entsteht im Zusammenhang mit dieser Feststellung die Frage, wie tief der eigentliche Schwellenwert des mitogenetischen Reizes liegt. Streng genommen muß mit der Möglichkeit gerechnet werden, daß unter ideellen Verhältnissen schon *ein* Quant unter Umständen einen erkennbaren mitogenetischen Effekt bewirken könnte, da der tatsächlich registrierbare mitogenetische Effekt ja bloß eine Summe gleichwertiger elementarer (d. h. von je einem angeregten Sekundärstrahler ausgehender) Erregungen ist.

Eine Verwirklichung derartiger Versuchsbedingungen liegt indessen wohl außerhalb des technischen Möglichkeitsbereiches. Aber schon die tatsächlich benutzten Versuchsanordnungen arbeiten mit ganz spärlichen Quantenzahlen. Wenn man einen positiven Induktionseffekt bei Mutoinduktion von 1 qcm großen Hefeagarblöcken bei 1 Minute reiner Expositionszeit (bei fraktionierter Reizgabe) auf Entfernung von 15 cm erzielt, so kommen im ganzen etwa 300 Quanten zur Anwendung. Mit ähnlichen Quantenmengen haben wir es bei Induktion mit einzelnen Spektralstreifen *biologischer* Quellen zu tun. Eine Überschlagsrechnung möge hier durchgeführt werden.

Bei einem Kollimatorspalt von 0,2 mm Breite und etwa 10 mm Höhe, d. h. 2 qmm, entfallen auf das ganze Spektralgebiet, laut Grundannahme, 50 Quanten/sek. Die Gesamtbreite des glykolytischen Spektrums beträgt im Spektrograph 0,5 cm. Es kämen demnach bei Gebrauch des Monochromators von 1 mm Spaltbreite etwa 10 Quanten pro Sekunde zur Verwendung. Aber auch diese Zahl ist viel zu groß, da die Absorption der Strahlung durch die Quarzoptik usw. etwa ein Drittel der Intensität betragen dürfte. Die nötige Expositionszeit beträgt dabei 90 Sekunden, die Gesamtzahl der verwendeten Quanten also wiederum rund 500.

Diese Zahlen mögen genügen, um den Satz, daß die Sekundärstrahler schon durch je *ein* Quant angeregt werden können, in sicherer Weise zu begründen.

Ebenso sicher ist aber, daß die durch einen Quantenstoß aus einem Sekundärstrahler angeregte Strahlung von der Mächtigkeit von mehreren Quanten ist. Finden sich in der Nähe eines angeregten andere Sekundärstrahler vor, so wird eine bestimmte Anzahl von ihnen durch die vom ersteren stammenden Quanten angeregt.

Um jeden primär (d. h. von außen) angeregten Sekundärstrahler bildet sich eine allseitig fortschreitende Erregungswelle aus, deren Wirkungsbereich durch ihr Dekrement bestimmt wird. Wir können uns schematisch um jedes derartige Zentrum eine Anzahl konzentrischer Zonen denken, deren Sättigung mit Quanten peripherwärts abnimmt und allmählich ganz abklingt. Der ganze Erregungsbereich wird demnach durch ein bestimmtes Maß der Steilheit seines Gefälles gekennzeichnet. Werden zwei oder mehrere benachbarte Sekundärstrahler der Oberfläche gleichzeitig angeregt, so dürften sich die peripheren Bereiche der anstoßenden Erregungswellen leicht überlagern. Es kann mit anderen Worten unter diesen Umständen ein lokales Erregungsplateau ohne merkbares Gefälle zur Ausbildung kommen. Ist nun die statistische Verteilung der Treffpunkte der Quanten gleichmäßig und liegt der mittlere Abstand innerhalb der Reichweite der Elementarwellen, so führt die Bestrahlung zur allgemeinen Erhöhung des Feldniveaus mit gleichzeitiger Ausgleichstendenz.

Sind die Treffpunkte unregelmäßig verteilt bzw. gehäuft oder weit voneinander abstehend, so kommen Mikromaxima mit steilen Dekrementen und dazwischenliegenden lokalen Minima zustande.

Wir können diesen doppelten Sachverhalt so ausdrücken, daß wir von einer *Ausgleichs-* und einer *Erregungskomponente* des Feldes sprechen, wobei wir die Steigerung der Mikrogradiente mit letzterer Bezeichnung aus weiter zu besprechenden Gründen identifizieren. Das normale Regime eines (von außen unbeeinflußten) mitogenetischen Feldes muß demnach ein unaufhörliches Hin- und Herwogen, ein Auftauchen und Verstreichen lokaler Mikromaxima mit steilem Gefälle oder mehr oder weniger ausgedehntem Mikroplateau aufweisen.

Die Gesamtdauer einer elementaren Erregungswelle kann auf Grund vorangehender Erfahrungen auf etwa $^1/_{600}$ Sekunde geschätzt werden. Es besteht demnach eine nur geringe Wahrscheinlichkeit, daß mehrere Erregungsmaxima zeitlich zusammenfallen und um so weniger in direkte Nachbarschaft zueinander kommen. Die Möglichkeit einer Ausgleichskomponente erscheint demnach auf den ersten Blick nicht real. Es handelt sich indessen in Wirklichkeit um Überlagerung nicht der eigentlichen Erregungswellen, mit anderen Worten einer strengen Synchronie der Quantenstöße, sondern der durch dieselben gesetzten Erregungszustände in den betreffenden Zellen. Über die zeitlichen Verhältnisse dieser zur Zeit nicht genau präzisierbaren Abläufe und Zustände sind wir natürlich in voller Unkenntnis. Es bleibt mit anderen Worten gänzlich unbestimmt, wie groß der Zeitunterschied zwischen Entladung zweier benachbarter Sekundärstrahler noch sein muß, damit die durch dieselben gesetzten Erregungswellen sich physiologisch in den Zellen noch überlagern. Es muß vielmehr aus der Gesamtheit der Erfahrungen (Unwirksamkeit übermäßiger Intensitäten, Effektivität des Abstandes, der Fraktionierung usw.) gefolgert werden, daß eine derartige Überlagerung relativ leicht stattfindet, d. h. die zeitliche physiologische Abstimmung mit dem Ablaufsrhythmus der Erregungswelle nicht zusammenfällt, dieselbe vielmehr überdauert.

Diese Erwägungen sind von großer Wichtigkeit für die nachfolgenden Betrachtungen, da die Fragen des Zeitrhythmus hier maßgebend werden. Es wird indessen der Rhythmus der Erregungswellen, der sich unmittelbar berechnen ließe, durch einen nur mittelbar erschließbaren — denjenigen der Zellreaktion — ersetzt werden müssen.

Ebenso wie von einer Mikrostruktur des Feldes dürfen wir auch von vorübergehenden „elementaren" Feldern sprechen, indem wir darunter die momentane Feldintensität und Feldgradiente im Bereiche eines angeregten Sekundärstrahlers verstehen.

Denken wir jetzt an die in einem elementaren Erregungsfelde verteilten teilungsfähigen Zellen. Ist ein solches Elementarfeld wirklich isoliert, so besteht für jede innerhalb desselben befindliche Zelle ein merkbarer Feldgradient, der darin seinen Ausdruck findet, daß die Anwesenheit eines angeregten Sekundärstrahlers proximal von der Zelle[1] wahrscheinlicher als distalwärts von ihr sein wird. Stoßen zwei oder mehrere Erregungswellen mit ihren peripheren Bezirken aneinander, so hieße es mit anderen Worten, daß der lokale Gradient abgeschwächt bzw. zum Schwund gebracht wird und ein Auftreten von angeregten Sekundärstrahlern allseits einer teilungsfähigen Zelle gleich wahrscheinlich ist. Die im weiteren empirisch erhärtete Grundannahme lautet aber, wie wir bereits sahen, daß eine *einseitige Entladung eines benachbarten Sekundärstrahlers den adäquaten mitogenetischen Reiz für die teilungsfähigen Zellen abgibt. Ein allseitig die Zelle treffender Quantenstrom ist es aber keinesfalls.*

Jeder Umstand, der die lokalen Feldgradienten herabsetzt bzw. zum Schwund bringt, muß demnach laut Annahme dem Induktionseffekte entgegenarbeiten.

[1] Sc. dem Feldzentrum zu.

Es folgt daraus, daß eine statistisch gleichmäßige Verteilung der Treffpunkte der Quanten der Bestrahlung auf der Detektoroberfläche die ungünstigste Form der Bestrahlung ist. Übertrifft jedoch der mittlere Abstand der Treffpunkte den Ausbreitungsdurchmesser der Elementarwellen, so wird naturgemäß die nachteilige Wirkung dieser Verteilungsweise zum Schwund gebracht.

Es muß aber jetzt geprüft werden, unter welchen Umständen die Ausgleichskomponente der Verteilung der Treffpunkte so weit überhandnehmen kann, daß bei genügender Intensität der Bestrahlung jeder Induktionseffekt ausbleibt. Wir sahen ja derartige Verhältnisse bei Mutoinduktion der Agarhefe auf großen, der Oberfläche der Kulturen entsprechenden Entfernungen auftreten. Es ist ohne weiteres einzusehen, daß auch bei völligem statistischen Ausgleich des allgemeinen Feldniveaus Mikroinhomogenitäten nie fehlen dürften, da sie ja aus der Quantenauffassung der Strahlung entspringen. Ist die gleichzeitige Bestrahlung einer teilungsfähigen Zelle von allen Seiten her auch *gleich wahrscheinlich*, so werden ja die Zellen realiter in der Mehrzahl der Fälle von nur *einer* Seite, d. h. von einem angeregten benachbarten Sekundärstrahler, angestrahlt. Es müßten daher streng genommen auch innerhalb eines maximal und gleichmäßig gesättigten Feldes lokale Bedingungen zur Induktion stets gewahrt bleiben, obwohl die Wahrscheinlichkeit günstiger Konstellationen immer mehr abnehmen dürfte.

Eine eventuelle Erfolglosigkeit einer Bestrahlung von an sich adäquater Intensität kann jedoch in verschiedenen Umständen ihre Erklärung finden.

Es handelt sich für uns nun darum, die Bedingungen abzuleiten, unter denen der Effekt einer Bestrahlung, statistisch betrachtet, auf Null reduziert werden kann. Wir wissen bereits, daß dies bei Prävalieren der Ausgleichskomponente der Erregung der Fall sein kann, die etwa so gedacht werden kann, daß statistisch ebenso viele neue Zellen zur Teilung auf dem Wege der Bestrahlung angeregt (Bildung der Mikromaxima), als auf dem gleichen Wege durch Entstehung von Mikroplateaus von der sonst normalen Teilung abgehalten werden. Wir wollen dieses antagonistische Verhältnis mit dem Symbol E/A (Erregungskomponente/Ausgleichskomponente) bezeichnen und den Wert $= 1$ als Ausdruck des Nulleffektes, > 1 als positiven, < 1 als negativen Induktionseffekt (Depression) betrachten.

Der E/A-Wert ist Funktion von mehreren Variablen, die sowohl mit dem Zustande des Detektors als mit den Parametern der Bestrahlung zusammenhängen.

Wir nehmen einen (natürlich fiktiven) Standardzustand der Detektorkultur mit einer typischen Verteilung bzw. prozentualem Verhältnisse der Sekundärstrahler und der teilungsfähigen Zellen, mithin auch mit einem für stets nur kurze Zeit stationären (d. h. um einen konstanten Mittelwert fluktuierenden) Eigenfelde. Diesem Standardzustande wird auch ein Durchschnittswert des Ausbreitungsdurchmessers der von einem angeregten Sekundärstrahler ausgehenden elementaren Erregungswelle entsprechen, da er vor allem Funktion der Dichte der noch nicht verbrauchten Sekundärstrahler bzw. teilungsfähigen Zellen ist[1].

Nach Maßgabe der Bestrahlung des Detektors bzw. des allmählichen Verbrauches an Sekundärstrahlern wird natürlich auch der Ausbreitungsbereich einer elementaren Erregungswelle sinken, da ja in der Nachbarschaft jedes angeregten Sekundärstrahlers weniger reaktionsfähige Zellen als vorhin vertreten sein werden und daher das Dekrement an Steilheit zunehmen wird.

Wir wissen bereits, daß der Ausbreitungsdurchmesser der Erregungswelle und das E/A-Verhältnis in einem reziproken Verhältnisse stehen, da die Ausgleichskomponente naturgemäß gleichsinnig mit dem Anwachsen des Ausbreitungsareals einer Erregungswelle zunimmt und es folglich leichter zum Überschneiden benachbarter Wellen bzw. zur Ausbildung eines Plateaus kommt.

Sofern die übrigen Parameter des Detektors konstant bleiben, oder richtiger, falls die übrigen Bedingungen desselben im Laufe der Bestrahlung konstant bleiben könnten, wäre das E/A-Verhältnis einer frischen, nichtbestrahlten Standartkultur am ungünstigsten. Es hieße dies mit anderen Worten, daß die Bestrahlung während der ersten Momente der Bestrahlung stets am unwirksamsten ist.

Die übrigen Bedingungen des Detektors bleiben indessen nicht konstant und können es auch der Natur der Sache nach gar nicht sein: denn Hand in Hand mit dem Verbrauche der Sekundärstrah-

[1] Da ja die Ausbreitung der Anregung natürlich damit zusammenhängt, daß durch den vom primär angeregten Sekundärstrahler ausgehenden Quantenstrom eine Anzahl benachbarter Sekundärstrahler sekundär usw. angeregt werden.

ler der Detektorkultur sinkt auch die Wahrscheinlichkeit eines „Treffers", d. h. des Aufprallens eines Quants der Außenstrahlung auf eine reaktionsfähige Zelle. Die Ausnützung einer Bestrahlung von durchschnittlich gleichbleibender Intensität muß aus diesem Grunde mit der Zeit abnehmen. Der durch Abzählung der Sprossen registrierbare Induktionseffekt ist in letzter Instanz, wie jede statistische Aussage, der Ausdruck der Verteilung einer Anzahl von Wahrscheinlichkeiten. Wir sehen aus dem vorangehenden, daß diese Verteilung eine sehr komplizierte Funktion einer Mehrzahl von mitbestimmenden, in ihrer Wirkung sich überkreuzenden variablen Faktoren ist, ohne in der Lage zu sein, die Tragweite oder das Gewicht jedes derselben aus allgemeinen Überlegungen abzuleiten.

Es läßt sich mit anderen Worten nicht sagen, ob und unter welchen Bedingungen das E/A-Inkrement im Verlaufe der Exposition über das „Treffer"-Dekrement überhandnehmen wird oder ob nicht vielmehr dieses Doppelverhältnis ins Umgekehrte umschlagen wird. Es liegt hier ein Fall vor, der zur Gruppe der von Volterra analysierten Funktionen gehört, die er auf das Selektionsproblem anwendete: ist eine Erscheinung (f) mehrerer Variabler, die in ihrer Wirkung antagonistisch sind, so kann sie unter Umständen bei stetiger monotoner Änderung der Variablen, eine periodische Form annehmen.

Es liegen demnach in unserer Konstruktion die allerverschiedensten Möglichkeiten vor.

Wie die eine oder andere Kombination ausfällt, kann nur das Experiment entscheiden, und es hat sich sicherlich glücklich gefügt, daß experimentelle Möglichkeiten in Fülle vorliegen. Wir sahen im speziellen in den Versuchen Salkinds (S. 220, Tab. 158) die von Volterra theoretisch abgeleitete Periodizität des Effektes deutlich angedeutet[1] und können darin eine schöne Bestätigung unserer Ableitungen erblicken. Die faktischen Ergebnisse sind uns bereits zum größten Teil aus der vorangehenden Darstellung bekannt. Sie stehen allerdings in einem eigenartigen Verhältnisse zueinander.

Die Erfahrungen über Sekundärstrahlung und Ausbreitung des mitogenetischen Effektes gaben uns Mittel in die Hand, die grundlegenden Vorstellungen über die Feldarchitektur und das E/A-Verhältnis aufzubauen. Es tauchten auf Grund derselben neue Frage-

[1] *Anmerkung bei der Revision.* Es ist inzwischen Salkind gelungen, bei 12—14 Min. eine 3. Periode (Pluseffekt) nachzuweisen.

stellungen und experimentelle Möglichkeiten auf, die sich auf die Modifikationen der Darreichungsweise der Bestrahlung beziehen. Als solche kamen Fraktionierung, Einschleichen und steile Steigerung der Intensität in Betracht. Es ist dabei zu beachten, daß die vorhin erwähnten allgemeinen Grundlagen der Feldarchitektur uns keine Mittel in die Hand geben, die Effekte dieser verschiedenen Eingriffe vorauszusehen, da sie wesentlich von den respektiven Gewichten der antagonistischen eingreifenden Faktoren abhängen. Das Verhältnis ist vielmehr ein umgekehrtes: aus dem einen oder anderen Ausgange der betreffenden Eingriffe werden sich wohl bindende Schlüsse über diese bis dahin unbestimmten Größen ziehen lassen.

Ehe wir unsere Betrachtung abschließen, muß noch ein Punkt Berücksichtigung finden.

Unsere Ausführungen über die Mikrostruktur des Feldes und die Prämissen des Zustandekommens der mitogenetischen Erregung sind nur den Verhältnissen der biologischen Quellen angepaßt und stehen im grellen Widerspruch zu dem bei Bestrahlung mit physikalischen Strahlungsquellen herrschenden Tatbestand. Wenn man hier sogar von mäßigen Intensitäten der Spektralstreifen ausgeht, so sind sie jedenfalls millionenmal höher, als diejenigen der stärksten biologischen Quellen. Der dichte Quantenstrom, der hier die Detektoroberfläche überflutet, muß wohl unbedingt alle Sekundärstrahler in kürzesten Zeitintervallen treffen. Die Ausgleichskomopnente müßte dabei gewissermaßen ad maximum gestiegen sein und daher jede Möglichkeit des Zustandekommens des mitogenetischen Effektes, sofern unsere Grundauffassung zutreffen sollte, abgeschnitten werden. Wir wissen aber, daß mittlere spektrale Intensitäten von physikalischen Quellen zu typischen mitogenetischen Erfolgen führen und die Zeitschwellenwerte nicht wesentlich von denjenigen der biologischen Strahlungsquellen differieren. Der Widerspruch erscheint hier ganz offensichtlich, es läßt sich indessen zeigen, daß die im vorangehenden aufgestellten Grundprinzipien des Zustandekommens des mitogenetischen Effektes auch hier standhalten.

Es wurde bereits ausgeführt, daß für das Zustandekommen des Effektes das resultierende Gesamtfeld des Detektors maßgebend ist, und daß es ganz wesentlich durch das Regime der Sekundärstrahlung bedingt wird.

Nun ist jetzt ein weiterer grundlegender Umstand zu beachten: die Bestrahlung von außen kommt in unmittelbare Beziehung nur zur alleroberflächlichsten Lage der Detektoroberfläche, da der Absorptionskoeffizient für kurze ultraviolette Strahlen sowohl seitens der Hefezellen selbst (sofern es auf Agarkulturen ankommt) als der Bierwürze ein ganz außerordentlich hoher ist. Handelt es sich um Intensitäten, wie sie von biologischen Quellen geliefert werden, so dürfte nicht ernstlich daran gedacht werden, daß von dem spärlichen Quantenstrom noch ein nennenswerter Bestandteil tiefer als bis zur ersten Lage der Detektorzellen durchtrete. Die Wirkung der Bestrahlung wird mit anderen Worten, wie schon mehrmals ausgeführt, ausschließlich durch die Sekundärstrahler der oberflächlichsten Lage vermittelt.

Haben wir es dagegen mit der unvergleichlich höheren Mächtigkeit der physikalischen Quellen zu tun, so dürfte sich das Verhältnis folgendermaßen gestalten:

Sämtliche Zellen der oberflächlichsten Lagen verfallen in kürzester Zeit einem Regime, über dessen mitogenetische Wirksamkeit uns jede Kenntnis fehlt. Ob sie von dem dichten Quantenstrom völlig unbeeinflußt bleiben, oder ob sie direkt geschädigt werden usw., dürfte unschwer auf experimentellem Wege entscheidbar sein. Die enorme Absorption der Strahlung durch die oberflächlichen Zellagen (bzw. durch die Bierwürze) wird es sicherlich mit sich bringen, daß in einer Tiefe von etwa von Bruchteilen von Millimetern die Intensität der physikalischen Strahlungsquelle bereits von der Größenordnung der biologischen Quellen wird: es dürfte sich demnach mit anderen Worten irgendwo in der Tiefe der Detektorkultur die gleiche Bestrahlung abspielen, die bei biologischen Intensitäten an der Oberfläche des Detektors stattfindet. Unsere Konstruktion des Zustandekommens der Erregung bliebe dabei bewahrt.

Neuere Versuche von SALKIND bringen eine experimentelle Stütze für diese Auffassung. Flüssige (Bierwürze) Hefekulturen werden der Anstrahlung mit mittelstarken spektralen Intensitäten (Kohlenbogen) ausgesetzt, und zwar in Schichten von etwa 3 mm, $^1/_2$ mm und schließlich in einer solchen von etwa einem Zelldurchmesser. Letzteres wird einfach dadurch erreicht, daß ein Tropfen der Hefesuspension zwischen zwei Quarzplatten zusammengepreßt wird, worauf er der Bestrahlung ausgesetzt wird. Bei gleicher Expositionszeit waren die Ergebnisse regelmäßig folgende: positive Induktionseffekte noch in einer Schicht von 0,5 mm, glatte Nulleffekte in der dünnsten Schicht. Durch Kontrollversuche mit biologischen Strahlungsquellen konnte man sich dabei überzeugen, daß die Ausbreitung des Tropfens zwischen zwei Quarzplatten die Induktionsmöglichkeit keinesfalls an sich beeinträchtigt[1].

Es läßt sich daraus folgern, daß ein sehr dünner oberflächlicher Film bei spektraler Bestrahlung tatsächlich ohne mitogenetischen Effekt bleibt, und letzterer eine bedeutende Abschwächung durch vorangehende Absorption zur Voraussetzung hat. Eine adäquate Abschwächung ist bei unseren Versuchsbedingungen indessen nur bei mittleren Intensitäten des Spektrallichtes möglich. Wir sahen bereits, daß bei maximaler erreichbarer Intensität jeder Effekt bei beliebiger Bestrahlungszeit ausbleibt.

2. Der Zeitfaktor der Induktion.

Bevor wir weiter gehen, müssen wir klare Vorstellungen über die Bedeutung des Zeitfaktors der Induktion im Lichte der von uns im vorangehenden entwickelten Vorstellungen bilden. Wir wissen bereits, daß in der Beziehung $E = J \cdot T$ (Effekt = Intensität mal Zeit) eine Konstanz der linken Seite des Ausdrucks bei einer solchen der rechten nur innerhalb enger Grenzen und bei Spezialfällen gilt, daß es mit anderen Worten durchaus nicht belanglos ist, in welcher Zeitabfolge die Quanten der mitogenetischen Strahlung verabreicht werden.

Auf Grund unserer vorangehenden Konstruktion können wir die Bedeutung der Zeitverhältnisse mit der Existenz zweier antagonistischer, bei jeder Bestrahlung des Feldes auftretender Tendenzen — der Ausgleichs- und der Erregungskomponente — in Beziehung bringen.

Ist die Verabreichung der Bestrahlung zeitlich und räumlich derart bemessen, daß die Ausgleichstendenz, d. h. die Ausbildung lokaler oder auch ausgedehnterer Plateaus auf ein Minimum reduziert ist, so ist die Ausbeute natürlich an sich optimal. Handelt es sich darum, während des Zeitintervalls T, N Quanten zu verabreichen, so würde man zu scheinbar optimalen Verhältnissen ge-

[1] Es versteht sich von selbst, daß unmittelbar nach der, einige Sekunden währenden Bestrahlung der Tropfen in eine mäßige Menge frischer Bierwürze gebracht und der Weiterzucht überlassen wird.

langen, indem man die einzelnen Quanten entweder nacheinander, nicht simultan, oder letzterenfalls möglichst weit voneinander die Detektoroberfläche treffen läßt. Man wird jedoch bei einer derartigen Darreichungsweise dasjenige, was man an Quantenzahl spart, zum Teil an Zeit verlieren, also wiederum den Zeitschwellenwert in die Höhe schrauben.

Man wird demnach bei der üblichen Anordnungsweise der Versuche, wo die Detektoroberfläche relativ zum präsumierten Ausbreitungsareal der elementaren Erregungswelle (eines angeregten Sekundärstrahlers) groß ist, einer Darreichungsweise den Vorzug geben, bei der so viel Quanten die Detektoroberfläche simultan treffen, als es noch ohne merkliches Auftauchen der Ausgleichskomponente möglich ist. Von der zeitlich-räumlichen Darreichungsweise einer bestimmten Quelle hängt auch offenbar deren Steilheitscharakteristik ab (vgl. S. 249ff.). Falls die Ausgleichskomponente keine merkbare Größe erreicht, wird jeder angeregte Sekundärstrahler eine nützliche Verwendung finden bzw. eine wirksame Erregungswelle (Mikromaximum) um sich bilden. Werden die benachbarten Erregungsmaxima sich im allgemeinen nicht überkreuzen (d. h. mit richtigem Zeitintervall aufeinander folgen), so werden sich die Effekte bis zu einem gewissen Grade summieren, d. h. die Induktionshöhe als Funktion der Expositionsdauer ansteigen. Wir können uns auf Grund dieser Vorstellung die bereits im Kap. X erwähnte Tatsache erklären, daß die höchsten Induktionseffekte gerade mit Quellen mit relativ hohen Zeitschwellenwerten erreicht werden. Wird die Detektoroberfläche von einer übermäßig großen Quantenzahl simultan getroffen, so werden alle (oder die meisten) der überhaupt verfügbaren Sekundärstrahler in kurzer Zeit, aber mit relativ geringem Nutzwert, verbraucht, da bei simultaner Anregung benachbarter Sekundärstrahler an mehreren Orten die Ausgleichskomponente (örtliches Plateau) vorwiegen wird.

Von diesen Erwägungen ausgehend, gelangen wir zu einer Konsequenz von grundlegender Bedeutung für das Nachfolgende: Das mitogenetische Feld des Detektors darf während der Bestrahlung keinesfalls als konstant (genauer: als um einen konstanten Mittelwert fluktuierend) aufgefaßt werden. Seine momentane Beschaffenheit ist vielmehr ceteris paribus eine Funktion der Bestrahlungsdauer, und zwar eine solche von sehr komplizierter und möglicherweise für jede Quelle eigener Gesetzlichkeit. Die grundlegende, den momentanen Zustand mitbestimmende Variable ist, wie sich aus dem vorangehenden ergibt, die Anzahl der verbrauchten und noch verfügbaren Sekundärstrahler.

Die auf den ersten Blick so einleuchtende Vorstellung, daß der registrierte, auf einer enormen Anzahl von Einzeltreffern beruhende Induktionseffekt einfach durch Addition lauter gleichwertiger Elementareffekte entsteht, trifft, wie wir gleich sehen werden, keinesfalls zu. Es ergibt sich mit anderen Worten, daß es echte unterschwellige Reizmengen gibt, was eigentlich auf Grund vorangehender Elementarbetrachtungen nicht zu erwarten wäre.

Der Sinn dieses wichtigen Satzes ergibt sich aus folgenden Überlegungen.

Da wir der Annahme nicht entgehen können, daß schon durch *ein* Quant ein Sekundärstrahler angeregt werden und folglich eine teilungsfördernde Erregungswelle entstehen kann, so dürfte auf den ersten Blick von einem unterschwelligen Reize nicht gut die Rede sein. Es muß indessen mehreres in Berücksichtigung gezogen werden: 1. daß das Auftreffen eines Quants auf einen reaktionsfähigen Sekundärstrahler nur ein statistisch mit einem bestimmten Wahrscheinlichkeitsgrad behaftetes Ereignis ist (und die Wahrscheinlichkeit wiederum von dem Zustande bzw. der Vorgeschichte der Detektorkultur abhängt); 2. daß eine von dem angeregten Strahler ausgehende Erregungswelle aus den gleichen Gründen auch ergebnislos ablaufen kann; 3. daß eine solche Erregungswelle sich unter Umständen autochthonen Erregungswellen des Eigenfeldes derart überlagern kann, daß eine örtliche Ausgleichskomponente überhand nimmt.

Es sind mit anderen Worten drei verschiedene Ausgänge des Auftreffens eines Quants auf die Detektoroberfläche denkbar: 1. wirklicher Nulleffekt, 2. positiver Effekt (Ausbildung einer örtlichen Erregungskomponente) und 3. negativer Effekt (Verhinderung einer sonst fälligen Teilung, Ausbildung einer Ausgleichskomponente). Summarisch (statistisch) ist demnach das Fehlen jedes Induktionseffektes sehr wohl trotz einer an sich nicht unansehnlicher Reizmenge durchaus im Bereiche reeller Möglichkeit. Eine derartige Reizmenge würde dann tatsächlich phänomenologisch unterschwellig sein[1].

[1] Natürlich nur im Sinne des „mitogenetischen“ Effektes. Die Beschaffenheit, bzw. das Eigenfeld des Detektors kann natürlich nicht unbeeinflußt bleiben.

Für die Analyse der nachfolgenden Ergebnisse ist es nun von größter Wichtigkeit, die Beziehungen der Unterschwelligkeit zum Zeitfaktor klarzulegen. Wir wollen mit anderen Worten zusehen, welcher konkrete Sinn der üblichen Angabe eines Zeitschwellenwertes für eine bestimmte, als konstant aufgefaßte Strahlungsquelle zukommt. Soll es heißen, daß z. B. der Halbzeitwert einen nicht sicher diagnoszierbaren, weil zu niedrigen Induktionseffekt ergibt und letzterer folglich als Funktion der Expositionsdauer einigermaßen stetig anwächst, oder daß er mehr oder weniger unvermittelt in voller Intensität auftritt und gewissermaßen ein Stetigkeitsbruch vorliegt? Für Ermittelungen statistischer Art läßt sich eine strenge Entscheidung nur schwerlich treffen, es gewinnt aber auf Grund der vorliegenden, allerdings relativ spärlichen Daten den Anschein, als ob letztere Eventualität in der Mehrzahl der Fälle zutreffe, d. h. die Unterschwelligkeit des Effektes eine wirkliche sei. Aus dem reichhaltigen Protokollmaterial von BLACHER und HOLZMANN und BLACHER und BROMLEY können wir zahlreiche Serien entnehmen, wo bei sehr hohen Zeitschwellenwerten Halbzeitwerte gar keine nachweisbare Tendenz zur Induktion ergaben.

Tabelle 215. Induktionseffekt in Abhängigkeit von der Expositionsdauer.

Objekt	Versuchs-zahl	Induktionszeit in Min.	Induktionseffekt (Mittelwerte) in %
Keime von *Drosophila*	6	10	0,2
„ „ „	6	20	29,9
Drosophila-Puppen	6	5	2,3
„ „	6	10	17,0*
„ „	6	20	37,7*
(nach HOLZMANN)			
Flossengewebe von *Axolotl* in Resorption	3	10	−11
Flossengewebe von *Axolotl* in Resorption	3	18	32,9
Kiemen	3	10	3,3
„	3	18	34,8
„ anderes Stadium	6	18	17,1*
„ „ „	3	30	37,3
(nach BLACHER und HOLZMANN)			
Gewebe von *Hydra*	7	30	17,2*
„ „ „	12	40	23,7*
„ „ „	6	30	12,6*

Tabelle 215 (Fortsetzung).

Objekt	Versuchs-zahl	Induktionszeit in Min.	Induktionseffekt (Mittelwerte) in %
Gewebe von *Hydra*	6	40	27,2*
„ „ „	6	30	11,5*
„ „ „	4	40	31,5*
(nach BLACHER und SAMARAJEW)			
Schwanzgewebe von Kaulquappe	3	1	– 0,9
„ „ „	3	2	49,3
„ „ „	3	1/4	12,1*
„ „ „	3	1	32,6*
„ „ „	2	1/4	2,6
„ „ „	3	1	38,2
(nach BLACHER)			
Kaulquappe, Schwanzregenerat	4	2,5	– 0,9
„ „	3	5	41,9
„ „	4	10	– 3,5
„ „	3	20	33,3
„ „	5	10	4,5
„ „	12	20	35,4
„ „	3	2,5	7,9
„ „	4	5	41,2
„ „	3	5	5,4
„ „	3	10	45,0
„ „	2	10	– 5
„ „	2	20	30,1
„ „	3	10	2,3
„ „	3	20	30

Wenn wir das angeführte Zahlenmaterial sichten, so sehen wir in der überwiegenden Mehrzahl der Fälle (12 gegen 6) deutliche Nulleffekte bei Halbzeitschwellenwerten. In sechs Fällen ist der Sachverhalt allerdings ein anderer. Von diesen entfallen vier auf ein eigenartiges Objekt mit auffallend hohen Zeitschwellenwerten, es ist aber auch ein Objekt (Schwanzgewebe der Kaulquappe) mit einem sehr tiefen Wert von $^1/_4$ Minute darunter. Aus dieser zweiten, selteneren Kategorie können wir folgern, daß Andeutungen des Induktionseffektes, da, wo sie tatsächlich vorliegen, deutlich erkannt werden können, daß die Nulleffekte der ersten Kategorie demnach eine eindeutige Bewertung beanspruchen dürfen.

Es darf natürlich keinen Augenblick aus dem Zahlenmaterial gefolgert werden, daß der Induktionseffekt auch in diesen Fällen seine volle Höhe stets unvermittelt binnen eines sehr kurzen Zeitintervalls erreicht. Denn über die ganze Zeitspanne zwischen dem Halb- und dem Ganzzeitschwellenwert ist uns ja nichts bekannt.

Wichtig ist allein der Umstand, daß während einer beträchtlichen, den Halbzeitschwellenwert betragenden Zeitspanne die Induktion zu keinem Effekt führt.

Die Vorstellung, es könne sich bei zu kurzer Induktion von adäquater Intensität um echte Unterschwelligkeit handeln, ist sehr folgenschwer: sie widerspricht der denkbar einfachsten Vorstellung, daß der nachweisbare Effekt aus einer Summe von elementaren, als solchen mit unseren Mitteln nicht erkennbaren Effekten entsteht. Denn streng genommen dürfte bei unserer Auffassung des Zustandekommens der Induktion, wo bereits ein Quant einen Sekundärstrahler anregen kann, von unterschwelligen Reizwerten nur insofern die Rede sein, als die Wahrscheinlichkeit, daß *ein* verfügbares Quant gerade einen passenden Sekundärstrahler treffe, gering sei.

Auch gilt ja sicherlich der Satz, daß eine Zelle des Detektors (sei es Sekundärstrahler oder teilungsfähige Zelle) nur ausnahmsweise im Laufe der Induktion zweimal getroffen sein dürfte und folglich im Sinne der Elementargeschehnisse eine überschwellige Exposition nichts mehr als die Summe von mehreren unterschwelligen sein dürfte.

Um dem auf den ersten Blick ganz unbegreiflichen Tatbestande einigermaßen gerecht zu werden, müssen wir für einen Augenblick von dem rein zellulären Standpunkte absehen und die Feldverhältnisse in ihrer Gesamtheit überblicken.

Wenn wir uns Strahlungsquellen mit sehr ungünstiger zeitlich-räumlicher Verteilung der Qanten denken, so kann es durch Ausbildung fortgesetzter lokaler Plateaus, d. h. durch Vorwiegen der Ausgleichskomponente, zu einer unaufhörlichen Steigerung des allgemeinen Feldniveaus, ohne wesentliche Förderung (oder sogar unter Hemmung) lokaler Gradienten (Mikromaxima) kommen. Nach einem längeren Bestande eines derartigen Zustandes käme es infolge relativer Rarefikation der noch unverbrauchten Sekundärstrahler zur adäquateren Verteilung lokaler Erregungsherde bzw. Gradienten, die erst dann zu einem wirklichen Induktionseffekte, d. h. zur Förderung der Zellsprossung, führen müßte. Es müßte mit anderen Worten, wie paradox es auf den ersten Blick auch klingen mag, unter diesen Umständen eine gewisse (natürlich relativ verstandene) Erschöpfung des Detektors dem positiven Induktionseffekte vorangehen. Die aus den Protokollen der Tab. 215 hervorgehende, natürlich nur relative Unstetigkeit des Bestrahlungseffektes fände durch diese Erwägungen ihre Erklärung. Die Wirkung der Bestrahlung wäre demnach in diesen Fällen, rein phänomenologisch betrachtet, gewissermaßen zweistufig. Die Detektorkultur wird durch die erste Periode der Bestrahlung in ihrem Eigenfelde entsprechend günstig abgestimmt, um erst dann die Anregung der weiteren Bestrahlung in adäquater Weise aufnehmen zu können. Wir werden sehen, wie sehr uns diese Auffassung das Verständnis der Erscheinungen bei der Fraktionierung erleichtert oder, streng genommen, eigentlich erst ermöglicht.

3. Die Eigenart des mitogenetischen Ausbreitungseffektes.

Wir sahen bereits, wie gewaltig die Ausbreitung des mitogenetischen Effektes über die Grenzen der unmittelbaren Bestrahlung hinaus ist und hatten daraus bindende Schlüsse über die Mächtigkeit der Sekundärstrahlung und deren Bedeutung für das Zustandekommen des Effektes gezogen. Es läßt sich indessen aus der Eigenart des Effektes noch eine tiefere Einsicht in die hier waltenden Verhältnisse gewinnen.

Es tritt nämlich durch die Erscheinungen der Ausbreitung des mitogenetischen Effektes die Bedeutung des E/A-Verhältnisses mit besonderer Deutlichkeit hervor. Wir hatten im vorangehenden zwei Hauptsätze abgeleitet: Jede elementare (von je einem Sekundärstrahler stammende) Sekundärstrahlung ist von der Mächtigkeit von mehreren Quanten. 2. Bei der Ausbreitung der Erregungswelle der Sekundärstrahlung findet naturgemäß ein Dekrement in der Verteilungsdichtigkeit der angeregten Sekundärstrahler statt, wobei man rein theoretisch am ehesten an eine exponentielle Form desselben zu denken hat.

Obwohl man schon auf Grund vorangehender Betrachtungen auf komplizierte Beziehungen zwischen der Anzahl der bestrahlten Sekundärstrahler und dem erreichten Induktionseffekte gefaßt sein mußte, kam die Feststellung, daß der Ort der direkten Bestrahlung, den wir in Hunderten von vorangehenden Versuchen auf das sorgfältigste markierten, bei weitem nicht das Optimum des Effektes darstellt und im Vergleich mit anliegenden abgeschirmten Bezirken sogar einer merklichen relativen Depression entspricht, gewiß unerwartet.

Der Anstieg beginnt dicht am Rande des Belichtungsareals, erreicht aber sein Maximum erst in einer Entfernung von 2—3 mm vom Rande, um von da ab ziemlich allmählich abzufallen (Abb. 66, S. 293). Der Gang des mitogenetischen Effektes ist demnach zuerst antidrom der präsumierten Erregungswelle der Sekundärstrahlung, besitzt ein Maximum, um dann syndrom mit derselben zu werden. Es lassen sich aus diesem Verhalten wichtige Konsequenzen für unser Problem ziehen, die auch zu weiteren Versuchen veranlassen.

Die unmittelbare Folgerung läßt sich etwa folgendermaßen formulieren: Für den mitogenetischen Effekt ist förderlich ein Gefälle des Feldes in der Richtung der Ausbreitung des Effektes. Es handelt sich hier um eine Aussage statistischer Art: Es besteht eine größere Wahrscheinlichkeit für das Auftreten einer günstigen Mikrostruktur des Feldes im Gebiete des Makrogefälles, als in demjenigen einer Makrohomogeneität.

In der Zellsprache ließe sich der Sachverhalt etwa folgendermaßen aussprechen:

Damit eine teilungsfähige Zelle die adäquate Erregung erfahre, muß in ihrer Nachbarschaft ein einseitiges Mikromaximum des Feldes auftreten, das wahrscheinlich durch eine elementare Sekundärstrahlung (annähernd volle Ladung) vertreten sein kann. Wird aber eine solche Zelle von mehreren Seiten oder gar allseitig simultan in gleicher Intensität bestrahlt, so kommt die adäquate Anregung nicht zustande. Die Wahrscheinlichkeit dieser ungünstigen Symmetrie der Bestrahlung ist selbstverständlich am größten in einem makrohomogenen Felde, d. h. bei statistisch gleichmäßig zerteilter Anregung der Sekundärstrahler. Der mitogenetische Effekt ist infolgedessen relativ schwach im Bezirke der direkten, die Oberfläche des Detektors normal treffenden Bestrahlung und steigt an im Bereiche des Gefälles des Feldes.

Dieser aus dem bereits Mitgeteilten sich aufdrängenden Satz läßt sich indessen noch durch weitere Versuche bekräftigen (Abb. 69).

Ein größerer Bezirk des Detektors wird durch ein annähernd paralleles Strahlenbündel (spektrale Quelle) bestrahlt. Die Mitte des bestrahlten Bezirkes wird durch einen scharf konturierten Vorsatz ekraniert. Es werden nach der Exposition Zählungen aus folgenden Bezirken vorgenommen: a) aus direkt belichteten Arealen (5 mm); b) je ein Streifen parallel zur Kontur der Abschirmung und in 1 mm Entfernung vom Rande derselben (1 mm); c) ein Streifen streng aus der Mitte des Abschirmungsareals (0), die bei der gewählten Versuchsanordnung 3 mm vom Rande abstand, was in den vorangehenden Versuchen einem annähernden Optimum des Induktionseffektes entspricht. Bei der jetzigen Versuchsanordnung entsprach dagegen dieser Bezirk einem ziemlich ausgesprochenen Minimum des Effektes, die beiden Randbezirke dagegen einem relativen Maximum (Abb. 69B). Es ergibt sich daraus mit Evidenz, daß der hohe Effekt im Ausbreitungsareal der vorangehenden Versuche nicht auf der Abschirmung an sich, sondern auf der Schaffung asymmetrischer Verhältnisse des Gesamtfeldes beruht[1]. Die Schlußfolgerung, daß die adäquate mitogenetische Anregung auf einem asymmetrischen lokalen Maximum in der Nähe der teilungsfähigen Zelle beruht, erscheint daher in hohem Grade plausibel. Wir werden sehen, daß sie von großem Erklärungswerte für eine Reihe weiterer Erscheinungen sein wird.

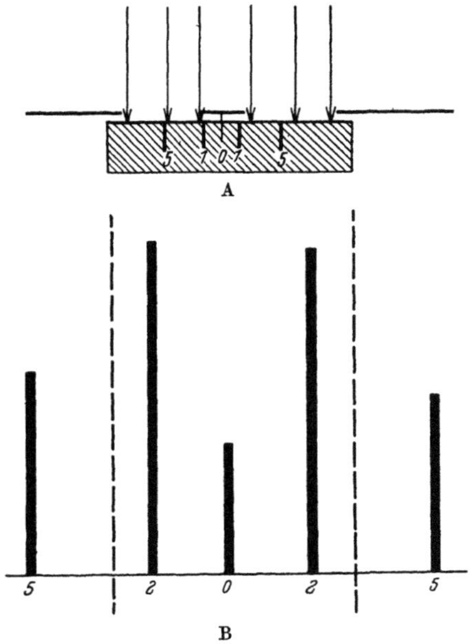

Abb. 69. A Versuchsanordnung vgl. Text. Schraffiert: der Hefeagarblock, Hefebelag nach oben gerichtet, unterbrochener Strich: seitliche und mittlere Ekranierung. *0*, *1* und *5*: Orte der Probeentnahmen (mittels Mikromanipulators). Der 0-Bezirk wurde durch Einstich markiert. B Graphik der Mittelwerte der Versuchsergebnisse (anstatt der Bezeichnung „*1*“ irrtümlich „*2*“ gesetzt).

Tabelle 216. Induktionseffekte (in %) nach der Versuchsanordnung Abb. 69.

Entnahmeorte der Proben in mm von der Mittellinie des Abschirmungsareals ab gerechnet.				
5 mm	2 mm	0 mm	2 mm	5 mm
37	53	30	41	35
19,2	30	20	32	—
30	40	19,5	34	29
12	37	6	50	18
22	45	6	40	12
Mittel 25	Mittel 41	Mittel 16	Mittel 40	Mittel 22

[1] Vgl. S. 278 (unter Inzidenzrichtung).

Die Konstruktion der Mikrostruktur des Feldes muß indessen noch des näheren durchgeführt werden. Es wäre ein örtliches Mikromaximum nichtelementarer Art, d. h. von mehr als einem Sekundärstrahler stammend, unter den gegebenen Verhältnissen wohl schwer denkbar, da sowohl der Prozentsatz der in der Kultur zerstreuten als noch mehr die Anzahl der simultan erregten Sekundärstrahler ein relativ geringer ist. Wir gehen daher von der Annahme aus, daß *ein* in naher Nachbarschaft befindlicher angeregter Sekundärstrahler eine teilungsfähige Zelle in den adäquaten Erregungszustand versetzt, und auch umgekehrt, daß die unmittelbare Nähe *eines* angeregten Sekundärstrahlers die notwendige Vorbedingung zum Zustandekommen eines derartigen Erregungszustandes ist.

Wenn wir unter diesem Gesichtspunkte die Verhältnisse des Hefeagardetektors betrachten, so dürfte es kaum angängig sein, teilungsfähige Zellen in unmittelbarer Nähe der oberflächlichsten, durch die Außenstrahlung direkt angeregten Sekundärstrahler anzunehmen. Der eigentliche mitogenetische Induktionseffekt dürfte sich vielmehr in den mittleren Zellagen einer derartigen Kultur abspielen. Es muß daher angenommen werden, daß die durch die Außenquelle unmittelbar angeregte Sekundärstrahlung der oberflächlichsten Zellagen wiederum nur weitere Sekundärstrahlung, und zwar sowohl in den oberflächlichsten als hauptsächlich in den mittleren Lagen der Kultur, erzeugt und erst nach einer wiederholten Übertragung der Anregung durch mehrere Etappen von Sekundärstrahlern es zur Ausbildung der Mikromaxima in unmittelbarer Nachbarschaft der teilungsfähigen Zellen kommt.

Diese Schlußfolgerung wird durch die Verschiedenheiten der Fortleitung des Erregungszustandes, die in festen und flüssigen Hefekulturen nachgewiesen werden, in weitgehendem Maße gestützt.

Der durchgreifende Unterschied beider Kulturarten bezüglich der Verteilung der Sekundärstrahler hier und da liegt auf der Hand. Wir sahen uns veranlaßt, in den Agarkulturen die Sekundärstrahler hauptsächlich in die oberen, distalen Zellschichten zu verlegen und gegen die Keimzone an Anzahl immer mehr zurücktreten zu lassen. Für eine stetig umgerührte (z. B. in langsamer Rotation befindliche) flüssige Kultur wären dagegen lokale Dichtigkeitsunterschiede in der Verteilung der Sekundärstrahler geradezu unfaßbar.

Gehen wir von den Verhältnissen der festen Kulturen aus und lassen die direkte Bestrahlung von außen nur auf eine oder ein paar oberflächlichste Zellagen wirken, so wird naturgemäß nur ein relativ geringer Bruchteil der von einem Sekundärstrahler der Oberfläche allseitig ausgesandten Quanten die Richtung tangential zur Oberfläche der Kultur einschlagen bzw. andere in der oberflächlichsten Schicht gelegene Sekundärstrahler treffen. Der weitaus größere Teil der Quanten, die die Richtung in die Tiefe einschlagen, wird hier sowohl die immer spärlicher werdenden Sekundärstrahler als, durch deren Vermittelung, die teilungsfähigen Zellen treffen und, sofern günstige Umstände vorliegen, vorzeitige Teilungen anregen. Der mitogenetische Induktionseffekt wird sich demnach in festen Kulturen (sofern wir von der angeregten Sekundärstrahlung absehen) *primär* vorwiegend in die Tiefe der Kultur fortpflanzen und nur unbedeutend flächenhaft ausbreiten. Es werden indessen auch weitgehende *Sekundärerscheinungen* unausbleiblich sein. Wird in der Tat am Orte der direkten Bestrahlung in den tieferen Zellschichten ein lokaler Herd gesteigerter Zellvermehrung induziert, so wird hier auch die Feldintensität entsprechend gesteigert, da ja, wie wir sahen, jede zur Teilung angeregte Zelle, und zwar wahrscheinlich unmittelbar vor der Teilung, auch mitogenetisch „aufleuchtet“. Diese gesteigerte Innenstrahlung wird eine Rückwirkung auch auf die Außenschichten der Kultur ausüben müssen, indem sie die hier vorwiegend vertretenen Sekundärstrahler anregt, die wiederum weiter (in den abgeschirmten Bezirken) gelegene Zellen zur Vermehrung anregen usw.

Sofern diese Überlegung zutrifft, muß die gewaltige, vorhin bereits geschilderte Ausbreitung des Effektes in den abgeschirmten Zonen spezielle zeitliche Verhältnisse aufweisen, die sich unschwer ableiten lassen.

Wir wissen, daß die Ausbreitung der Sekundärstrahlung ohne merkbaren Zeitverlust (mit der Geschwindigkeit der Größenordnung von 20—30 m/sek.) erfolgt. Die Teilungsreaktion ist dagegen mit einer bedeutenden Latenzperiode von etwa $^1/_2$ Stunde behaftet (was aus der Zeitkurve von KURAJEFF gefolgert werden kann. S. 214, Abb. 54).

Sofern demnach an der flächenhaften Ausbreitung des Effektes über die direkte Belichtung hinaus auch die teilungsfähigen Zellen beteiligt sind, muß das Auftreten des Effektes peripherwärts von der direkten Bestrahlung zeitlich nachhinken. Diese Konsequenz fand eine vollständige experimentelle Bestätigung. Werden, wie bereits im Kapitel XI auseinandergesetzt, Proben aus verschiedenen Bezirken einer lokal bestrahlten Kultur etwa 30 Minuten nach Abschluß der Bestrahlung entnommen, so ist ein Effekt höchstens in 2 mm Entfernung vom Rande des Belichtungsspaltes nachweisbar.

Nach 60 Minuten aber betrug das Ausbreitungsareal bereits 9 mm. Ob es bereits von definitiver Größe ist, konnte bisher leider noch nicht geprüft werden.

Die Zahlenbelege mögen noch einmal angeführt werden.

Tabelle 217. Induktionseffekt durch einen Spalt von 5 mm Breite bei Probeentnahmen nach 30 Min. und 60 Min.

Ort der Probeentnahme in mm Abstand von Bestrahlungsspalte	Zeit	
	30 Minuten %	60 Minuten %
0	36	40
2	12	50
4	0	33
7	−2	36
9	4	26
10	0	0

In flüssigen Kulturen mit gleichmäßiger Verteilung der Sekundärstrahler muß auf Grund des oben ausgeführten die Ausbreitung des Induktionseffektes, wenn überhaupt, so ohne jeden nachweisbaren Zeitverlust (d. h. mit der oben angegebenen enormen Ausbreitungsgeschwindigkeit) erfolgen. Wir sahen, daß auch diese Konsequenz sich in vollem Umfange experimentell bestätigt (vgl. S. 296; KANNEGIESSER).

Nicht minder eindrucksvoll ist auch der Vergleich der Zeitkurven des Effektes an festen und flüssigen Kulturen. Es tauchte naturgemäß auf Grund des eben ausgeführten die Vermutung auf, daß der gedehnte Verlauf und das späte Maximum des Effektes an Agarkulturen, wie sie so überzeugend in den Versuchen KURAJEFFS hervortreten, auf der nachgewiesenen langsamen Ausbreitung des Effektes beruhen und daher in flüssigen Kulturen andere zeitliche Verhältnisse zeigen müßten, was auch im vollen Maße zutrifft. Es ergab sich nach den Versuchen von FRANZ folgender Zeitrhythmus:

Tabelle 218. Zeitkurve des Induktionseffektes in flüssigen Hefekulturen (nach FRANZ). (Induktion mit Hefeagarkulturen, fraktioniert.)

Zeit der Probeentnahme nach Exposition	Induktionseffekt in %			
	I	II	III	IV
30 Minuten	15	4	0	1
1 Stunde	54	38	60	58
1,5 Stunde	5	5	0	3
2 Stunden	40	36	24	47
2,5 Stunden	0	1	47	1

Der auf den ersten Blick befremdliche Abfall nach 1,5 Stunden mit einem zweiten Anstieg nach 2 Stunden findet auf Grund vorangehender Ausführungen eine ungezwungene Erklärung und liefert eine hübsche Bestätigung des Gedankenganges. Die durch echte Sekundärstrahlung gesetzte Erregung breitet sich in flüssigen Kulturen, wie wir bereits sahen, ohne nachweisbaren Zeitverlust. Der Induktionseffekt erfolgt dementsprechend in der ganzen Kultur annähernd simultan und klingt daher auch relativ schnell ab. Dieser primäre Effekt muß indessen in den flüssigen ebensogut wie in Agarkulturen auch einen späteren, sekundären Effekt zur Folge haben, der seine Entstehung erst der einsetzenden regeren Zellvermehrung verdankt. In den Agarkulturen wird der Zeitintervall zwischen primärem und sekundärem Effekt infolge langsamer Ausbreitung ausgefüllt, in den flüssigen Kulturen, wo letzteres Moment fortfällt, kommen die beiden Effekte gesondert zur Geltung.

Abb. 70. Kurve der Mittelwerte aus der Tab. 218.

4. Einschleichen des mitogenetischen Reizes.

Der Begriff des Einschleichens ist naturgemäß der Vorstellung eines stetigen Reizes entsprungen und muß der Unstetigkeit des Quantenstromes erst angepaßt werden. Es verwickeln sich bei dessen

Analyse verschiedene Probleme. In erster Linie dasjenige der Unterschwelligkeit eines mitogenetischen Reizes.

Die Problemstellung bei den Versuchen mit Einschleichung des Reizes (sowie der umgekehrten — eines schroffen Anstieges der Reizintensität) war folgende:

Da die Verhältnisse des mitogentischen Feldes des Detektors im Laufe der Bestrahlung, wie wir bereits sahen, unaufhörlich variieren und zwei (möglicherweise sogar mehrere) antagonistische Faktoren dabei eingreifen, ließe sich wohl denken, daß wir durch Begünstigung des einen oder anderen Faktors Aufschluß über die Tragweite eines jeden von ihnen für das Zustandekommen des Effektes gewinnen. Indem wir von subliminalen Reizintensitäten ausgehen und dieselben allmählich und stetig anwachsen lassen, begünstigen wir unaufhörlich das E/A-Verhältnis, beeinträchtigen aber gleichzeitig die Chancen der „Treffer". Im einfachsten Falle einer molekulardispersen Strahlungsquelle hätten wir es mit diesem einfachen Antagonismus zweier Faktoren zu tun, bei grobdispersen Quellen kämen noch die schwer übersehbaren Momente der verschiedenen Verteilung des Quantenstromes (vgl. S. 238ff.) hinzu. Das Ergebnis läßt sich daher nicht voraussagen. Die Tatsache, daß das Einschleichen gilt, d. h. der Effekt dabei ausbleibt, gibt uns aber umgekehrt einige nähere Aufschlüsse über die Bedeutung jedes der beteiligten Faktoren.

Da das Einschleichen bisher stets nur durch Variation des Abstandes zwischen Quelle und Detektor versucht wurde und man demnach von großen Entfernungen ausging, können wir in allen Fällen für den Beginn des Versuches mit einer statistisch gleichmäßigen Verteilung der Treffpunkte der Quanten an der Detektoroberfläche rechnen. Für die wirksame Nahestellung sei dagegen eine ausgesprochen ungleichmäßige Verteilung mit Häufungspunkten angenommen. Wir könnten demnach den Sachverhalt folgendermaßen ausdrücken: bei (statistisch) gleichmäßiger Verteilung der Treffpunkte überwiegt trotz absolut sehr geringer Punktzahl die Ausgleichkomponente, bei ungleichmäßiger Verteilung — trotz großer Punktzahl — die Erregungskomponente.

Aus ersterer Feststellung muß gefolgert werden, daß die mittleren Ausbreitungsareale innerhalb einer frischen, noch nicht verbrauchten Detektorkultur sich noch bei der gegebenen geringen Zahl der Treffpunkte soweit überdecken, daß die etwaigen spärlichen entstandenen Mikromaxima in ihrer erregenden Wirkung durch ebenso viele Ausgleichbezirke neutralisiert werden. Wäre uns die wirkliche Quantenzahl mit einem ausreichenden Genauigkeitsgrad bekannt, so könnten auch Berechnungen über die mittleren Durchmessergrößen der elementaren Erregungswellen angestellt werden. Sollte es aber zu einer noch weitgehenderen Abschwächung der Bestrahlung (unter Einhaltung der statistisch gleichmäßigen Verteilung) kommen, so müßte man ja das Vorherrschen der Erregungskomponente erwarten und in diesem Punkte einen sehr schwerwiegenden Einwand gegen die ganze Konstruktion erblicken. Daß hier gewisse Schwierigkeiten bestehen, kann keinesfalls geleugnet werden. Es muß aber andererseits der Umstand berücksichtigt werden, daß ein etwaiger positiver Induktionseffekt in diesen Fällen auch im echten Sinne unterschwellig bleiben könnte, da es zur diagnoszierbaren Anzahl von Treffern eventuell nur bei einer übermäßig protrahierten Expositionsdauer kommen dürfte. Es muß aber letzterenfalls damit gerechnet werden, daß bei entsprechender Knospenabzählung die im Beginn und gegen Abschluß einer etwa 1 stündigen Exposition angeregten Zellen soweit in ihren Entwicklungsstadien auseinandergehen, daß bei Berücksichtigung der letzteren Gruppe die erstere bereits fortfällt. Das Verfahren der Knospenabzählung, das nie ein integratives sein kann, muß mit anderen Worten bei zu schwachen Intensitätsgraden versagen, es könnte hier nur die Abzählung der Individuenzahl (Vermehrungseffekt) in Betracht kommen, die aber bisher noch nicht versucht wurde[1].

Aus den eben analysierten Verhältnissen des Ferneffekts ergibt sich das fernere Verhalten des Detektors beim Einschleichen in ungezwungener Weise, indem man auf die vorangehenden Überlegungen zurückgreift.

Der Detektor gelangt in den wirksamen Bereich der Bestrahlung in einem bedeutend erschöpften Zustande, die Anzahl der Treffpunkte, d. h. der wirksamen angeregten Sekundärstrahler, wird mit

[1] Man soll sich indessen davor hüten, das Ausbleiben des Ferneffektes auf diese Überlegungen allein, d. h. auf die zu geringe Anzahl der Treffpunkte, zurückzuführen und das Vorwiegen der Ausgleichkomponente zu leugnen. Denn es wäre ja unter diesen Umständen unerklärlich, daß die Fraktionierung, die die absolute Quantenzahl noch bedeutend herabsetzt, zu einem positiven Ferneffekt führt.

anderen Worten zu gering, um einen nachweisbaren Effekt zu erzeugen. Diese Deutung findet, wie wir bereits wissen, eine wirksame Stütze in dem in Kap. XI erbrachten Nachweise, daß eine derartige Detektorkultur als Strahlungsquelle meist versagt.

Im besten Einklang mit der ganzen Konstruktion stehen auch die Erfahrungen mit dem steilen Inkrement der Reizintensität, welches, wie wir sahen, fördernd wirkt. Es ist hier der Zeitfaktor entscheidend. Es läßt sich ohne weiteres ableiten, daß nach Maßgabe der Erschöpfung des Detektors, d. h. seiner Verarmung an günstigen Treffpunkten (Sekundärstrahlern), die gleichzeitig anwachsende Dichte des auftreffenden Quantenstromes die Sachlage bedeutend verbessert.

Die Beurteilung des „Inkrementeffektes" muß allerdings vorderhand mit großer Reserve geschehen, da derartige Versuche bisher nur mit relativ enormen spektralen Intensitäten durchgeführt wurden und die hier vorliegenden Verhältnisse nicht ohne weiteres in Parallele zu denjenigen biologischer Strahlungsquellen gebracht werden dürfen.

5. Fraktionierung der Reizgaben.

Die Analyse der fördernden Wirkung der Reizintermittenz stößt auf enorme Schwierigkeiten, die zur Zeit nur teilweise überwunden werden können. Wenn man in den vorhergehenden Betrachtungen durch relativ einfache Konstruktionen, die eine weitgehende experimentelle Bestätigung fanden, die auf den ersten Blick verblüffenden Ergebnisse der Berechnung der Strahlungsintensität gewissermaßen überwinden konnte, so wird die Sachlage eine wesentlich andere, sobald wir uns den ebenfalls überraschenden Ergebnissen der Fraktionierung des mitogenetischen Reizes zuwenden. Wir werden zwar keine neuen Annahmen machen und mit den bereits bewährten auszukommen suchen. Man wird indessen des unheimlichen Gefühls nicht los, daß ihre konsequente Durchführung gewissermaßen als Zumutung oder Vermessenheit erscheinen dürfte.

Wir wissen aus der vorangehenden Schilderung, daß die Fraktionierung der Reizgaben in zweifacher Hinsichtfördernd wirkt: indem sie den Zeitschwellenwert bedeutend herabsetzt und indem sie sonst unterschwellige Reize zur Effektivität erhöht. Eine Steigerung des Grades des mitogenetischen Effektes wird jedoch, soweit ersichtlich, durch Fraktionierung nicht erreicht.

Die Unterschwelligkeit mancher Strahlungsquellen, die durch Fraktionierung ihrer Ausstrahlung behoben werden kann, ist vor allem eigener Art. Es handelt sich, wie wir sahen, um den Entfernungsfaktor, der den Wirkungseffekt unter sonstigen Versuchsbedingungen vereitelt und der durch Fraktionierung vollständig überwunden werden kann. Wir sahen z. B., daß eine Hefeagarkultur von beliebiger Fläche bei etwa 3 cm Entfernung als Strahler unwirksam wird. Wird aber eine rotierende Scheibe mit Sektorialausschnitten vorgeschaltet, so war noch die enorme Entfernung von 15 cm wirksam. Nicht minder eindrucksvoll ist die Wirksamkeit der Fraktionierung für den Erfolg der Gewinnung der Spektren der Mehrzahl von biologischen Quellen. Wir sahen ja, daß FRANK, dem wir die Initiative dieser wichtigen Errungenschaft verdanken und der ohne Fraktionierung arbeitete, nur mit Muskeltetanus Erfolg hatte, was uns übrigens gegenwärtig nicht zu überraschen braucht, da es sich ja um physiologische Intermittenz handelt.

Die Fraktionierung vermag schließlich noch eine weitere Art von Reizen in eine adäquate Form zu bringen: wir sahen, daß Spektralstreifen (aus physikalischer Quelle) von hoher Intensität ohne jede mitogenetische Wirksamkeit sind. Sie konnten jedoch bei geeigneter Fraktionierung wirksam gemacht werden.

Ein weiterer wichtiger Effekt der Fraktionierung ist schließlich der Umschlag des positiven Effektes in die sogenannte Depression, die sich unter Umständen als eine besonders eingreifende Stimulierung erwies. Es konnte schließlich bei Vorsetzen einer elliptischen Scheibe das Phänomen des „Mikroeinschleichens" erreicht werden.

Wir sind selbstverständlich bei der Deutung all dieser merkwürdigen Folgen des Eingriffes an unsere vorangehenden Ausführungen und Konstruktionen gebunden.

Wir müssen indessen vorher die wichtige Frage erledigen, ob wir es tatsächlich mit einer Mannigfaltigkeit der Wirkung der Fraktionierung zu tun haben, ob nicht vielmehr der eine einheitliche Effekt — die Herabsetzung des Zeitschwellenwertes — für die Gesamtheit der Erfolge maßgebend ist[1].

Am merkwürdigsten erscheint auf den ersten Blick die Möglichkeit, den Abstandsfaktor zu überwinden bzw. einen Induktionseffekt auf relativ enorme Strecken von etwa 15 cm Abstand (bei

[1] Abgesehen von der Fraktionierung hoher Intensitäten.

Mutoinduktion) zu gewinnen. Überlegt man sich aber den Sachverhalt näher, so überzeugt man sich, daß kein triftiger Grund zur Annahme einer Wirkung der Fraktionierung vorliegt, die über die sonst stets feststellbare Herabsetzung des Zeitschwellenwertes hinausginge. Wenn wir die Ergebnisse der Fraktionierung bei Nahewirkung zusammenstellen, so sehen wir den Zeitschwellenwert für Mutoinduktion auf $^1/_{30}$—$^1/_{40}$ des Ursprünglichen heruntergehen. Wollten wir diese Verhältnisse auf Ferninduktion übertragen, so hätten wir bei dem Zeitschwellenwert von 1 Minute bei Fraktionierung bei Mutoinduktion, ohne Fraktionierung einen Erfolg bei Minimum 30—50 Minuten Exposition zu erwarten. Sollte er aber auch hier ausbleiben, so wäre die Sachlage durchaus nicht eindeutiger Art, da man die Konsequenzen einer derart protrahierten schwachen Exposition nicht so ohne weiteres übersehen könnte. Wir wollen daher bis auf weiteres damit auszukommen suchen, daß wir einfach den Effekt der Fraktionierung der Reizgaben mit Herabsetzung des Zeitschwellenwertes identifizieren.

Das Prinzip der allgemein fördernden Wirkung der Fraktionierung leitet sich ohne Schwierigkeit aus den vorhin entwickelten Vorstellungen über die Erregungs- und Ausgleichskomponente ab. Daß hier letztere auf ein Minimum und folglich das E/A-Verhältnis auf ein Maximum gebracht wird, ist leicht einzusehen. In besonders eindrucksvoller Weise kommt daher die Wirksamkeit der Fraktionierung bei Bestrahlung mit übermäßigen Intensitäten (Spektrallicht) zur Geltung. Wir sahen, daß hier ein Effekt überhaupt nur bei hochgradiger Fraktionierung und sogar unter Einhaltung bestimmter Rhythmen, die nicht überschritten werden dürfen, möglich ist. In Anbetracht der enormen Dichte des die Detektoroberfläche treffenden Quantenstromes versteht es sich von selbst, daß die Ausgleichskomponente nur durch eine sehr weitgehende Fraktionierung erreicht werden kann.

Viel weniger einleuchtend ist indessen der gewöhnliche Effekt der Fraktionierung, der sich in einer so weitgehenden Herabsetzung des Zeitschwellenwertes zu erkennen gibt. Ein Verständnis für diese Erscheinung geht uns indessen unter Berücksichtigung der vorangehenden Ausführungen über den Begriff der Unterschwelligkeit auf (S. 339 ff.). Wir sahen, daß in der Mehrzahl der darauf geprüften Fälle zum mindesten die erste Hälfte des Zeitschwellenwertes ohne nachweisbaren mitogenetischen Effekt verstreicht, wobei es ja natürlich nicht bezweifelt werden kann, daß auch diese Periode der Bestrahlung nicht spurlos für den Detektor vorübergeht (vielmehr eine partielle Erschöpfung bzw. Verarmung der Kultur an Sekundärstrahlern erfolgt). Wir könnten daher diese Periode unter Vorbehalt auch als die Latenzperiode der Reizwirkungen bezeichnen. Diese Periode fällt bei Anwendung der Fraktionierung naturgemäß vollständig weg, da ja durch dieses Verfahren die Ausgleichkomponente, die hier vorherrschte, vollständig ausscheidet.

Die Wirkung der Fraktionierung läßt sich unter diesen Umständen mit Leichtigkeit ableiten: die Herabsetzung des Zeitschwellenwertes dürfte auf dem Umstande beruhen, daß schon an die frische Detektorkultur, wo infolge relativ reichlich vertretener Sekundärstrahler die Gefahr der Ausbildung von Plateaus noch leicht auftaucht, eine Darreichungsweise des Reizes erfolgt, die diese Möglichkeit völlig beseitigt. Die große Rezeptivität der noch ungeschwächten Kultur kommt unter diesen Umständen natürlich in gesteigertem Maße zur Geltung, da bei relativ reich vertretenen Sekundärstrahlern gewissermaßen jedes die Detektoroberfläche treffende Quant schon mit großer Wahrscheinlichkeit zur Anregung eines Mikromaximums führen wird.

Dürfte die Sachlage im Prinzip durch diese Überlegungen in befriedigender Weise geklärt sein, so blieben noch manche nicht unwichtige Detailfragen zu erledigen. Es droht vor allem der naheliegende Einwand, daß der Effekt der Fraktionierung, sollte es allein auf Vermeidung der Plateaubildung ankommen, auch durch beliebige Abschwächung der Strahlungsquellen, d. h. durch Verdünnung des Quantenstromes, nachgeahmt werden könne. Dieser Einwand scheint um so triftiger zu sein, als ja das naheliegende Gegenargument, es komme eben auf den Rhythmus an, neben seiner unbestreitbaren enormen empirischen Beweiskraft auf sehr große theoretische Schwierigkeiten stößt. Wir treffen in der Tat auf geradezu paradoxe Verhältnisse. Wir wissen einerseits, daß es bei Verabreichung intermittierender Reize jedenfalls in hohem Maße auf den Rhythmus ankommt, da eine Drehscheibe mit unregelmäßig angebrachten Ausschnitten keine günstigen Effekte ergibt. Die Versuche von POTOZKY bei gesteigerter Rezeptivität der Hefekulturen (starke Bestrahlung mit sichtbarem Lichte) ergeben sogar, daß *bestimmte* Rhythmen von großer, möglicherweise sogar maßgebender Bedeutung sind. Zieht man aber andererseits die absoluten Quantenzahlen in Betracht, wie sie namentlich bei manchen Versuchen, z. B. mit Abständen von 15 cm, in Betracht kommen, so wird man nicht verkennen können, daß hier auch Drehscheiben mit regelmäßig angebrachten Ausschnitten zu einem Scheinrhythmus führen, da bei Zeitintervallen von der Größenordnung von etwa 0,001 Sekunde des Vorbeilaufens jedes Ausschnittes und der Globalzahl von höchstens 1000 Quant pro Sekunde, mehrere Intervalle sicherlich leer auslaufen müssen. Es kann sich daher streng genommen in solchen Fällen gewissermaßen nur um die Kehrseite einer Rhythmik, d. h. um Gewährung oder Sicherung von absolut freien Intervallen handeln. Und es ist natürlich sehr wohl denkbar, daß es auf diese freien abgeschirmten Intervalle ankommt, sofern der Erfolg hauptsächlich mit möglichster Unterdrückung der Ausgleichskomponente der Bestrahlung zusammenhängt.

Wir dürften uns den Sachverhalt etwa folgendermaßen denken:

Wenn wir von einer Simultanität zweier Mikromaxima sprechen, die bei zu unmittelbarer Nachbarschaft zur Überdeckung (Plateau) führen kann, so wird die noch zulässige Amplitude der Zeitdifferenz zwischen beiden natürlich im wesentlichen durch die Latenzzeit und Reaktionsdauer der betroffenen Zellen, kurz gesagt — die Dauer der Erregungswelle, bestimmt.

Aus den bisher vorliegenden Erfahrungen über die Sekundärstrahlung ergeben sich für die Latenzperiode (der Zellen der Zwiebelwurzel) Näherungswerte von der Größenordnung von 0,0001 Sekunden, für die Dauer des „Sekundäraufleuchtens" solche von 0,001 Sekunde. Es ergibt sich daraus in plausibler Weise, daß *Abschirmungen von dieser Zeitgrößenordnung, wie sie bei unseren Versuchen tatsächlich in Betracht kommen, eine wirksame Isolation der einzelnen Mikromaxima voneinander bewirken bzw. jede Möglichkeit einer Überkreuzung, und zwar mit einem minimalen Zeitverlust, ausschließen.*

In diesem Sinne kann es wohl keine andere praktisch erreichbare Methode der „Verdünnung" des Quantenstromes der Fraktionierung gleichmachen.

Es muß indessen zugegeben werden, daß manche Eigenheiten des Effektes der Fraktionierung, vor allem der Mißerfolg bei arhythmischer Reizgabe, unserem Verständnisse noch große Schwierigkeiten bereiten, die bisher nicht überwunden werden konnten.

6. Umschlag des Induktionseffektes (mitogenetische Depression).

Wir sahen bereits, daß die Umschlagcharakteristik für die einzelnen Strahlungsquellen verschieden ist, und ebensowenig wie die übrigen Parameter des Induktionseffektes ohne weiteres auf die Intensität der Bestrahlung zurückgeführt werden darf.

Der Umschlag setzt sich, wie wir wissen, aus zwei Komponenten zusammen, die sich auf den Sprossungseffekt und den Vermehrungseffekt beziehen. Die Herabsetzung der Sprossungszahl kann an sich auch eine Scheindepression sein, da sie, wie wir sahen, in manchen Fällen mit einer bedeutenden Förderung des Vermehrungseffektes einhergeht und daher in Wirklichkeit auf eine gewissermaßen übermäßige Stimulation der Sprossungen hinausläuft. Dieser Art sind z. B. nach SALKINDs Erfahrungen die Verhältnisse bei Bestrahlung flüssiger Hefekulturen mit Blut, wo auch noch bei 10 Minuten langer Bestrahlung (fraktioniert) bei einer Scheindepression von — 35% Sprossen, ein gleichzeitiger positiver Vermehrungseffekt von 73% nachgewiesen wurde.

Mit anderen Strahlungsquellen, namentlich mit einem Oxydationsmodell (POTOZKY) und mit dem Kaninchenauge (SALKIND), werden dagegen sehr leicht echte Umschläge (Depressionen) erreicht. So finden wir ersterenfalls ($K_2Cr_2O_7 + FeSO_4 + H_2SO_4$) schon bei 1 Minute Exposition (ohne Fraktionierung) bei — 6% Sprossungseffekt (also streng genommen bei einem Nulleffekt) einen ausgesprochenen Umschlag des Vermehrungseffektes (— 31,9%). Das Kaninchenauge gibt bei fraktionierter Reizgabe bei 1,5 Minuten — 46% Sprossungseffekt und bis — 32% Vermehrungseffekt.

Die formelle Deutung des Umschlagsphänomens wurde bereits im vorangehenden gegeben.

Der Scheinumschlag beruht auf gleichzeitiger Förderung sowohl der Sprossungsintensität (d. h. Vorzeitigkeit der Sprossung einer Anzahl von Zellen), als auch des Teilungsrhythmus (Beschleunigung des Teilungsablaufes). Für die Abzählung junger Knospen ist erstere Komponente förderlich, letztere dagegen nachteilig, da das in Betracht kommende Stadium schneller abläuft und die Wahrscheinlichkeit, dasselbe im Präparat anzutreffen, daher abnimmt. Die Tatsache, daß dieser Scheinumschlag erst bei einer bestimmten Bestrahlungsdauer auftritt, beweist, daß der Sprossungseffekt bei kleinen Reizgaben, der Vermehrungseffekt dagegen bei größeren Reizgaben überwiegt.

Die Verhältnisse der echten Depression sind viel weniger eindeutig. Es muß hier die wichtige Frage gestellt werden, ob echte depressive Wirkungen auf die Zellen in dem Sinne anzunehmen sind, daß eine sonst fällige Teilung gehemmt wird, oder noch mehr, daß der Teilungsrhythmus eine Verlangsamung erfährt. Sollte das eine oder andere der Fall sein, so müßte man zu neuen und ziemlich komplizierten Konstruktionen und Hilfsmaßnahmen greifen.

Die Analyse des Problems ließe sich durch folgende Fragestellung am zweckmäßigsten einleiten: Besteht eine Berechtigung oder Veranlassung zur Annahme, daß bei protrahierter Bestrahlung von konstanter (physiologisch zulässiger) Intensität die eine oder andere Zelle wiederholt „induziert", d. h. von Quantenladungen getroffen wird, die die physiologische Norm überschreiten? Sollte eine derartige übermäßig individuelle Bestrahlung stattfinden, so wäre eine wirkliche Zelldepression nach zahlreichen physiologischen Analogien sehr wohl denkbar. Eine derartige wiederholte übermäßige Beanspruchung individueller Zellen könnte natürlich nur auf sekundärem Wege geschehen, da die von dem Strahler ausgehende und zum Umschlag ausreichende Quantenzahl in der Regel zu gering ist, um von einer nennenswerten Wahrscheinlichkeit des wiederholten Auftreffens in unmittelbarer Nachbarschaft einer einzelnen Zelle zu sprechen.

Wir wissen aber andererseits, wie weitgehend und schwer übersehbar die durch Bestrahlung angeregten Änderungen des Gesamtverhaltens des Detektorfeldes sind und müssen daher mit der aufgeworfenen Möglichkeit rechnen oder dürfen sie vielmehr keinesfalls ausschließen. Es müssen indessen die Konsequenzen einer derartigen echten Depression in klarer Weise formuliert werden.

Liegt Depression im echten Sinne (d. h. Defizit sowohl der Sprossen- als der Individuenzahl) vor, so sind beide die Effekte bedingende Faktoren ja bis zu einem gewissen Maße antagonistisch: sollte es zur Hemmung des Teilungsrhythmus kommen, so wäre eine Steigerung des Prozentsatzes kleiner, abgezählter Sprossen, d. h. die relative Förderung des Sprosseneffektes, der ja an sich nie eindeutig sein kann, die Folge. Da wir aber den Fall betrachten, wo auch ein beträchtliches Sprossungsdefizit vorliegt, so müßte schon eine dermaßen intensive Hemmung des Sprossungsvorganges erwartet werden, daß sie sich noch nach Überwindung der antagonistischen Wirkung des Vermehrungseffektes in ausgesprochenem Maße fühlbar macht.

Man kann indessen auch ohne diese immerhin etwas gezwungene Konstruktion auskommen, indem man nur an die Hemmung der Sprossung denkt, ohne den Teilungsrhythmus mit ins Spiel zu setzen. Die schließliche Herabsetzung der Zellenzahl der Kultur (echte Depression) ließe sich eben auf eine prozentual herabgesetzte Sprossungstätigkeit zurückführen.

Diese Vorstellung ist der vorangehenden gewiß vorzuziehen, schon weil sie den Begriff echter Depression streng genommen umgeht. Denn die Herabsetzung der Sprossungstätigkeit braucht keinesfalls als echte Depression zellulärer Tätigkeit aufgefaßt zu werden. Sie kann ebensowohl auf *abgeschwächter Anregung* zur Sprossung infolge übermäßigen Verbrauches namentlich der Sekundärstrahler beruhen, was schon in ausführlicher Weise im vorangehenden ausgeführt wurde.

Der Begriff der zellulären Depression läßt sich mit anderen Worten (soweit es auf die Hefekulturen ankommt) *in vollem Umfange durch denjenigen der* (natürlich nur sehr relativen) *Erschöpfung des mitogenetischen Detektorfeldes ersetzen*, und darin müssen wir einen Umstand von allergrößter Tragweite erblicken.

Wir können uns den Sachverhalt etwa folgendermaßen denken:

Der durch Abzählung der Sprossen bzw. der Individuenzahl registrierte Induktionseffekt bildet sich, wie wir sahen, auch bei sehr kurzer Bestrahlung erst allmählich durch Fortpflanzung des hervorgerufenen Erregungszustandes, Einbeziehung immer neuer Sekundärstrahler usw. aus. Da an letzteren ein beschränkter, nicht erneuerungsfähiger Vorrat besteht, kann von dessen zweckmäßiger oder nicht zweckmäßiger Verbrauchsweise die Rede sein. In diesem Sinne konnte ja bereits das Zustandekommen des „Einschleichens" gedeutet werden. Wir sahen auch, daß der Zustand bzw. die Rezeptivität des Detektors während der Bestrahlung in scharfer Weise sich verändert und wollen versuchen, mit diesen Vorstellungen auszukommen.

Wir gehen von dem Zustande der Scheindepression aus, wo ein Sprossungsdefizit und gleichzeitig ein Übergewicht der Individuenzahl vorliegt. Die Deutung der Sachlage scheint hier völlig gesichert: die Beschleunigung des Teilungsrhythmus gewinnt die

Oberhand im Vergleich zur Anregung zur Sprossung, daher eine Abnahme der Anzahl kleiner Sprossen. Daß ersterer Faktor tatsächlich von mächtiger, ausschlaggebender Wirkung ist, ergibt sich daraus, daß ein mächtiger Vermehrungseffekt (bis auf 50%) schon 1 Stunde nach der Bestrahlung nachweisbar ist, eines Zeitintervalls, der nicht einmal die Dauer des normalen Teilungsrhythmus der Hefezelle erreicht. Es kann sich daher nur um eine bedeutende Beschleunigung der bereits im Gange befindlichen Zellteilungen, nicht um Folgen des „Sprossungseffektes", d. h. Anregung zu neuen vorzeitigen Teilungen mit Durchlaufen eines normalen Teilungsrhythmus, handeln. Das Umgekehrte ist bei echter Depression der Fall: sie ist für den Vermehrungseffekt stets eine Späterscheinung. So finden wir z. B. in der Versuchsserie von SALKIND am Kaninchenauge ($1\,{}^1/_2$—2 Minuten Exposition) nach 1 Stunde die normale Individuenzahl und erst nach etwa 3 Stunden eine bedeutende Herabsetzung (bis auf etwa 30%) vor. Sollte es sich um echte Hemmung des Teilungsrhythmus gehandelt haben, so müßte sie sich wohl auch schon innerhalb der ersten Stunde geltend machen, die ja, wie wir soeben sahen, bei Beschleunigung des Teilungsvorganges deutlich zur Geltung kommt.

Der ganze Erscheinungskomplex des (scheinbaren und echten) Umschlags läßt sich demnach in ungezwungener und folgerichtiger Weise als Funktion der Evolution des von außen bestrahlten Feldes auffassen. Es gilt nur diese letztere ihrerseits als Funktion der Bestrahlungsdauer darzustellen. Die Form dieser letzteren Abhängigkeit scheint indessen sehr kompliziert zu sein.

Wir sahen bereits, daß (zumal unter Voraussetzung einer hochdispersen Strahlungsquelle) in den ersten Augenblicken der Bestrahlung vor allem das Feldniveau gehoben wird, wobei unter Umständen die Ausgleichkomponente vorherrscht. Das zweite Bestrahlungsstadium wird durch Begünstigung der Mikromaxima (der Erregungskomponente) gekennzeichnet. Nach Maßgabe des Verbrauches an Sekundärstrahlern müßte die Feldintensität nicht nur von ihrer zeitweilig erreichten Höhe heruntergehen, sondern auch unter das ursprüngliche Niveau heruntersinken. Wir hätten hier an den von VOLTERRA abgeleiteten Fall (S. 334) zu denken, wo der zu erwartende Effekt zu einer periodischen Funktion wird. Wir sahen in der Tat, daß in SALKINDS Versuchen mit protrahierter Bestrahlung eine deutliche Periodizität des Effektes vorliegt. Es ergab nämlich die Induktion mit dem Kaninchenauge eine echte Depression (negativen Vermehrungseffekt) nach $1^1/_2$—2 Minuten Bestrahlung, und wieder einen Nulleffekt nach 3—5 Minuten Bestrahlung. Die spektrale Bestrahlung ergab sogar drei volle Perioden (Tabelle 121).

Die Beurteilung der Sachlage wird indessen noch dadurch bedeutend erschwert, als es noch sehr fraglich ist, ob das E/A-Verhältnis ebensogut für den Vermehrungseffekt als für den Sprossungseffekt gilt. Denn es ist ebensowohl möglich, und manche Überlegungen, die noch zur Sprache kommen sollen, sprechen sogar dafür, daß der Vermehrungsrhythmus eine stetige Funktion der Feldintensität ohne Rücksicht auf lokale Mikrogradienten ist.

Es ist indessen fraglich, ob die für Hefekulturen abgeleiteten Verhältnisse allgemein gelten, im speziellen, ob eine echte Hemmung des Teilungsvorganges durch Bestrahlung physiologischer Intensität tatsächlich ausgeschlossen ist. An dem Beispiel der Froschkornea (vgl. S. 226) sehen wir, daß in diesem Falle von der Annahme einer echten Hemmung des Ablaufes der Mitose keinesfalls abgesehen werden kann.

Es wäre verfrüht, die hier angedeuteten Verhältnisse schon jetzt zu detaillieren, da die experimentelle Grundlage noch durchaus ungenügend ist. Von prinzipieller Wichtigkeit ist indessen die Erkenntnis, daß die empirisch nachgewiesene Depression (Hemmung der Vermehrungstätigkeit) als Folge der Bestrahlung mit physiologischen Intensitäten mitogenetischer Strahlung ja nicht im Sinne des in der Physiologie eingebürgerten Prinzips, etwa in der Art des sogenannten ARNDT-SCHULTZEschen Gesetzes, interpretiert zu werden braucht. Die Depression ist ja in unseren Fällen nur ein Ausfluß und Ausdruck von mangelnder *Anregung*, nicht von *Hemmung* zellulärer Abläufe. Es soll damit das eben erwähnte Gesetz in seiner Gültigkeit für andere Gebiete keinesfalls beanstandet werden, es verdient indessen hervorgehoben zu werden, daß man durchaus auf falschem Wege ist, falls man den durch den Wortlaut ausgedrückten Umschlag einer fördernden in eine hemmende Wirkung eines Faktors als eine biologische Selbstverständlichkeit betrachtet, die aus unserer biologischen Grundauffassung gewissermaßen von selbst entspringen soll. Sollte das Gesetz auch gegebenenfalls einer strengen Kritik standhalten, so hätten wir ein tiefes und schwieriges Problem mehr vor uns.

7. Die weiteren Komponenten des mitogenetischen Effektes.

Wir sahen bereits aus den vorangehenden Ausführungen, daß die ursprüngliche Fassung des mitogenetischen Effektes — als Anregung zur vorzeitigen Teilung — sich als zu eng und einseitig erwies und durch eine viel umfassendere ersetzt werden muß. Es zeigte sich nämlich, daß adäquate Änderungen des mitogenetischen Feldes auch eine bedeutende Beschleunigung oder Verlangsamung des *Ablaufes* des Zellteilungsvorganges bewirken können, und wir können nicht umhin, in dieser neuen Tatsache eine bedeutsame Wandlung des ganzen Tatbestandes zu erblicken.

Die Analyse dieser Erscheinung muß gleichzeitig nach zwei Richtungen vordringen, indem bestimmte Vorstellungen sowohl über die Energetik des Ablaufes der Zellteilung als über Beeinflussung derselben durch mitogenetische Strahlen gebildet werden müssen.

Wir werden naturgemäß mit der Vorstellung auszukommen suchen, daß die Wirkungsweise der mitogenetischen Strahlung in beiden „Effekten" auf einer gemeinsamen Basis beruht bzw. einen gemeinsamen Angriffspunkt hat. Denn es wäre ja sicher wenig befriedigend, einem elementaren Faktor in der Art der Strahlung eine Mehrzahl diskreter Leistungen zuzuschreiben. Aus der phänomenologischen Doppelheit des Effektes lassen sich aber einige nähere Anhaltspunkte über die Wirkungsweise der Induktion gewinnen. Sie hört jedenfalls auf, eine bloße „Auslösung", d. h. Momentanwirkung zu sein, und damit haben wir vor allem zu rechnen.

Der mitogenetische Effekt in ursprünglicher Fassung wurde als eine „Alles oder Nichts"-Erscheinung behandelt, mit anderen Worten so dargestellt, als ob es einzig darauf ankäme, daß eine Zelle durch Bestrahlung in den eigentümlichen Erregungszustand versetzt werde oder nicht.

Daß die nunmehr nachgewiesene Beschleunigung bzw. Verlangsamung des Teilablaufes einer derartigen Auffassung widerspricht, versteht sich von selbst, da ja der Begriff der Beschleunigung einer quantitativen Charakterisierung bedarf und nicht einer Alternative gleichkommt. Die neue Sachlage drängt indessen dazu, auch die ursprüngliche Fassung des Teileffektes der Vorzeitigkeit aufzugeben und auch hier Gradabstufungen vorzunehmen.

Es erscheint aber vor allem als ein Postulat, die beiden Teilerscheinungen, soweit es möglich, in einheitlicher Weise aufzufassen, indem man die Vorzeitigkeit des Auftretens einer Teilung (der ursprüngliche mitogenetische Effekt) und die Beschleunigung ihres Ablaufes als verschiendene Einzelglieder einer einheitlichen Ablaufskette betrachtet.

Die allgemeinste Fassung der Beeinflussung der Zellteilung durch mitogenetische Strahlen müßte demnach etwa wie folgt lauten:

Bei experimenteller Beeinflussung eines in Vermehrung begriffenen Zellkomplexes (eines Meristems) wird der ganze Lebenszyklus der Zellen (worin natürlich sowohl die Kinese als die Interkinese mit inbegriffen sind) mehr oder weniger bedeutend abgekürzt.

Diese experimentellen Ergebnisse werden nun dahin extrapoliert, daß ein mitogenetisches Feld von bestimmter Schwellenintensität für das Zustandekommen des Zyklus überhaupt notwendig ist, d. h. bei Fehlen desselben keine Teilung stattfinden kann und der Teilungsrhythmus (innerhalb bestimmter Grenzen) (f) der Feldintensität ist.

Dieser Satz ist zur Zeit einem unmittelbar zwingenden Beweise noch nicht zugänglich und kann nur auf einen wie uns scheint nicht unbedeutenden Grad von Wahrscheinlichkeit Anspruch machen.

Wir wollen des weiteren versuchen, den Satz zu vertreten, daß die progressiven, d. h. zur Teilung führenden Abläufe in den Zellen eines adäquaten Zuflusses der mitogenetischen Strahlen bedürfen. Bleiben dieselben aus, so sind die betreffenden Abläufe gewissermaßen ausbalanciert, d. h. nicht progressiver Art.

Die Bestrahlung läßt sich wohl kaum von ausschließlich energetischer Seite auffassen, da hier ein eng umgrenztes Wellengebiet spezifisch zu sein scheint und ein Ersatz durch sehr große Intensitäten und Reizmengen von Strahlungen des nicht „mitogenetischen" ultravioletten Bereiches fruchtlos bleibt. Auch müssen die Überlegungen über die Unwirksamkeit zu hoher Intensitäten usw. ins Gedächtnis zurückgerufen werden, vor allem aber die Gesamtheit der Erfahrungen, die uns zur Überzeugung führten, daß den adäquaten Reiz nur ein bestimmtes Feldgradient liefern kann. Wir haben auch dementsprechend die Rezeptivität der Zellen für die mitogenetischen Strahlen stets von ihrer spezifischen und nicht rein energetischen Seite aufgefaßt und in engste Parallele zur Empfindlichkeit verschiedener Sinneszellen (namentlich Sehzellen) für adäquate Wellenlängen gebracht. Die Vorstellung spezifischer Resonatoren für die Strahlen bildete ja den Leitfaden der ganzen Untersuchung.

Die gegenwärtig hier vertretene Auffassung, daß nicht die Anzahl der pro Zeiteinheit die Zelle treffenden mitogenetischen Quanten für den Erfolg, d. h. den Erregungszustand, maßgebend ist, sondern daß es auf ein Gefälle innerhalb des Zellterritoriums oder auf Einseitigkeit der Bestrahlung ankommt, ist völlig im Geiste der ursprünglichen Vorstellung, da sie uns die weitere Möglichkeit zu erwägen gibt, ob nicht spezielle Zellbezirke (bzw. ein Bezirk der Zelloberfläche) das Monopol der Reizperzeption übernehmen dürften? Diese Vorstellung müßte allerdings durch eine weitere Annahme ergänzt werden — der Notwendigkeit eines Gradienten der Bestrahlung längs einer Zellachse.

Dieses Bild ist indessen nur einem bestimmten Initialzustande der Erregung momentaner Art angepaßt. Es muß erwogen werden, ob außerdem auch ein Bombardement mit Quanten von meßbarer, eventuell sogar längerer Dauer (von der Größenordnung der Gesamtbestrahlung) während des Experimentes zum mitogenetischen Effekt beitragen kann.

In anderer, konkreterer Fassung hieße es vielleicht, daß möglicherweise die Erregungsgesetze für beide nunmehr bekannte Teileffekte nicht unbedingt zusammenfallen und daß je nach Umständen auch nur der eine oder andere in Frage kommt.

Die Sachlage scheint auf Grund vorliegender Erfahrungen folgende zu sein:

Da bei bloßer Knospenabzählung die beiden Teileffekte sich, wie bereits ausgeführt, phänomenologisch neutralisieren, ist aus dem gewöhnlichen Hergange des Induktionseffektes an flüssigen Kulturen (Salkind) folgendes abzuleiten:

Wird bei adäquater Reizintensität (z. B. Blut als Strahlungsquelle) mäßige Zeit induziert, so ergibt die Knospenzählung einen Pluseffekt. Der Teileffekt „vorzeitige Teilung“ muß demnach über den zweiten: „Beschleunigung des Ablaufes“ überhandnehmen oder sogar nur allein vertreten sein.

Wird die Bestrahlung zeitlich ausgedehnt, so schlägt der erste Teileffekt ins Negative, der zweite Teileffekt wird dagegen manifest. Einige ungefähre Berechnungen ergeben sogar, daß vorzeitige Knospungen völlig sistieren und nur noch die Beschleunigung der einmal in Gang gesetzten Teilungen stattfindet.

Wenn wir die zeitlichen Verhältnisse der beiden Teileffekte zusammenstellen, so erscheint es als mehr oder weniger gesichert, daß sie gleichzeitig einsetzen. Wir finden in der Tat, daß schon 1 Stunde nach Ablauf der Induktion die Anzahl der Individuen um etwa 50% im Vergleich zur Kontrolle zunehmen kann, und daß nach etwa 30 Minuten die Zunahme der Sprossenzahl nachweisbar ist. Der weitere Verlauf der beiden Teileffekte ist indessen, soweit beurteilt werden kann, verschieden. Der „Sprossungseffekt", wie wir kurz die Zunahme der Sprossenzahl bezeichnen wollen, nimmt im weiteren Verlaufe, wie Kurajeffs Ermittelungen ergaben, im Laufe von etwa 2 Stunden noch zu, um dann allmählich abzuklingen. Der Vorsprung in der Individuenzahl, der „Vermehrungseffekt", scheint dagegen einmalig zu sein, denn das nach 1 Stunde erreichte prozentuale Verhältnis zwischen Induktionskultur und Kontrolle wird meist auch während der nächsten Stunden annähernd gewahrt, wenn es nicht gar etwas zu ungunsten der Induktionskultur verschoben wird. Dieses Verhalten ist von allergrößter Wichtigkeit, da es uns über das gegenseitige Verhältnis der beiden Teileffekte aufzuklären vermag.

Die Zeitkurve des Sprossungseffektes mußte im Zusammenhange mit einer Reihe anderer Erscheinungen in dem Sinne gedeutet werden, daß die überzähligen, zur vorzeitigen Teilung angeregten Zellen eine Erhöhung der Intensität des Feldes des Detektors bewirken und daher ihrerseits weitere Zellen zur vorzeitigen Teilung anregen usw. Diese Intensitätssteigerung scheint indessen für das Zustandekommen des Vermehrungseffektes unzureichend zu sein, da, wie wir sahen, letzterer nur eine Initialanregung während und durch die experimentelle Bestrahlung erfährt. Es dürfte demnach auf gewisse Unterschiede in der Feldbeschaffenheit hier und da ankommen, die nicht schwer abzuleiten sind.

Die Erhöhung der Feldintensität bei Bestrahlung von außen erfolgt unvermittelt und ergreift unter gewöhnlichen Versuchsbedingungen das ganze Feld. Sie muß offenbar auch recht bedeutend sein, da nach grober Schätzung die Intensität der Außenstrahlung etwa $^1/_6$ der von der Detektoroberfläche nach innen gerichteten Strahlung beträgt. Auch handelt es sich um Anregung in erster Linie von Sekundärstrahlern (in den oberflächlichen Lagen, sofern es sich um Agarkulturen handelt).

Die Nachwirkung der Induktion, die sich in der Zeitkurve des Sprossungseffektes zu erkennen gibt, scheint zum großen Teil auf dem prämitotischen Aufleuchten der überzählig angeregten Zellen zu beruhen und ist wohl von geringerer Intensität und mehr lokalem Charakter.

Es scheint demnach, als ob der Vermehrungseffekt eine größere Feldsteigerung als der Sprossungseffekt beanspruche.

Korrekter muß es natürlich heißen, daß die wohl im allgemeinen innerhalb weiter Grenzen stetige Funktion, die die Beziehung zwischen Feldintensität und Teilungsrhythmus ausdrückt, einen merkbaren Anstieg nur bei relativ bedeutender Feldintensität annimmt.

Es scheint demnach, als ob eine gewisse Etappe des Zellturnus, die dem Eintritt in die Teilung unmittelbar vorangeht, durch ihre besondere Labilität bzw. relativ leichte Beeinflußbarkeit durch mitogenetische Strahlung ausgezeichnet wäre.

Auf die rein formale Erkenntnis, daß der Teilungsrhythmus wesentlich Funktion der Feldintensität des Detektors ist, müssen wir uns offenbar beschränken. Über die näheren Angriffspunkte und Angriffswege der strahlenden Energie auf den Zelleib können wir natürlich bloß Vermutungen anstellen. Im allgemeinen sind natürlich verschiedene Möglichkeiten denkbar, die sich etwa wie folgt klassifizieren ließen:

1. Umwandlung der zugeführten strahlenden Energie in Wärme (Dessauer).

2. Direkte photochemische Wirkung, die etwa auf Abspaltung gewisser Betriebsstoffe oder Energieentbindung hinausläuft.

3. Direkte Beziehung der kinetischen Energie der Strahlung zu den kinetischen Abläufen, aus denen sich die Teilung zusammensetzt.

Im Bereiche der experimentellen Prüfung scheint nur die zweite Eventualität zu liegen. Einen gewichtigen Fingerzeig in dieser Richtung geben die bereits mehrmals analysierten Erscheinungen der Sekundärstrahlung. Die Tatsache, daß sie wohl ganz allgemein auf Glykolyse beruht, wie es sich aus der Spektralanalyse ergibt, wäre sogar ganz eindeutiger Art, falls der Nachweis gelingen würde, daß die Sekundärstrahlung auch aus den zur Teilung schreitenden oder in Teilung befindlichen Zellen stammt.

Wir wissen indessen, daß an dem bisher einzigen klaren Fall — der mitogenetischen Strahlung während der Furchung der Seeigeleier — erstere der Teilung zeitlich vorangeht. Soweit man aus negativen Befunden bindende Schlüsse ziehen darf, scheint es demnach, als ob während des Teilungsaktes selbst eine Bestrahlung der Zelle entbehrlich wäre. Es läßt sich indessen natürlich nicht ausschließen, daß die Strahlung der Eier, wenn auch in subliminaler Intensität, auch hier persistiert. Es ist aber andererseits gar nicht gesagt, daß jeder photochemische Vorgang unbedingt mit Chemoluminiscenz einhergehen müßte.

Nachwort.

Die Lehre von der mitogenetischen Strahlung hat in den neun Jahren seit der ersten Schilderung des Phänomens eine nicht geringe Wandlung ihrer allgemeinen Tendenz und Interessensphäre erfahren. Das ursprüngliche leitende Problem — die kausale Erforschung der Zellteilung — droht allmählich ganz in den Hintergrund zu treten, um durch ein viel allgemeineres verdrängt zu werden. Es ist indessen nicht gar so leicht, die mannigfachen sich hier geltend machenden Bestrebungen und Strömungen unter einem gemeinsamen Gesichtspunkte zusammenzufassen und durch eine einheitliche Formel zu charakterisieren. Der Gefahr, das mitogenetische Forschungsgebiet in eine zusammenhanglose Sammlung aphoristischer Ermittelungen verwandelt zu sehen, muß mit allen Kräften entgegengearbeitet werden, und da wir es ja mit einem Neuland zu tun haben, müssen die bereits erworbenen Erfahrungen in der Hauptsache dazu benutzt werden, der ferneren Forschung scharfe und weitausblickende Problemstellungen zu eröffnen.

Wenn wir den bunten Inhalt der einzelnen Ermittelungen an uns gedanklich vorbeiziehen lassen, so bleibt eigentlich der Eindruck vorherrschend, daß wir es vor allem mit einem neuen Forschungsmittel, einer neuen Nachweismethode äußerst geringer Intensitäten eines bestimmten ultravioletten Bereiches zu tun haben. Die Bedeutung eines äußerst empfindlichen und bequemen Testes läßt sich den biologischen mitogenetischen Detektoren jedenfalls nicht absprechen. Es läßt sich auch nicht übersehen, welche weiteren Dienste diese biologische Methode des Nachweises eines physikalischen Faktors noch leisten wird. Es hieße indessen den Skeptizismus und Pessimismus zu weit treiben, wollte man das neue Erscheinungsgebiet ausschließlich von dieser rein technischen Seite bewerten. Denn die Hauptsache ist ja schließlich nicht allein, daß minimale Intensitäten des kurzwelligen Ultraviolett nunmehr nachgewiesen werden *können*, sondern vor allem, daß dasselbe eine so ungeahnt allgemeine Verbreitung besitzt und bei so verschiedenen chemischen Reaktionen und Umsätzen auftritt.

Die Frage spitzt sich demnach in letzter Instanz folgendermaßen zu:

Ist das kurzwellige Ultraviolett ein wichtiger, ja maßgebender Naturfaktor oder eine weitverbreitete aber an sich belanglose Nebenerscheinung, etwa analog der Wärmebildung bei jedem Energieumsatz?

Wie jeder teleologisch angehauchten Fragestellung haftet auch dieser ein bestimmtes Maß von Subjektivität und Verschwommenheit an, die nur durch möglichst präzise Formulierung bekämpft werden kann.

Es kann dies nur durch eine passende und sachgemäße Definition oder Verabredung geschehen.

Es sei dieses zunächst an der wichtigen, viel diskutierten Frage erläutert, die sich auf die mitogenetische Strahlung als teilungsfördernden Faktor bezieht. Sie lautet: Liegt Veranlassung zur Annahme vor, daß wir es mit einem adäquaten genuinen Faktor zu tun haben?

Aus der Gesamtheit unserer Erfahrungen über den mitogenetischen Effekt geht unmittelbar nur das eine hervor: In den Zellkomplexen, wo Zellvermehrung bereits stattfindet, wird sie durch Bestrahlung, d. h. durch Willkür des Experimentators, gesteigert. Darf daraus geschlossen werden, daß 1. auch die ohne den Eingriff, also phänomenologisch rein „spontan" stattfindenden Zellteilungen mitogenetischer Strahlung als notwendiger Voraussetzung bedürfen, und 2. daß letztere den eigentlichen „genuinen" Teilungsfaktor darstellt?

Wir stehen hier vor einer Frage von grundlegender Bedeutung, die neuerdings unter anderem eine treffende Beleuchtung durch WASSERMANN erfahren hat, an die wir zweckmäßigerweise anknüpfen wollen. Dieser Autor wirft mit Recht die Frage auf, „ob man unbedingt sich auf dem rechten Wege befindet, wenn man darauf ausgeht, in den komplexen Bedingungen (nämlich des Zustandekommens einer Mitose G.) jeweils *einen bestimmten* Faktor zu ermitteln, der in allen Fällen vorhanden sein *muß*, damit eine Zellteilung eintreten kann".

Gesetzt, es wäre der von WASSERMANN postulierte Nachweis erbracht, d. h. die Allgegenwart der mitogenetischen Strahlung bei *jeder* Mitose nachgewiesen. Was wäre damit im Sinne der zweiten von uns aufgeworfenen Frage gewonnen?

Die Strahlung könnte unter keinen Umständen als der *einzige notwendige* Faktor gelten, da ja eine schwer übersehbare Anzahl anderer elementarer Faktoren der Umwelt, wie z. B. Sauerstoff usw., die gleiche Forderung der Allgegenwart erfüllen. Es folgt aber schon aus dieser einfachen Erwägung, daß auch das Postulat, es *müsse* bei Anwesenheit der Strahlung (wie jedes anderen *notwendigen* Faktors) die Teilung zwangsmäßig erfolgen, unerfüllbar und unberechtigt wäre[1].

Läßt sich demnach der Begriff oder das Verlangen nach einem „genuinen" Teilungsfaktor überhaupt scharf fassen, hat das Wort einen angebbaren konkreten Sinn?

Die Diskussion dieser Frage ist es, die uns vor allem beschäftigen soll, da die erste Vorbedingung für einen genuin sein sollenden Faktor — seine Ubiquität — durch unsere vorangehende Darstellung genügend gesichert erscheint.

Wir werden zweckmäßiger von einer Analogie ausgehen, indem wir die Nervenerregung als Beispiel nehmen. Wir werden sofort einsehen, daß, obzwar wir hier einen „genuinen" Faktor gewissermaßen gefühlsmäßig postulieren, wir in der Suche nach demselben an bestimmte Verabredungen oder Definitionon gebunden sind.

Wir können einen solchen erstens in demjenigen transzendenten Faktor, der als „Wille" bezeichnet wird und unsere motorische Sphäre in Erregung versetzt, erblicken. Daß er wirklich „genuin" in des Wortes eigenstem Sinne ist, dürfte wohl kaum bestritten werden.

Wir können aber auch von einem anderen Gesichtspunkte ausgehen, indem wir etwa folgende Betrachtung anstellen:

Der motorische Nerv reagiert in offenbar identischer Weise auf grundverschiedene Impulse, wie Willensakt, elektrischen, mechanischen, chemischen Reiz. Es muß daraus unbedingt gefolgert wer-

[1] Vgl. HABERLANDTS Ausführungen und deren Widerlegung S. 92.

den, daß die primär, d. h. unmittelbar natürlich verschiedenen, durch diese heterogenen Faktoren gesetzten Änderungen im Nerven schließlich alle in *einen gemeinsamen* Faktor, etwa wie mehrere Quellen in ein gemeinsames Bett, einmünden. Es kann auch vereinbart werden, dieses *erste Glied* der unter allen Umständen gleichbleibenden Ablaufskette als „genuinen" Erregungsfaktor zu bezeichnen.

Wir sehen aus diesem Paradigma, daß der Begriff eines genuinen Faktors sich wohl in berechtigter Weise aufstellen und vertreten läßt, daß dies aber erst auf Grund einer *Verabredung* oder *willkürlichen Definition* erfolgen muß und kann.

Wir wollen nun auch für unser Problem — die Verursachung der Zellteilung — den Versuch wagen, eine konkrete berechtigte und sinngemäße Definition desjenigen der Faktoren zu geben, den wir als den „spezifischen" oder „genuinen" bezeichnen wollen.

Daß er universell und allgegenwärtig sein muß, braucht nicht erst betont zu werden. Es muß ihm aber außerdem eine Reihe anderer Eigenschaften zukommen, die ihm gewissermaßen eine ausgezeichnete Stellung innerhalb des Faktorenkomplexes einräumen könnten. Wir können nun das Schwergewicht der Betrachtung auf den Begriff der „ausgezeichneten" Stellung eines bestimmten Faktors verlegen, indem wir einfach *definieren*:

Sollte die Analyse ergeben, daß nur *ein* bestimmter (allgegenwärtiger) Faktor außerdem „ausgezeichnete" Eigenschaften besitzt, so wird er als der „spezifische" *definiert*. Man muß sich eben klar machen, daß weiter überhaupt nicht gegangen werden kann.

Die ausgezeichnete Stellung eines Faktors kann indessen ihrerseits auf einem bestimmten, scharf ausgesprochenem Zuge (etwa seiner Exklusivität) beruhen, oder aus einer Mehrheit, einer ganzen Konstellation von Eigenschaften entspringen. In unserem Problem scheint eher letzteres der Fall zu sein: das Zusammentreffen mehrerer, einzeln nicht entscheidender Eigenschaften scheint dem mitogenetischen Faktor seine Sonderstellung einzuräumen.

In erster Linie erwarten wir, daß der ausgezeichnete Faktor adäquat sei, und die mitogenetische Strahlung ist es in unbestreitbarer Weise. „Adäquat" heißt soviel als „am besten angepaßt" und für „optimale Angepaßtheit" finden wir leicht eine objektive und unzweideutige Definition.

Wenn wir das „sichtbare Spektralgebiet“ als den adäquaten Reiz für die Netzhaut betrachten, wo doch auch elektrische und mechanische Schläge Lichtempfindungen auslösen, so geschieht es aus zweifachem Grund. Erstens einem teleologischen, anthropomorphen, der aber daher durchaus nicht zu verachten ist: Die Affektion des Sehorgans erfolgt eben unter normalen Verhältnissen nur durch Lichtstrahlen und nur die durch dieselben ausgelösten Erregungszustände werden vom Organismus verwertet. Der zweite objektive Grund wurzelt in dem Umstande, daß nur dem Lichtreiz ein außerordentlich niederer Schwellenwert zukommt, die mechanische und elektrische Beeinflussung dagegen bei ganz unvergleichlich höheren energetischen Werten einen oberschwelligen Erregungszustand erzeugen.

Aus dieser Betrachtung können wir nun unsere Definition der Adäquatheit des mitogenetischen Faktors ableiten.

Ein Faktor, der für das Zustandekommen der Zellteilung *unentbehrlich* ist und aus dem Komplexe der übrigen unentbehrlichen Faktoren sich dadurch auszeichnet, daß er *energetisch ein scharf ausgesprochenes Minimum* des Schwellenwertes besitzt, möge als der „spezifische“ oder „adäquate“ Faktor bezeichnet werden.

Wenn wir unter diesem Gesichtspunkte die mitogenetische Strahlung bewerten, so haben wir wohl ein Anrecht, in derselben einen adäquaten Teilungsfaktor zu erblicken.

Im Kapitel über die Physik der mitogenetischen Strahlung wurde gezeigt, daß der Schwellenwert ihrer physiologischen Wirkung bzw. der Reziptivität der Zellen für die Strahlen, ein im Vergleich zu allen anderen Bereichen des Spektrums außerordentlich tiefer und von der Größenordnung derjenigen der Sinnesorgane für deren respektive adäquate Reize ist.

In zweiter Linie kommt noch eine empirisch ebenfalls wohlbegründete Eigenart des Ansprechens der Zellen auf die mitogenetische Strahlung hinzu, die die Bedeutung und Tragweite des Prinzips in ein besonders günstiges Licht rückt; es ist dieses die Selektivität der Reizperzeption, die sowohl mit der individuellen, eventuell auch momentanen Verfassung der einzelnen Zellen, als auch mit rein lokalen Verhältnissen der Intensität des mitogenetischen Feldes zusammenhängt.

Und drittens könnte noch die ausgezeichnete Stellung des mitogenetischen Faktors darin erblickt werden, daß ihm nicht bloß die

Bedeutung eines „auslösenden" Faktors zukommt (wie unsere ursprüngliche Auffassung lautete). Der ganze Ablauf der Mitose scheint vielmehr innerhalb weiter Grenzen eine eindeutige Funktion der mitogenetischen Feldintensität zu sein.

Wir sehen demnach, daß der Auffassung der mitogenetischen Strahlung als des „genuinen" Teilungsfaktors keine Schwierigkeiten erwachsen dürften. Es lassen sich aber andererseits schwerlich Umstände denken, unter denen eine andere Definition der Genuität oder Spezifität eines elementaren, d. h. Teilfaktors gegeben werden könnte.

Wenn wir das gleiche Maß der Beurteilung der Bedeutung der mitogenetischen Strahlung für die anderen Seiten des Lebensgetriebes anzuwenden versuchen, so dürften wir indessen auf weit größere Schwierigkeiten stoßen, die einen zweifachen Grund haben: erstens die mangelnde Präzision der Fragestellung und zweitens die große Lückenhaftigkeit unserer tatsächlichen Kenntnisse.

Es kann als feststehend gelten, daß die mitogenetische Bestrahlung auch in den in Betracht kommenden minimalen Intensitäten, den Stoffwechsel verschiedener bisher geprüfter Elemente in recht eingreifender Weise beeinflußt. Darf daraus und aus der weiten Verbreitung des kurzen Ultravioletts bei verschiedensten Umsätzen gefolgert werden, daß auch der normale, experimentell unbeeinflußte Metabolismus von dem selbsterzeugten Ultraviolett beherrscht bzw. mitbeeinflußt wird, oder, allgemein gesprochen, daß der strahlende Faktor im Getriebe und namentlich Koordination der Lebensabläufe den chemischen Faktoren (etwa Hormonen) ebenbürtig zur Seite steht?

Es muß vorweg genommen werden, daß unsere Erfahrungen auf diesem weiten Gebiete noch sehr lückenhaft sind und daß es sich höchstens um ein Abtasten des noch fast jungfräulichen Bodens handeln kann.

Wir wollen nacheinander die Erfahrungen durchnehmen, die uns immerhin einige Berechtigung oder wenigstens Veranlassung geben, an eine tiefere Bedeutung des kurzen Ultraviolett für das Gesamtgetriebe des Organismus zu denken.

Es stehen hier unseres Erachtens die Ermittelungen über mitogenetische *Sekundärstrahlung* obenan. Denn in Anbetracht des sehr hohen Absorptionskoeffizienten der meisten organischen Medien für kurze ultraviolette Strahlen wäre an eine nennenswerte Fortpflanzung bzw. Vordringen eines lokalen Strahlungsherdes in die Tiefe eines Gewebes ohne das eben erwähnte Phänomen gar nicht zu denken.

Die Sekundärstrahlung ist aber andererseits ein Symptom einer sehr eingreifenden Beeinflussung des Metabolismus der sie erzeugenden Gewebselemente, da, wie wir sowohl an pflanzlichen, wie zum Teil auch an einem tierischen Objekte (Flimmerepithel[1]) sahen, eine relativ kurz währende mitogenetische Bestrahlung eines Organs dessen Vermögen zur Sekundärstrahlung zum Schwund bringt.

Die Fortleitung einer, rein provisorisch als „mitogenetischer Erregungszustand" bezeichneten Störung des Metabolismus durch einen lokal erzeugten Strahlungsherd auf längere Strecken, ist jedenfalls eine an so verschiedenen Objekten wie Zwiebelwurzeln, Froschmuskeln und Nerven bewiesene Tatsache. Es liegen sogar gewichtige Hinweise in dem Sinne vor, daß die eingeschalteten „Sekundärstrahler" als eine Art von Relais oder Transformatoren eine nicht unbeträchtliche Steigerung, zuweilen ein lawinenartiges Anwachsen des lokal gesetzten Effektes bewirken.

Angesichts dieser Erfahrungen erscheint es durchaus berechtigt, die Frage aufzuwerfen, ob wir nicht in dem kurzen Ultraviolett ein wichtiges (oder sogar das eigentliche) Prinzip der Fortleitung der Erregungszustände zu erblicken hätten, die in allerverschiedenster Form in den einzelnen Organen auftritt und zu den am wenigsten geklärten Grundproblemen der Physiologie gehört.

Wir dürfen nicht verkennen, wie weit wir von einer wirklichen Entscheidung in dieser wichtigen Frage sind. Es lassen sich indessen die allgemeinen Ausblicke nach dieser Richtung zum mindesten präzisieren.

In erster Linie sind hier die zeitlichen Verhältnisse zu erwägen.

Die Fortpflanzungsgeschwindigkeit der Erregung des Nerven und des Muskels ist von einer Größenordnung, die nur durch komplizierte Voraussetzungen und Modelle reproduziert werden kann. Es dürfte daher sicher von Interesse sein, daß wir in dem relativ sehr durchsichtigen Fall der Fortpflanzung des mitogenetischen Erregungszustandes längs der Zwiebelwurzel und der Nerven gewissermaßen ein natürliches Modell von der gesuchten Größenordnung der Geschwindigkeit besitzen. Ein aus Sekundärstrahlern aufgebautes (oder solche enthaltendes) System kann demnach jeden-

[1] Nicht veröffentlichte Versuche von ZOGLINA.

falls das Gewünschte — eine Fortleitung eines chemischen Umsatzes mit einer Geschwindigkeit von der Größenordnung von mehreren Zehnern von Meter/Sekunde — wohl leisten.

Eine weitere Eigenart der Fortleitung verschiedener Erregungszustände ist deren Dekrementlosigkeit, die unter Umständen auch in ein lawinenartiges Anwachsen umschlägt. Wir sahen, daß auch hier die Fortleitung bzw. Ausbreitung des mitogenetischen Erregungszustandes auf dem Wege der Sekundärstrahlung allen Anforderungen entspricht. Auch die im vorangehenden bereits betonte Selektivität der mitogenetischen Perzeption sei hier nochmals erwähnt. Es braucht wohl kaum betont zu werden, von welchem Werte für die Deutung der Erregungsvorgänge im Nervensystem eine einfache ungezwungene Ableitung eines derartigen „Resonanzprinzips", um das von WEISS so glücklich eingeführte Wort zu gebrauchen, werden könnte.

Wenn wir demnach die Sachlage in objektiver und unvoreingenommener Weise würdigen, so liegt eine gewisse Veranlassung vor, die Anschauung zu vertreten, daß die „mitogenetische" Strahlung, die sowohl im Muskel wie im Nerven (und Zentralnervensystem) nachgewiesen wurde, möglicherweise doch etwas mehr als eine bloße belanglose Nebenerscheinung darstelle. Es soll dabei allerdings nicht verkannt werden, daß es sich um eine bloße Arbeitshypothese handelt. Sie scheint jedoch unseres Erachtens einer ernsten Erwägung wert.

Es muß noch eines anderen Gebietes gedacht werden, wo der Gedanke an eine tiefere Bedeutung der mitogenetischen Strahlung ebenfalls eine gewisse Berechtigung besitzt — wir meinen die Natur der Fermentwirkung.

Es ist jedenfalls beachtenswert, daß Ferment- und Strahlenwirkung sich vielfach gegenseitig vertreten können. Wir können uns hier zwei derartige Fälle ins Gedächtnis zurückrufen: den von KARPASS nachgewiesenen Schwund der Blutstrahlung durch Bestrahlung mit Ultraviolett (die wohl auf forcierte Glykolyse hinweist) und das Verhalten der Infusorien, die in gleicher Weise zur Aussendung mitogenetischer Strahlen, sei es durch gesteigerte Glykolyse (Zusatz von Glykose zum Nährsubstrat), sei es durch mitogenetische Bestrahlung, veranlaßt werden können. Für ein tieferes Eindringen in die hier möglicherweise vorliegenden Zusammenhänge liegen reichliche experimentelle Möglichkeiten vor.

Die am Eingang dieses Schlußkapitels aufgeworfene, pessimistisch oder zum mindesten skeptisch angehauchte Frage nach der tatsächlichen biologischen Tragweite mitogenetischer Strahlung kann, wie wir sehen, eine Beantwortung erfahren, die auch den kühnsten Hoffnungen gerecht werden dürfte. Es erscheint nicht unwahrscheinlich, daß unsere Gesamtauffassung des Lebensgetriebes durch die Erkenntnis, daß strahlende, vom Organismus selbst produzierte Energie in mannigfacher Weise mächtig eingreift, eine bedeutende Wandlung erfahren soll. Es wäre indessen voreilig und für die tiefere Erkenntnis wenig förderlich, wollten wir uns durch die relativ leichten Erfolge, wie sie fast stets dem Vordringen in ein wissenschaftliches Neuland beschieden sind, soweit hinreißen lassen, die Tragweite des neuentdeckten Faktors zu überschätzen und der Einseitigkeit der ausschließlich chemischen Behandlung der Lebensabläufe die nicht minder exklusive physikalische substituierten.

Literaturverzeichnis.

Die mit * bezeichneten Schriften waren dem Verfasser nicht zugänglich.

ACS, L.: Zbl. Bakter. **120**, 1931. — ANIKIN: Das Nervensystem als Quelle mitogenetischer Strahlung. Roux' Arch. **108** (1926).

BARON, M. A.: Über mitogenetische Strahlung bei Protisten. Ebenda **108** (1926). — Bakterien als Quellen mitogenetischer Strahlung. Zbl. Bakter. II, **73** (1928). — Ein mitogenetischer Makroeffekt. Naturwiss. **17** (1929). — Analyse der mitogenetischen Induktion und deren Bedeutung in der Biologie der Hefe. Planta (Berl.) **10** (1930). — *BERGAUER, V.: Quelques observations sur les radiations mitogenetiques de GURWITSCH. C. r. Assoc. Anat. **23**, (1928). — BLACHER, L. u. HOLZMANN, O. G.: Resorptionsprozesse als Quelle der Formbildung. I. Die Rolle der mitogenetischen Strahlung im Prozesse der Metamorphose der schwanzlosen Amphibien. Roux' Arch. **122** (1930). — BLACHER u. BROMLEY, N.: Resorptionsprozesse als Quelle der Formbildung. II. Mitogenetische Ausstrahlungen bei der Regeneration des Kaulquappenschwanzes. Ebenda **122**. — BLACHER u. HOLZMANN: III. Mitogenetische Ausstrahlungen während der Metamorphose bei *Urodela*. Ebenda **123**. — BLACHER u. BROMLEY: IV. Mitogenetische Ausstrahlungen bei der Schwanzregeneration der Urodelen. Ebenda **123**. — BLACHER, L. u. SAMARAJEW, W.: Die Organisationszentren der *Hydra fusca* als Quelle mitogenetischer Strahlung. Biol. Zbl. **50** (1930). — BLACHER, L., WORONZOWA, M., LIOSNER, L. u. SAMARAJEW: Resorptionsprozesse als Quelle der Formbildung. VII. Die mitogenetischen Ausstrahlungen als Stimulus des Wachstums des Vorderbeines bei der Metamorphose von *Rana*. Roux' Arch. **1930**. — BORODIN, D. N.: Energy emanation during cell division processes (M-rays). Plant Physiol. **5** (1930). — BROMLEY, N.: Resorptionsprozesse als Quelle der Formbildung. VI. Der Einfluß der primären Verheilung der Wunde auf die Entstehung mitogenetischer Ausstrahlungen in ihr. Ebenda **123** (1930). — BRUNETTI, R. e MAXIA: Sulla fotografia e la eccitazione delle radiazioni del GURWITSCH. Atti Soc. Cultori Sci. Med. Natur. Cagliari **1930**, Fasc. 2. — BYRUKOV, D.: Über GURWITSCHS mitogenetische Strahlen. Russk. fiziol. Z. **1926**.

CASTALDI, L.: Stato attuale delle conoscenze sulle radiazioni vitali. „Morgagni" **4** (1931). — Radiazioni mitogenetiche. Pubbl. Ist. Biol. Marina del Tirreno in S. Bartolomeo (Cagliari) **1929**. — CHOUCROUN, N.: Sur l'hypothese du rayonnement mitogenetique. C. r. Acad. Sci. Paris **182** (1929). — *On the hypotheses of mitogenetic Radiation. J. Mar. biol. Assoc. U. Kingd. **17** (1930). *Ann. physiol. **6** (1930). C. r. Ac. Sc. **1931**. — CHRISTIANSEN, W.: Das Menotoxinproblem und die mitogenetischen Strahlen. Ber. dtsch. bot. Ges. **47** (1929). — CHRUSTSCHOFF, G. K.: Über die Ursachen des Gewebewachstums in vitro. 1. Die Quellen der mitogenetischen Strahlen in Gewebekulturen. Arch. exper. Zellforschg. **9** (1930).

Frank, G. u. Salkind, S.: Die Quellen der mitogenetischen Strahlung im Pflanzenkeimling. Roux' Arch. **1926**. — Die mitogenetische Strahlung der Seeigeleier. Ebenda **110** (1927). — Frank: Das mitogenetische Reizminimum und Maximum und die Wellenlängen mitogenetischer Strahlung. Biol. Zbl. **49** (1929). — Frank et Popoff: Le rayonnement mitogénétique du muscle en contraction. C. r. Acad. Sc. **188** (1929). — Frank (unter Mitwirkung von Popoff): Die mitogenetische Strahlung des Muskels und ihre Verwertung zur Analyse der Muskelkontraktion. Pflügers Arch. **223** (1929). — Frank u. Kurepina: Die gegenseitige Beeinflussung der Seeigeleier als mitogenetischer Effekt betrachtet. Roux' Arch. **1930**.

Gesenius: Über Stoffwechselwirkungen mitogenetischer Strahlen. Biochem. Z. **1929**. — Über Stoffwechselwirkungen von Gurwitsch-Strahlen. Ebenda **225** (1930). — Über die Gurwitsch-Strahlung menschlichen Blutes und ihre Bedeutung für die Karzinomdiagnostik. Ebenda **226** (1930). — Gurwitsch, A.: Über Ursachen der Zellteilung. Roux' Arch. **52** (1922). — Die Natur des spezifischen Erregers der Zellteilung. Arch. mikrosk. Anat. u. Entw.mechan. **100** (1923). — Physikalisches über mitogenetische Strahlen. Ebenda **103** (1923). — Sur le rayonnement mitogénétique des tissus animaux. C. r. Soc. Biol. Paris **91** (1924). — Les problèmes de la mitose et les rayons mitogénetiques. Bull. Histol. appl. **1924**. — Das Problem der Zellteilung physiologisch betrachtet. Berlin: Julius Springer 1926. — Einige Bemerkungen zur vorangehenden Arbeit von Herrn Rossmann. Roux' Arch. **1928**. — Über den derzeitigen Stand des Problems der mitogenetischen Strahlung. Protoplasma (Berl.) **6** (1929). — Die mitogenetische Strahlung aus den Blättern von *Sedum latifolium*. Eine Erwiderung an Haberlandt. Biol. Zbl. **49** (1929). — Methodik der mitogenetischen Strahlungsforschung. Abderhaldens Handbuch der biologischen Arbeitsmethoden V, 2—2 (1929). — Einige Betrachtungen zur Arbeit von Gesenius: Über Stoffwechselwirkungen der Gurwitsch-Strahlen. Biochem. Z. **229** (1930). — Bemerkung zur Arbeit von J. Schreiber u. W. Friedrich: Über Nachweis und Identität der mitogenetischen Strahlung. Ebenda **230** (1930). — Die Intensität mitogenetischer Strahlung und das Zustandekommen des mitogenetischen Effektes. Naturwiss. **19** (1931). — Die fundamentalen Gesetze der mitogenetischen Erregung. Arch. exper. Zellforschg **11** (1931). — Gurwitsch, A. u. N.: Fortgesetzte Untersuchungen über mitogenetische Strahlung und Induktion. Arch. mikrosk. Anat. u. Entw. mechan. **103** (1924). — Gurwitsch, A. u. L.: Weitere Untersuchungen über mitogenetische Strahlung. Ebenda **104** (1925). — Über den Ursprung der mitogenetischen Strahlen. Roux' Arch. **105**. — Über die präsumierte Wellenlänge mitogenetischer Strahlen. Ebenda **105**. — Die Produktion mitogenetischer Stoffe im erwachsenen tierischen Organismus. Ebenda **107**. — Sur le rayonnement mitogenetique Secondaire. C. r. Acad. Sc. Paris **184** (1927). — Zur Energetik der mitogenetischen Induktion und Zellteilungsreaktion. Roux' Arch. **113** (1929). — Die mitogenetische Strahlung des Karzinoms. Z. Krebsforschg **29** (1927). — Gurwitsch, A. u. L. u. Pere-

PELKINA: Zur Analyse der Latenzperiode der Zellteilungsreaktion. Roux' Arch. **109**. — GURWITSCH, A. u. FRANK, G.: Zur Frage der Identität mitogenetischer und ultravioletter Strahlen. Ebenda **109**. — GURWITSCH, L. u. ANIKIN, A.: Das Cornealepithel als Detektor und Sender mitogenetischer Strahlen. Ebenda **113**. — GURWITSCH, A. u. L. u. KISLIAK-STATKEWITSCH, M.: Sur le rayonnement mitogenetique du cancer. C. r. Soc. Biol. Paris **100** (1929). — GURWITSCH, A. u. L. (unter Mitwirkung von LAPZINSKI, MARTINOFF, SALKIND, FRANK): Über ultraviolette Chemoluminiszenz usw. Biochem. Z. **196** (1928). — GURWITSCH, L.: Roux' Arch. **103** (1924). — GURWITSCH, L. u. SALKIND, S.: Das mitogenetische Verhalten des Blutes Karzinomatöser. Ebenda **211** (1929). — GURWITSCH, ANNA: Die Fortpflanzung des mitogenetischen Erregungszustandes in den Zwiebelwurzeln. Roux' Arch. **124** (im Druck). — v. GUTTENBERG, H.: Die Theorie der mitogenetischen Strahlung. Biol. Zbl. **48** (1928). — Schlußwort zur Arbeit von ROSSMANN. Roux' Arch. **113** (1929).

HABERLANDT, G.: Über „mitogenetische Strahlung". Biol. Zbl. **49** (1929). — HOLZMANN, O.: Resorptionsprozesse als Quelle der Formbildung. V. Mitogenetische Ausstrahlung während der Metamorphose bei *Drosophila*. Roux' Arch. **1930**.

KARPASS u. LANSCHINA: Mitogenetische Strahlung bei Eiweißverdauung. Biochem. Z. **215** (1929). — KISLIAK-STATKEWITSCH: Das mitogenetische Strahlungsvermögen des Kartoffelleptoms. Roux' Arch. **109** (1927). — Die mitogenetische Strahlung des Karzinoms. Z. Krebsforschg **29** (1929).

LOOS, WALTER: Untersuchungen über mitogenetische Strahlen. Jb. Bot. **72** (1930).

MAGROU, H. u. M.: Recherches sur les radiations mitogénétiques. Bull. Histol. appl. **4** (1927). — Radiations mitogenetiques et genèse des tumeurs. C. r. Acad. Sc. **184** (1929). — MAGROU, J.: Sur l'interpretation des actions biologiques à distance. Ebenda **190** (1930). — MAGROU, J.: Action à distance du *Bacterium tumefaciens* sur le developpement de l'oeuf d'oursin. C. r. Acad. Sci. Paris **186** (1928). — MAGROU, J. et CHOUCROUN, F.: Action à distance du *Bacterium tumefaciens* sur le developpement de l'oeuf d'oursin. Nouvelles recherches. Ebenda **188** (1929). Action à distance du *Bacterium tumefaciens* sur le developpement d'oeuf d'oursin. Bull. Inst. Oceanogr. Monaco 1929. — MAGROU, J. u. M. a. REISS, P.: Action à distance des divers facteurs sur le developpement de l'oeuf d'oursin. C. r. Acad. Sci. Paris **189** (1929). — MAGROU, J. et. M.: Actions à distance etc. C. r. Acad. Sci. **191** (1930). — MAGROU, J. et M.: Actions à distance sur l'oeuf fécondé, le sperme et l'oeuf vierge d'oursin. C. r. Acad. Sci. **191** (1930). — MAXIA, C.: Conferma dell'esistenza delle radiazioni mitogenetiche del GURWITSCH dimostrata sui blastomeri di *Paracentrotus lividus*. Monit. zool. ital. **40** (1929). — Intensificatione della segmentatione di uova di *Paracentrotus lividus* sotto l'influenza di radiazioni mitogenetiche. R. Comitato talassografico ital. Memoria **155** (1929). — MOISSEJEWA, M.: Über die mitogenetische Strahlung von GURWITSCH. Ukrain. bot. Rev. **5** (1929).

*NAVILLE, A.: Action des rayons mitogénétiques à travers un ecran de quartz. Mém. Soc. Physiol. et Histol. natur. Génève **46** (1929). — *Les rayons mitogénétiques; exposé de quelques resultats. Rev. suisse Zool. **36** (1929).

*Petri, L.: Sopra le radiationi mitogenetiche del Gurwitsch. Rendic. Accad. Lincei **7** (1929). — *Sopra le radiationi mitogenetiche del Gurwitsch. Boll. R. Staz. pathol., veg. **2** (1929). — Potozky, A. u. Zoglina, I.: Über mitogenetische Sekundärstrahlung] aus abgeschnittenen Zwiebelwurzeln. Roux' Arch. **1928**. — Untersuchungen über mitogenetische Strahlung des Blutes. Biochem. Z. **211** (1929). — Potozky, A.: Über Beeinflussung des mitogenetischen Effektes durch sichtbares Licht. Biol. Zbl. **50** (1930). — Protti, Giocondo: I Raggi mitogenetici nell'emoinnesto e prime loro fotografie. Communicazione alla Seduta scientifica del Ospedale Civile di Venezia **1930**. — Impressioni fotografiche di radiazioni ematiche ottenute attraverso il quarzo. Ebenda **1930**. — Involuzione senile, oncogenesi e radiazioni ematiche. Communicatione alla XIX riunione della societa — Venezia. — Tridentina 1930. — Di un apparecchio per la determinazione biologica della azione irradiante germinatrice dell sangue (azione mitogenetico di Gurwitsch). Ebenda **1930**. L'Emoinnesto intramuscolare Milano, **1931**.

Rajewsky, W. B.: Zur Frage des physikalischen Nachweises der Gurwitsch-Strahlung. Zehn Jahre Forschung auf dem physikalisch-medizinischen Grenzgebiet. Herausgeg. von Prof. Dr. F. Dessauer **1931**. — Rawin: Roux' Arch. **101** (1924). — Reiter u. Gabor: Ultraviolette Strahlen und Zellteilung. Strahlenther. **28** (1927). — Zellteilung und Strahlung. Berlin: Julius Springer **1928**. — Rossmann, B.: Untersuchungen über die Theorie der mitogenetischen Strahlen. Roux' Arch. **113** (1928). — Rusinoff: Weitere Untersuchungen über mitogenetische Strahlen und Induktion. Ebenda **1925**.

Salkind: Weitere Untersuchungen über mitogenetische Strahlung und Induktion. Arch. mikrosk. Anat. u. Entw.mechan. **104** (1925). — Über den Rhythmus der mitogenetischen Strahlung bei der Entwicklung des Seeigeleies **115** (1929). — Salkind, S., Potozky, A. u. I. Zoglina: Die mitogenetische Beeinflussung der Eier von *Protodrilus* und *Saccocirrus*. Ebenda **121** (1930). — Die mitogenetische Strahlung der Gewebe von Wirbellosen. Ebenda **1930**. — Schreiber, J. u. Friedrich, W.: Über Nachweis und Intensität der mitogenetischen Strahlung. Biochem. Z. **227** (1930). — Schwemmle, J.: Mitogenetische Strahlung. Biol. Zbl. **49** (1929). — Schwarz, W.: Das Problem der mitogenetischen Strahlen. Ebenda **48** (1928). — Sewertzowa, L.: Zur Frage nach den mitogenetischen Strahlen. Ebenda **49** (1929). — Influence du rayonnement mitogénétique sur la vitesse de multiplication des bacteries. Ann. Inst. Pasteur **46** (1931). — Siebert, W. W.: Über die mitogenetische Strahlung des Arbeitsmuskels und einiger anderer Gewebe. Biochem. Z. **202** (1928). — Über die Ursachen mitogenetischer Strahlung. Ebenda **202** (1928). — Über eine neue Beziehung von Muskeltätigkeit und Wachstumsvorgängen. Z. klin. Med. **109** (1928). — Biochem. Z. **220** (1930). — Ebenda **226** (1930). — Sorin, A. N.: Zur Analyse der mitogenetischen Induktion des Blutes. Roux' Arch. **108** (1926). — Sorin, A. N. u. Kisliak-Statkewitsch: Über mitogenetische Induktion in den frühen Entwicklungsstadien des Hühnerembryo. Ebenda **113** (1928). — STEMPELL, W.: Nachweis der vom frischen Zwiebelsohlenbrei ausgesandten Strahlen durch Störung der LIESEGANGschen Ringbildung. Biol. Zbl. **49** (1929). — STRELIN: Die Wirkung der Induktion von Hefekulturen (Mitogenetische Strahlen) auf das Wachstum der Mycelen von *Rhizopus* usw. Vestn. Rentgenol. (russ.) **7** (1929). — SUSSMANOWITSCH, H.: Erschöpfung durch mitogenetische Induktion. Roux' Arch. **113** (1928).

TOKIN, B.: Über mitogenetische Strahlen und die LIESEGANGschen Ringe. Biol. Zbl. **50** (1930).

URBANOWICZ, K.: GURWITSCHS mitogenetische Strahlung an Paramaecien geprüft. Roux' Arch. **110** (1927).

WAGNER, N.: Über den von A. GURWITSCH entdeckten spezifischen Erreger der Zellteilung. Biol. Zbl. **47** (1927). — Die Induktion von Mitosen auf Entfernung usw. Planta (Berl.) **1929**.

*ZIRPOLO, G.: Le Radiazioni mitogenetiche di GURWITSCH. Riv. Fis. Mat. Sci. Nat. Napoli **4** (1929). — *Nuove ricerche sulle radiazioni mitogenetiche. Commun. XI. Congr. Internaz. Zoologia Padova 1930. — Ricerche sulle radiazioni mitogenetiche. Boll. Soc. Natur. Napoli **42** (1930).

Sachverzeichnis.

Berichtigung.

Infolge Umstellungen beim Umbruch des Satzes blieb es leider unbeachtet, daß der Tabellennummer 29 (S. 67) unmittelbar die Tabellennummer 47 (S. 72) folgt. Die Nummern 28—46 fehlen daher in der Reihenfolge.

GPSR Compliance

The European Union's (EU) General Product Safety Regulation (GPSR) is a set of rules that requires consumer products to be safe and our obligations to ensure this.

If you have any concerns about our products, you can contact us on ProductSafety@springernature.com

In case Publisher is established outside the EU, the EU authorized representative is:

Springer Nature Customer Service Center GmbH
Europaplatz 3
69115 Heidelberg, Germany

Batch number: 10682427

Printed by Printforce, the Netherlands